石油和化工行业“十四五”规划教材

高等职业教育本科教材

化工仪表与自动控制技术

刘书凯　王银锁　主编

慕红梅　副主编

张志华　主审

化学工业出版社

·北京·

内容简介

《化工仪表与自动控制技术》聚焦于高职本科的高技能人才培养，内容强调实践性、系统性和先进性。采用“理实一体化”教学方式，通过简单与复杂的控制系统设计与投运项目，结合检测与控制仪表、简单与复杂控制系统、仪表与计算机控制，由浅入深地提升学生的能力。全书以项目引领、任务驱动，将化工仪表、控制系统及集散控制系统的理论与实践教学融合，通过任务分析、知识链接、任务实施与任务评价等环节，让学生在技能训练中深化理论知识，激发学习兴趣，提升综合能力，旨在使学生掌握控制系统组成、设计、调试及集散控制系统设计与组态方法，为快速适应工厂控制系统奠定基础。

本书可作为高职本科和高职专科学校化工技术类等专业的师生教学用书，也可供从事化工仪表自动化领域的企业员工参考。

图书在版编目（CIP）数据

化工仪表与自动控制技术 / 刘书凯，王银锁主编；慕红梅副主编. -- 北京 : 化学工业出版社，2025. 2.
（高等职业教育本科教材）. -- ISBN 978-7-122-46866-6

Ⅰ. TQ056

中国国家版本馆 CIP 数据核字第 2025DT4744 号

责任编辑：王海燕　提　岩　刘心怡　　文字编辑：赵　越
责任校对：边　涛　　装帧设计：关　飞

出版发行：化学工业出版社
（北京市东城区青年湖南街 13 号　邮政编码 100011）
印　　装：北京云浩印刷有限责任公司
787mm×1092mm　1/16　印张 16½　字数 408 千字
2025 年 2 月北京第 1 版第 1 次印刷

购书咨询：010-64518888　　售后服务：010-64518899
网　　址：http://www.cip.com.cn
凡购买本书，如有缺损质量问题，本社销售中心负责调换。

定　　价：45.00 元

前言

随着全球新一轮科技革命和产业变革突飞猛进，新一代信息、生物、新材料、新能源等技术不断突破，并与先进制造技术加速融合，为制造业高端化、智能化、绿色化发展提供了相关技术支持。先进的化工仪表及自动控制技术在化工生产运行装置中的应用就显得尤为重要，离开先进的化工工艺运行控制技术的运用，工艺介质与工艺装置中的运行参数如流量、温度、压力、液位、转速等参数系统，就无法实现自动检测、显示、自动控制和联锁保护。本科层次职业教育，简称高职本科教育，是国家在高等职业教育中开展的本科层次的职业教育，主要培养高层次、高技能的应用技术型人才。为满足本科职业教育的教学需要，开发了本教材。

本书紧紧围绕本科层次职业教育的高层次、高技能应用型人才培养目标，内容上突出实践性、实用性和先进性，理论知识以够用为宜，突出实践能力培养。采用“理实一体化”教学方式，内容编排上通过简单控制系统的设计与投运、复杂控制系统的设计与投运、集散控制系统的组态与监控三个项目将检测仪表与控制仪表、简单控制系统与复杂控制系统、仪表控制与计算机控制有机地结合，由浅入深、由简单到复杂，符合学生的认知规律和实际仪表自动化系统的设计与运行工作过程要求。采用项目引领、任务驱动的方式，将化工仪表、控制系统、集散控制系统的理论教学与实践教学有机地结合在一起，通过任务分析、知识链接、任务实施、任务评价等环节将理论教学过程融入技能训练中，在技能训练中加深对理论知识的理解和掌握，激发学生的学习兴趣和积极性，提高学生的思维能力和动手能力，使学生真正掌握控制系统的组成、设计和调试方法以及集散控制系统的设计与组态方法，实现学校所学的知识与工厂实际需求的有机结合，为学生走上工作岗位后迅速掌握工厂的控制系统奠定基础。

本书由常州工程职业技术学院刘书凯、兰州石化职业技术大学王银锁担任主编，兰州资源环境职业技术大学慕红梅担任副主编，河北化工医药职业技术学院张志华教授担任主审。其中，项目一由兰州资源环境职业技术大学慕红梅，河北化工医药职业技术学院王慧芳，常州工程职业技术学院刘书凯，湖南化工职业技术学院曾春霞，潍坊职业学院齐云国、贾玉玲，兰州石化公司董锐编写；项目二由兰州石化职业技术大学张富玉、王银锁、李海霞编写；项目三由常州工程职业技术学院刘书凯、唐咏编写。刘书凯负责拟订大纲并统稿。

本书在编写过程中参考了相关书籍和文献资料，在此，编者致以诚挚的谢意！

由于水平有限，书中难免存在不妥之处，恳请读者批评指正。

编者

2024 年 8 月

目录

项目一　简单控制系统的设计与投运 / 1

项目一
简单控制系统的设计与投运

【项目学习目标】

知识目标：

1. 掌握简单控制系统的组成。
2. 掌握过程检测仪表的工作原理、特点。
3. 掌握执行器和智能调节器的应用。
4. 了解数学模型的建立。
5. 掌握简单控制系统投运方法和步骤。

技能目标：

1. 会分析简单控制系统的组成。
2. 能够用过程检测仪表、过程控制仪表构建简单控制系统。
3. 能够按步骤投运简单控制系统。
4. 能够整定简单控制系统 PID 参数。

素质目标：

1. 理论联系实际，分析解决实际问题。
2. 积极思考，举一反三，探索简单控制系统的应用。
3. 培养秉承工匠精神，热爱劳动、严于律己、踏实严谨、实事求是的工作作风及独立思考、勇于创新的科学精神。

项目学习内容

学会分析和投运酯提纯塔 T160 简单控制系统，根据所给项目任务单（表 1-0-1），熟悉简单控制系统的组成，完成各类控制仪表的选用，简单控制系统的设计、参数整定及投运。

1. 丙烯酸甲酯生产流程

① 丙烯酸甲酯生产流程图如图 1-0-1 所示（各工段详细流程图见附录）。从罐区来的新鲜的丙烯酸和甲醇与从醇回收塔（T140）塔顶回收的循环的甲醇以及从丙烯酸分离塔（T110）塔底回收的经过循环过滤器（FL101）的部分丙烯酸作为混合进料，经过反应预热

器（E101）预热到指定温度后送至R101（酯化反应器）进行反应。为了使平衡反应向产品方向移动，同时降低醇回收时的能量消耗，进入R101的丙烯酸过量。

▶ 表1-0-1　项目任务单

序号	任务名称	任务要求	备注
1	简单控制系统认知	酯提纯塔中温度、压力、液位、流量等简单控制系统的组成，并画出方块图	也可选取流程图中的其他控制点
2	被控对象特性分析	本流程中温度、压力、液位、流量等简单控制系统中被控对象特性分析	
3	过程检测仪表选用	本流程中温度、压力、液位、流量等简单控制系统中过程检测仪表的选取与安装	
4	执行器选用	本流程中温度、压力、液位、流量等简单控制系统中执行器的选用	
5	智能调节器选用	本流程中温度、压力、液位、流量等简单控制系统中智能调节器的选用	
6	简单控制系统投运	本流程中温度、压力、液位、流量等简单控制系统的投运	

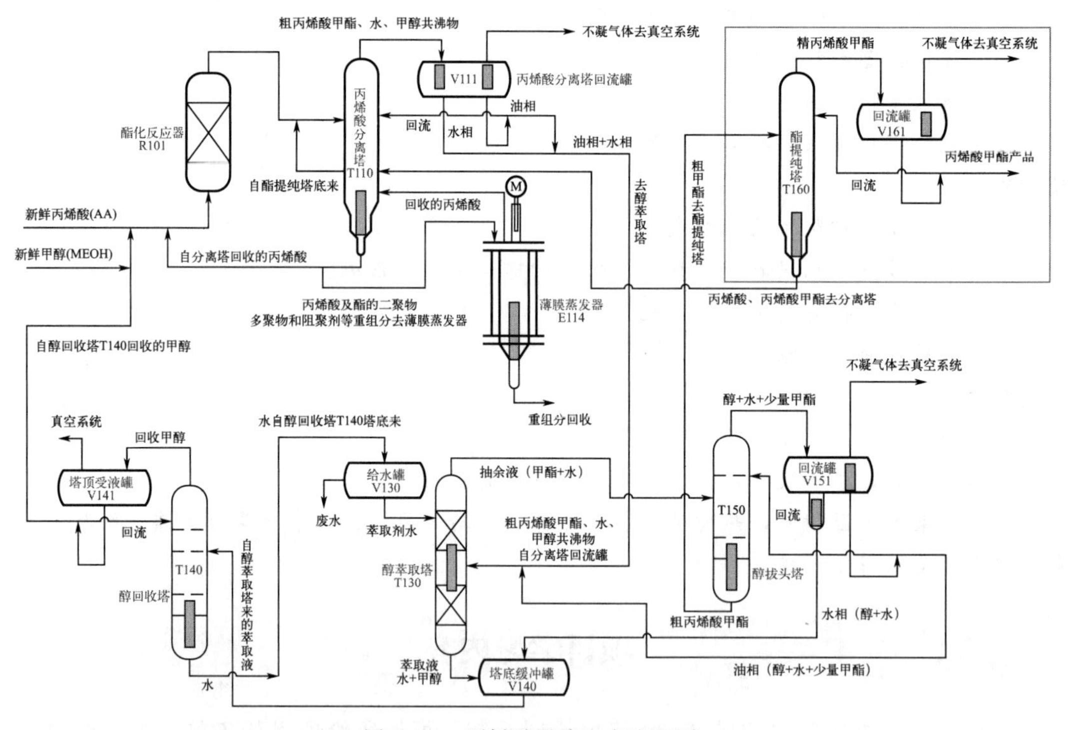

图1-0-1　丙烯酸甲酯生产流程图

② 从R101排出的产品物料送至T110（丙烯酸分离塔）。在该塔内，粗丙烯酸甲酯、水、甲醇作为一种均相共沸混合物从塔顶回收，作为主物流进一步提纯，经过E112冷却进入V111（T110回流罐），在此罐中分为油相和水相，油相由P111A抽出，一路作为T110塔顶回流，另一路和P112A抽出的水相一起作为T130（醇萃取塔）的进料。同时，从塔底回收未转化的丙烯酸。

③ T110 塔底，一部分的丙烯酸及酯的二聚物、多聚物和阻聚剂等重组分送至 E114（薄膜蒸发器）分离出丙烯酸，回收到 T110 中，重组分送至废水处理单元重组分储罐。

④ T110 的塔顶流出物经 E130（醇萃取塔进料冷却器）冷却后被送往 T130（醇萃取塔）。由于水-甲醇-甲酯为三元共沸系统，很难通过简单的蒸馏从水和甲醇中分离出甲酯，因此采用萃取的方法把甲酯从水和甲醇中分离出来。从 V130 由 P130A 抽出溶剂（水）加至萃取塔的顶部，通过液-液萃取，将未反应的醇从粗丙烯酸甲酯物料中萃取出来。

⑤ 从 T130 底部得到的萃取液进到 V140，再经 P142A 抽出，经过 E140 与醇回收塔底分离出的水换热后进入 T140（醇回收塔）。在此塔中，在顶部回收醇并循环至 R101。基本上由水组成的 T140 的塔底物料经 E140 与进料换热后，再经过 E144 用 10℃的冷却水冷却后，进入 V130，再经泵抽出循环至 T130 重新用作溶剂（萃取剂），同时多余的水作为废水送到废水罐。T140 顶部是回收的甲醇，经 E142 循环水冷却进入到 V141，再经由 P141A 抽出，一路作为 T140 塔顶回流，另一路是回收的醇与新鲜的醇合并为反应进料。

⑥ 抽余液从 T130 的顶部排出并进入到 T150（醇拔头塔）。在此塔中，塔顶物流经过 E152 用循环水冷却进入到 V151，油水分成两相，水相自流入 V140，油相再经由 P151A 抽出，一路作为 T150 塔顶回流，另一路循环回至 T130 作为部分进料以重新回收醇和酯。塔底含有少量重组分的甲酯物流经 P150A 进入塔提纯。

⑦ T150 的塔底流出物送往 T160（酯提纯塔）。在此，将丙烯酸甲酯进行进一步提纯，含有少量丙烯酸、丙烯酸甲酯的塔底物流经 P160A 循环回 T110 继续分馏。塔顶作为丙烯酸甲酯成品在塔顶馏出经 E162A 冷却进入 V161（回流罐）中，由 P161A 抽出，一路作为 T160 塔顶回流返回 T160 塔，另一路出装置至丙烯酸甲酯成品罐。

丙烯酸甲酯生产流程框图见图 1-0-2，酯提纯塔 T160 带控制点工艺流程图见图 1-0-3。

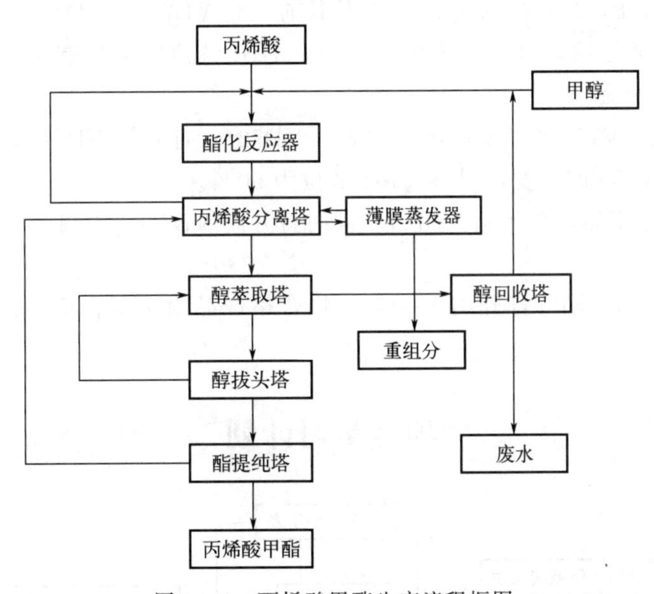

图 1-0-2 丙烯酸甲酯生产流程框图

2. 酯提纯塔 T160 操作步骤

① 打开手阀 VD710、VD709，向 T160、V161 供阻聚剂。

② 打开阀 V701，E162 冷却器投用。

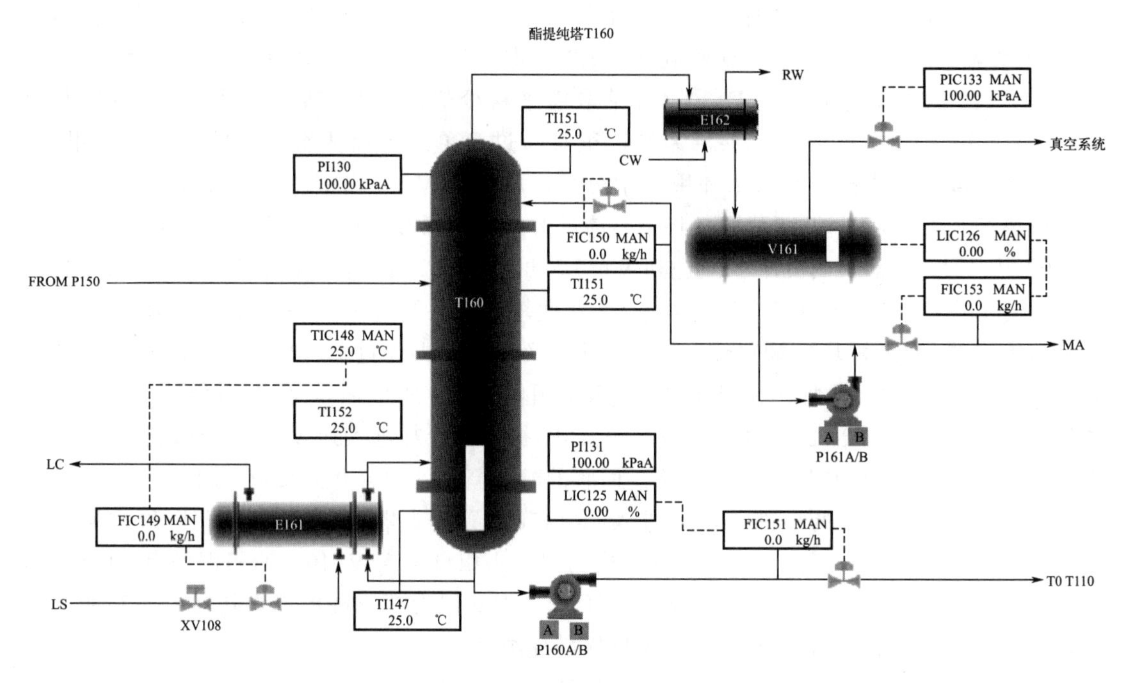

图 1-0-3 酯提纯塔 T160 带控制点工艺流程图

③ 投用 T160 蒸汽伴热系统。

④ 待 T160 有一定的液位，启动 P160A；打开控制阀 FV151 及其前后阀 VD716、VD717；同时打开 VD707，将 T160 塔底物料送至不合格罐。

⑤ 打开阀 XV108，打开控制阀 FV149 及其前后阀 VD702、VD703，向 E161 引蒸汽。

⑥ 待 V161 有液位后，启动回流泵 P161A；打开塔顶回流控制阀 FV150 及其前后阀 VD718、VD719 打回流。

⑦ 打开控制阀 FV153 及其前后阀 VD720、VD721；打开阀 VD714，将 V161 物料送至不合格罐。调节 FV153 的开度，保持 V161 液位为 50%。

⑧ T160 操作稳定后，关闭阀 VD707；同时打开阀 VD708，将 T160 底部物料由至不合格罐改至 T110。

⑨ 关闭阀 VD714，同时打开阀 VD713，将合格产品由至不合格罐改至日罐。T160 投运成功。

项目学习计划

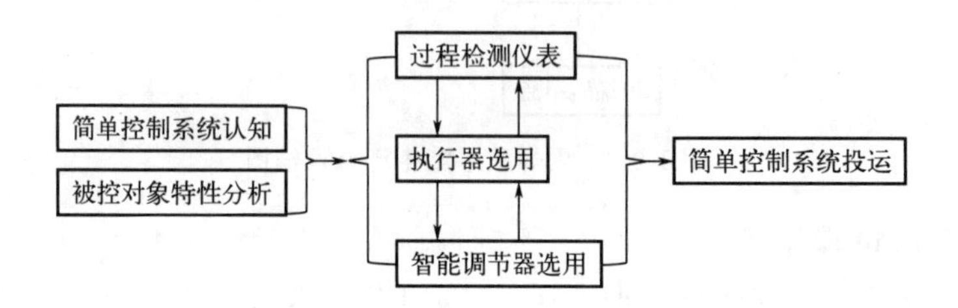

任务一　简单控制系统认知

【任务描述】

1. 任务简介

在本任务中，分析并用方块图表示出图 1-0-3 中温度控制系统，例如图 1-1-1 和图 1-1-2。

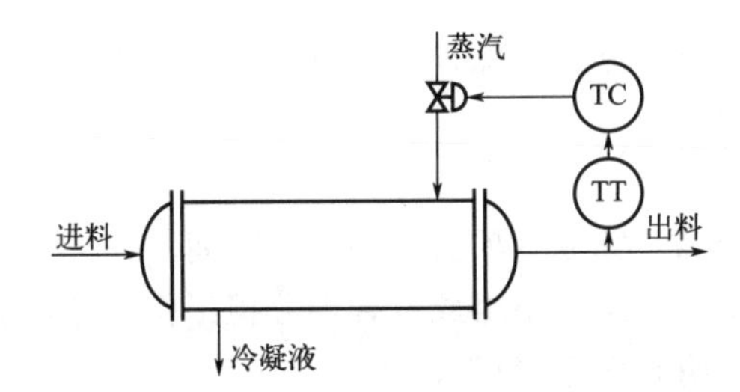

图 1-1-1　蒸汽加热器温度控制系统

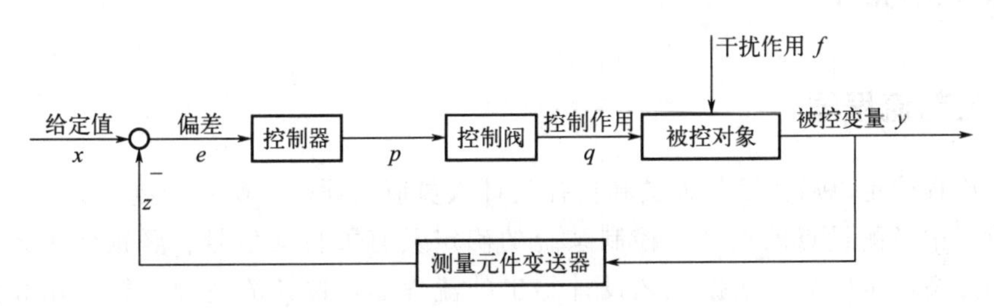

图 1-1-2　简单控制系统方块图

2. 控制要求

以图 1-1-1 为例，控制要求是当进料流量或温度等因素引起出口物料的温度变化时，通过温度变送器 TT 测得温度并输送至温度控制器 TC，温度控制器 TC 的输出送至控制阀，以改变加热蒸汽量来维持出口物料的温度始终等于给定值。这个控制系统同样可以用图 1-1-2 所示的方块图来表示。这时的被控对象是加热器，被控变量 y 是出口物料的温度，干扰作用 f 可以是进料流量、温度的变化等，控制阀的输出信号即控制作用 q 是加热蒸汽量的变化。

3. 任务主要内容

① 读懂图 1-0-3 中各仪表的基本信息。

② 分析出图 1-0-3 的被控对象，检测仪表、执行器、控制器等简单控制系统的组成，并绘制方块图。

③ 分析图 1-0-3 酯提纯塔 T160 带控制点工艺流程图中流量控制系统、压力控制系统，并绘制方块图。

【任务分析】

1. 明确项目工作任务

思考：简单控制系统有哪些组成部分？各部分之间是什么关系？

行动：阅读项目任务，根据酯提纯塔 T160 的控制目的，逐项分解工作任务，完成项目任务分析。绘制简单控制系统方块图。

2. 确定简单控制系统方案

思考：酯提纯塔 T160 中温度、压力、流量、液位控制中都用到了哪些仪表？分别有什么作用？

行动：小组成员共同研讨，分析出酯提纯塔 T160 中温度、压力、流量、液位的简单控制系统，绘制对应的方块图。

3. 制定工作实施计划

思考：小组成员如何分工？完成本项目需要多少时间？

行动：根据简单控制系统方案，小组成员合理分担工作任务，确定工作步骤和时间，制定完成工作任务的计划表，明确任务责任人。

【知识链接】

一、识读工艺流程图

在工艺流程确定以后，工艺人员和自控设计人员应共同研究确定控制方案。控制方案的确定包括流程中各测量点的选择、控制系统的确定及有关自动信号、联锁保护系统的设计等。在控制方案确定以后，根据工艺设计给出的流程图，按其流程顺序标注出相应的测量点、控制点、控制系统及自动信号与联锁保护系统等，便形成了工艺管道及控制流程图（PID 图）。

图 1-1-3 是乙烯生产过程中脱乙烷塔的工艺管道及控制流程图。为了说明问题方便，对实际的工艺过程及控制方案都做了部分修改。从脱甲烷塔出来的釜液进入脱乙烷塔脱除乙烷。从脱乙烷塔塔顶出来的碳二馏分经塔顶冷凝器冷凝后，部分作为回流，其余则去乙炔加氢反应器进行加氢反应。从脱乙烷塔底出来的釜液部分经再沸器后返回塔底，其余则去脱丙烷塔脱除丙烷。

在绘制 PID 图时，图中所采用的图例符号要按有关的技术规定进行，可参见化工行业设计标准 HG/T 20505—2014《过程测量与控制仪表的功能标志及图形符号》。下面结合图 1-1-3 对其中一些常用的统一规定做简要介绍。

1. 图形符号

(1) 测量点（包括检出元件、取样点）

是由工艺设备轮廓线或工艺管线引到仪表圆圈的连接线的起点，一般无特定的图形符号，如图 1-1-4 所示。图 1-1-3 中的塔顶取压点和加热蒸汽管线上的取压点都属于这种情形。

必要时，检测元件也可以用象形或图形符号表示。例如流量检测采用孔板时，检测点也可用图 1-1-3 中脱乙烷塔的进料管线上的符号表示。

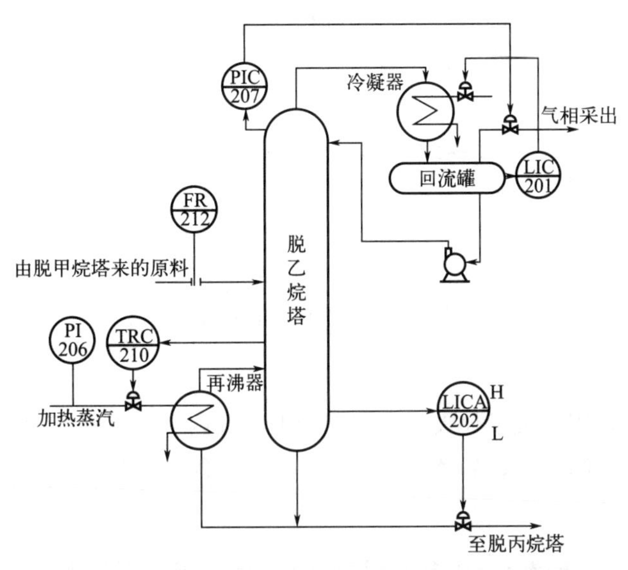

图 1-1-3　脱乙烷塔的工艺管道及控制流程图举例

（2）连接线

通用的仪表信号线均以细实线表示。连接线表示交叉及相接时，采用图 1-1-5 的形式。必要时也可用加箭头的方式表示信号的方向。在需要时，信号线也可按气信号、电信号、导压毛细管等采用不同的表示方式以示区别。

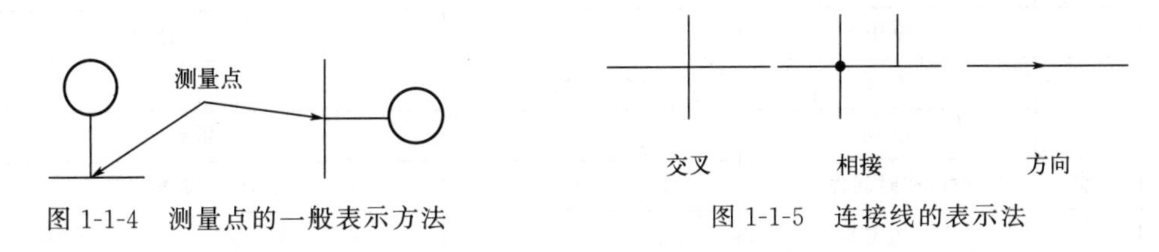

图 1-1-4　测量点的一般表示方法

图 1-1-5　连接线的表示法

（3）仪表（包括检测、显示、控制）的图形符号

仪表的图形符号是一个细实线圆圈，直径约 10mm，对于不同的仪表安装位置的图形符号如表 1-1-1 所示。

▶ 表 1-1-1　仪表安装位置的图形符号表示

序号	安装位置	图形符号	备注	序号	安装位置	图形符号	备注
1	就地安装仪表	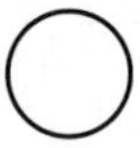		4	集中仪表盘后安装仪表	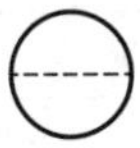	
		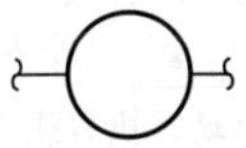	嵌在管道中				
2	集中仪表盘面安装仪表	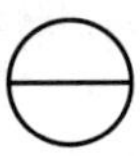		5	就地仪表盘后安装仪表	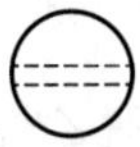	
3	就地仪表盘面安装仪表						

对于处理两个或两个以上被测变量，具有相同或不同功能的复式仪表时，可用两个相切的圆或分别用细实线圆与细虚线圆相切表示（测量点在图纸上距离较远或不在同一图纸上），如图 1-1-6 所示。

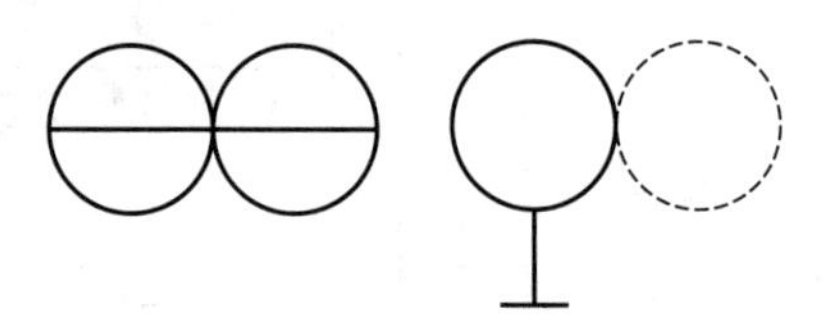

图 1-1-6 复式仪表的表示法

2. 字母代号

在控制流程图中，用来表示仪表的小圆圈的上半圆内，一般写有两位（或两位以上）字母，第一位字母表示被测变量，后续字母表示仪表的功能，常用被测变量和仪表功能的字母代号见表 1-1-2。

▶ 表 1-1-2 常用被测变量和仪表功能的字母代号

字母	第一位字母		后续字母
	被测变量	修饰词	功能
A	分析		报警
C	电导率		控制（调节）
D	密度	差	
E	电压		检测元件
F	流量	比（分数）	
I	电流		指示
K	时间或时间程序		自动-手动操作器
L	物位		
M	水分或湿度		
P	压力或真空		
Q	数量或件数	积分、累积	积分、累积
R	放射性		记录或打印
S	速度或频率	安全	开关、联锁
T	温度		传送
V	黏度		阀、挡板、百叶窗
W	力		套管
Y	供选用		继动器或计算器
Z	位置		驱动、执行或未分类的终端执行机构

注：供选用的字母（例如表中 Y），指的是在个别设计中反复使用，而本表内未列入的字母。使用时字母需在具体工程的设计图例中作出规定，第一位字母是一种含义，而作为后续字母，则为另一种含义。

以图 1-1-3 的脱乙烷塔控制流程图，来说明如何以字母代号的组合来表示被测变量和仪表功能。塔顶的压力控制系统中的 PIC-207，其中第一位字母 P 表示被测变量为压力，第二位字母 I 表示具有指示功能，第三位字母 C 表示具有控制功能，因此，PIC 的组合就表示一台具有指示功能的压力控制器。该控制系统是通过改变气相采出量来维持塔压稳定的。同样，回流罐液位控制系统中的 LIC-201 是一台具有指示功能的液位控制器，它是通过改变进入冷凝器的冷剂量来维持回流罐中液位稳定的。

在塔的下部的温度控制系统中的 TRC-210 表示一台具有记录功能的温度控制器，它是通过改变进入再沸器的加热蒸汽量来维持塔底温度恒定的。当一台仪表同时具有指示、记录功能时，只需标注字母代号"R"，不标"I"，所以 TRC-210 可以同时具有指示、记录功能。同样，在进料管线上的 FR-212 可以表示同时具有指示、记录功能的流量仪表。

在塔底的液位控制系统中的 LICA-202 代表一台具有指示、报警功能的液位控制器，它是通过改变塔底采出量来维持塔釜液位稳定的。仪表圆圈外标有"H""L"字母，表示该仪表同时具有高、低限报警，在塔釜液位过高或过低时，会发出声、光报警信号。

3. 仪表位号

在检测、控制系统中，构成一个回路的每个仪表（或元件）都应有自己的仪表位号。仪表位号是由字母代号组合和阿拉伯数字编号两部分组成。字母代号的意义前面已经解释过。阿拉伯数字编号写在圆圈的下半部，其第一位数字表示工段号，后续数字（二位或三位数字）表示仪表序号。图 1-1-3 中仪表的数字编号第一位都是 2，表示脱乙烷塔在乙烯生产中属于第二工段。通过控制流程图，可以看出其上每台仪表的测量点位置、被测变量、仪表功能、工段号、仪表序号、安装位置等。例如图 1-1-3 中的 PI-206 表示测量点在加热蒸汽管线上的蒸汽压力指示仪表，该仪表为就地安装，工段号为 2，仪表序号为 06。而 TRC-210 表示同一工段的一台温度记录控制仪，其温度的测量点在塔的下部，仪表安装在集中仪表盘面上。

二、认识简单控制系统的组成

（一）控制的基本概念

控制是向对象施加某种操作使其产生所期望的行为。

简单控制是在没人直接参与的情况下，利用外加的设备或装置（称为控制装置或控制器），使机器、设备或生产过程（统称被控对象）的某个工作状态或参数（即被控量）自动地按预定规律或数值运行。例如，数控机床的刀具按照预定程序自动地切削工件；化学反应炉的温度或压力自动地维持恒定；无人驾驶飞机按照既定的轨道驾驶或飞行。

简单控制系统是指在无人直接参与下可使生产过程或其他过程按期望规律或预定程序进行的控制系统的整体，简称自控系统。

简单控制系统主要由被控对象、控制阀、控制器和测量元件变送器四个环节组成，如图 1-1-2 所示。

给定值指与期望的输出相对应的系统输入量。

控制器是指用来操控被控对象的设备，通常包括比较环节、放大环节等。

执行机构是直接推动被控对象，使其被控量发生变化的设备。常见的执行元件有阀门、伺服电动机等。

测量变送是检测被控量的输出实际值，并把输出实际值转变成能与给定输入信号进行比较的物理量，这个过程称为反馈。所以，测量变送环节一般也称反馈环节。

被控对象通常是一个设备、物体或过程（一般称任何被控制的运行状态为过程），其作用是完成一种特定的操作。它是控制系统所控制和操纵的对象。

被控量指被控对象所要求简单控制的量。通常，被控量是简单控制系统的输出量，是决定被控对象工作状态的重要变量。

输出指被控对象的被控量的实际输出，是输出端出现的量，可以是电量或者非电量。

反馈信号是经测量变送环节或不经测量变送环节直接送到输入端比较的变量，也称反馈量。

偏差是给定输入量与主反馈量之差。

控制量也称操纵量，是一种由控制器改变的量值或状态，它将影响被控量的值。控制意味着对被控对象的被控量的值进行调节，以修正或限制测量被控量值对期望值的偏离。

扰动是除控制量以外，引起被控量发生变化的所有信号，如果扰动产生在系统的内部，称为内部扰动；反之为外部扰动。外部扰动也被认为是控制系统的一种输入量。

(二) 简单控制系统的方块图

1. 信号和变量

控制系统的作用是通过信息的获取、变换与处理来实现的。载有变量信息的物理变量就是信号。因此，对控制系统或其组成环节来说，输入变量、输出变量和状态变量都是变量，也都是信号。

图 1-1-7 中的方块可以用来表示系统或某一个环节。箭头指向方块的信号 u 表示施加到系统或环节上的独立变量，称为输入变量。箭头离开方块的信号表示系统或环节送出的变量，称为输出变量。如果一个系统同时有几个输入变量和几个输出变量，则称为多输入多输出系统。

在控制系统的分析中，必须从信号流的角度出发，千万不要与物料流或能量流混淆。在定义输入、输出变量时，应该从因果关系、信号的作用来考虑，而不应该与物料的流入流出相混淆。图 1-1-8 是一个简单水槽，流入流量为 Q_i，流出流量为 Q_o，在考虑液位 h 是如何受 Q_i、Q_o 的影响时，我们可以定义 Q_i、Q_o 为输入变量，h 为输出变量。尽管这时 Q_o 是流出流量，但是它是影响 h 的一个因素，因此仍定义为输入变量。

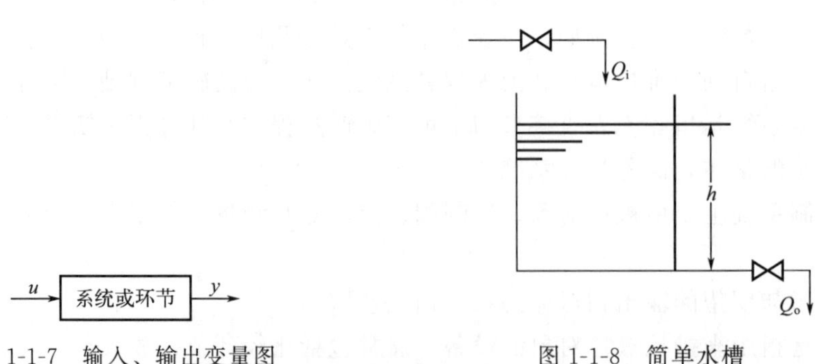

图 1-1-7 输入、输出变量图

图 1-1-8 简单水槽

有时一个信号同时送到两个或更多环节时，以送往两个环节为例，如图 1-1-9 所示。这时，也必须从信号流的角度来处理。如果从物料流看，一分为二，应该是 $u_1+u_2=u$。但对信号流来说，在方块图中通过分叉点一分为几，各通道的信号应该是相同的，即 $u_1=u_2=u$。例如将一个压力信号 p 送往几个压力仪表，各个仪表应该有相同的压力读数 p。

2. 简单控制系统方块图

在研究简单控制系统时，为了能更清楚地表示出一个简单控制系统各个组成环节之间的相互影响和信号联系，便于对系统进行分析研究，往往将表示各环节的方块根据信号流的关系排列与连接起来，组成简单控制系统的方块图（图 1-1-2）。

当用图 1-1-2 来表示图 1-1-10 所示的液位简单控制系统时，图中的被控对象方块就表示图 1-1-10 中的储槽。在简单控制系统中，被控对象中需要加以控制（一般需要恒定）的变量，称为被控变量，图中用 y 来表示，在液位控制系统中就是液位 h。在方块图中，被控变量 y 就是对象的输出变量。影响被控变量 y 的因素来自进料流量的改变，这种引起被控变量波动的外来因素，在简单控制系统中称为干扰作用，用 f 表示。干扰作用 f 是作用于对象的输入变量。与此同时，出料流量的改变是控制阀动作所致。如果用一方块表示控制阀，那么，出料流量即为“控制阀”方块的输出变量。出料流量的变化也是影响液位变化的因素，所以也是作用于对象的输入变量。出料流量 q 在方块图中把控制阀和对象连接在一起。

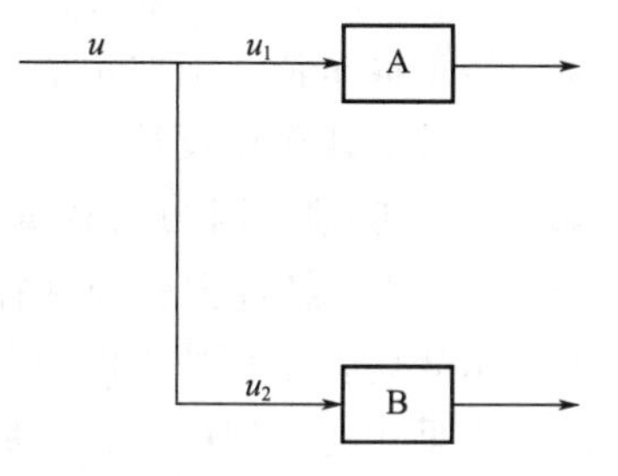

图 1-1-9　信号分叉点

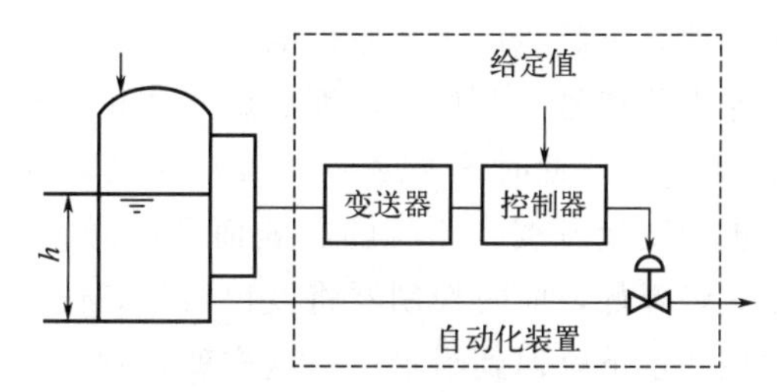

图 1-1-10　液位简单控制

储槽液位信号是测量元件及变送器的输入，而变送器的输出信号 z 进入比较机构（或元件），与工艺上希望保持的被控变量值，即给定信号 x 进行比较，得到偏差信号 e（$e=x-z$），并送往控制器。比较机构实际上是控制器的一个组成部分，不是一个独立的元件，在图中把它以相加（减）点形式单独画出来（一般方块图中是以○或⊗表示的），为的是能更清楚地说明其比较作用。控制器根据偏差信号 e 的大小，按一定的规律运算后，发出控制信号 p 送至控制阀，使控制阀的开度发生变化，从而改变出料流量以克服干扰对被控变量（液位）的影响。控制阀输出 q 的变化称为控制作用。具体实现控制作用的参数称为操纵变量，如图 1-1-10 中流过控制阀的出料流量就是操纵变量。用来实现控制作用的物料一般称为操纵介质或操纵剂，如上述流过控制阀的流体就是操纵介质。

用同一种形式的方块图可以代表不同的控制系统。例如图 1-1-1 所示的蒸汽加热器温度控制系统，当进料流量或温度等因素引起出口物料的温度变化时，可以通过温度变送器 TT 测得温度变化并将输出信号送至温度控制器 TC。温度控制器的输出送至控制阀，以改变加热蒸汽量来维持出口物料的温度始终等于给定值。这个控制系统同样可以用图 1-1-2 所示的方块图来表示。这时的被控对象是加热器，被控变量 y 是出口物料的温度。干扰作用 f 可以是进料流量、温度的变化等。而控制阀的输出信号即控制作用 q 是加热蒸汽量的变化，在这里，加热蒸汽是操纵介质或操纵剂。

综上所述，所谓简单控制系统的方块图，就是从信号流的角度出发，将组成简单控制系统的各个环节用信号线相互连接起来的一种图形。在已定的系统构成内，对于每个环节来说，信号的作用都是有方向性的，不可逆置，在方块图中，信号的方向由连接方块之间的信号线箭头来表示。

(三) 反馈

对于任何一个简单控制系统，不论它们在表面上有多大差别，其方块图都有类似于图 1-1-2 的形式。组成系统的各个环节在信号传递关系上都形成一个闭合的回路。其中任何一个信号，只要沿着箭头方向前进，通过若干个环节后，最终又会回到原来的起点。所以，简单控制系统是一个闭环系统。

简单控制系统之所以是一个闭环系统，是由于反馈的存在。由图 1-1-2 可以看出，系统的输出变量是被控变量，但是它经过测量元件和变送器后，又返回到系统的输入端，与给定值进行比较。这种把系统（或环节）的输出信号直接或经过一些环节重新返回到输入端的做法叫作反馈。从图 1-1-2 还可以看到，在反馈信号 z 旁有一个负号“－”，而在给定值 x 旁有一个正号“＋”（也可以省略），这里正和负的意思是在比较时，以 x 作为正值，以 z 作为负值，也就是到控制器的偏差信号 $e=x-z$。因为图 1-1-2 中的反馈信号 z 取负值，所以也称负反馈，负反馈信号与原来的信号方向相反。如果反馈信号不取负值，而取正值，反馈信号与原来的信号方向相同，那么就叫作正反馈。在这种情况下，方块图中反馈信号 z 旁则要用正号“＋”，此时偏差 $e=x+z$。在简单控制系统中都采用负反馈。因为只有负反馈，才能在被控变量 y 受到干扰的影响而升高时，使反馈信号 z 也升高，经过比较而到控制器的偏差 e 将降低，此时控制器将发出信号，使控制阀的开度发生变化，变化的方向为负，从而使被控变量下降回到给定值，这样就达到了控制的目的。如果采用正反馈的形式，那么控制作用不仅不能克服干扰的影响，反而起着推波助澜的作用，即当被控变量受到干扰升高时，z 亦升高，控制阀的动作结果是使被控变量进一步上升，而且只要有一点微小的偏差，控制作用就会使偏差越来越大，直至被控变量超出了安全范围而破坏生产。所以简单控制系统绝对不能单独采用正反馈。

综上所述，简单控制系统是具有被控变量负反馈的闭环系统。它与自动测量、自动操纵等开环系统比较，最本质的差别，就在于控制系统有无负反馈存在。开环系统的被控变量（指主要工艺参数）不反馈到输入端。如化肥厂的造气自动机就是典型的开环系统的例子。图 1-1-11 是这种简单操纵系统的方块图。自动机在操作时，不管煤气发生炉的工况如何，甚至炉子灭火也不管，自动机只是周而复始地不停运转，除非操作人员干预，自动机是不会自动地根据炉子的实际工况来改变自己的操作的。自动机不能随时“了解”炉子的工况并据此改变自己的操作状态，这是开环系统的缺点。反过来说，闭环控制系统具有负反馈是它的优点，它可以随时了解被控对象的情况，有针对性地根据被控变量的变化情况而改变控制作用的大小和方向，从而使系统的工作状况始终等于或接近于我们所希望的状况。

图 1-1-11　简单操纵系统方块图

(四) 简单控制系统的分类

简单控制系统有多种分类方法，可以按被控变量分类，如温度、压力、流量、液位等控制系统。也可以按控制器具有的控制规律分类，如比例、比例积分、比例微分、比例积分微分等简单控制系统。下面介绍一些常见的分类方法。

1. 按给定信号分类

（1）恒值控制系统

给定值不变，要求系统输出量以一定的精度接近给定希望值的系统。如生产过程中的温度、压力、流量、液位高度、电动机转速等简单控制系统属于恒值系统，此系统也是闭环控制系统。化工生产中要求的大都是这种类型的控制系统，因此后面所讨论的简单控制系统，如果不特别说明，都是恒值控制系统。

（2）随动控制系统

给定值按未知时间函数变化，要求输出跟随给定值的变化，如跟随卫星的雷达天线系统，此系统也是闭环控制系统。在化工自动化中，有些比值控制系统就属于随动控制系统，例如要求甲流体的流量和乙流体的流量保持一定的比值，当乙流体的流量变化时，要求甲流体的流量能快速而准确地随之变化。由于乙流体的流量变化在生产中可能是随机的，所以相当于甲流体的流量给定值也是随机的，故属于随动控制系统。

（3）程序控制系统

程序控制系统给定值按一定时间函数变化，如数控机床、全自动洗衣机等。此系统可以是开环控制系统，也可以是闭环控制系统。这类系统在间歇生产过程中应用比较普遍，例如合成纤维锦纶生产中的熟化罐温度控制和冶金工业上金属热处理的温度控制都是这类系统的例子。近年来，程序控制系统应用日益广泛，一些定型的或非定型的程控装置越来越多地被应用到生产中，微型计算机的广泛应用也为程序控制提供了良好的技术工具与有利条件。

2. 按系统性能分类

① 线性系统 用线性微分方程或线性差分方程描述的系统。满足叠加性和齐次性。

② 非线性系统 用非线性微分方程或差分方程描述的系统。不满足叠加性和齐次性。

3. 按信号类型分类

① 连续控制系统 系统中各元件的输入量和输出量均为时间 t 的连续函数。

② 离散控制系统 系统中某一处或几处的信号是以脉冲系列或数码的形式传递的系统。计算机控制系统就是典型的离散系统。

4. 按系统的结构分

① 开环控制系统 控制器（包括放大环节和执行机构）与被控对象之间只有顺向作用而无反向联系时的控制方式，输出量和输入量之间没有反馈通道，如图 1-1-12 所示。

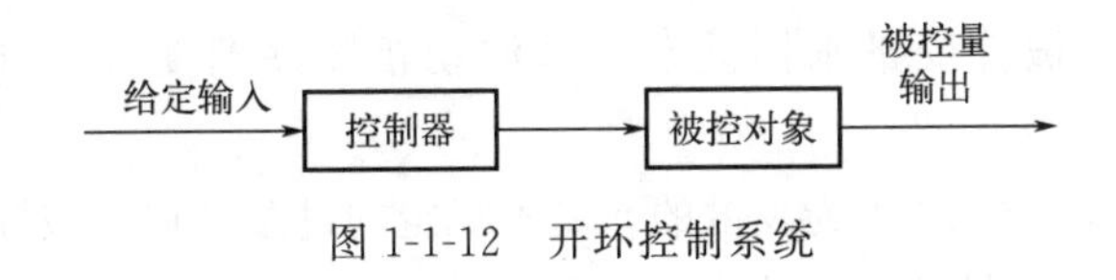

图 1-1-12 开环控制系统

特点：

a. 系统的输出量对输入量无任何影响。

b. 对干扰和参数变化无补偿作用，控制精度完全取决于元件精度，抗干扰能力差。

c. 对控制精度不高或干扰较小的场合还有一定的应用价值，如打印机、微波炉、风扇等的控制。

② 闭环控制系统　控制器（通常包括比较环节、放大环节和执行机构）与被控对象之间，不但有顺向作用，而且具有反向联系，即输出量对控制过程有影响，具有反馈环节的控制系统称为闭环控制系统或反馈控制系统。根据反馈性质（正或负），对应正反馈系统与负反馈系统。图 1-1-13 为带负反馈的闭环控制系统的方框图。

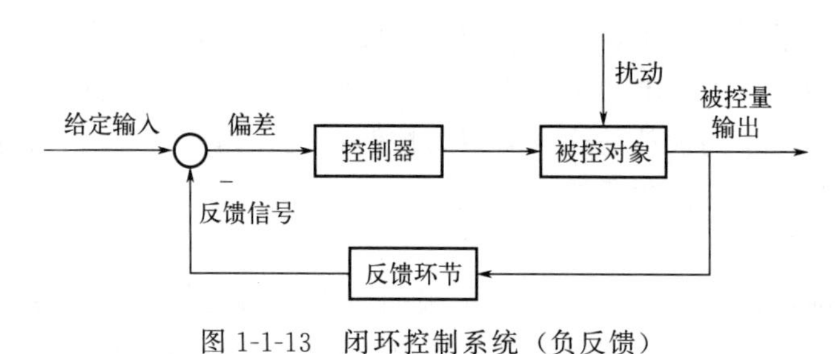

图 1-1-13　闭环控制系统（负反馈）

(五) 控制系统的过渡过程与品质指标

1. 过渡过程

在自动化领域中，把被控变量不随时间而变化的平衡状态称为系统的静态，而把被控变量随时间变化的不平衡状态称为系统的动态。静态的系统输入不变，系统输出也不变，其他量如偏差、操纵变量等均不变，生产正常进行。静态是相对而暂时的。动态的系统输入变化引起输出变化，其他量也跟着变化，以求系统建立新平衡。动态是经常和绝对的。

系统从一个平衡状态（静态）经过动态过渡到另一个新的平衡状态的过程，称为系统的过渡过程。系统在过渡过程中，被控变量是随时间变化的，其变化规律首先取决于系统的干扰形式，在分析和设计控制系统时，常选择阶跃干扰，阶跃干扰比较突然、比较危险、对被控变量的影响最大。如果一个系统，能有效地克服这类干扰，对其他干扰就能很好地克服，同时数学处理和分析简单。

一般说来，自动控制系统在阶跃干扰下的过渡过程有以下几种基本形式：

① 非周期衰减过程　被控变量在给定值的某一侧缓慢变化，最后稳定在某一数值上，如图 1-1-14（a）所示。

② 衰减振荡过程　被控变量上下波动，但幅度逐渐减小，最后稳定在某一数值上，如图 1-1-14（b）所示。

③ 等幅振荡过程　被控变量在给定值附近来回波动，且波动幅度保持不变，如图 1-1-14（c）所示。

④ 发散振荡过程　被控变量来回波动，且波动幅度逐渐变大，即偏离给定越来越远，如图 1-1-14（d）所示。

在以上四种过程中，(d) 过程为发散的，是不稳定的过渡过程，被控变量在控制过程中逐渐远离给定值，导致被控变量超出工艺允许范围，是生产所不允许的，应竭力避免；过程（a）和（b）都是衰减的，是稳定的过渡过程。但对于（a）过程来说，由于过渡过程变化较慢，不能很快达到平衡状态，所以一般不采用，只是在生产上不允许被控变量有波动的情况下才采用。而（b）过程能够较快地使系统达到稳定状态，所以在控制过程中一般都希望达到（b）过程。(c) 过程一般也被认为是不稳定过程，只是对于某些控制质量要求不高的场合，如果被控变量允许在工艺许可的范围内振荡（主要指在位式控制时），那么这种过渡过程的形式是可以采用的。

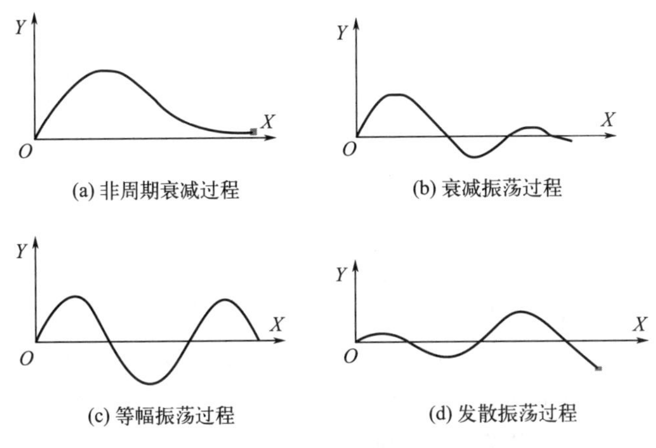

图 1-1-14　过渡过程的基本形式

2. 品质指标

控制系统的过渡过程是衡量控制系统品质指标的依据。由于在多数情况下，都希望得到衰减振荡过程，所以取衰减振荡的过渡过程形式来讨论控制系统的品质指标。

假定一个简单控制系统在阶跃干扰作用下，被控变量的变化曲线如图 1-1-15 所示，则其过渡过程就属于衰减振荡的过渡过程。图上横坐标 t 为时间，纵坐标 y 为被控变量离开给定值的变化量。若在时间 $t=0$ 之前，系统稳定，且被控变量等于给定值，即 $y=0$，在 $t=0$ 瞬间，外加阶跃干扰作用，系统的被控变量开始按衰减振荡规律变化，经过相当长时间后，被控变量 y 逐渐稳定在 $y(\infty)$ 上，此时 $y(\infty)=C$，C 为系统新稳定值。

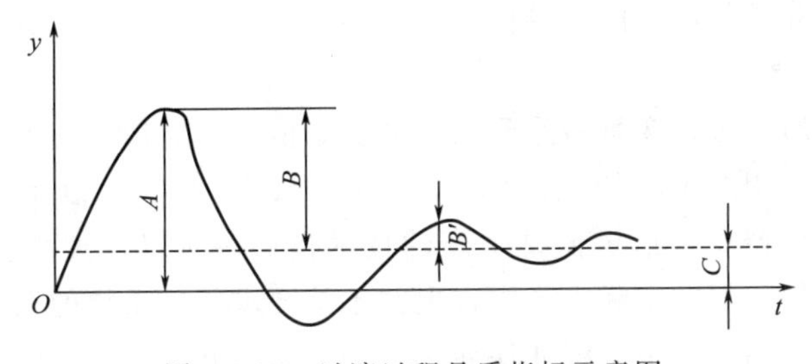

图 1-1-15　过渡过程品质指标示意图

对于图 1-1-15 所示的衰减振荡形式的过渡过程，如何评价控制系统的质量呢？习惯上采用下列几个品质指标。

（1）最大偏差或超调量

最大偏差是指在过渡过程中，被控变量偏离给定值的最大数值。在衰减振荡过程中，最大偏差就是第一个波的峰值，在图 1-1-15 中以 A 表示。最大偏差表示系统瞬时偏离给定值的最大程度。偏离越大，偏离的时间越长，即表明系统离开规定的工艺参数指标就越远，这对稳定正常生产是不利的。因此最大偏差可以作为衡量系统质量的一个品质指标。一般来说，最大偏差当然是小一些为好，特别是对于一些有约束条件的系统，如化学反应器的化合物爆炸极限、催化剂烧结温度极限等，都会对最大偏差的允许值有所限制。同时考虑到干扰会不断出现，当第一个干扰还未消除时，第二个干扰可能又出现了，偏差有可能是叠加的，这就更需要限制最大偏差的允许值。所以，在确定最大偏差的允许值时，要根据工艺情况慎重选择。

有时也可以用超调量来表征被控变量偏离给定值的程度。在图 1-1-15 中超调量以 B 表示。从图中可以看出，超调量 B 是第一个波峰值 A 与新稳定值 C 之差，即 $B=A-C$。如果系统的新稳定值等于给定值，那么最大偏差 A 也就与超调量 B 相等了。

（2）衰减比

虽然前面已提及一般希望得到衰减振荡的过渡过程，但是衰减快慢的程度多少为适当呢？表示衰减程度的指标是衰减比，它是前后两个相邻峰值的比。在图 1-1-15 中衰减比是 $B:B'$，习惯上表示为 $n:1$。假如 n 只比 1 稍大一点，显然过渡过程的衰减程度很小，接近于等幅振荡过程，由于这种过程不易稳定，振荡过于频繁，不够安全，因此一般不采用。如果 n 很大，则又太接近于非振荡过程，过渡过程过于缓慢，通常这也是不希望的。一般 n 取 4～10 之间为宜。因为衰减比在 4∶1 到 10∶1 之间时，过渡过程开始阶段的变化速度比较快，被控变量在同时受到干扰作用和控制作用的影响后，能比较快地达到一个峰值，然后马上下降，又较快地达到一个低峰值，而且第二个峰值远远低于第一个峰值。当操作人员看到这种现象后，心里就比较踏实，因为他知道被控变量在振荡数次后，就会很快地稳定下来，并且最终的稳定值必然在两峰值之间，绝不会出现太高或太低的现象，更不会远离给定值，以致造成事故。尤其在反应比较缓慢的情况下，衰减振荡过程的这一特点尤为重要。对于这种系统，如果过渡过程是非振荡的衰减过程，操作人员很可能在较长时间内，都只看到被控变量一直上升（或下降），似乎很自然地怀疑被控变量会继续上升（或下降）不止，这种焦急的心情，很可能会导致操作人员去拨动给定值指针或仪表上的其他旋钮。假若一旦出现这种情况，那么就等于对系统施加了人为的干扰，有可能使被控变量离开给定值更远，使系统处于难以控制的状态。所以，选择衰减振荡过程，并规定衰减比在 4∶1 至 10∶1 之间，这完全是工人师傅多年操作经验的总结。

（3）余差

当过渡过程结束时，被控变量所达到的新的稳态值与给定值之间的偏差，叫作余差。或者说，余差就是过渡过程结束时的残余偏差，在图 1-1-15 中以 C 表示。余差的符号可能是正，也可能是负。在生产中，给定值是生产的技术指标，所以，被测变量越接近给定值越好，亦即余差越小越好。但在实际生产中，也并不是要求任何系统的余差都很小。如一般储槽的液位控制要求就不高，这种系统往往允许液位在较大的变化范围，余差就可以大一些。又如化学反应器的温度控制，一般要求比较高，应当尽量消除余差。所以，对余差大小的要求，必须结合具体系统做具体分析，不能一概而论。

有余差的控制过程称为有差控制，相应的系统称为有差系统。没有余差的控制过程称为无差控制，相应的系统称为无差系统。

（4）过渡时间

从干扰作用发生的时刻起，到系统重新建立新的平衡时止，过渡过程所经历的时间，称为过渡时间或控制时间。严格地讲，对于具有一定衰减比的衰减振荡过渡过程来讲，要完全达到新的平衡状态需要无限长的时间。实际上，由于仪表灵敏度的限制，当被控变量接近稳态值时，指示值就基本上不再改变了。因此，一般是在稳态值的上下规定一个小的范围，当被控变量进入这一小范围，并不再越出时，就认为被控变量已经达到新的稳态值，或者说过渡过程已经结束。这个范围一般定为稳态值的±5%（有的也规定为±2%）。按照这个规定，过渡时间就是从干扰开始作用之时起，直至被控变量进入新稳态值的±5%（或±2%）的范围内且不再越出时为止所经历的时间。过渡时间短，表示过渡过程进行得比较迅速，这时即使干扰频繁出现，系统也能适应，系统控制质量就高；反之，过渡时间太长，第一个干扰引起的过渡过程尚未结束，第二个干扰就已经出现。这样，几个干扰的影响叠加起来，就可能使系统满足不了工艺生产的要求。

（5）振荡周期或频率

过渡过程的同向两个波峰（或波谷）之间的间隔时间，称为振荡周期或工作周期，其倒数称为振荡频率。在衰减比相同的情况下，周期与过渡时间成正比。一般希望振荡周期短一些为好。

还有一些次要的品质指标，其中振荡次数，是指在过渡过程内被控变量振荡的次数。所谓“理想过渡过程两个波”，就是指过渡过程振荡两次就能稳下来。它在一般情况下，可认为是比较理想的过渡过程。此时的衰减比大约为 4∶1，图 1-1-15 所示的过渡过程曲线就是接近于 4∶1 的过渡过程曲线。上升时间也是一个品质指标，它是指从干扰开始作用时刻起到第一个波峰所需要的时间。显然，上升时间以短一些为宜。

综上所述，过渡过程的品质指标主要有最大偏差、衰减比、余差、过渡时间等。这些指标在不同的系统中各有其重要性，且相互之间既有矛盾，又有联系。因此，应根据具体情况分清主次，区别轻重，对那些对生产过程有决定性意义的主要品质指标应优先予以保证。另外，对一个系统提出的品质要求和评价一个控制系统的质量，都应该从实际需要出发，不应过分偏高偏严。否则，就会造成人力物力的巨大浪费，甚至根本无法实现。

（六）影响控制品质的主要因素

从前面的讨论中知道，一个简单控制系统可以概括成由两大部分组成，即工艺过程部分和自动化装置部分。前者并不是泛指整个工艺过程，而是指与该简单控制系统有关的部分。以图 1-1-1 所示的热交换器温度控制系统为例，其工艺过程部分指的是与被控变量温度 T 有关的热交换器本身，也就是前面讲的被控对象。自动化装置部分指的是为实现简单控制所必需的自动化仪表设备，通常是测量变送装置、控制器和执行器等三部分。对于一个简单控制系统来说，控制品质的好坏，在很大程度上取决于对象的性质。例如在前面所述的温度控制系统中，影响对象性质的主要因素有：换热器的负荷大小；换热器的设备结构、尺寸、材质等；换热器内的换热情况、散热情况及结垢的程度等。对于已有的生产装置，对象特性一般是基本确定了的，不能轻易加以改变，自动化装置应按对象性质和控制要求加以选择和调整，两者要很好地配合。自动化装置选择和调整不当，也会直接影响控制质量。此外，在控制系统运行过程中，自动化装置的性能一旦发生变化，如测量失真、阀门特性变化或失灵，也会影响控制质量。总之，影响控制品质的因素是很多的，在系统设计和运行过程中都应给予充分注意。

三、简单控制系统的基本要求

1. 稳定性

稳定性是保证系统正常工作的先决条件。一个稳定的系统，若有扰动或给定输入作用发生变化，其被控量偏离期望值而产生的偏差应随时间的增长而衰减，回到（或接近）原来的稳定值，或跟踪变化的输入信号。这是对控制系统提出的最基本要求。

如图 1-1-16 所示，如果通过系统的调节作用，这种振荡随着时间的推移而逐渐减小乃至消失，则称该系统是稳定。

如图 1-1-17 所示，如果这种振荡是发散的或等幅的，则称系统为不稳定或临界稳定，不稳定的控制系统是不能正常工作的。

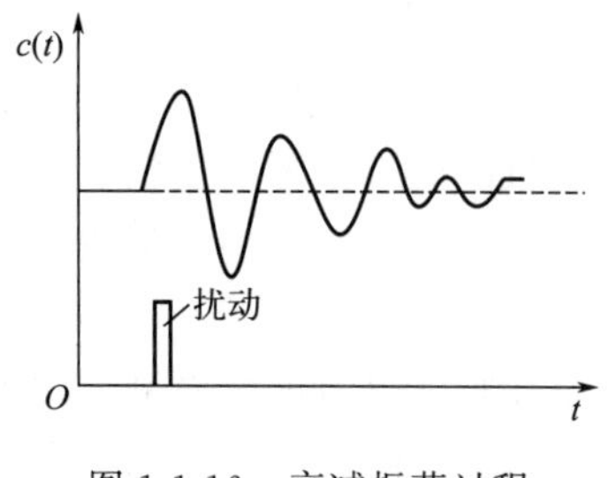

图 1-1-16　衰减振荡过程

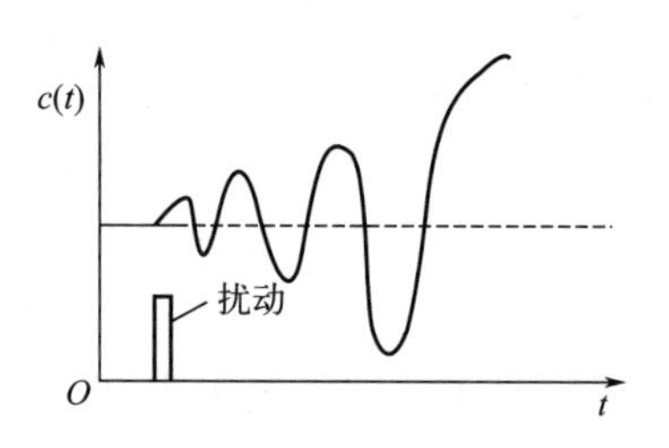

图 1-1-17　发散振荡过程

对一般控制系统，在某个输入信号作用下，其输出响应由两个部分组成，可表示为：

$$c(t)=c_0+c_t$$

c_0 为稳态分量，由系统初始条件和输入信号决定；c_t 为暂态分量，由系统结构决定。

2. 准确性

理想状态下，当过渡过程结束后，被控量达到的稳态值（即平衡状态）应与期望值一致。但实际上，由于系统结构、外作用形式以及摩擦、间隙等非线性因素的影响，被控量的稳态值和期望值之间会有误差存在，系统过渡过程结束进入稳态后表现出来的性能，称作稳态性能，用稳态误差 e_{SS} 来衡量，稳态误差是衡量控制系统控制精度的重要标志。若 $e_{SS}=0$，该系统为无差系统。若 $e_{SS}\neq 0$，该系统为有差系统。

3. 快速性

为了很好地完成控制任务，控制系统仅仅满足稳定性的要求是不够的，还必须对其过渡过程的形式和快慢提出要求，一般称为动态性能。

动态性能是描述系统过渡过程表现出来的性能，用平稳性（过渡过程的振荡程度）和快速性（过渡过程的快慢）衡量，如上升时间、峰值时间、调整时间、超调量。

稳、快、准三方面的性能指标往往由于被控对象的具体情况不同，各系统要求也有所侧重，而且同一个系统的稳、快、准的要求是相互制约的。

【任务实施】

酯提纯塔 T160 各控制系统中，了解每一个实际控制系统的组成，并画出控制系统的组成框图，遵从以下分析步骤：

1. 分析简单控制系统组成及控制过程

（1）控制系统工作的原理是什么？哪个是控制装置？被控对象是什么？影响被控量的主要扰动是什么？

（2）哪个是执行机构？

（3）测量被控量的元件有哪些？有哪些反馈环节？

（4）输入量是由哪个元件给定的？反馈量与给定量是如何进行比较的？

2. 绘制简单控制系统方块图

（1）分析简单控制系统组成。根据酯提纯塔 T160 工艺要求，进行流量控制系统组成和控制过程分析，完成表 1-1-3 。

▶ **表 1-1-3　简单控制系统组成**

酯提纯塔 T160 流量控制系统 FIC150	
被控对象	
控制器	
执行器	
干扰作用	
反馈（测量变送）	

（2）绘制流量简单控制系统方块图。

（3）练习绘制其他简单控制系统方块图。

【任务评价】

任务	训练内容与分值	训练要求	学生自评	教师评分
简单控制系统的认知	认识简单控制系统工艺流程图（10 分）	指认流程图中的被控对象、控制方法、反馈等		
	识别检测点和检测设备（10 分）	① 检测点有哪些 ② 检测设备有哪些		
	构建一个满足要求的液位简单控制系统（40 分）	系统中包括哪些环节，系统中的信息如何传递和联系		
	绘制构建的液位简单控制系统的方块图（20 分）	绘制简单控制系统的方块图		
	职业素养与创新思维（20 分）	① 积极思考、举一反三 ② 分组讨论、独立操作		
	学生：	教师：	日期：	

【知识归纳】

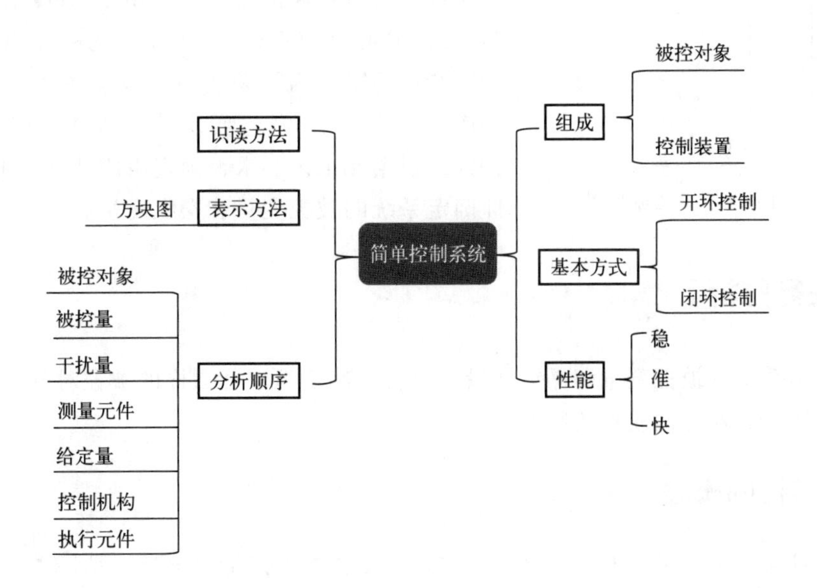

任务二 被控对象特性分析与对象建立

【任务描述】

自动控制系统是由被控对象（简称对象）、测量变送装置、控制器和控制阀（或执行器）组成。系统的控制品质与组成系统的每一个环节的特性都有关系，特别是被控对象的特性对控制品质的影响很大，往往是确定控制方案的重要依据。

在构成一个自动控制系统时，被控变量的选择是一个至关重要的问题。恰当的选择对于稳定生产、提高产品产量和质量、改善劳动条件有很大的作用。若选择不当，则不论组成什么样的控制系统，选择多么先进的过程检测控制仪表，都不能达到良好的控制效果。

被控变量之所以要控制，就是因为生产过程中存在着影响被控变量偏离设定值的干扰。当被控变量选定以后，接下去应对工艺进行分析，找出有哪些因素会影响被控变量发生变化，并确定这些因素中哪些是可控的，哪些是不可控的，进行操纵变量的选择。所谓选择操纵变量，就是从诸多影响被控变量的输入参数中，选择一个对被控变量影响显著而且可控性良好的输入参数作为操纵变量，而其余未被选中的所有输入量则视为系统的干扰。通过改变操纵变量去克服干扰的影响，使被控变量回到设定值。实质上，操纵变量的选择问题就是组成什么样的被控对象的问题。

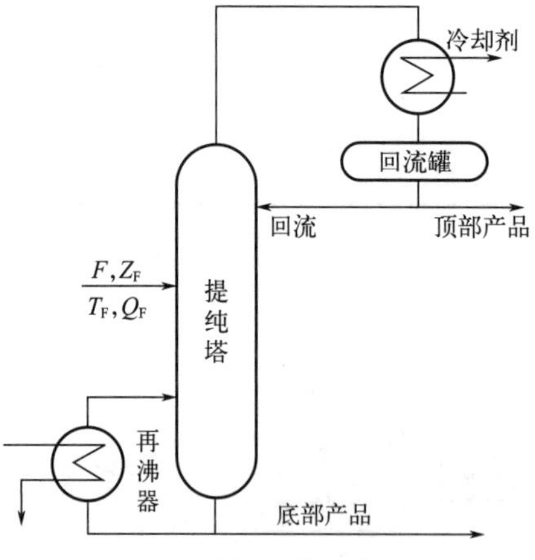

任务内容：图 1-2-1 所示为图 1-0-3 丙烯酸甲酯生产工艺中的酯提纯塔。在此，将由上一工序来的丙烯酸甲酯进行进一步提纯，含有少量丙烯酸、丙烯酸甲酯的塔底物流经 P160A 循环回 T110 继续分馏。丙烯酸甲酯成品在塔顶馏出经 E162A 冷却进入 V161（丙烯酸产品塔塔顶回流罐）中，由 P161A 抽出，一路作为 T160 塔顶回流返回 T160 塔，另一路出装置至丙烯酸甲酯成品罐。为了防止空塔或满塔而影响正常生产与产品质量，此工艺要求塔釜液位控制在 50%±10%。根据此工艺要求，确定组成什么样的被控对象，即确定系统的被控变量和操纵变量。

图 1-2-1 酯提纯塔工艺流程图

【任务分析】

确定控制系统的被控变量和操纵变量，也就是确定组成什么样的被控对象。因而，先来研究对象特性及其对控制质量的影响。

一、对象特性的概念

在化工自动化中，常见的对象（又称过程）是各类换热器、锅炉、精馏塔、流体输送设备和化学反应器等，此外，在一些辅助系统中，气源、热源及动力设备（如空压机、辅助锅炉、电动机等）也可能是需要控制的对象。各种对象的结构、原理千差万别，特性也很不相同。有的对象很稳定，操作很容易；有的对象则不然，只要稍不小心就会超越正常工艺条件，甚至造成事故。有经验的操作人员通常都很熟悉这些对象的特性，只有充分了解和熟悉这些对象，才能使生产操作得心应手，获得高产、优质、低消耗的成果。同样，在变量和操作条件变化时如何影响另一些变量，如何影响装置的经济效益，是值得研究的。用控制方面的术语来说，就是研究系统的各个输入变量是如何影响系统的状态和输出变量的。

在自动控制系统的方块图中，一个被控对象，可以用一个方块来表示。所谓对象特性，是指当被控对象的输入变量（操纵变量或扰动变量）发生变化时，其输出变量（被控变量）随时间的变化规律，如图 1-2-2 所示。

将操纵变量对被控变量的作用途径称为控制通道，将扰动对被控变量的作用途径称为扰动通道，在研究对象特性时都要加以考虑。

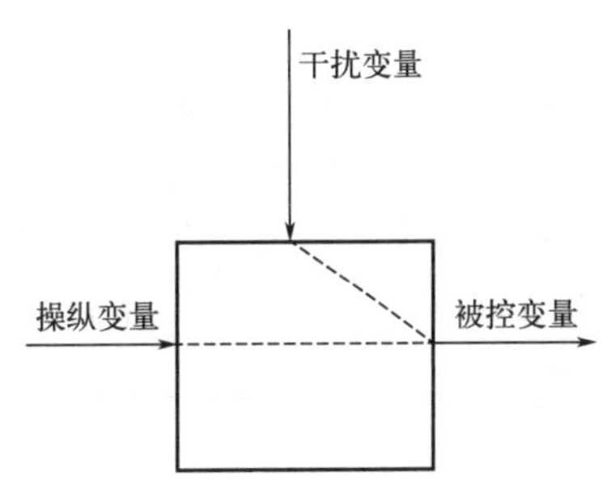

图 1-2-2　对象的输入、输出量

二、对象特性的类型

在研究对象特性时，应该预先指明对象的输入变量是什么，输出变量是什么，因为对于同样一个对象，输入变量或输出变量不相同时，它们间的关系也是不相同的。工业生产过程中常采用阶跃输入信号作用下过程的响应表示过程的动态特性。以阶跃响应分类，典型的工业过程动态特性分为下列四类。

1. 自衡的非振荡过程

在外部阶跃输入信号作用下，过程原有平衡状态被破坏，并在外部信号作用下自动地非振荡稳定到一个新的稳态，这类工业过程称为具有自衡的非振荡过程，如图 1-2-3 所示。过程能自发地趋于新稳态值的特性称为自衡性。例如通过阀门阻力排液的液位系统属于该类过程。

2. 无自衡的非振荡过程

如图 1-2-4 所示，该类过程没有自衡能力，它在阶跃输入信号作用下的输出响应物线无振荡地从一个稳态一直上升或下降，不能达到新的稳态。例如，某些液位储罐的出料采用定量泵排出，当进料阀开度阶跃变化时，液体会一直上升到溢出或下降到排空。

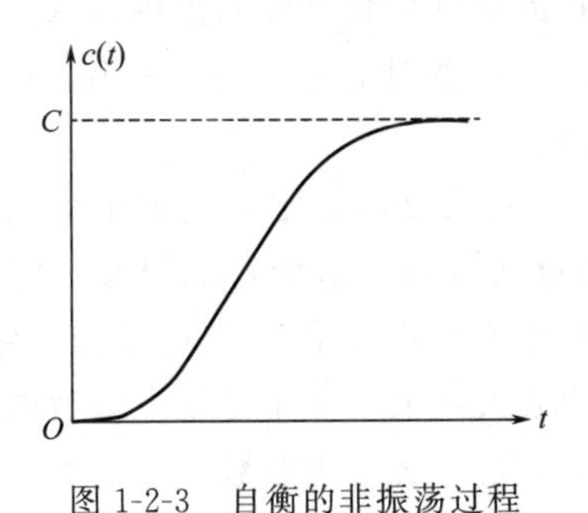

图 1-2-3　自衡的非振荡过程

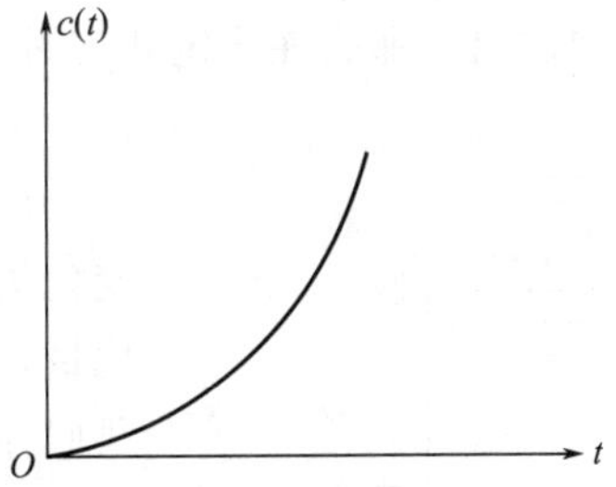

图 1-2-4　无自衡的非振荡过程

3. 有自衡的振荡过程

这类过程具有自衡能力，在阶跃输入信号作用下，输出响应呈现衰减振荡特性，最终过程会趋于新的稳态值。图 1-2-5 所示为这类过程的阶跃响应。工业生产过程中这类过程不多见，它们的控制也比第一类过程困难一些。

4. 具有反向特性的过程

在阶跃信号的作用下，被控变量 $c(t)$ 先升后降或先降后升，即阶跃响应在初始情况与最终情况方向相反，如图 1-2-6 所示。

这类过程的典型例子是锅炉水位。当蒸汽用量阶跃增加时，引起蒸汽压力突然下降，汽包水位由于水的闪急汽化，造成虚假水位上升，但因用汽量的增加，最终水位反而下降。这类过程由于控制器根据水位的上升会做出减少给水量的误操作，因此控制这类过程最为困难。

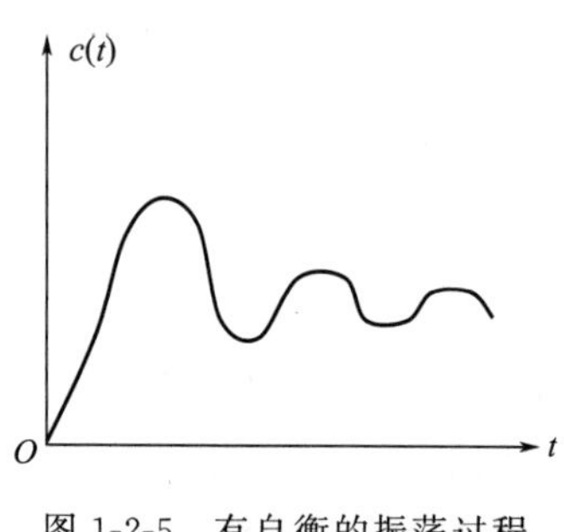

图 1-2-5　有自衡的振荡过程

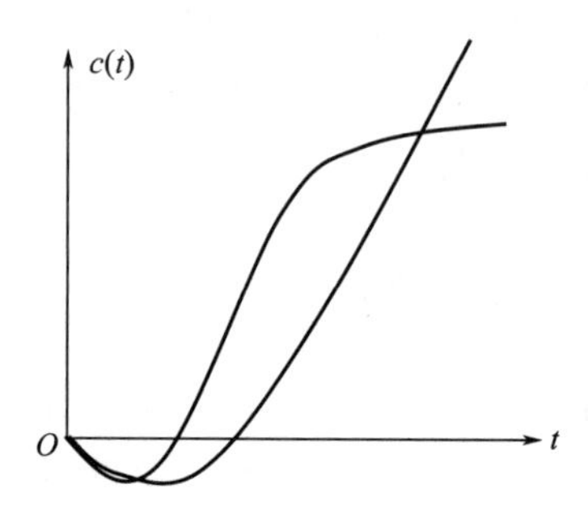

图 1-2-6　具有反向特性的过程

三、对象特性的一般分析

当对象的输入量变化后，输出量究竟是如何变化的呢？这是我们要研究的问题。显然，对象输出量的变化情况与输入量的形式有关。下面假定对象的输入量是具有一定幅值的阶跃作用。

对象的特性可以通过数学模型来描述，但是为了研究问题方便起见，在实际工作中，常用下面三个物理量来表示对象的特性。这些物理量称为对象的特性参数。

1. 放大系数 *K*

对于如图 1-2-7 所示的简单水槽对象，当流入流量有一定的阶跃变化后，液位也会有相应的变化，但最后会稳定在某一数值上。如果我们将流量的变化看作对象的输入，液位的变化看作对象的输出，那么在稳定状态时，对象一定的输入就对应着一定的输出，这种特性我们称为对象的静态特性。

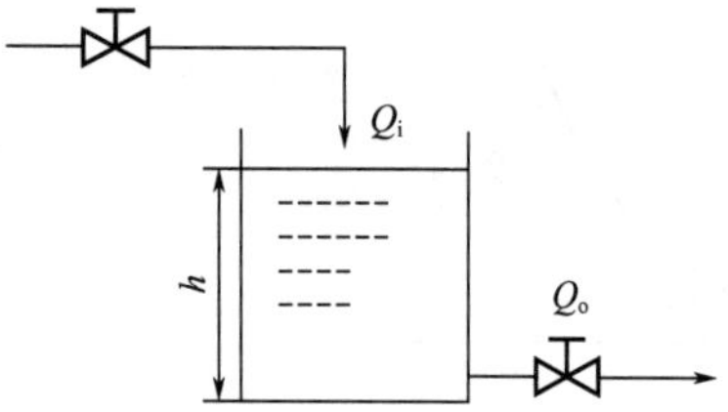

图 1-2-7　液位过程

K 在数值上等于对象重新稳定后的输出变化量与输入变化量之比。它的意义可以理解为：如果有一定的输入变化量，通过对象就被放大了 K 倍变为输出变化量，所以，我们称 K 为对象的放大系数。由于是稳定以后的输出变化量，所以这里 K 指的是静态放大系数。

对象的放大系数 K 越大，就表示对象的输入量有一定变化时，对输出量的影响越大。在对象的放大系数工艺生产中，常常会发现有的阀门对生产影响很大，开度稍微变化就会引起对象输出量大幅度的变化，甚至造成事故；有的阀门则相反，开度的变化对生产的影响很小。这说明在一个设备上，各种量的变化对被控变量的影响是不相同的。换句话说，就是各种输入量与被控变量之间的放大系数有大有小。放大系数越大，被控变量对这个量的变化就越灵敏，这在选择自动控制方案时是需要考虑的。

2. 时间常数

从大量的生产实践中发现，有的对象在受到输入作用后，被控变量变化很快，较迅速地达到稳定值；有的对象在受到输入作用后，被控变量要经过很长时间才能达到新的稳态值。从图 1-2-8 中可以看出，对于截面积很大的水槽与截面积很小的水槽，当进口流量改变同样一个数值时，截面积小的水槽液位变化很快，并迅速趋向新的稳态值；而截面积大的水槽惯性大，液位变化慢，须经过很长时间才能稳定，说明两水槽的惯性是不相同的。同样道理，夹套蒸汽加热的反应器与直接蒸汽加热的反应器相比，当蒸汽流量变化时，蒸汽直接加热的反应器内反应物的温度变化就比蒸汽通过夹套加热的反应器内温度变化来得快。如何定量地表示对象的这种特性呢？在自动化领域中，往往用时间常数 T 来表示。时间常数越大，表示对象受到输入作用后，被控变量变化得越慢，到达新的稳态值所需的时间越长。

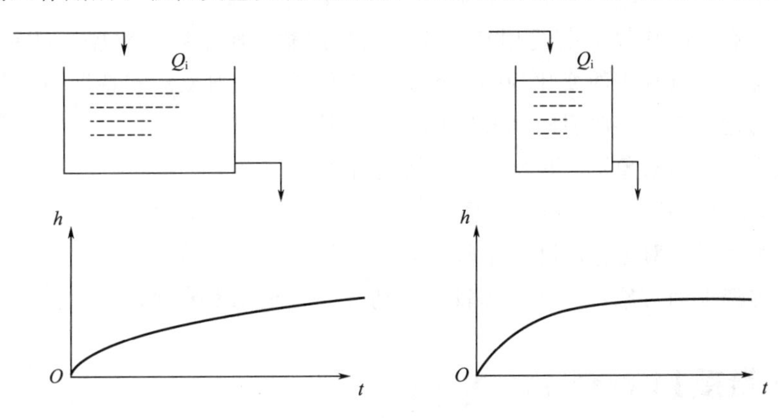

图 1-2-8　不同时间常数的反应

3. 滞后时间

（1）时滞

时滞又称纯滞后，因为它的产生一般是由于介质的输送需要一段时间而引起的，所以有时称为传递滞后，其滞后的时间用 τ_0 表示，具有时滞的对象阶跃响应曲线如图 1-2-9 所示。

（2）容量滞后

有些对象在受到阶跃输入作用时开始变化很慢，后来才逐渐加快，最后又变慢直至逐渐接近稳态值，这种现象叫容量滞后或过渡滞后，其反应曲线如图 1-2-10 所示。容量滞后一般是由于物料或能量的传递需要通过一定阻力而引起的。

时滞和容量滞后尽管在本质上不同，但在实际上往往很难严格区分。在容量滞后与时滞同时存在时，常常把两者合起来统称滞后时间。不难看出，自动控制系统中，滞后的存在对控制是不利的。特别是当对象的调节通道存在滞后时，如果被控变量有偏差，由此产生的控制作用不能及时克服干扰作用对被控变量的影响，偏差往往会越来越大，得不到及时的克服，以至整个系统的稳定性和控制指标都会受到严重的影响。所以，在设计和安装控制系统时，都应当尽量把滞后时间减到最小。

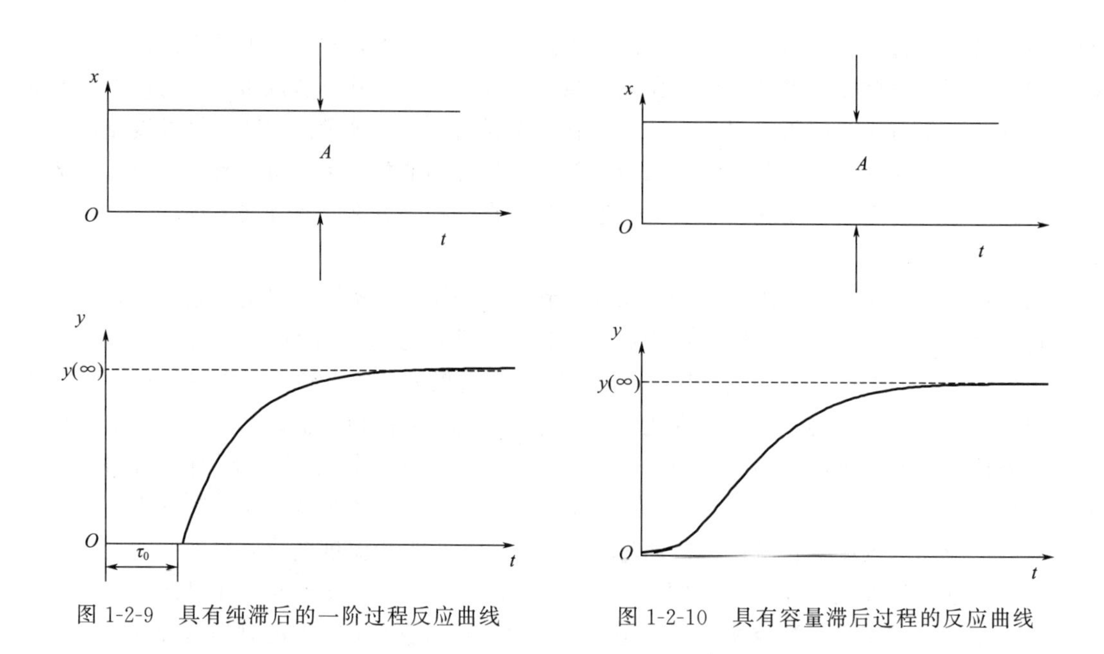

图 1-2-9　具有纯滞后的一阶过程反应曲线　　图 1-2-10　具有容量滞后过程的反应曲线

滞后时间 τ 和时间常数 T 都是用来表征对象受到输入作用后，被控变量是如何变化的，也就是反映系统过渡过程中的变化规律，因此，它们是反映对象动态特性的参数。

目前常见的化工对象的滞后时间和时间常数大致情况如下：

被控变量为压力的对象：τ 不大，T 也属中等；

被控变量为液位的对象：τ 很小，而 T 稍大；

被控变量为流量的对象：τ 和 T 都较小，数量级往往在几秒至几十秒；

被控变量为温度的对象：τ 和 T 都较大，约几分钟至几十分钟。

【知识链接】

一、控制系统的静态与动态

当一个自动控制系统的输入（给定或干扰）和输出均恒定不变时，整个系统就处于一种相对稳定的平衡状态，系统的各个组成环节如变送器、控制器、控制阀都不改变其原先的状态，它们的输出信号也都处于相对稳定状态，这种状态就是静态。值得注意的是这里所指的静态与习惯上所讲的静止是不同的。习惯上所说的静止都是指静止不动，而在自动化领域中的静态生产还在进行，物料和能量仍然有进有出，只是平稳进行没有改变而已，此时各参数（或信号）的变化率为零，即参数保持在某一常数不变化。

定值控制系统的目的就是希望将被控变量保持在一个不变的值上，这只有当进入被控对象的物料量（或能量）和流出对象的物料量（或能量）相等时才有可能。例如图 1-2-8 所示的液位过程，只有当流入储槽的流量 Q_i 和流出储槽的流量 Q_o 相等时，液位才能恒定，系统才处于静态。

假若一个系统原先处于平衡状态即静态，由于干扰的作用而破坏了这种平衡时，被控变量就会发生变化，从而使控制器、控制阀等自动控制装置改变原来平衡时所处的状态，产生一定的控制作用以克服干扰的影响，并力图使系统恢复平衡。从干扰发生开始，经过控制，直到系统重新建立平衡，在这一段时间内，整个系统的各个环节和参数都处于变动状态之中即动态。

当自动控制系统在动态过程中，被控变量是不断变化的，它随时间而变化的过程称为自动控制系统的过渡过程，也就是自动控制系统从一个平衡状态过渡到另一个平衡状态的过程。自动控制系统的过渡过程是控制作用不断克服干扰作用影响的过程，这种运动过程是控制作用与干扰作用斗争的过程，当这一过程结束，系统又达到了新的平衡。

平衡（静态）是暂时的、相对的、有条件的，不平衡（动态）才是普遍的、绝对的、无条件的。在自动化工作中，了解系统的静态是必要的，但是了解系统的动态更为重要。这是因为在生产过程中，干扰是客观存在的，是不可避免的，例如生产过程中前后工序的相互影响；负荷的改变；电压、气压的波动；气候的影响等等。这些干扰是破坏系统平衡状态，引起被控变量发生变化的外界因素。在一个自动控制系统投入运行时，时时刻刻都有干扰作用于控制系统，从而破坏了正常的工艺生产状态。因此，就需要通过自动控制装置不断地施加控制作用去对抗或抵消干扰作用的影响，从而使被控变量保持在工艺生产所要求的控制技术指标上。所以，一个自动控制系统在正常工作时，总是处于一波未平、一波又起、波动不止、往复不息的动态过程中。显然研究自动控制系统的重点是要研究系统的动态。

二、对象的数学模型

1. 对象的数学模型简介

对象特性的数学描述就称为对象的数学模型。数学模型对于工艺设计与生产控制都是十分重要的。工艺人员在进行工艺流程和设备等设计时，必须用到过程的数学模型。数学模型不仅是分析和设计控制系统方案的需要，也是控制系统投运、控制器参数整定的需要. 它在操作优化、故障检测和诊断、操作方案制定等方面也是极其重要的。

与工业过程的动态和静态相对应，工业过程的数学模型有静态和动态之分。静态数学模型描述的是工业过程的输入变量和输出变量达到平衡时的相互关系。动态数学模型描述的是工业过程的输出变量在输入变量影响下的变化过程。可以认为，静态数学模型是动态数学模型在达到平衡状态时的一个特例。过程控制中通常采用动态数学模型。一般来说，对象的被控变量是它的输出变量，干扰作用和控制作用是它的输入变量，干扰作用和控制作用都是引起被控变量变化的因素。

2. 数学模型的主要形式

数学模型主要有两类形式，一类是非参量形式，就是用曲线或数据表格来表示，另一类是参量形式，就是用数学方程式来表示。

非参量模型可以是实验测试的直接结果，也可以由计算得出。其特点是简单、形象，较易看出其定性的特征。但是，它们缺乏数学方程的解析性质，要按照它们来进行系统的综合与设计，往往是比较困难的。

参量模型的形式很多。静态数学模型比较简单，一般可用代数方程式表示。动态数学模型的形式主要有微分方程、传递函数、差分方程及状态方程等。

3. 数学模型建立的方法

根据数学模型建立的途径不同，可分机理建模、实测建模两类方法，也可将两者结合起来。从机理出发，也就是从对象内在的物理和化学规律出发，可以建立描述对象输入输出特性的对象的输入、输出量数学模型，这样的模型一般称为机理模型。对于已经投产的生产过程，我们也可以通过实验测试或依据积累的操作数据，对系统的输入输出数据，通过数学回归方法进行处理，这样得到的数学模型称为经验模型。机理建模可以在设备投产之前，充分利用已知的过程知识，从本质上去了解对象的特性。但是由于化工对象较为复杂，某些物理、化学变化的机理还不完全了解，而且线性的并不多，分布参数元件又特别多（即变量同时是位置和时间的函数），所以对于某些对象，还难以写出数学表达式，或者表达式中的某些系数需要许多前提条件。把两种途径结合起来，可兼采两者之长，补各自之短。其主要方法是通过机理分析，得出模型的结构或函数形式，而对其中的部分参数通过实测得到，这样得到的模型称为混合模型。

4. 传递函数

传递函数是经典控制理论中广泛采用的一种数学模型。利用传递函数，不必求解微分方程就可分析系统的动态性能，以及系统参数或结构变化对动态性能的影响。

（1）传递函数的定义

在初始条件为零时，系统输出量的拉氏变换与输入量的拉氏变换之比称为系统的传递函数。通常用$G(s)$或$\Phi(s)$表示。

n阶系统微分方程的一般形式：

$$a_0\frac{\mathrm{d}^n}{\mathrm{d}t^n}c(t)+a_1\frac{\mathrm{d}^{n-1}}{\mathrm{d}t^{n-1}}c(t)+\cdots+a_nc(t)=$$
$$b_0\frac{\mathrm{d}^m}{\mathrm{d}t^m}r(t)+b_1\frac{\mathrm{d}^{m-1}}{\mathrm{d}t^{m-1}}r(t)+\cdots+b_nr(t) \tag{1-2-1}$$

其中，$r(t)$为系统输入量，$c(t)$为系统输出量。

在零初始条件下，两端进行拉氏变换：

$$(a_0s^n+a_1s^{n-1}+\cdots+a_n)C(s)=(b_0s^m+b_1s^{m-1}+\cdots+b_m)R(s)$$

由定义得系统的传递函数：

$$G(s)=\frac{C(s)}{R(s)}=\frac{b_0s^m+b_1s^{m-1}+\cdots+b_m}{a_0s^n+a_1s^{n-1}+\cdots+a_n} \tag{1-2-2}$$

（2）传递函数的性质

① 传递函数的系数和阶数均为实数，只与系统内部结构参数有关，而与输入量初始条件等外部因素无关。

② 实际系统的传递函数是s的有理分式，$n\geqslant m$（因为系统或元件具有的惯性以及能源有限）。

③ 传递函数是物理系统的数学模型，但不能反映物理系统的性质，不同的物理系统可有相同的传递函数。

④ 单位脉冲响应是传递函数的拉氏反变换。

⑤ 传递函数只适用于线性定常系统。

（3）典型环节的传递函数

控制系统是由若干元件有机组合而成的。从结构及作用原理上来看，有各种各样不同的元件，但从动态性能或数学模型来看，却可分成为数不多的基本环节，也就是典型环节。不管元件是机械式、电气式或液压式等等，只要它们的数学模型一样，它们就是同一种环节。

这样划分为系统的分析和研究带来很多方便，对理解各种元件对系统动态性能的影响也很有帮助。以下列举几种典型环节及其传递函数。这些环节是构成系统的基本环节。

① 比例环节　比例环节是指系统的输出量与输入量成比例关系的环节。比例环节的微分方程为

$$c(t)=Kr(t) \tag{1-2-3}$$

式中，K 为常数，称放大系数或增益。

在零初始条件下进行拉氏变化，得比例环节的传递函数为

$$G(s)=\frac{C(s)}{R(s)}=K \tag{1-2-4}$$

在一定的频率范围内，放大器、减速器、解调器和调制器都可以看成比例环节。

② 积分环节　积分环节是指输出量是输入量对时间的积分，其微分方程为：

$$c(t)=\frac{1}{T}\int r(t)\mathrm{d}t \tag{1-2-5}$$

在零初始条件下进行拉氏变化，得其传递函数为

$$G(s)=\frac{C(s)}{R(s)}=\frac{1}{Ts} \tag{1-2-6}$$

其中 T 为时间常数。

模拟机的积分器以及电动机角速度和转角间的传递函数都是积分环节的实例。

③ 理想微分环节　理想微分环节的输出量与输入量的一阶导数成正比，其微分方程为

$$c(t)=T\frac{\mathrm{d}r(t)}{\mathrm{d}t} \tag{1-2-7}$$

其传递函数为

$$G(s)=\frac{C(s)}{R(s)}=Ts \tag{1-2-8}$$

式中，T 为时间常数。

测速发电机可看成理想微分环节。

④ 惯性环节　惯性环节的微分方程为，

$$T\frac{\mathrm{d}c(t)}{\mathrm{d}t}+c(t)=Kr(t) \tag{1-2-9}$$

惯性环节的传递函数为

$$G(s)=\frac{C(s)}{R(s)}=\frac{K}{Ts+1} \tag{1-2-10}$$

包含惯性环节的元部件很多，如 RC 网络以及常见的伺服电动机都包含此环节。

⑤ 一阶微分环节　一阶微分环节的微分方程为

$$c(t)=T\frac{\mathrm{d}r(t)}{\mathrm{d}t}+r(t) \tag{1-2-11}$$

式中，T 为时间常数。

一阶微分环节的传递函数为

$$G(s)=\frac{C(s)}{R(s)}=Ts+1 \tag{1-2-12}$$

一般超前网络中就包含一阶微分环节。

⑥ 二阶振荡环节　二阶振荡环节的微分方程为

$$T^2 \frac{d^2 c(t)}{dt^2} + 2\zeta T \frac{dc(t)}{dt} + c(t) = r(t) \tag{1-2-13}$$

其传递函数为

$$G(s) = \frac{C(s)}{R(s)} = \frac{1}{T^2 s^2 + 2\zeta T s + 1} \tag{1-2-14}$$

RLC 网络、电动机位置随动系统均为这种环节的实例。

⑦ 纯滞后环节　纯滞后环节的微分方程为

$$c(t) = r(t-\tau) \tag{1-2-15}$$

其传递函数为

$$G(s) = \frac{C(s)}{R(s)} = e^{-\tau s} \tag{1-2-16}$$

物料传输系统为这种环节的实例。

(4) 传递函数的建立方法

系统或环节的传递函数可以通过以下三种方法建立。

① 首先求出系统的微分方程，在零初始条件下对微分方程两边进行拉氏变换，输出量的拉氏变换与输入量的拉氏变换之比就是系统的传递函数。其中，建立系统或环节微分方程的步骤如下。

a. 确定输入输出变量。

b. 根据相应的物理定律列写能量或物料平衡关系式，得到系统各个元部件的运动方程。

c. 消除中间变量，这里的中间量是指方程组中除输入、输出量以及已知量外的所有量。

d. 写成标准形式：输出在方程的左边，输入在方程的右边，并且按降次幂排列。

② 列写控制系统输入输出及内部各中间变量的微分方程组，将微分方程组经拉氏变换为代数方程组，消去中间变量得到系统的传递函数。

③ 对于电网络系统，可以将时域的元件模型化为复域的元件模型，然后根据电网络的约束关系式列写代数方程，消去中间变量得到系统的传递函数。

5. 机理法建立数学模型实例

【例 1】 建立如图 1-2-11 所示的单容水槽的数学模型，已知：流入量 $f_i(t)$ 由调节阀开度加以控制，流出量 $f_o(t)$ 根据需要通过负载阀来改变。被调量为液位 $l(t)$，水槽的横截面积为 A，流出端负载阀的液阻为 R。

解： ① 确定输入输出变量。

该单容水槽是通过调节阀改变开度大小来调节流入量 $f_i(t)$，以达到控制液位 $l(t)$ 的目的，因此，该过程的输入变量为流入量 $f_i(t)$，输出变量为液位 $l(t)$。

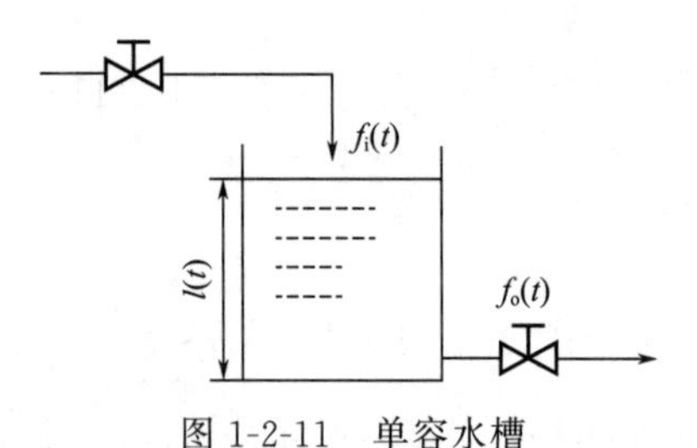

图 1-2-11　单容水槽

② 根据相应的物理定律列写能量或物料平衡关系式，得到系统各个元部件的运动方程。

由物料平衡可得，

$$(f_i(t) - f_o(t)\mathrm{d}t = A\,\mathrm{d}l(t) \tag{1-2-17}$$

$$A\frac{\mathrm{d}l(t)}{\mathrm{d}t} = f_i(t) - f_o(t) \tag{1-2-18}$$

据流量公式，流出量与液位高度的关系经线性化处理后为

$$f_o(t)=\frac{l(t)}{R} \tag{1-2-19}$$

③ 消去中间变量 $f_o(t)$，得到系统输入输出关系的微分方程

$$A\frac{dl(t)}{dt}=f_i(t)-\frac{l(t)}{R} \tag{1-2-20}$$

④ 写成标准形式：输出在方程的左边，输入在方程的右边，并且按降次幂排列。

$$A\frac{dl(t)}{dt}+\frac{l(t)}{R}=f_i(t) \tag{1-2-21}$$

零初始条件下，对式 (1-2-4) 进行拉氏变换，得到系统的传递函数

$$AsL(s)+\frac{L(s)}{R}=F_i(s) \tag{1-2-22}$$

$$G(s)=\frac{L(s)}{F_i(s)}=\frac{R}{ARs+1} \tag{1-2-23}$$

【例 2】 在单容水槽的基础上，再串联一个水槽，如图 1-2-12 所示，其输入量为进水流量 $f_1(t)$，输出变量为水槽 2 的液位高度 $l_2(t)$。假设水槽 1 和水槽 2 近似为线性对象，两水槽的液阻 R_1、R_2 近似为常数，试建立其数学模型。

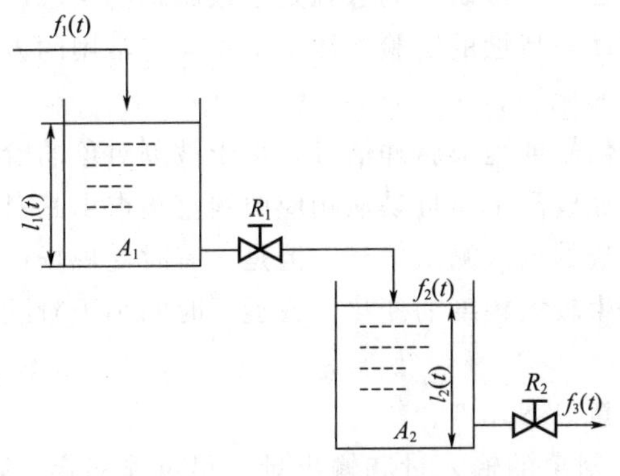

图 1-2-12　双容水槽

解：在水流量、液位以及液阻之间，经线性化后，可导出以下关系式：

$$A_1\frac{dl_1(t)}{dt}=f_1(t)-f_2(t) \tag{1-2-24}$$

$$f_2(t)=\frac{l_1(t)}{R_1} \tag{1-2-25}$$

$$A_2\frac{dl_2(t)}{dt}=f_2(t)-f_3(t) \tag{1-2-26}$$

$$f_3(t)=\frac{l_2(t)}{R_2} \tag{1-2-27}$$

消除中间变量，得其微分方程

$$A_1R_1A_2R_2\frac{d^2l_2(t)}{dt^2}+(A_1R_1+A_2R_2)\frac{dl_2(t)}{dt}+l_2(t)=R_2f_1(t) \tag{1-2-28}$$

即

$$T_1T_2\frac{d^2l_2(t)}{dt^2}+(T_1+T_2)\frac{dl_2(t)}{dt}+l_2(t)=R_2f_1(t) \tag{1-2-29}$$

其中 $T_1=A_1R_1$，$T_2=A_2R_2$。

零初始条件下，对式（1-2-29）进行拉氏变换，有

$$T_1T_2s^2L_2(s)+(T_1+T_2)sL_2(s)+L_2(s)=R_2F_1(s) \tag{1-2-30}$$

则其传递函数

$$G(s)=\frac{L_2(s)}{F_1(s)}=\frac{R_2}{T_1T_2s^2+(T_1+T_2)s+1} \tag{1-2-31}$$

6. 实验测取对象数学模型

前面已经介绍了数学模型的建立有机理建模、实测建模两种方法。机理建模虽然具有较大的普遍性，然而在化工生产中，许多对象的特性很复杂，往往很难通过内在机理的分析直接得到描述对象特性的数学表达式；另一方面，在机理推导的过程中，往往作了许多假设，忽略了很多次要因素。但是在实际工作中，由于条件的变化，可能某些假设与实际情况不完全相符，或者有些原来次要的因素上升为不能忽略的因素，因此，要直接利用理论推导建立起来的数学模型作为合理设计自动控制系统的依据，往往是不可靠的。在实际工作中，我们常常用实验测试的方法来研究对象的特性，它能比较可靠地建立对象的数学模型，也可以对通过机理分析建立起来的数学模型加以验证或修改。

为了获得动态特性，必须使被研究的过程处于被激励的状态。根据加入的激励信号和结果的分析方法不同，测试动态特性的实验方法也不相同，常用的方法有时域法、频率法和统计相关法。这里主要介绍时域法。

测试信号通常选阶跃信号或矩形脉冲信号，由于被测对象的阶跃响应曲线比较直观地反映了其动态特性，实验也比较简单，且易从响应曲线直接求出其对应的传递函数，因此阶跃输入信号是时域测定法首选的输入测试信号。但是，有时受现场运行条件的限制，正常运行不容许被控对象的参数发生较大幅度的变化，或运行时间小于阶跃响应时间，则可改用矩形脉冲作为输入测试信号。

在测试过程中必须注意以下几点。

① 加测试信号之前，对象的输入量和输出量应尽可能稳定一段时间，不然会影响测试结果的准确度。当然在生产现场测试时，要求各个变量都绝对稳定是不可能的，只能是相对稳定，不超过一定的波动范围即可。

② 扰动测试信号的幅值应足够大，以减少随机扰动对测量误差的相对影响；但扰动量又不能过大，否则被控对象的非线性影响因素增大，有时还会影响被测对象正常运行。通常，扰动量取为额定值的8%～10%。

③ 对于具有时滞的对象，当输入量开始作阶跃变化时，为准确起见，也可用秒表单独测取时滞时间。

④ 为保证测试精度，排除测试过程中其他干扰的影响，测试曲线应是平滑无突变的。最好在相同条件下，重复测试2～3次，如几次所得曲线比较接近就认为可以了。且应进行正反向的实验，以检验被测对象的非线性特性。

⑤ 加试测试信号后，要密切注视各干扰变量和被控变量的变化，尽可能把与测试无关的干扰排除。被控变量的变化应在工艺允许范围内，一旦有异常现象，便及时采取措施。如在作阶跃法测试时，发现被控变量快要超出工艺允许指标，可马上撤销阶跃作用，继续记录被控变量，可得到一条矩形脉冲反应曲线，否则测试就会前功尽弃。

⑥ 测试和记录工作应该持续进行到输出量达到新稳定值基本不变时为止。

⑦ 在反应曲线测试工作中，要特别注意工作点的选取。因为多数工业对象不是真正线性的，由于非线性关系，对象的放大系数是可变的。所以，作为测试对象特性的工作点，应该选择在正常的工作状态，也就是在额定负荷、被控变量在给定值的情况下，因为整个控制系统的控制过程将在此工作点附近进行，这样测得的放大系数较符合实际情况。

当给对象输入端施加一个扰动信号后，对象的输出就会出现一条完整的记录曲线，在响应曲线测定后，为了分析和设计控制系统，需要将响应曲线转化为传递函数。在转化过程中，首要问题是选定模型的结构。对工业过程而言，典型传递函数有如下几种常见形式：

对于有自衡的工业对象常用一阶或一阶带纯滞后环节的传递函数来近似

$$G(s)=\frac{K}{Ts+1}\qquad G(s)=\frac{K}{Ts+1}\mathrm{e}^{-\tau s}$$

对于无自衡的工业对象常用积分环节或具有纯滞后的积分环节的传递函数来近似

$$G(s)=\frac{1}{T_{\mathrm{i}}s}\qquad G(s)=\frac{1}{T_{\mathrm{i}}s}\mathrm{e}^{-\tau s}$$

当测取到对象的反应曲线之后，由此便可求取对象的特征参数（K，T，T_{i}，τ）即得到对象的传递函数。下面介绍由自衡对象在阶跃法测取特性时求取特征参数的方法。

（1）由阶跃反应曲线确定一阶对象的特征参数

当对象在阶跃信号作用下，其反应曲线如图 1-2-13 所示。此对象传递函数可用一阶特性来近似，即 $G(\mathrm{s})=\frac{K}{Ts+1}$。为此，需要确定对象的放大系数 K 与时间常数 T。

① 设阶跃输入幅值 Δx 为 A，则放大系数 K 可由阶跃反应曲线的稳态值增量除以阶跃作用的幅值求得，即

$$K=\frac{\Delta y}{\Delta x}=\frac{y(\infty)-y(0)}{A}\tag{1-2-32}$$

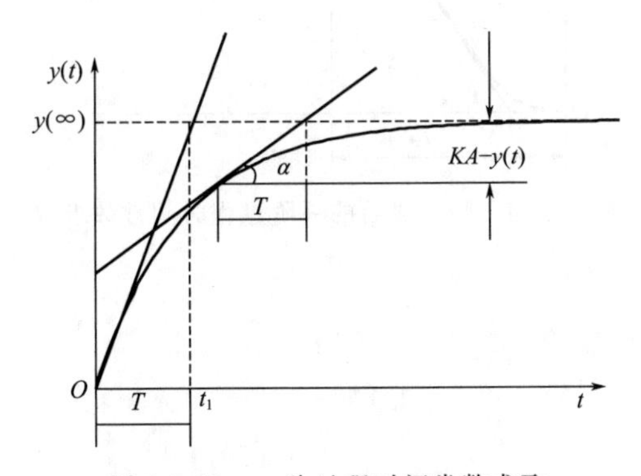

图 1-2-13　一阶过程时间常数求取

② 时间常数 T。作图求时间常数 T 可在反应曲线的 O 点处作切线，它与 $y(\infty)$ 的渐近线 $y(\infty)=KA$ 相交于 n 点，过 n 点向时间轴 t 作垂线，交于 t_1 点，则时间常数 $T=t_1$，如图 1-2-13 所示。时间常数不仅可以从反应曲线的原点作它的切线求得，也可在反应曲线的任一点作它的切线，过此切线与 $y(\infty)$ 的交点作垂直于时间轴的垂线，则此切点到此垂线的距离即为时间常数 T。如图 1-2-13 所示。

另外还可以用解析的方法求时间常数 T。因为一阶特性所描述的对象其微分方程式为

$$T\frac{\mathrm{d}y(t)}{\mathrm{d}t}+y(t)=kx(t) \tag{1-2-33}$$

在幅度为 A 的阶跃扰动作用下，上式可写成

$$T\frac{\mathrm{d}y(t)}{\mathrm{d}t}+y(t)=kA=y(\infty) \tag{1-2-34}$$

或

$$\frac{\mathrm{d}y(t)}{\mathrm{d}t}=\frac{y(\infty)-y(t)}{T} \tag{1-2-35}$$

因为 $\frac{\mathrm{d}y}{\mathrm{d}t}$ 在几何上表示曲线 $y=y(t)$ 的切线斜率，故

$$\frac{\mathrm{d}y(t)}{\mathrm{d}t}=\tan\alpha=\frac{y(\infty)-y(t)}{T} \tag{1-2-36}$$

$$T=\frac{y(\infty)-y(t)}{\tan\alpha} \tag{1-2-37}$$

（2）带纯滞后的一阶环节拟合的近似法

常见的一种阶跃响应曲线为 S 形的单调曲线，如图 1-2-14 所示，设阶跃输入幅值 Δx 为 A，则放大系数 K

$$K=\frac{\Delta y(t)}{\Delta x(t)}=\frac{y(\infty)-y(0)}{A} \tag{1-2-38}$$

时间常数及延迟时间可用作图法确定：在响应曲线的拐点处作切线，切线与时间轴交于 A 点，而与响应曲线稳态值的渐近线交于 B 点，延迟时间 τ 与时间常数 T 分别如图 1-2-14 所示。

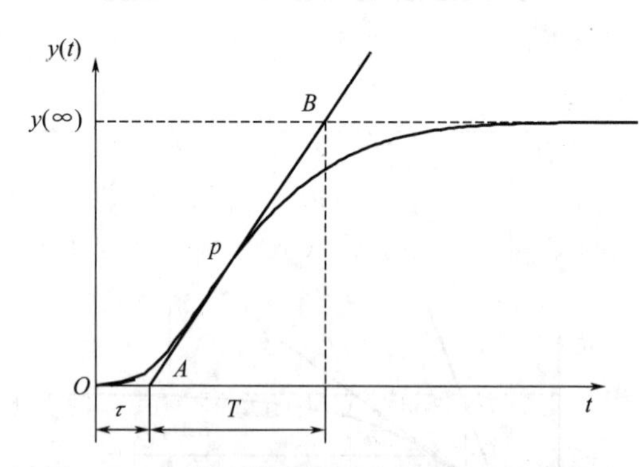

图 1-2-14　带纯滞后的一阶过程时间常数求取

【任务实施】

1. 被控变量的选择

怎样才能选好被控变量呢？有什么样的方法呢？首先被控变量应是可测量的，否则构不

成闭环回路。

在生产过程中，反映控制指标的参数，有些是可测量的，例如温度、压力、液位、流量等；有些则测量困难或无法测量，例如组分（某物质含量）、转化率等，所以被控变量选择方法有两种：

① 选择能直接反映生产过程中产品产量和质量又易于测量的参数作为被控变量，称为直接参数法。

② 选择那些能间接反映产品产量和质量又与直接参数有单值对应关系、易于测量的参数作为被控变量，称为间接参数法。

来看两个实例，如图 1-2-15 所示的换热器控制系统中，工艺生产要求介质的出口温度保持稳定，所以被控变量就直接选取介质的出口温度，为直接参数法。

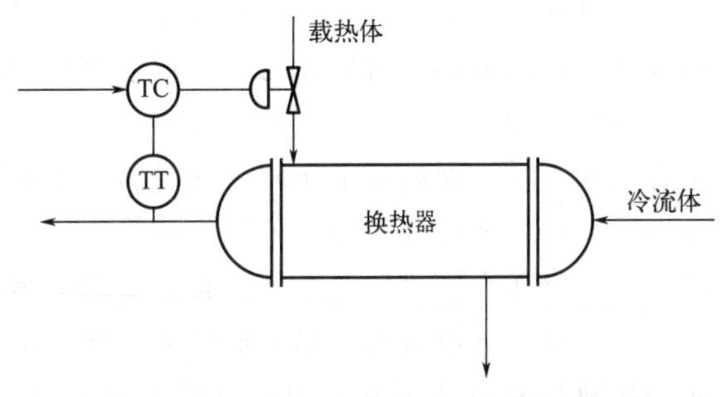

图 1-2-15　换热器温度简单控制系统

氨合成塔的控制实例，在合成塔中进行的是氮气与氢气合成氨的化学反应，这是一个可逆反应，在达到平衡时，只能有一部分的氢氮转化为氨。因而这个反应主要由平衡条件控制，即要把合成塔操作好，就必须要控制一定的转化率。转化率不能直接测量，但它和工作温度间有一定的关系。像中小型的合成塔中催化剂层用气体冷却，属外绝热反应，温度及催化剂层深度之间的关系如图 1-2-16 所示。

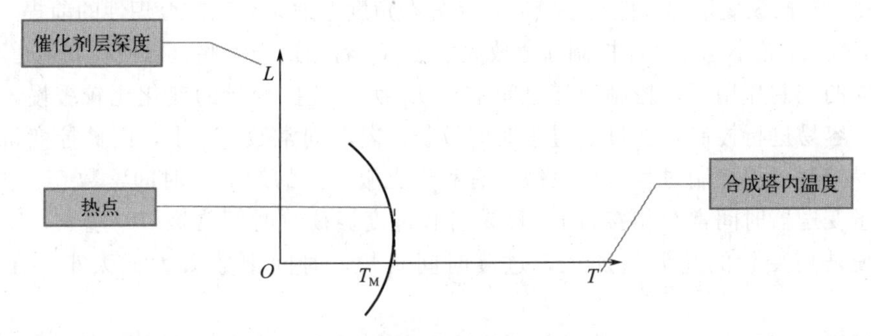

图 1-2-16　催化剂层深度与温度关系

热点温度不但反映了化学反应的情况，而且在干扰作用下，它的变化比较显著，所以在中小型合成塔的操作中往往把这个热点温度选作被控变量，为间接参数法。

从上面的例子可以看出，要正确选择被控变量必须充分了解工艺过程、工艺特点及对控制的要求，在这个基础上，可归纳出选择被控变量的原则。

① 选择对产品的产量和质量、安全生产、经济运行和环境保护具有决定性作用的、可直接测量的工艺参数为被控变量。

② 当不能用直接参数作为被控变量时，可选择一个与直接参数有单值函数关系并满足如下条件的间接参数为被控变量。

a. 满足工艺的合理性；

b. 具有尽可能大的灵敏度且线性好；

c. 测量变送装置的滞后小。

2. 操纵变量的选择

被控变量之所以要控制，就是因为生产过程中存在着影响被控变量偏离设定值的干扰。所谓选择操纵变量，就是从诸多影响被控变量的输入参数中，选择一个对被控变量影响显著而且可控性良好的输入参数作为操纵变量，而其余未被选中的所有输入量则视为系统的干扰。通过改变操纵变量去克服干扰的影响，使被控变量回到设定值。

被控对象特性可由两条通道来进行描述，即控制通道（操纵）和扰动通道。在生产过程中可能有几个控制变量可供选择，这就需要通过分析比较不同的控制通道和不同的扰动通道对控制质量的影响而给出合理的选择，所以操纵变量的选择问题，实质上是组成什么样的被控对象的问题。

因而在讨论操纵变量如何选择之前，先来研究对象特性对控制质量的影响。

前面通过学习对象的三个特征参数放大系数 K、时间常数 T、滞后时间 τ，掌握了其物理意义，首先来看放大系数对控制质量的影响。

对于控制通道来说，放大系数 K_o 越大，操纵变量的变化对被控变量的影响就越大，控制作用对扰动的补偿能力强，有利于克服扰动的影响，余差就越小；反之，放大系数 K_o 小，控制作用的影响不显著，被控变量变化缓慢。但放大系数过大，会使控制作用对被控变量的影响过强，使系统稳定性下降。

而对于扰动通道来说，当扰动频繁出现且幅度较大时，放大系数 K_f 大，被控变量的波动就会很大，使得最大偏差增大；而放大系数小，即使扰动较大，对被控变量仍然不会产生多大影响。

所以在选择操纵变量构成控制系统时，从静态角度考虑，在工艺合理性的前提下，扰动通道的放大倍数 K_f 越小越好，而控制通道放大倍数 K_o 希望适当大些，以使控制通道灵敏些。

在相同的控制作用下，控制通道时间常数 T_o 大，被控变量的变化比较缓慢，此时过程比较平稳，容易进行控制，但过渡过程时间较长；若时间常数 T_o 小，则被控变量的变化速度快，不易控制，但控制过程比较灵敏，有利于克服干扰的影响，时间常数 T_o 过小（与控制阀和测量变送器时间常数相接近），容易引起过度振荡。时间常数 T_o 过大，造成控制作用迟缓，使被控变量的超调量加大，过渡时间延长。时间常数太大或太小，在控制上都不利。

扰动通道时间常数 T_f 大，扰动作用比较平缓，干扰对被控变量的影响越缓慢，即对控制质量的影响越小。

滞后时间的存在使操纵变量对被控变量的作用推迟了这段时间。由于控制作用的推迟，不但使被控变量的超调量加大，还使过渡过程振荡加剧，结果过渡时间也延长。滞后时间越长，这种现象越显著，控制质量就越差。

对于扰动通道，如果存在纯滞后，相当于扰动延迟了一段时间才进入系统，而扰动在什么时间出现，本来就是无从预知的，因此，并不影响控制系统的品质。

因为干扰是影响生产正常进行的破坏性因素，所以希望它对被控变量的影响越小越慢越好。而操纵变量是克服干扰影响使生产重新平稳运行的因素，因而希望它能及时克服干扰的影响。通过以上的分析可以总结出操纵变量的选择原则有以下几条：

① 要构成的控制系统，其控制通道特性应具有足够大的放大系数、比较小的时间常数及尽可能小的纯滞后时间。

② 系统主要扰动通道特性应具有尽可能大的时间常数和尽可能小的放大系数。

③ 应考虑工艺上的合理性。如果生产负荷直接关系到产品的质量，那么就不宜选为操纵变量。

3. 酯提纯塔液位对象的建立

图 1-2-1 所示的酯提纯塔 T160 控制中，工艺要求塔釜液位控制在 50%±10%，否则将影响产品质量，甚至空塔或满塔。按工艺要求，直接选择塔釜液位为被控变量。

根据工艺过程可知影响塔釜液位温度的因素有很多，如进料量和塔底采出量、再沸器的低压蒸汽量，我们进行详细分析来选择操纵量建立液位对象。

如果进料量作为操纵量则滞后最小，对液位控制作用明显，但是进料量是由上一工序塔 T150 的塔底采出量决定的，工艺上不可控。因此，不能选择进料量作为操纵变量。

如果采用再沸器的低压蒸汽量作为操纵变量，由于再沸器是一个换热过程，从改变蒸汽量到改变进入塔的回流气量，再来控制塔釜液位，这一过程时滞较大。且因为提纯塔是一个多变量、强耦合的过程，蒸汽量通常被首选来调节提纯塔温度，以保证产品质量。

相比较而言，如果采用塔底采出量作为操纵变量，对液位控制作用明显，且时滞小，控制效果更及时，更显著。

综上所述，确定将塔底采出量作为操纵变量比较理想。如果根据工艺实际需采用简单控制系统方案，则控制系统流程图如图 1-2-17 所示。

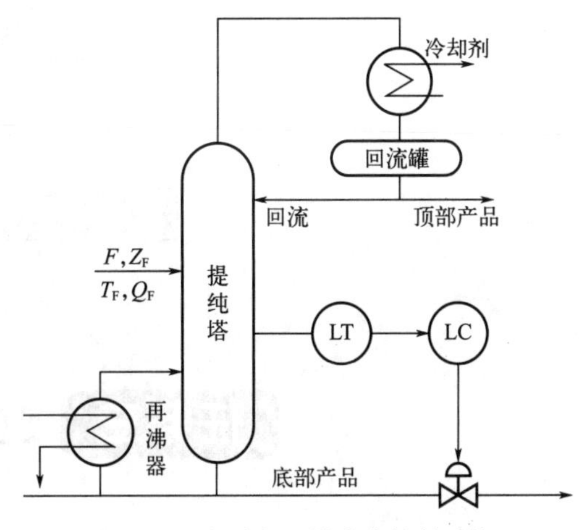

图 1-2-17　酯提纯塔液位控制系统

【任务评价】

任务	训练内容与分值	训练要求	学生自评	教师评分
被控对象特性分析与对象的建立	被控对象的概念（10 分）	① 掌握被控对象、控制通道、扰动通道等概念 ② 实际生产过程中的对象特性有哪几种类型		
	描述被控对象特性的参数（10 分）	描述对象特性的参数的物理意义，根据实际对象分析比较其特性参数的大小		
	被控对象的建立（50 分）	① 根据工艺要求正确选择被控变量 ② 通过特性分析，正确选择操纵变量		
	被控对象的数学模型（10 分）	① 利用分析法及实验法建立对象的数学模型 ② 根据数学模型，分析对象特性		
	职业素养与创新思维（20 分）	① 积极思考、举一反三 ② 分组讨论、独立操作		
	学生：	教师：	日期：	

【知识归纳】

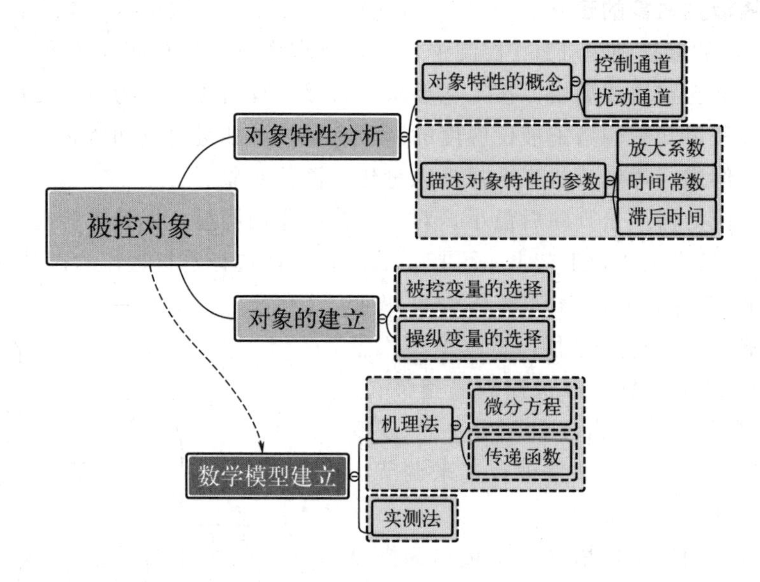

任务三 过程检测仪表的选用

【任务描述】

1. 任务简介

如果把过程控制系统比喻成一个人体的话，那么过程检测仪表是化工生产的眼睛，控制器是化工生产的大脑，执行机构是化工生产的手脚，整个化工生产过程就是靠过程控制系统来完成的。没有稳定、可靠、精度高的过程检测仪表，过程控制系统将无法正常工作。为了正确地指导生产操作、保证生产安全、提高产品质量和实现生产过程自动化，准确而及时地检测出生产过程中的各个有关参数，如压力、流量、物位及温度等，需要使用一些仪表。用来检测这些参数的技术工具称为检测仪表。用来将这些数据转换为一定的便于传送的信号（例如电信号或气压信号）的仪表通常称为传感器。当传感器的输出为单元组合仪表中规定的标准信号时，通常称为变送器。下面让我们一起来学习过程检测仪表应用的相关知识，为丙烯酸甲酯生产工艺中的酯提纯塔 T160 选择合适的过程检测仪表。首先，我们来分析图 1-0-3 的检测仪表。

2. 任务主要内容

① 读懂图 1-0-3 中液位控制系统的基本信息，理解所设检测仪表的种类及作用；

② 分析出图 1-0-3 中各被控变量所用检测仪表的结构形式，并确定各检测仪表型号。

③ 分析图 1-0-3 装置中的温度控制系统（TIC148）、压力控制系统（PIC133）、流量控制系统（FIC150）、液位控制系统（LIC125）选择合适的检测仪表。

【任务分析】

1. 明确项目工作任务

思考：化工生产中检测仪表的性能指标有哪些类型？各指标的含义是什么？酯提纯塔T160主要检测仪表有哪些？工作原理是什么？选用原则是什么？

行动：阅读项目任务，根据酯提纯塔T160的控制目的，逐项分解工作任务，完成项目任务分析，为酯提纯塔T160控制系统选用合适的检测仪表。

2. 选用检测仪表

思考：工艺装置的基本控制要求是什么？采用什么控制策略？完成项目需要选用什么类型的检测仪表？

行动：小组成员共同研讨，制订检测仪表选用方案；根据技术工艺指标，咨询技术资料，确定需要选用的检测仪表。

3. 制订工作实施计划

思考：小组成员如何分工？完成本项目需要多少时间？

行动：根据执行器选用方案，小组成员合理分担工作任务，确定工作步骤和时间，制订完成工作任务的计划表，明确项目责任人。

【知识链接】

一台测量仪表的性能优劣，在工程上可用准确度、变差、灵敏度等性能指标来衡量，掌握各种形式仪表的结构、工作原理及适用范围，从而根据生产实际需求合理选用检测仪表。

一、测量误差及仪表的性能指标

(一) 测量过程和测量误差

在生产过程中需要测量的参数是多种多样的，相应的检测方法及仪表的结构原理也各不相同，但从测量过程的实质来看，却都有相同之处。各种测量仪表不管采用哪一种原理，它们都是要将被测参数经过一次或多次信号能量的转换，最后获得便于测量的信号能量形式，并由指针位移或数字形式显示出来。例如各种炉温的测量，常是利用热电偶的热电效应，把被测温度转换成直流毫伏信号（电能），然后变为毫伏测量表上的指针位移，并与温度标尺相比较而显示出被测温度的数值。在测量过程中，由于所使用的测量工具本身不够准确，观测者的主观性和周围环境的影响等等，测量的结果不可能绝对准确。

测量过程在实质上都是将被测参数与其相应的测量单位进行比较的过程，而测量仪表就是实现这种比较的工具。

测量误差指由仪表读得的被测值与被测量真值之间的差距。通常有两种表示方法，即绝对误差和相对误差。

绝对误差

$$\Delta = x_i - x_t \tag{1-3-1}$$

式中，x_i 为仪表指示值；x_t 为被测量的真值。所谓真值是指被测物理量客观存在的真实数值，它是无法得到的理论值。因此，所谓测量仪表在其标尺范围内各点读数的绝对误差，一般是指用被校表（精确度较低）和标准表（精确度较高）同时对同一被测量进行测量所得到的两个读数之差，可用下式表示

$$\Delta = x - x_0 \tag{1-3-2}$$

式中，x 为被校表的读数值；x_0 为标准表的读数值。

测量误差还可以用相对误差来表示，相对误差等于某一点的绝对误差 Δ 与标准表在这一测量点的指示值 x_0 之比。可表示为

相对误差

$$y = \frac{\Delta}{x_0} = \frac{x - x_0}{x_0} \tag{1-3-3}$$

(二) 仪表的性能指标

一台仪表性能的优劣主要是它本身特性所决定的，在工程上可以用如下指标来衡量。

1. 精确度

前面已经提到，仪表的测量误差可以用绝对误差 Δ 来表示。仪表的绝对误差在测量范围内的各点上是不相同的。因此，常说的“绝对误差”指的是绝对误差中的最大值 Δ_{max}。

仪表的精确度（简称精度）不仅与绝对误差有关，而且还与仪表的测量范围有关。例如，两台测量范围不同的仪表，如果它们的绝对误差相等的话，测量范围大的仪表精确度较测量范围小的为高。因此，工业上经常将绝对误差折合成仪表测量范围的百分数表示，称为相对百分误差 δ，即两大影响因素：绝对误差和仪表的测量范围。

相对百分误差 δ

$$\delta = \frac{\Delta_{max}}{\text{测量范围上限值} - \text{测量范围下限值}} \times 100\% \tag{1-3-4}$$

根据仪表的使用要求，规定一个在正常情况下允许的最大误差，这个允许的最大误差就叫允许误差。允许误差一般用相对百分误差来表示，即某一台仪表的允许误差是指在规定的正常情况下允许的相对百分误差的最大值，即

$$\delta_{允} = \pm \frac{\text{仪表允许的最大绝对误差值}}{\text{测量范围上限值} - \text{测量范围下限值}} \times 100\% \tag{1-3-5}$$

小结：仪表的 $\delta_{允}$ 越大，表示它的精确度越低；反之，仪表的 $\delta_{允}$ 越小，表示仪表的精确度越高。将仪表的允许相对百分误差去掉“±”号及“%”号，便可以用来确定仪表的精确度等级。目前常用的精确度等级有 0.005，0.02，0.05，0.1，0.2，0.4，0.5，1.0，1.5，2.5，4.0 等。

【例 1】 某台测温仪表的测温范围为 200～700℃，校验该表时得到的最大绝对误差为＋4℃，试确定该仪表的精度等级。

解：该仪表的相对百分误差为

$$\delta = \frac{+4}{700-200} \times 100\% = +0.8\%$$

如果将该仪表的 δ 去掉“＋”号与“%”号，其数值为 0.8。由于国家规定的精度等级中没有 0.8 级仪表，同时，该仪表的误差超过了 0.5 级仪表所允许的最大误差，所以，这台测温仪表的精度等级为 1.0 级。

【例 2】 某台测温仪表的测温范围为 0～1000℃。根据工艺要求，温度指示值的误差不允许超过±7℃，试问应如何选择仪表的精度等级才能满足以上要求？

解： 根据工艺上的要求，仪表的允许误差为

$$\delta_{允}=\frac{\pm 7}{1000-0}\times 100\%=\pm 0.7\%$$

如果将仪表的允许误差去掉“±”号与“%”号，其数值介于 0.5～1.0 之间，如果选择精度等级为 1.0 级的仪表，其允许的误差为±1.0%，超过了工艺上允许的数值，故应选择 0.5 级仪表才能满足工艺要求。

仪表的精度等级是衡量仪表质量优劣的重要指标之一。

精度等级数值越小，就表征该仪表的精确度等级越高，也说明该仪表的精确度越高。0.05 级以上的仪表，常用来作为标准表；工业现场用的测量仪表，其精度大多在 0.5 以下。

仪表的精度等级一般可用不同的符号形式标示在仪表面板上（图 1-3-1）。

小结： 根据仪表校验数据来确定仪表精度等级和根据工艺要求来选择仪表精度等级，情况是不一样的。根据仪表校验数据来确定仪表精度等级时，仪表的允许误差应该大于（至少等于）仪表校验所得的相对百分误差；根据工艺要求来选择仪表精度等级时，仪表的允许误差应该小于（至多等于）工艺上所允许的最大相对百分误差。

2. 变差

变差是指在外界条件不变的情况下，用同一仪表对被测量在仪表全部测量范围内进行正反行程（即被测参数逐渐由小到大和逐渐由大到小）测量时，被测量值正行和反行所得到的两条特性曲线之间的最大偏差（图 1-3-2）。

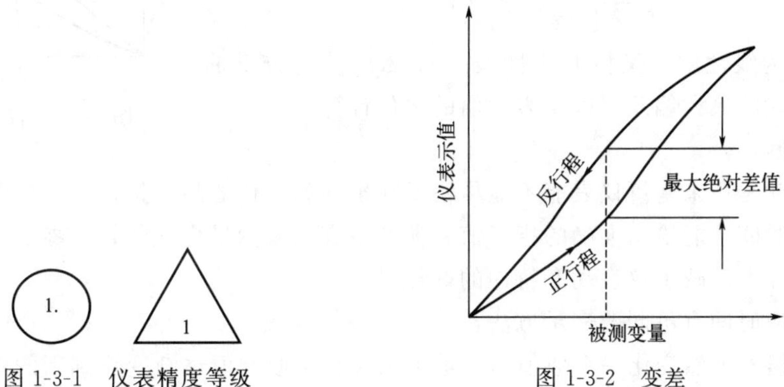

图 1-3-1　仪表精度等级　　　图 1-3-2　变差

造成变差的原因很多，例如传动机构间存在的间隙和摩擦力、弹性元件的弹性滞后等等。变差的大小，用在同一被测参数值下，正反行程间仪表指示值的最大绝对差值与仪表量程之比的百分数表示：

$$变差=\frac{最大绝对差值}{测量范围上限值-测量范围下限值}\times 100\% \tag{1-3-6}$$

必须注意，仪表的变差不能超出仪表的允许误差，否则，应及时检修。

3. 灵敏度与灵敏限

对于指针式仪表而言，仪表的灵敏度是指仪表指针的线位移或角位移，与引起这个位移的被测参数变化量的比值。即

$$S=\frac{\Delta\alpha}{\Delta x} \tag{1-3-7}$$

式中，S 为仪表的灵敏度；$\Delta\alpha$ 为指针的线位移或角位移；Δx 为引起 $\Delta\alpha$ 所需的被测参数变化量。

仪表的灵敏限是指能引起仪表指针发生动作的被测参数的最小变化量。通常仪表灵敏限的数值应不大于仪表允许绝对误差的一半。

值得注意的是，上述指标仅适用于指针式仪表。在数字式仪表中，往往用分辨力来表示仪表灵敏度（或灵敏限）的大小。

4. 分辨率与分辨力

对于数字式仪表，分辨力是指数字显示器的最末位数字间隔所代表的被测参数变化量，如数字电压表显示器末位一个数字所代表的输入电压值。显然，不同量程的分辨力是不同的，相应于最低量程的分辨力称为该表的最高分辨力，也叫灵敏度。通常以最高分辨力作数字电压表的分辨力指标。例如，某表的最低量程是 0～1.0000V，五位数字显示，末位数字的等效电压为 10μV，便可说该表的分辨力为 10μV。当数字式仪表的灵敏度用它量程的相对值表示时，便是分辨率。分辨率与仪表的有效数字位数有关，如一台仪表的有效数字位数为三位，其分辨率便为千分之一。

5. 线性度

线性度是表征线性刻度仪表的输出量与输入量的实际校准曲线与理论直线的吻合程度。通常总是希望测量仪表的输出与输入之间呈线性关系，如图 1-3-3 所示。

$$\delta_f=\frac{\Delta f_{max}}{仪表量程}\times 100\% \tag{1-3-8}$$

式中，δ_f 为线性度（又称非线性误差）；Δf_{max} 为校准曲线对于理论直线的最大偏差（以仪表示值的单位计算）。

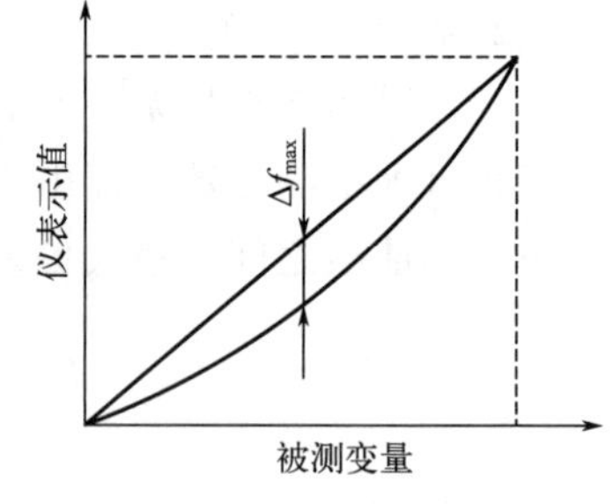

图 1-3-3 仪表的线性度

6. 反应时间

反应时间就是用来衡量仪表能不能尽快反映出参数变化的品质指标。反应时间长，说明仪表需要较长时间才能给出准确的指示值，那就不宜用来测量变化频繁的参数。仪表反应时间的长短，实际上反映了仪表动态特性的好坏。

仪表的反应时间有不同的表示方法：

a. 当输入信号突然变化一个数值后，输出信号将由原始值逐渐变化到新的稳态值；

b. 仪表的输出信号由开始变化到新稳态值的 63.2%（95%）所用的时间，可用来表示反应时间。

（三）化工检测仪表类型

化工检测类仪表种类繁多，结构形式各异，根据不同的原则，可以分为以下几个类型。

1. 按仪表使用的能源分类

分为气动仪表、电动仪表（常用）、液动仪表。

常用电动仪表以电为能源，信号之间联系比较方便，适宜于远距离传送和集中控制；便于与计算机联用；现在电动仪表可以做到防火、防爆，更有利于电动仪表的安全使用。因此在工业生产中得到了广泛的应用。

2. 按仪表的组成形式分类

分为基地式仪表和单元组合仪表。

① 基地式仪表　特点是将测量、显示、控制等各部分集中组装在一个表壳里，形成一个整体。这种仪表比较适于在现场做就地检测和控制，但不能实现多种参数的集中显示与控制。这在一定程度上限制了基地式仪表的应用范围。

② 单元组合仪表　是将对参数的测量及其变送、显示、控制等各部分，分别制成能独立工作的单元仪表（简称单元，例如变送单元、显示单元、控制单元等）。这些单元之间以统一的标准信号互相联系，可以根据不同要求，方便地将各单元任意组合成各种控制系统，适用性和灵活性都很好。化工生产中的单元组合仪表有电动单元组合仪表和气动单元组合仪表两种。国产的电动单元组合仪表简称 DDZ 仪表；气动单元组合仪表简称 QDZ 仪表。

3. 按检测对象进行分类

按检测测量功能的不同，可以分为温度检测仪表、流量检测仪表、液位检测仪表和压力检测仪表等。

二、压力检测仪表

工业生产中所谓的压力是指由气体或液体均匀垂直地作用于单位面积上的力，即物理学中的压强。在工业生产过程中、压力是重要的操作参数之一。特别是在化工、炼油等生产过程中，经常会遇到压力和真空度的测量，其中包括比大气压力高很多的高压、超高压和比大气压力低很多的真空度的测量。如氢气和氮气合成氨气时要在 15MPa 或 32MPa 的压力下进行反应；而炼油厂减压蒸馏，则要在比大气压低很多的真空下进行。如果压力不符合要求，不仅会影响生产效率，降低产品质量，有时还会造成严重的生产事故。

(一) 压力单位

压力是指均匀垂直地作用在单位面积上的力。

$$p=\frac{F}{S} \tag{1-3-9}$$

式中，p 表示压力；F 表示垂直作用力；S 表示受力面积。

压力的单位为帕斯卡，简称帕（Pa）。

$$1\text{Pa}=1\text{N/m}^2$$

$$1\text{MPa}=1\times10^6\text{Pa}$$

在压力测量中，常有表压、绝对压力、负压或真空度之分，见图 1-3-4。

$$p_{表}=p_{绝}-p_{大气} \tag{1-3-10}$$

当被测压力低于大气压力时，一般用负压或真空度来表示。

$$p_{真}=p_{大气}-p_{绝} \tag{1-3-11}$$

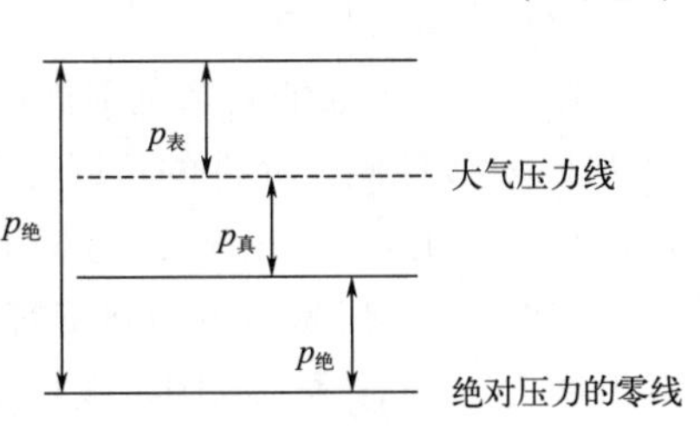

图 1-3-4　表压、绝对压力、负压或真空度

(二) 压力检测仪表分类

测量压力或真空度的仪表按照其转换原理的不同，分为四类。

1. 液柱式压力计

根据流体静力学原理，将被测压力转换成液柱高度进行测量。按其结构形式的不同有U形管压力计、单管压力计等，见图1-3-5。这类压力计结构简单、使用方便；但是其精度受工作液的毛细管作用、密度及视差等因素的影响，测量范围较窄，一般用来测量较低压力、真空度或压力差。

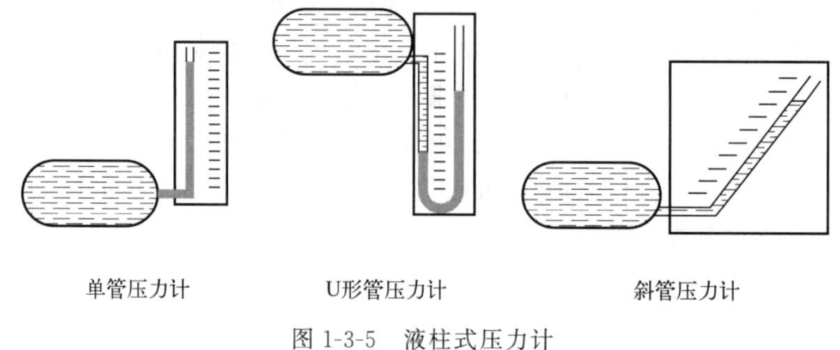

图1-3-5 液柱式压力计

2. 弹性式压力计

弹性式压力计是利用各种形式的弹性元件，在被测介质压力的作用下，使弹性元件受压后产生弹性变形的原理而制成的测压仪表。弹性式压力计可以用来测量几百帕到数千兆帕范围内的压力，因此在工业上是应用最为广泛的一种测压仪表。按照所使用的弹性元件不同，将弹性式压力计分为弹簧管式、膜片式、波纹管式三种形式。

（1）弹性元件

弹性元件是一种简易可靠的测压敏感元件。当测压范围不同时，所用的弹性元件也不一样。

弹簧管式弹性元件如图1-3-6（a）和（b）所示，波纹管式弹性元件如图（e）所示，薄膜式弹性元件如图（c）和（d）所示。

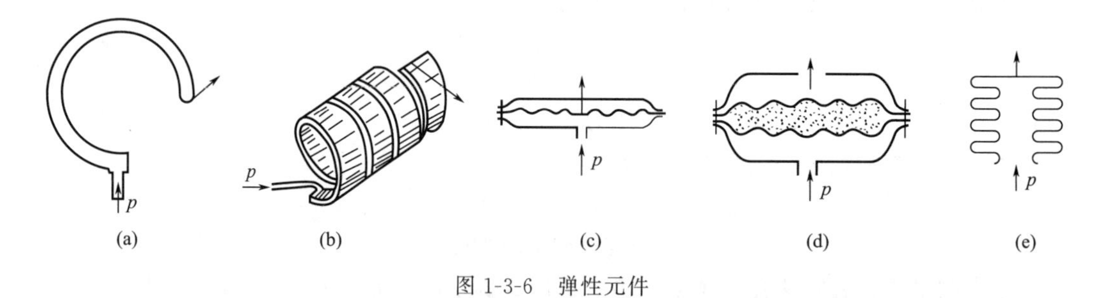

图1-3-6 弹性元件

（2）弹簧管压力表

弹簧管压力表的测量范围极广，品种规格繁多，在化工生产中应用最为广泛，其结构见图1-3-7。按照测压元件的不同分为单圈弹簧管和多圈弹簧管压力表两种；按照用途又分为普通弹簧管压力表、耐腐蚀的氨用压力表、禁油的氧气压力表等。

如图1-3-7所示，单圈弹簧管是一根弯成270°圆弧的椭圆截面的空心金属管子。管子的自由端B封闭，另一端固定在接头9上。当通入被测的压力p后，由于椭圆形截面在压力p的作用下，将趋于圆形，而弯成圆弧形的弹簧管也随之产生扩张变形。同时，使弹簧管的自由端B产生位移。输入压力p越大，产生的变形也越大。由于输入压力与弹簧管自由端

B 的位移成正比，所以只要测得 B 点的位移量，就能反映压力 p 的大小。

注意： 弹簧管自由端 B 的位移量一般很小，直接显示有困难，所以必须通过放大机构才能指示出来。

3. 电气式压力计

电气式压力计是一种能将压力转换成电信号进行传输及显示的仪表。这类仪表的测量范围较广，分别可测 7×10^{-5}Pa 至 5×10^{2}MPa 的压力，允许误差可至 0.2%；由于可以远距离传送信号，所以在工业生产过程中可以实现压力自动控制和报警，并可与工业控制机联用。

电气式压力计一般由压力传感器、测量电路和信号处理装置所组成（图 1-3-8）。常用的信号处理装置有指示仪、记录仪以及控制器、微处理机等。

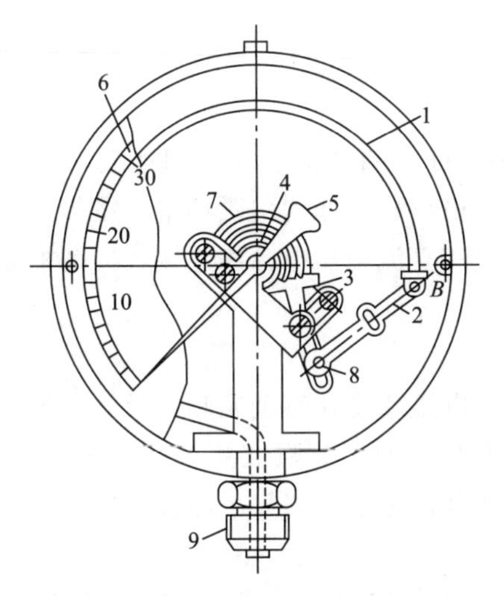

图 1-3-7　弹簧管压力表示意图

1—弹簧管；2—拉杆；3—扇形齿轮；4—中心齿轮；5—指针；6—面板；7—游丝；8—调整螺钉；9—接头

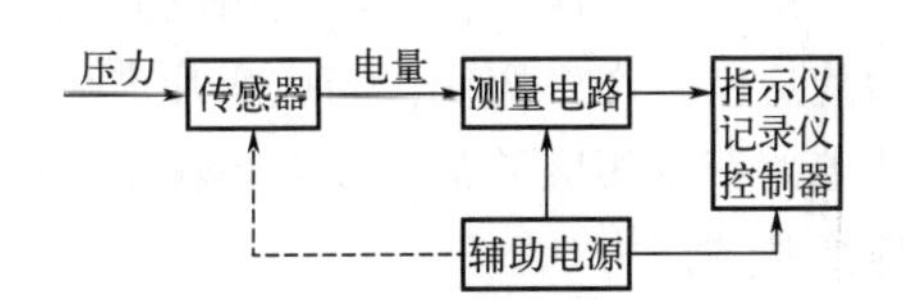

图 1-3-8　电气式压力计原理图

（1）霍尔片式压力传感器

霍尔片式压力传感器是根据霍尔效应制成的，即利用霍尔元件将由压力所引起的弹性元件的位移转换成霍尔电势，从而实现压力的测量。

霍尔片为一半导体（如锗）材料制成的薄片。如图 1-3-9 所示，在霍尔片的 Z 轴方向加一磁感应强度为 B 的恒定磁场，在 Y 轴方向加一外电场（接入直流稳压电源），便有恒定电流沿 Y 轴方向通过。电子在霍尔片中运动（电子逆 Y 轴方向运动）时，由于受电磁力的作用而使电子的运动轨道发生偏移，造成霍尔片的一个端面上有电子积累，另一个端面上正电荷过剩，于是在霍尔片的 X 轴方向上出现电位差，这一电位差称为霍尔电势，这一种现象称为霍尔效应。

霍尔电势可用下式表示

$$U_{H}=R_{H}BI \tag{1-3-12}$$

式中，U_{H} 为霍尔电势；R_{H} 为霍尔常数，与霍尔片材料、几何形状有关；B 为磁感应强度；I 为控制电流的大小。

霍尔电势与磁感应强度和电流成正比。提高 B 和 I 值可增大霍尔电势 U_{H}，但两者都有一定限度，一般 I 为 3～20mA，B 约为几千高斯，所得的霍尔电势 U_H 约为几十毫伏数量级。将霍尔元件与弹簧管配合，就组成了霍尔片式弹簧管压力传感器，如图 1-3-10 所示。

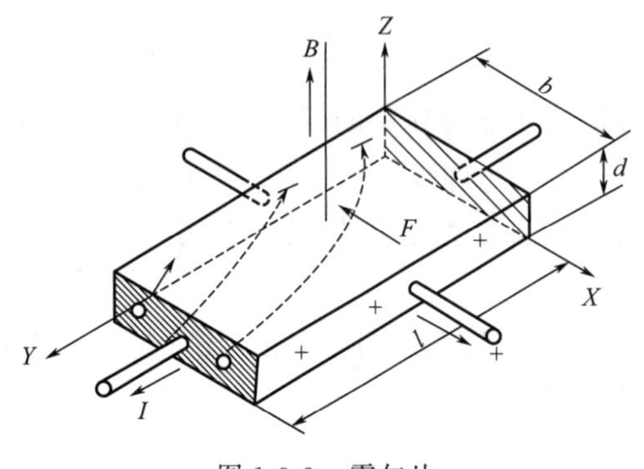

图 1-3-9　霍尔片

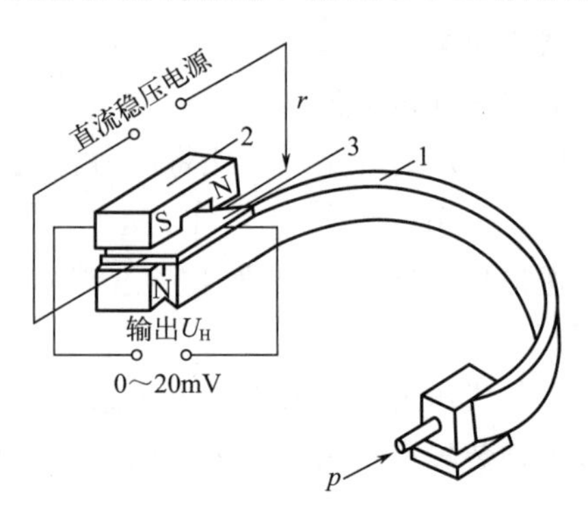

图 1-3-10　霍尔片式弹簧管压力传感器
1—弹簧管；2 —磁钢；3 —霍尔片

被测压力由弹簧管 1 的固定端引入，弹簧管的自由端与霍尔片 3 相连接，在霍尔片的上、下方垂直安放两对磁极，使霍尔片处于两对磁极形成的非均匀磁场中。霍尔片的四个端面引出四根导线，其中与磁钢 2 相平行的两根导线和直流稳压电源相连接，另两根导线用来输出信号。

（2）应变片式压力传感器

应变片式压力传感器利用电阻应变原理构成。电阻应变片有金属和半导体两类，被测压力使应变片产生应变。当应变片产生压缩（拉伸）应变时，其阻值减小（增加），再通过桥式电路获得相应的毫伏级电势输出，并用毫伏计或其他记录仪表显示出被测压力，从而组成应变片式压力计。

应变片与筒体之间不发生相对滑动，并且保持电气绝缘。如图 1-3-11（a）所示，当被测压力作用于膜片而使应变筒作轴向受压变形时，沿轴向贴放的应变片 r 也将产生轴向压缩应变 E，于是 r_1 的阻值变小，而沿径向贴放的应变片 r_2，由于本身受到横向压缩将引起纵向拉伸应变 E，于是 r_2 阻值变大。但是由于 ε_1 比 ε_2 要小，故实际上 r_1 的减少量将比 r_2 的增大量为大。

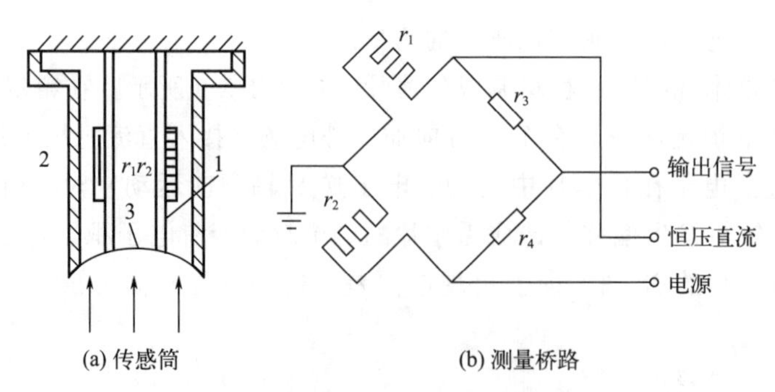

图 1-3-11　应变片式压力传感器
1—应变筒；2—外壳；3—密封膜片

应变片 r_1 和 r_2 与两个固定电阻 r_3 和 r_4 组成桥式电路，如图 1-3-11（b）所示。由于 r_1 和 r_2 的阻值变化而使桥路失去平衡，从而获得不平衡电压 U 作为传感器的输出信号，在桥路供给直流稳压电源最大为10V时，可得最大U为5mV的输出。传感器的被测压力可达25MPa。由于传感器的固有频率在25000Hz以上，故有较好的动态性能，适用于快速变化的压力测量。传感器的非线性及滞后误差小于额定压力的1%。

（3）电容式压力传感器

电容式压力传感器（capacitive type pressure transducer），是一种可以利用电容敏感的元件把被测量的压力转换成与其有一定的关系的电信号输出的精密测量仪器。电容式压力传感器具有结构简单、过载能力强、可靠性好、测量精度高、体积小、重量轻、使用方便等一系列优点，目前已成为最受欢迎的压力、差压变送器。在工业生产过程中，差压变送器的应用数量多于压力变送器，因此，下面以差压变送器进行介绍，其实两者的原理和结构基本上相同。

电容式差压变送器的原理如图1-3-12所示，将左右对称的不锈钢底座的外侧加工成环状波纹沟槽，并焊上波纹隔离膜片。基座内侧有玻璃层，基座和玻璃层中央有孔道相通。玻璃层内表面磨成凹球面，球面上镀有金属膜，此金属膜层有导线通往外部，构成电容的左右固定极板。在两个固定极板之间是弹性材料制成的测量膜片，作为电容的中央动极板。在测量膜片两侧的空腔中充满硅油。

当被测压力p_1、p_2分别加于左右两侧的隔离膜片时通过硅油将差压传递到测量膜片上，使其向压力小的一侧弯曲变形，引起中央动极板与两边固定电极间的距离发生变化，因而两电极的电容量不再相等，而是一个增大、另一个减小，电容的变化量通过引线传至测量电路，通过测量电路的检测和放大，输出一个4～20mA的直流电信号。

电容式差压变送器的结构可以有效地保护测量膜片，不易损坏，过载后的恢复特性很好，这样大大提高了过载承受能力，尺寸紧凑，密封性与抗震性好，测量精度相应提高，可达0.2级。

4. 活塞式压力计

它是根据水压机液体传送压力的原理，将被测压力转换成活塞上所加平衡砝码的质量来进行测量的。这种压力计测量精度很高，允许误差可小到0.05%～0.02%。这类压力计主要用来进行压力仪表校验，如图1-3-13所示。

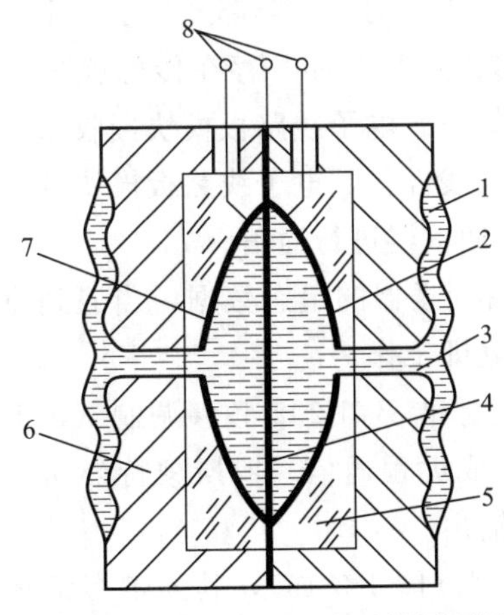

图1-3-12　电容式差压变送器原理图

1—隔离膜片；2，7—固定电极；3—硅油；4—测量膜片；5—玻璃层；6—底座；8—引线

图1-3-13　活塞式压力计

(三) 智能型压力变送器

智能型压力或差压变送器就是在普通压力或差压传感器的基础上增加微处理器电路而形成的智能检测仪表。智能型压力或差压变送器的特点是可进行远程通信。利用手持通信器，可对现场变送器进行各种运行参数的选择和标定；其精确度高，使用与维护方便。通过编制各种程序，使变送器具有自修正、自补偿、自诊断及错误方式告警等多种功能，因而提高了变送器的精确度，简化了整定、校准与维护过程，促使变送器与计算机、控制系统直接对话。

下面以美国费希尔-罗斯蒙特公司（Fisher-Rosemount）的 3051C 型智能差压变送器为例对其工作原理作简单介绍。其结构见图 1-3-14。

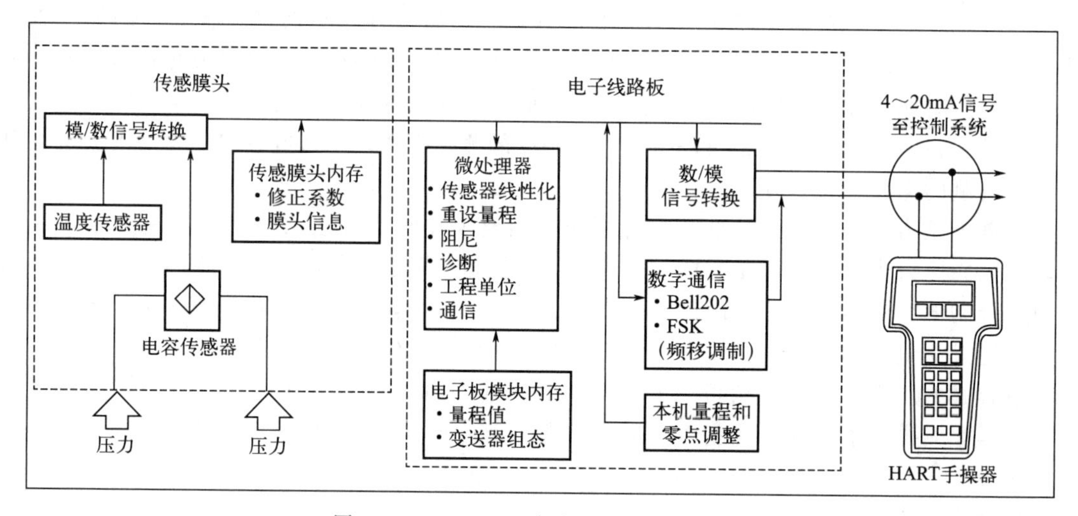

图 1-3-14　3051C 型智能差压变送器结构

被测介质压力通过电容传感器转换为与之成正比的差动电容信号，传感膜头还同时进行温度的测量，用于补偿温度变化的影响。上述电容和温度信号通过 A/D 转换器转换为数字信号，输入到电子线路板模块。在工厂的特性化过程中，所有的传感器都经受了整个工作范围内的压力与温度循环测试。根据测试数据所得到的修正系数，都贮存在传感膜头的内存中，从而可保证变送器在运行过程中能精确地进行信号修正。电子线路板模块接收来自传感膜头的数字输入信号和修正系数，然后对信号加以修正与线性化。电子线路板模块的输出部分将数字信号转换成 4～20mA DC 电流信号，并与手持通信器进行通信。

在电子线路板模块的永久性 EEPROM 存储器中存有变送器的组态数据，当遇到意外停电，其中数据仍然保存，所以恢复供电之后，变送器能立即工作。

数字通信格式符合 HART 协议，该协议使用了工业标准 Bell 202 频移调制（FSK）技术。通过在 4～20mA DC 输出信号上叠加高频信号来完成远程通信。罗斯蒙特公司采用此技术，能在不影响回路完整性的情况下实现同时通信和输出。

3051C 型智能差压变送器所用的手持通信器为 475 型（图 1-3-15），其上带有键盘及液晶显示器。它可以接在现场变送器的信号端子上，就地设定或检测，也可以在远离现场的控制室中，接在某个变送器的信号线上进行远程设定及检测。为了便于通信，信号回路必须有不小于 250Ω 的负载电阻。智能型差压变送器每五年校验一次，智能型差压变送器与手持通信器结合使用，可远离生产现场，尤其是危险或不易到达的地方，给变送器的运行和维护带来了极大的方便。

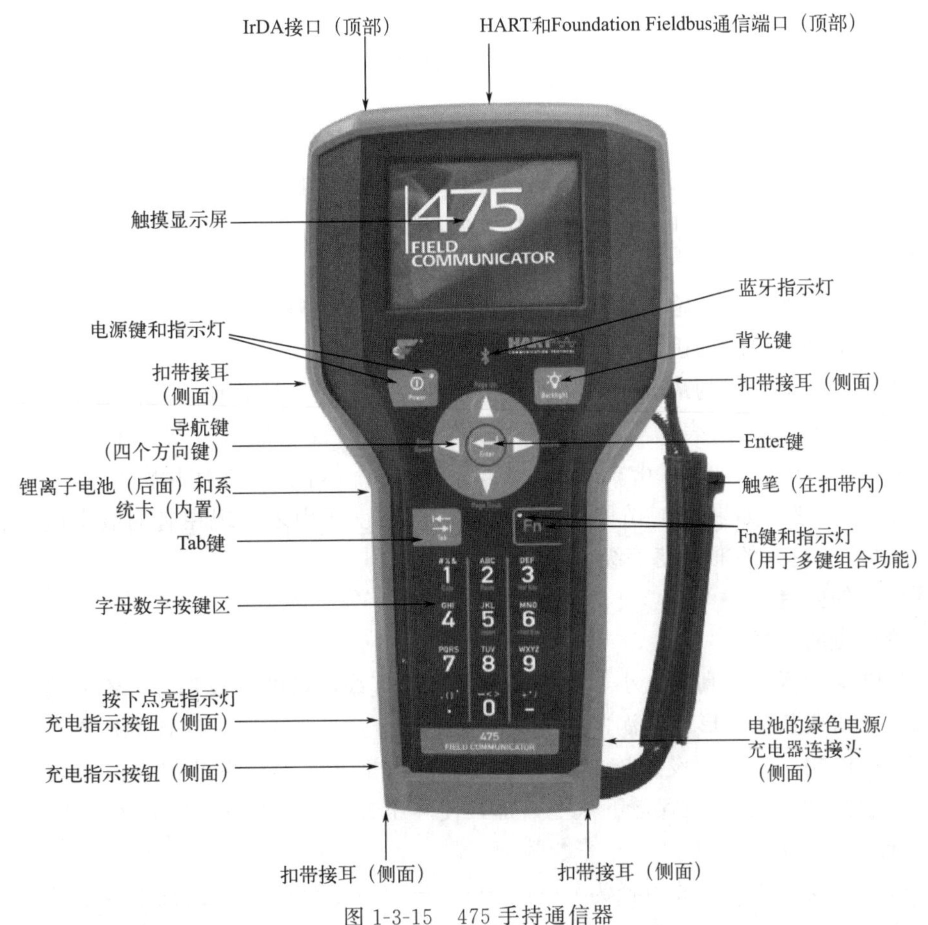

图 1-3-15　475 手持通信器

(四) 压力仪表的选用及安装

1. 压力表的选用

压力表的选用应根据工艺生产过程对压力检测的要求，结合其他各方面的情况，加以全面地考虑和具体分析。一般应该考虑下列几个方面的问题：

（1）仪表类型的确定

仪表类型的选择必须满足工艺生产的要求。例如，是否需要远传变送、自动记录或报警；是否进行多点测量；被测介质的物理化学性质是否对测量仪表提出特殊要求；现场环境条件对仪表类型是否有特殊要求等。总之，根据工艺要求来选择仪表类型是保证仪表正常工作及安全生产的重要前提。例如，测氨气压力时，应选用氨用表，普通压力表的弹簧管大多采用铜合金，高压时用碳钢，氨用表的弹簧管采用碳钢材料，不能用铜合金，否则容易腐蚀而损坏。而测氧气压力时，所用仪表与普通压力表在结构和材质上完全相同，只是严禁沾有油脂，否则会引起爆炸。氧气压力表在校验时，不能像普通压力表那样采用变压器油作为工作介质，必须采用油水隔离装置，如发现校验设备或工具有油污，必须用四氯化碳清洗干净，待分析合格后再进行使用。

（2）仪表量程的确定

仪表的量程是根据操作中被测变量的大小来确定的。测量压力时，为了保证弹性元件能在弹性变形的安全范围内可靠地工作，在选择压力表测量范围时，必须根据被测压力的大小和压力变化范围，留有充分的余地。因此，压力表的上限值应该高于工艺生产中可能出现的最大压力值。

在测量稳定压力时，最大工作压力不应超过测量上限值的 2/3；

测量脉动压力时，最大工作压力不应超过仪表测量上限值的 1/2；

测量高压时，最大工作压力不应超过仪表测量上限值的 3/5；

一般被测压力的最小值不应低于仪表测量上限值的 1/3。

从而保证仪表的输出与输入之间的线性关系，提高仪表测量结果的准确度和灵敏度。

（3）仪表准确度等级的确定

根据工艺生产上允许的最大绝对误差和选定的仪表量程，计算仪表允许误差，在国家规定的准确度等级中确定仪表的等级。按国家统一划分的仪表准确度等级有 0.005、0.02、0.05、0.1、0.2、0.35、0.4、0.5、1.0、1.5、2.5、4.0 等。经常使用的压力表的准确度等级为 2.5、1.5 级，如果是 1.0 和 0.5 级的属于高精度压力表，现在有的数字压力表已经达到 0.25 级甚至更高的准确度等级。

2. 压力表的安装

（1）测压点的选择

应能反映被测压力的真实大小，要选在被测介质直线流动的管段部分，不要选在管路拐弯、分叉、死角或其他易形成漩涡的地方；测量流动介质的压力时，应使取压点与流动方向垂直，取压管内端面与生产设备连接处的内壁应保持平齐，不应有凸出物或毛刺；测量液（气）体压力时，取压点应在管道下（上）部，使导压管内不积存气（液）体。

（2）导压管铺设

导压管粗细要合适，一般内径为 6～10mm，长度应尽可能短，最长不得超过 50m，以减少压力指示的迟缓。如超过 50m，应选用能远距离传送的压力计；导压管水平安装时应保证有（1∶10）～（1∶20）的倾斜度，以利于积存于其中的液体（或气体）的排出；当被测介质易冷凝或冻结时，必须加设保温伴热管线；取压口到压力计之间应装有切断阀，以备检修压力计时使用。切断阀应装设在靠近取压口的地方。

（3）现场安装要求

① 压力计应安装在易观察和检修的地方。

② 安装地点应力求避免振动和高温影响。

③ 测量蒸汽压力时，应加装凝液管，以防止高温蒸汽直接与测压元件接触，如图 1-3-16（a）所示；对于有腐蚀性介质的压力测量，应加装有中性介质的隔离罐，如图 1-3-16（b）表示了被测介质密度 ρ_2 大于和小于隔离液密度 ρ_1 的两种情况。

④ 压力计的连接处，应根据被测压力的高低和介质性质，选择适当的材料，作为密封垫片，以防泄漏。

⑤ 当被测压力较小，而压力计与取压口又不在同一高度时，对由此高度而引起的测量误差应按 $\Delta p=\pm H\rho g$ 进行修正。式中 H 为高度差，ρ 为导压管中介质的密度，g 为重力加速度。

⑥ 为安全起见，测量高压的压力计除选用有通气孔的外，安装时表壳应向墙壁或无人通过之处，以防发生意外。

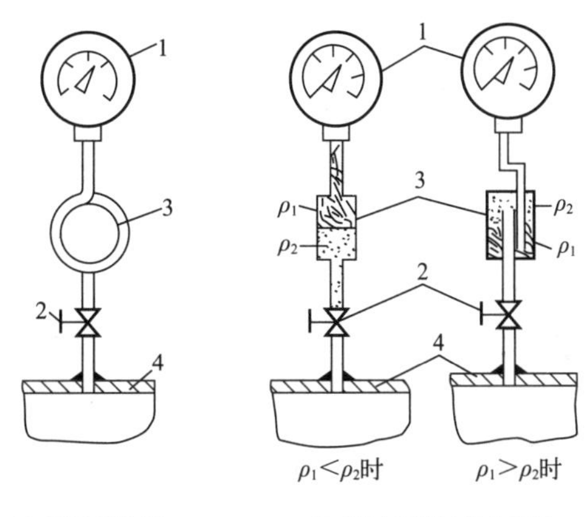

图 1-3-16　压力表现场安装

1—压力表；2—切断阀门；3—凝液管；4—取压容器

三、流量检测仪表

在化工和炼油生产过程中，为了有效地进行生产操作和控制，经常需要测量生产过程中各种介质（液体、气体和蒸汽等）的流量，以便为生产操作和控制提供依据。同时，为了进行经济核算，经常需要知道在一段时间（如一班、一天等）内流过的介质总量。所以，介质流量是控制生产过程达到优质高产和安全生产以及进行经济核算所必需的一个重要参数，这个计量参数就是流量。

一般所讲的流量大小是指单位时间内流过管道某一截面的流体数量的大小，即瞬时流量。而在某一段时间内流过管道的流体流量的总和，即瞬时流量在某一段时间内的累计值参数流量和总量，可以用质量表示，也可以用体积表示。单位时间内流过的流体以质量表示的称为质量流量，常用符号 M 表示。以体积表示的称为体积流量，常用符号 Q 表示。若流体的密度是 ρ，则体积流量与质量流量之间的关系是：

$$M=\rho Q \text{ 或者 } Q=M/\rho$$

(一) 差压式流量计

差压式（也称节流式）流量计是基于流体流动的节流原理，利用流体流经节流装置时产生的压力差而实现流量测量的。它是目前生产中测量流量最成熟、最常用的方法之一。在单元组合仪表中，由节流装置产生的压差信号，经常通过差压变送器转换成相应的标准信号（电或气），以供显示、记录或控制用。

1. 节流现象

流体在有节流装置的管道中流动时，在节流装置前后的管壁处，流体的静压力产生差异的现象称为节流现象。节流装置包括节流件和取压装置。

孔板装置及压力、流速分布如图 1-3-17 所示。

注意：要准确测量出截面Ⅰ、Ⅱ处的压力有困难，因为产生最低静压力 p_2'的截面Ⅱ的位置随着流速的不同会改变。因此是在孔板前后的管壁上选择两个固定的取压点来测量流体在节流装置前后的压力变化，因而所测得的压差与流量之间的关系，与测压点及测压方式的选择是紧密相关的。

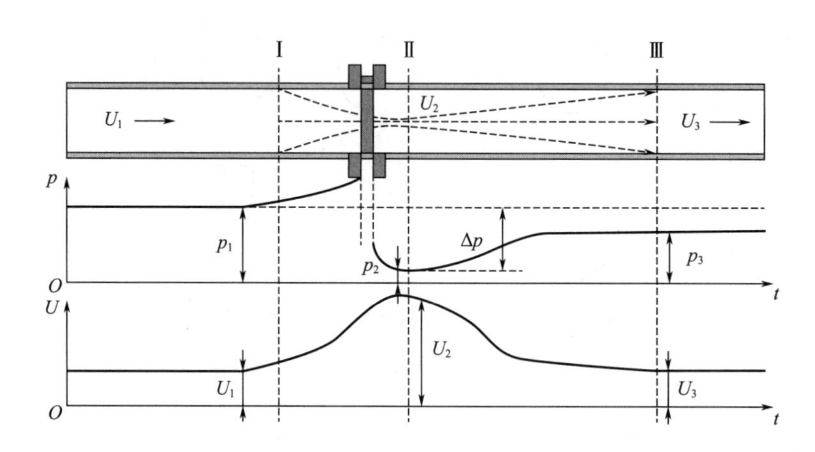

图 1-3-17　孔板装置及压力、流速分布图

2. 节流基本方程式

流量基本方程式是阐明流量与压差之间定量关系的基本流量公式，它是根据流体力学中的伯努利方程和流体连续性方程式推导而得的。

$$Q=\alpha\varepsilon F_0\sqrt{\frac{2}{\rho_1}\Delta p}\qquad M=\alpha\varepsilon F_0\sqrt{2\rho_1\Delta p}\tag{1-3-13}$$

式中　α——流量系数，它与节流装置的结构形式、取压方式、孔口截面积与管道截面积比 m、雷诺数 Re、孔口边缘锐度、管壁粗糙度等因素有关；

ε——膨胀校正系数，它与孔板前后压力的相对变化量、介质的等熵指数、孔口截面积与管道截面积之比等因素有关，应用时可查阅有关手册而得，但对不可压缩的液体来说，常取 $\varepsilon=1$；

F_0——节流装置的开孔截面积；

Δp——节流装置前后实际测得的压力差；

ρ_1——节流装置前的流体密度。

从式中可以看出，要知道流量与压差的确切关系，关键在于 α 的取值。流量与压力差 Δp 的平方根成正比。

3. 标准节流装置

国内外把最常用的节流装置、孔板、喷嘴、文丘里管等标准化，并称为标准节流装置。标准化的具体内容包括节流装置的结构、尺寸、加工要求、取压方法、使用条件等。标准孔板对尺寸和公差、粗糙度等都有详细规定。

标准孔板断面示意图如图 1-3-18 所示，其中 d/D 应在 0.2～0.8 之间；最小孔径应不小于 12.5mm；直孔部分的厚度 $h=(0.005\sim0.02)D$；总厚度 $H<0.05D$；锥面的斜角 $\alpha=30°\sim45°$等等，需要时可参阅设计手册。

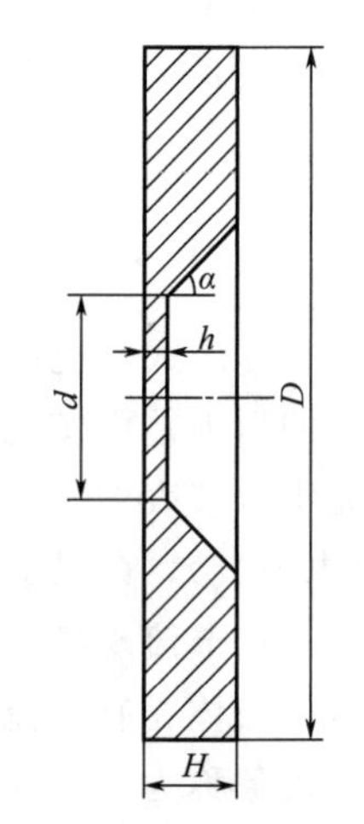

图 1-3-18　标准孔板断面示意图

标准节流装置对比见表 1-3-1。

标准节流装置仅适用于测量管道直径大于 50mm，雷诺数在 104～105 以上的流体，而且流体应当清洁，充满全部管道，不发生相变。

▶ **表 1-3-1　标准节流装置对比表**

项目	优点	缺点
标准孔板	应用广泛，结构简单，安装方便，适用于大流量的测量	流体经过孔板后压力损失大，当工艺管道上不允许有较大的压力损失时，便不宜采用
标准喷嘴和标准文丘里管	压力损失较孔板小	结构比较复杂，不易加工

节流装置将管道中流体流量的大小转换为相应的差压大小，但这个差压信号还必须由导压管引出，并传递到相应的差压计，以便显示出流量的数值。

4. 取压方式

节流装置的取压方式，就孔板而言有 5 种：角接取压、法兰取压、径距取压、理论取压及管接取压。就喷嘴而言只有角接取压和径距取压两种。

角接取压上、下游侧取压孔轴心线与孔板（喷嘴）前后端面的间距各等于取压孔直径的一半，或等于取压环隙宽度的一半，因而取压孔穿透处与孔板端面正好相平，角接取压包括环室取压和单独钻孔取压，如图 1-3-19 所示。环室取压法能得到较好的测量精度，但是加工制造和安装要求严格，如果由于加工和现场安装条件的限制，达不到预定的要求时，其测量精度仍难保证。所以，在现场使用时，为了加工和安装方便，有时不用环室而用单独钻孔取压，特别是对大口径管道。

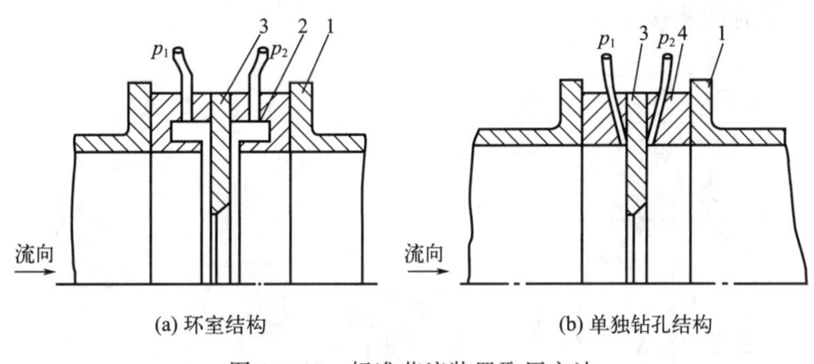

图 1-3-19　标准节流装置取压方法

1—管道法兰；2—环室；3—孔板；4—夹紧环

法兰取压上、下游侧取压孔中心至孔板前后端面的间距为 (25.4±0.8)mm。径距取压上游侧取压孔中心与孔板（喷嘴）前端面的距离为 D，下游侧取压孔中心与孔板（喷嘴）后端面的距离为 $1/2D$。理论取压法上游侧的取压孔中心至孔板前端面的距离为 $D\pm0.1D$，下游侧的取压孔中心线至孔板后端面的间距随 $\beta=d/D$ 值的大小而异。管接取压上游侧取压孔的中心线距孔板前端面为 $2.5D$，下游侧取压孔中心线距孔板后端面为 $8D$。

以上 5 种取压方式中，角接取压方式用得较多，其次是法兰取压。而主要介质为气体、液体和蒸汽三者的取压位置有着根本性的区别。具体情况请参考节流装置设计手册。

5. 差压式流量计的测量误差

在现场实际应用时，往往具有比较大的测量误差，有的甚至高达 10%～20%。

误差产生的原因：被测流体工作状态的变动；节流装置安装不正确；孔板入口边缘的磨损；导压管安装不正确，或有堵塞、渗漏现象；差压计安装或使用不正确。

6. 差压式流量计的安装

导压管要正确地安装，防止堵塞与渗漏，否则会引起较大的测量误差。对于不同的被测介质，导压管的安装亦有不同的要求，下面分类讨论。

测量流体流量时的取压点位置会因为介质的不同而不同，测量介质为液体时应防止气体进入导压管，标准孔板（标准喷嘴）在水平或倾斜管道中安装时，取压口位置应该在水平线下方且与水平线夹角 α 应该小于 45°，如图 1-3-20（a）所示；测量介质为气体时应防止水或污物进入导压管，标准孔板（标准喷嘴）在水平或倾斜管道中安装时，取压口位置应该在水平线上方且与水平线夹角 α 应该大于 45°，如图 1-3-20（b）所示。

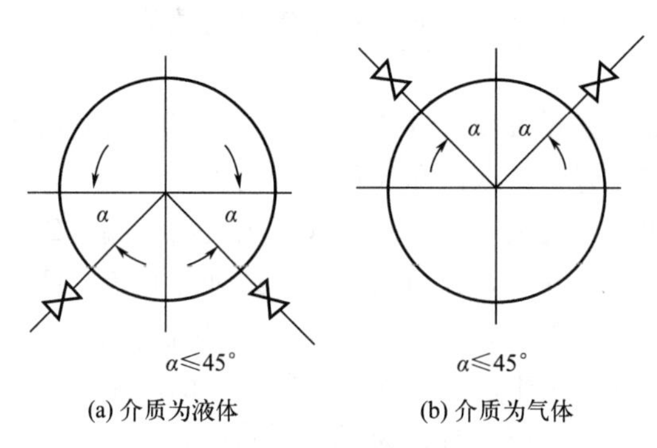

图 1-3-20　取压点的位置示意图

测量液体流量时的连接图见图 1-3-21。

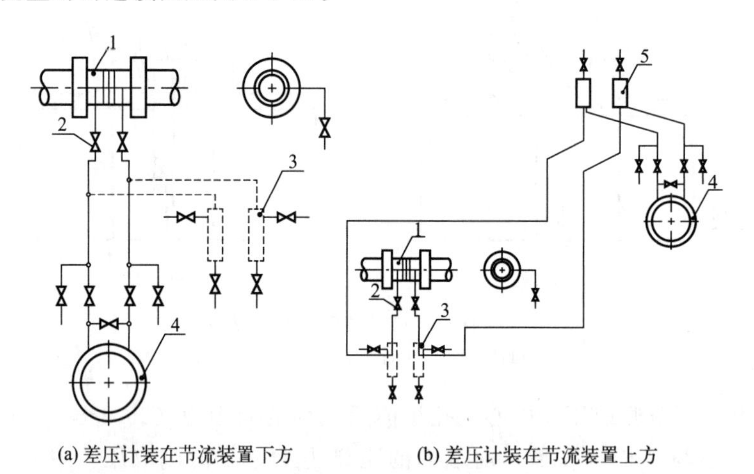

图 1-3-21　测量流体流量时测压点的位置

1—节流装置；2—切断阀管；3—放空阀；4—差压变送器；5—贮气罐

① 测量液体的流量时，应该使两根导压管内都充满同样的液体而无气泡，以使两根导压管内的液体密度相等。

a. 取压点应该位于节流装置的下半部，与水平线夹角 α 为 0°～45°。

b. 引压导管最好垂直向下，如条件不许可，导压管亦应下倾一定坡度［至少（1∶20）～（1∶10）］，使气泡易于排出。

c. 在引压导管的管路中，应有排气装置。

② 测量气体流量时，上述这些基本原则仍然适用。

a. 取压点应在节流装置的上半部。

b. 引压导管最好垂直向上，至少应向上倾斜一定的坡度，以使引压导管中不滞留液体。

c. 如果差压计必须装在节流装置之下，则需加装贮液罐和排放阀。

③ 测量蒸汽的流量时，要实现上述的基本原则，必须解决蒸汽冷凝液的等液位问题，以消除冷凝液液位的高低对测量精度的影响。差压计或差压变送器安装或使用不正确也会引起测量误差。由引压导管接至差压计或变送器前，必须安装切断阀1、2和平衡阀3，构成三阀组。测量腐蚀性（或因易凝固不适宜直接进入差压计）的介质流量时，必须采取隔离措施。

(二) 转子流量计

转子流量计（图1-3-22）又称浮子流量计，是变面积式流量计的一种，它是由一个锥形管和一个置于锥形管内可以上下自由移动的转子（也称浮子）构成。转子流量计本体可以用两端法兰、螺纹或软管与测量管道连接，垂直安装在测量管道上。当流体自下而上流入锥管时，被转子截流，这样在转子上、下游之间产生压力差，转子在压力差的作用下上升，这时作用在转子上的力有三个：流体对转子的动压力（向上）、转子在流体中的浮力（向上）和转子自身的重力（向下）。

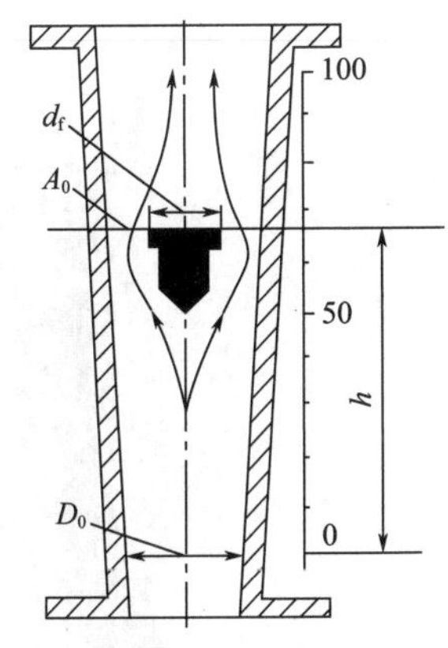

图1-3-22　转子流量计测量原理

流量计垂直安装时，转子重心与锥管管轴会相重合，作用在转子上的三个力都平行于管轴。当这三个力达到平衡时，转子就平稳地浮在锥管内某一位置上。此时，重力=动压力+浮力。对于给定的转子流量计，转子大小和形状已经确定，因此它在流体中的浮力和自身重力都是已知的常量，唯有流体对浮子的动压力是随来流流速的大小而变化的。因此当流体流速变大或变小时，转子将向上或向下移动，相应位置的流动截面积也发生变化，直到流速变成平衡时对应的速度，转子就在新的位置上稳定。对于一台给定的转子流量计，转子在锥管中的位置与流体流经锥管的流量成一一对应关系。这就是转子流量计的计量原理。

转子流量计中转子的平衡条件是

$$V(\rho_t-\rho_f)g=(p_1-p_2)A \tag{1-3-14}$$

$$\Delta p=p_1-p_2=\frac{V(\rho_t-\rho_f)g}{A} \tag{1-3-15}$$

其中：ρ_t 为转子的密度；ρ_f 为流体的密度；V 为转子的体积；Δp 为转子前后的压差（Δp 是一常数）；A 为转子的最大截面积。

其具体工作过程为：流量增加→浮子节流作用产生的压差力也增加→浮子上升→浮子与锥形管壁间的环形流通面积增大→流过此环隙的流速降低→压差力随之下降，直到其恢复为原来的压差数值为止→转子就平衡在比原来高的位置上了。因此，浮子的停浮高度与流量大小成对应关系。

根据转子浮起的高度就可以判断被测介质的流量大小

$$M=\phi h\sqrt{2\rho_f\Delta p} \tag{1-3-16}$$

或

$$Q=\phi h\sqrt{\frac{2}{\rho_f}\times\Delta p} \tag{1-3-17}$$

其中 ϕ 为仪表常数，与流量系数、转子和锥管的几何形状及尺寸有关；h 为转子高度。

将 $\Delta p = p_1 - p_2 = \dfrac{V(\rho_t - \rho_f)g}{A}$ 代入以上两式，得

$$M = \phi h \sqrt{\frac{2gV(\rho_t - \rho_f)\rho_f}{A}} \tag{1-3-18}$$

或

$$Q = \phi h \sqrt{\frac{2gV(\rho_t - \rho_f)}{\rho_f A}} \tag{1-3-19}$$

转子流量计一般分为玻璃转子流量计和金属转子流量计，如图 1-3-23 所示。金属转子流量计是工业上最常用的，对于小管径腐蚀性介质通常用玻璃材质，由于玻璃材质的本身易碎性，关键的控制点也有用全钛材等贵重金属为材质的转子流量计。

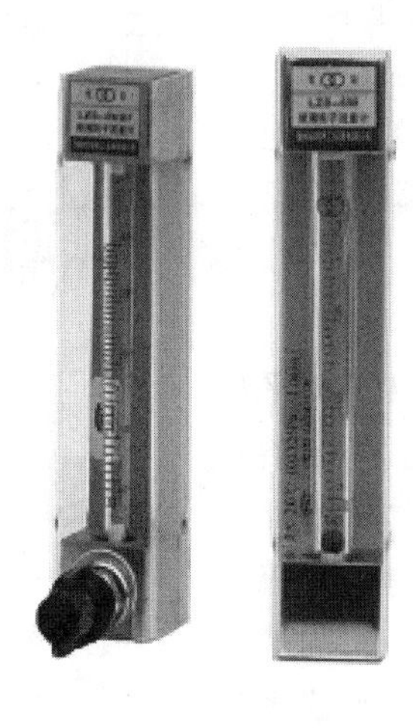

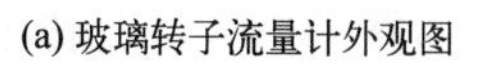

(a) 玻璃转子流量计外观图　　(b) 金属转子流量计外观图

图 1-3-23　转子流量计外观图

为了使转子在锥形管的中心线上下移动时不碰到管壁，通常采用两种方法：一种是在转子中心装有一根导向芯棒，以保持转子在锥形管的中心线作上下运动；另一种是在转子圆盘边缘开有一道道斜槽，当流体自下而上流过转子时，一面绕过转子，同时又穿过斜槽产生一反推力，使转子绕中心线不停地旋转，就可保持转子在工作时不致碰到管壁。转子流量计的转子材料可用不锈钢、铝、青铜等制成。

玻璃转子流量计是工业流量测量中应用较多的流量测量仪表，广泛应用于化工、制药、石油、轻工业和科研部门。测量流量的产品虽然很多，但是因为玻璃转子流量计具有结构简单、操作方便、价格低等优点，深受广大用户欢迎，特别是中、小型企业要求自动化程度不高，玻璃转子流量计是他们测量流量的主导产品。如何正确使用与维护玻璃转子流量计，有以下几点建议：

① 在拿到玻璃转子流量计时，首先观察玻璃转子流量计内的玻璃管是否完好，因为玻璃管极易破损。其次是去掉固定物，轻轻地倒向看转子能否自由上下滑动。如果不能自由滑动，就要轻轻地振动支板，这样一般都可以滑动了。如果还不能滑动，就需要请专业技术人员拆机解决。

② 在向管道上安装时，首先要看上、下游管道是否在一条直线上。如果不在一条直线上，不仅会影响仪表的测量准确度，而且会损坏仪表。

③ 前面两点确保无误后，方可以开始使用。开启阀门时一定要缓缓地开启，如果估计流量能够浮动转子而转子并没有向上移动，这时候立即停止继续开阀，同时轻轻敲打管道，使转子能慢慢上升。

④ 安全使用，不允许把前罩壳去掉使用，因为玻璃管易爆破，罩壳起到保护作用。

⑤ 冬季使用应当注意保暖，如果夜间不使用，一定要把流量计内残留液体放掉，免得把玻璃管冻破。

(三) 漩涡流量计

漩涡流量计又称涡街流量计，可以用来测量各种管道中的液体、气体和蒸汽的流量，是目前工业控制、能源计量及节能管理中常用的新型流量仪表。漩涡流量计是利用有规则的漩涡剥离现象来测量流体流量的仪表。在流体中垂直插入一个非流线型的柱状物（圆柱或三角柱）作为漩涡发生体，如图 1-3-24 所示。当雷诺数达到一定的数值时，会在柱状物的下游处产生如图所示的两列平行状，并且上下交替出现的漩涡有如街道旁的路灯，故有涡街之称，又因此现象首先被卡曼（Karman）发现，也称作卡曼涡街。当两列漩涡之间的距离 h 和同列的两漩涡之间的距离 l 之比能满足 $h/l=0.281$ 时，则所产生的涡街是稳定的。漩涡流量计的特点是精确度高、测量范围宽、没有运动部件、无机械磨损、维护方便、压力损失小、节能效果明显。

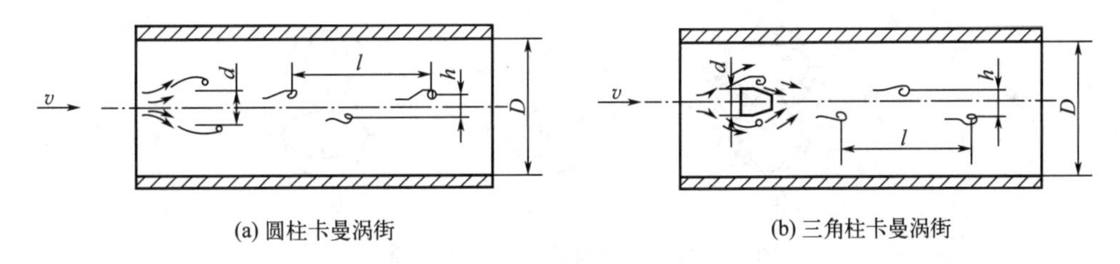

(a) 圆柱卡曼涡街　　(b) 三角柱卡曼涡街

图 1-3-24　卡曼涡街

由圆柱体形成的卡曼漩涡，其单侧漩涡产生的频率为

$$f=St\times\frac{v}{d} \tag{1-3-20}$$

漩涡频率的检测方法：热敏检测法、电容检测法、应力检测法、超声检测法。

圆柱检出器是一种热敏检测法，原理图如图 1-3-25 所示。它采用铂电阻丝作为漩涡频率的转换元件。在圆柱形发生体上有一段空腔（检测器），被隔墙分成两部分。在隔墙中央有一小孔，小孔上装有一根被加热了的细铂丝。在产生漩涡的一侧，流速降低，静压升高，于是在有漩涡的一侧和无漩涡的一侧之间产生静压差。流体从空腔上的导压孔进入，向未产生漩涡的一侧流出。流体在空腔内流动时将铂丝上的热量带走，铂丝温度下降，导致其电阻值减小。由于漩涡是交替地出现在柱状物的两侧，所以铂热电阻丝阻值的变化也是交替的，且阻值变化的频率与漩涡产生的频率相对应，故可通过测量铂丝阻值变化的频率来推算流量。铂丝阻值变化的频率，采用一个不平衡电桥进行转换、放大和整形，再变换成 0～10mA 或 4～20mA 直流电流信号输出。

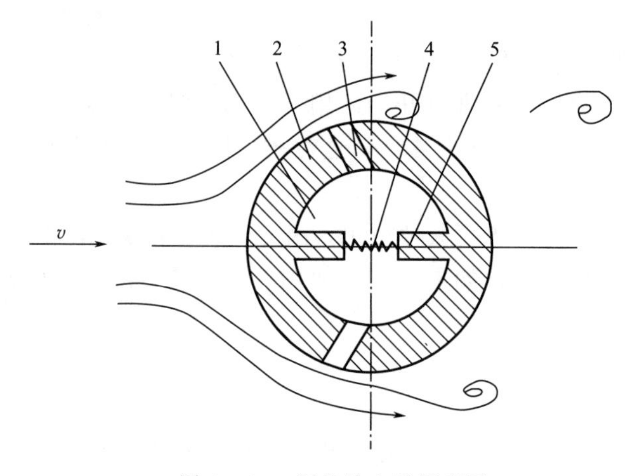

图 1-3-25 圆柱检出器原理图

1—空腔；2—圆柱棒；3—导压孔；4—铂电阻丝；5—隔墙

(四) 椭圆齿轮流量计

椭圆齿轮流量计是容积式流量计的一种。它对被测流体的黏度变化不敏感，特别适合于测量高黏度的流体（例如重油、聚乙烯醇、树脂等），甚至糊状物的流量。

椭圆齿轮流量计的测量部分由两个相互啮合的椭圆形齿轮 A 和 B、轴及壳体组成。椭圆齿轮与壳体之间形成测量室，如图 1-3-26 所示。

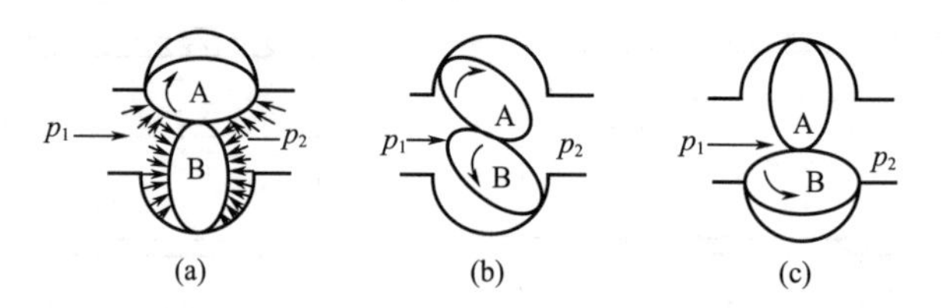

图 1-3-26 椭圆齿轮流量计工作原理

当流体流过椭圆齿轮流量计时，由于要克服阻力将会引起阻力损失，从而使进口侧压力 p_1 大于出口侧压力 p_2，在此压力差的作用下，产生作用力矩使圆齿轮连续转动。在图所示的位置时，由于 $p_1>p_2$，在 p_1 和 p_2 的作用下所产生的合力矩使 A 轮顺时针转动。这时 A 为主动轮，B 为从动轮。在图 1-3-26（b）上所示中间位置，根据力的分析可知，此时 A 轮与 B 轮均为主动轮。当继续转至图 1-3-26（c）所示位置时，p_1 和 p_2 作用在 A 轮上的合力矩为零，作用在 B 轮上的合力矩使 B 轮作逆时针方向转动，并把已吸入的半月形容积内的介质排出出口，这时 B 轮为主动轮，A 轮为从动轮，与图 1-3-26（a）所示情况刚好相反。如此往复循环，A 轮和 B 轮互相交替地由一个带动另一个转动，并把被测介质以半月形容积为单位一次一次地由进口排至出口。显然，图 1-3-26 仅仅表示椭圆齿轮转动了 1/4 周的情况，而其所排出的被测介质为一个半月形容积。所以，椭圆齿轮每转一周所排出的被测介质量为半月形容积的 4 倍，即通过椭圆齿轮流量计的体积流量 $Q=4nV_0$。

(五) 电磁流量计

电磁流量计（图 1-3-27）通常由变送器和转换器两部分组成，被测介质的流量经变送器变换成感应电势后，再经转换器把电势信号转换成统一的 4～20mA 直流信号作为输出，以便进行指示、记录或与电动单元组合仪表配套使用。

电磁流量计能够测量酸、碱、盐溶液以及含有固体颗粒（例如泥浆）或纤维液体的流量。感应电势的方向由右手定则判断，大小由下式决定

$$E_X = K'BDv \qquad (1\text{-}3\text{-}21)$$

而

$$Q = \frac{1}{4}\pi D^2 v \qquad (1\text{-}3\text{-}22)$$

将其代入上式，得

$$E_X = \frac{4K'BD}{\pi D} = KD \qquad (1\text{-}3\text{-}23)$$

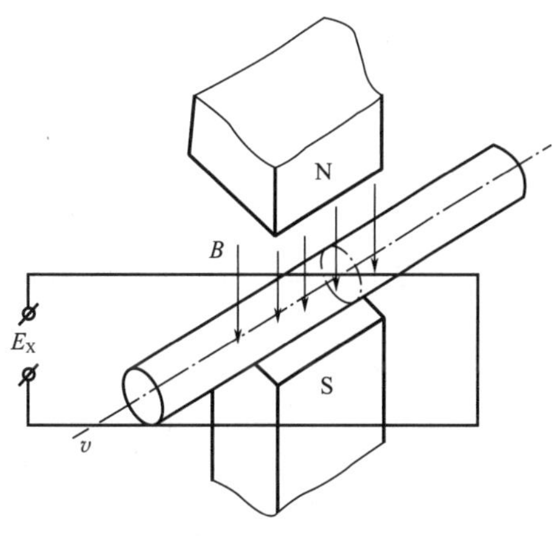

图 1-3-27　电磁流量计原理图

注意：只能用来测量导电液体的流量，且电导率要求不小于水的电导率，不能测量气体、蒸汽及石油制品等的流量。要引入高放大倍数的放大器，会造成测量系统很复杂、成本高，并且易受外界电磁场的干扰。使用中要注意维护，防止电极与管道间绝缘的破坏。安装时要远离一切磁源。不能有振动。

四、物位检测仪表

在容器中液体介质的高低称为液位，容器中固体或颗粒状物质的堆积高度称为料位。测量液位的仪表称为液位计，测量料位的仪表称为料位计，而测量两种密度不同液体介质的分界面的仪表称为界面计。上述三种仪表统称为物位检测仪表。物位测量在现代工业生产自动化中具有重要的地位，随着现代化工业设备规模的扩大和集中管理，特别是计算机投入运行以后，物位的测量和远传显得更重要了。

通过测量物位，可以正确获知容器设备中所储物质的体积或质量；监视或控制容器内的介质物位，使它保持在一定的工艺要求的高度，或对它的上、下限位置进行报警，以及根据物位来连续监视或调节容器中流入与流出物料的平衡。所以，一般测量物位的目的有两个：一个是对物位测量的绝对值要求非常准确，借以确定容器或贮存库中的原料、辅料、半成品或成品的数量；另一个是对物位测量的相对值要求非常准确，要能迅速正确反映某一特定水准面上的物料相对变化，用以连续控制生产工艺过程，即利用物位检测仪表进行监视和控制。

物位测量对安全生产关系十分密切。例如合成氨生产中铜洗塔塔底的液位控制，塔底液位过高，精炼气就会带液，导致合成塔催化剂中毒；反之，如果液位过低，会失去液封作用产生高压气冲入再生系统，造成严重事故。

（一）差压式液位计

1. 工作原理

差压式液位计是利用容器内的液位改变时，由液注产生的静压力相应变化的原理而工作的，如图 1-3-28 所示。

将差压变送器的一端接液相，另一端接气相。容器上部为干燥气体，压力为 p，则

$$p_1 = p + H\rho g$$

$$p_2=p$$

因此 $$\Delta p=p_1-p_2=H\rho g \tag{1-3-24}$$

ρ 为被测液体密度；H 为液位高度；g 为重力加速度；p_1 和 p_2 为差压变送器正、负压室压力。

当被测容器是敞口的，气相压力为大气压时，只需将差压变送器的负压室通大气即可。若不需要远传信号，也可以在容器底部安装压力表，压力表式液位计如图 1-3-29 所示。

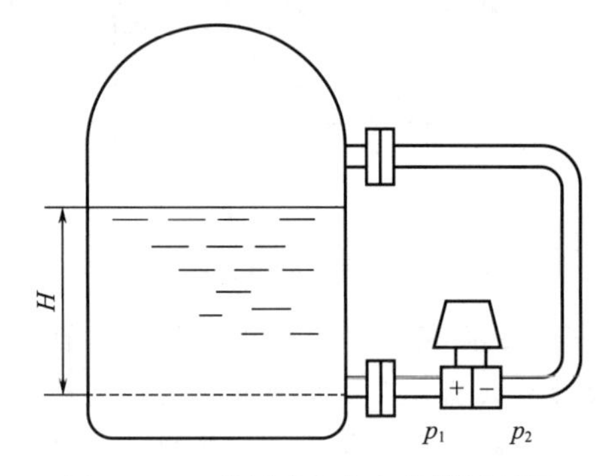

图 1-3-28 差压式液位变送器原理图

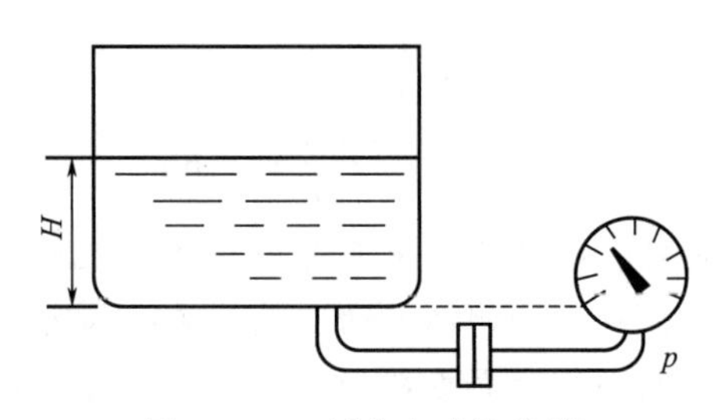

图 1-3-29 压力表式液位计

2. 零点迁移问题

图 1-3-30 为负迁移示意图，在使用差压变送器测量液位时，一般来说压差 $\Delta p=H\rho g$，这属于无迁移的情况，$H=0$ 时，$\Delta p=0$，作用在正、负压室压力是相等的。

但实际应用中，往往问题并没有那么简单，图 1-3-30 中，正、负压室压力 p_1、p_2 分别为

$$p_1=h_1\rho_2 g+H\rho_1 g+p_0 \tag{1-3-25}$$

$$p_2=h_2\rho_2 g+p_0 \tag{1-3-26}$$

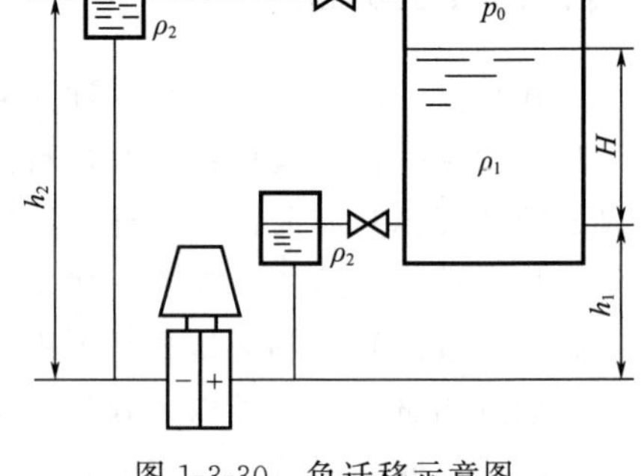

图 1-3-30 负迁移示意图

则 $$p_1-p_2=H\rho_1 g+h_1\rho_2 g-h_2\rho_2 g$$

$$\Delta p=H\rho_1 g-(h_2-h_1)\rho_2 g \tag{1-3-27}$$

式（1-3-27）中当液位 $H=0$ 的时候

$$\Delta p=-(h_2-h_1)\rho_2 g \tag{1-3-28}$$

对比式（1-3-24）和式（1-3-28），对比无迁移情况，相当于在负压室多了一项压力，假定采用的是 DDZ-Ⅲ 型差压变送器，其输出范围为 4～20mA 的电流信号。在无迁移时，$H=0$，$\Delta p=0$，这时变送器的输出 $I_0=4\text{mA}$，$H=H_{max}$，$\Delta p=\Delta p_{max}$，这时变送器的输出 $I_0=20\text{mA}$。但是在有迁移时，根据式（1-3-28）可知，由于有固定差压的存在，当 $H=0$ 时，变送器的输入小于 0，其输出必定小于 4mA；当 $H=H_{max}$ 时，变送器的输入小于 p_{max}，其输出必定小于 20mA。为了使仪表的输出能正确反映出液位的数值，也就是使液位的零值与满量程能与变送器输出的上、下限值相对应，必须设法抵消固定压差 $(h_2-h_1)\rho_2 g$ 的作用，使得当 $H=0$ 时，变送器的输出仍然回到 4mA，而当 $H=H_m$ 时，变送器的输出能为 20mA。采用零点迁移的办法就能够达到此目的，即调节仪表上的迁移弹簧，以抵消固定压差 $(h_2-h_1)\rho_2 g$ 的作用。

迁移弹簧的作用：改变变送器的零点。

迁移和调零：都是使变送器输出的起始值与被测量起始点相对应，只不过零点调整量通常较小，而零点迁移量则比较大。

迁移：同时改变了测量范围的上、下限，相当于测量范围的平移，它不改变量程的大小。

例：某差压变送器的测量范围为0～5000Pa，当压差由0变化到5000Pa时，变送器的输出将由4mA变化到20mA，这是无迁移的情况，如图1-3-31中曲线a所示，负迁移如曲线b所示，正迁移如曲线c所示。

由于工作条件的不同，有时会出现正迁移的情况，如图1-3-32所示，如果 $p_0=0$，经过分析可以知道，当 $H=0$ 时，正压室多了一项附加压力 $h\rho g$，或者说 $H=0$ 时，$\Delta p=h\rho g$，这时变送器输出应为4mA，画出此时变送器输出和输入压差之间的关系，就如同图1-3-31中曲线c所示。

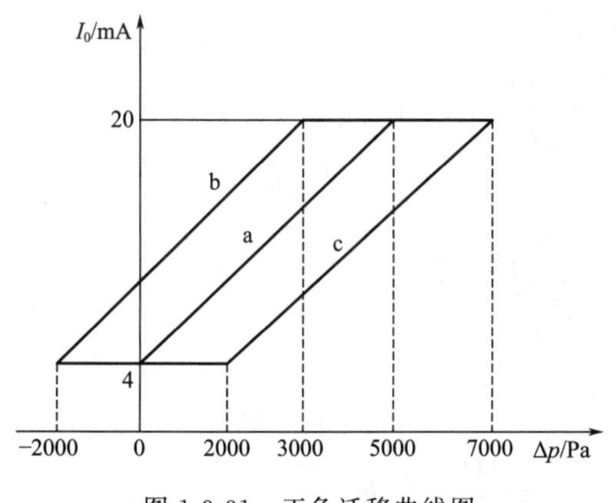

图1-3-31 正负迁移曲线图

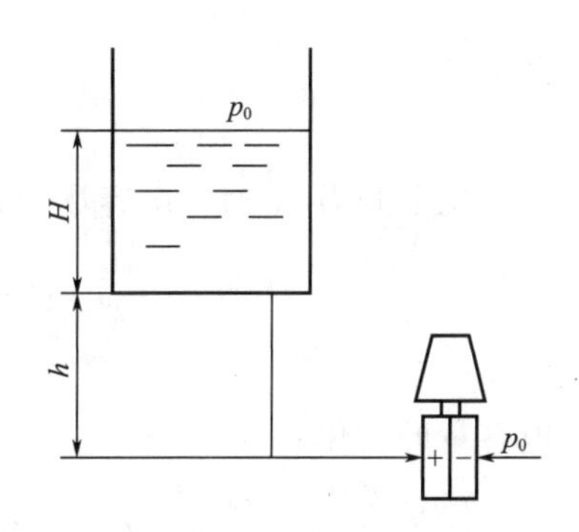

图1-3-32 正负迁移示意图

(二) 电容式物位传感器

1. 测量原理

在电容器的极板之间，充以不同介质时，电容量的大小也有所不同。因此，可通过测量电容量的变化来检测液位、料位和两种不同液体的分界面。图1-3-33所示的就是由两个同轴圆柱极板1、2组成的电容器。

在两圆筒间充以介电系数为ε的介质时，则两圆筒间的电容量表达式为

$$C=\frac{2\pi\varepsilon L}{\ln\frac{D}{d}} \tag{1-3-29}$$

当 D 和 d 一定时，电容量 C 的大小与极板的长度 L 和介质的介电常数ε的乘积成比例。

2. 液位检测

对非导电介质液位测量的电容式液位传感器原理如图1-3-34所示。它由内电极1和一个与它相绝缘的同轴金属套筒做的外电极2所组成，外电极2上开很多小孔4，使介质能流进电极之间，内外电极用绝缘套3绝缘。

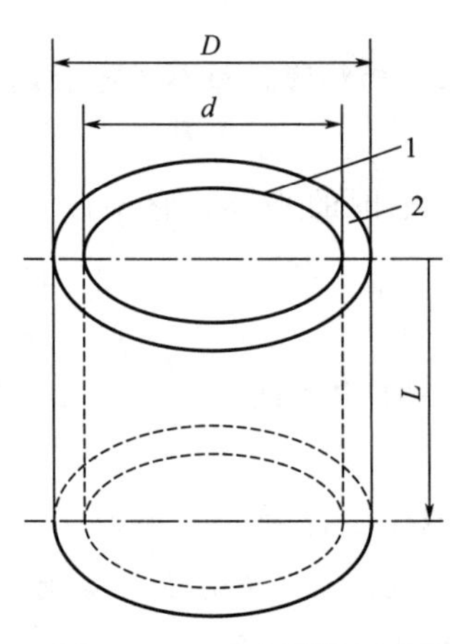

图 1-3-33　电容器的组成

1—内电极；2—外电极

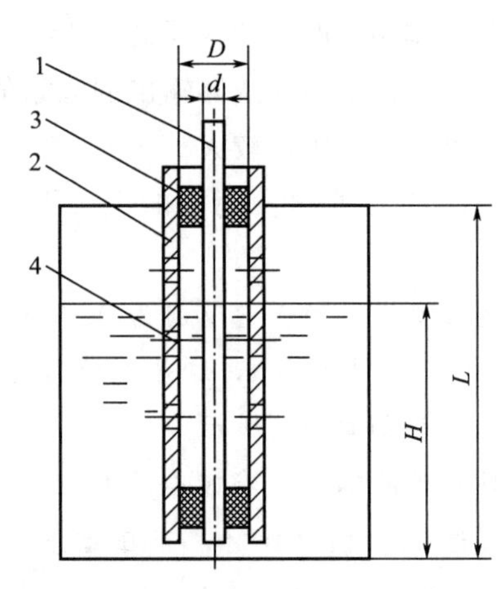

图 1-3-34　电容式液位传感器的组成

1—内电极；2—外电极；3—绝缘套；4—流通小孔

当液位为零时，仪表调整零点，其零点的电容为

$$C_0=\frac{2\pi\varepsilon_0 L}{\ln\dfrac{D}{d}} \tag{1-3-30}$$

当液位上升为 H 时，电容量变为

$$C=\frac{2\pi\varepsilon H}{\ln\dfrac{D}{d}}+\frac{2\pi\varepsilon_0(L-H)}{\ln\dfrac{D}{d}} \tag{1-3-31}$$

电容量的变化为

$$C_X=C-C_0=\frac{2\pi(\varepsilon-\varepsilon_0)H}{\ln\dfrac{D}{d}}=K_i H \tag{1-3-32}$$

电容量的变化与液位高度 H 成正比。该法是利用被测介质的介电系数 ε 与空气介电系数 ε_0 不等的原理进行工作，$\varepsilon-\varepsilon_0$ 值越大，仪表越灵敏。电容器两极间的距离越小，仪表越灵敏。

3. 料位检测

用电容法可以测量固体块状颗粒体及粉料的料位。由于固体间磨损较大，容易“滞留”，可用电极棒及容器壁组成电容器的两极来测量非导电固体料位。如图 1-3-35 所示为用金属电极棒插入容器来测量料位的示意图。

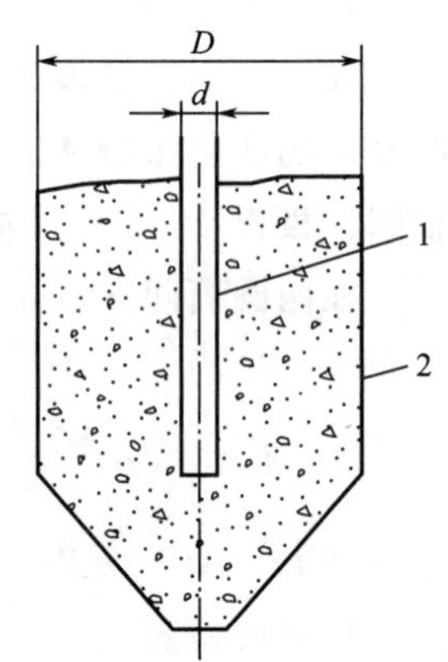

图 1-3-35　电容式料位传感器的组成

1—金属电极棒；2—容器壁

电容量变化与料位升降的关系为

$$C_X=\frac{2\pi(\varepsilon-\varepsilon_0)H}{\ln\dfrac{D}{d}} \tag{1-3-33}$$

电容物位计优缺点：

◇ 电容物位计的传感部分结构简单、使用方便。

◇ 需借助较复杂的电子线路。

◇ 应注意介质浓度、温度变化时，其介电系数也要发生变化这种情况。

五、温度检测仪表

温度是表征物体冷热程度的物理量，是各种工业生产和科学实验中最普遍而重要的操作参数。除此之外，在现代化的农业和医学中也是不可缺少的。

在化工生产中，温度的测量与控制有着重要的作用。众所周知，任何一种化工生产过程都伴随着物质的物理和化学性质的改变，都必然有能量的交换和转化，其中最普遍的交换形式是热交换形式。因此，化工生产的各种工艺过程都是在一定的温度下进行的。例如精馏塔的精馏过程中，对精馏塔的进料温度、塔顶温度和塔釜温度都必须按照工艺要求分别控制在一定数值上。又如 N_2 和 H_2 合成 NH_3 的反应，在催化剂存在的条件下，反应的温度是500℃，否则产品不合格，严重时还会发生事故。因此说，温度的测量与控制是保证化学反应过程正常进行与安全运行的重要环节。

(一) 压力式温度计

应用压力随温度的变化来测温的仪表叫压力式温度计。它是根据在封闭系统中的液体、气体或低沸点液体的饱和蒸气受热后体积膨胀或压力变化这一原理而制成的，并用压力表来测量这种变化从而测得温度。

压力式温度计的构造如图 1-3-36 所示，它主要由以下三部分组成。

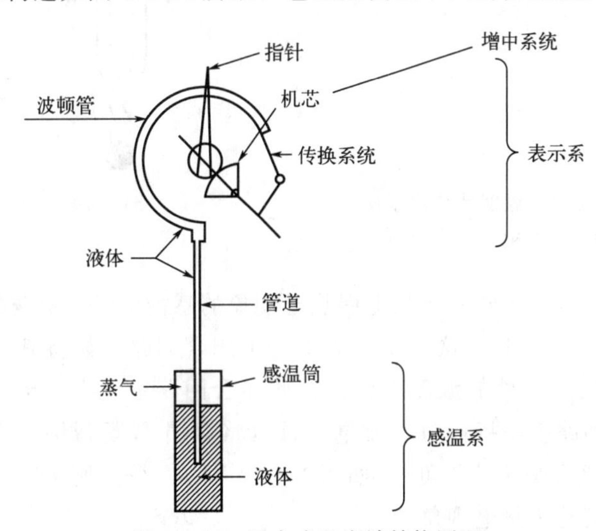

图 1-3-36　压力式温度计结构原理

① 感温系（温包）　它是直接与被测介质相接触来感受温度变化的元件，因此要求具有高的强度，小的膨胀系数，高的热导率以及抗腐蚀等性能。根据所充工作物质和被测介质的不同，温包可用铜合金钢或不锈钢来制造。

② 管道（毛细管）　它是用铜或钢等材料冷拉成的无缝圆管，用来传递压力的变化。其外径为 1.2～5mm，内径为 0.15～0.5mm。如果它的直径越细，长度越长，则传递压力的滞后现象就越严重。也就是说，温度计对被测温度的反应越迟钝。然而，在同样的长度下毛细管越细，仪表的精度就越高。毛细管容易被破坏、折断，因此，必须加以保护。对不经常弯曲的毛细管可用金属软管做保护套管。

③ 波顿管（弹簧管）　它是一般压力表用的弹性元件。

(二) 热电偶温度计

1. 工作原理

热电偶温度计是以热电效应为基础的测温仪表。它的测量范围很广，结构简单、使用方便、测温准确可靠，便于信号的远传、自动记录和集中控制，因而在化工生产中应用极为普遍。

热电偶温度计是由三部分组成：热电偶（感温元件）；测量仪表（毫伏计或电位差计）；连接热电偶和测量仪表的导线（补偿导线及铜导线）。图 1-3-37 是热电偶温度计最简单测温系统的示意图。

（1）热电现象及测温原理

热电偶是工业上最常用的一种测温元件。它是由两种不同材料的导体 A 和 B 焊接而成，如图 1-3-38 所示。焊接的一端插入被测介质中，感受到被测温度，称为热电偶的工作端或热端，另一端与导线连接，称为冷端或自由端。导体 A、B 称为热电极。

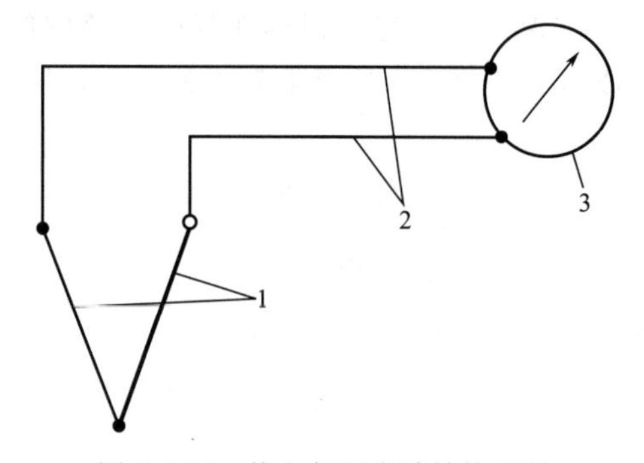

图 1-3-37　热电偶温度计结构原理
1—热电偶；2—导线；3—测量仪表

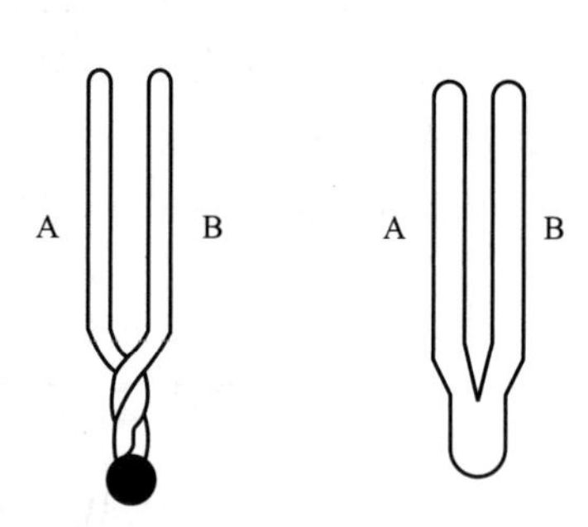

图 1-3-38　热电偶示意图

先用一个简单的实验，来建立对热电偶热电现象的感性认识。取两根不同材料的金属导线 A 和 B，将其两端焊在一起，这样就组成了一个闭合回路。如将其一端加热，就是使其接点 1 处的温度高于接点 2 处的温度，那么在此闭合回路中就有热电势产生，如图 1-3-39(a) 所示。如果在此回路中串接一只直流毫伏计（将金属 B 断开接入毫伏计，或者在两金属线的 t_0 接头处断开接入毫伏计均可），如图 1-3-39（b）、（c）所示，就可见到毫伏计中有电势指示，这种现象就称为热电现象。

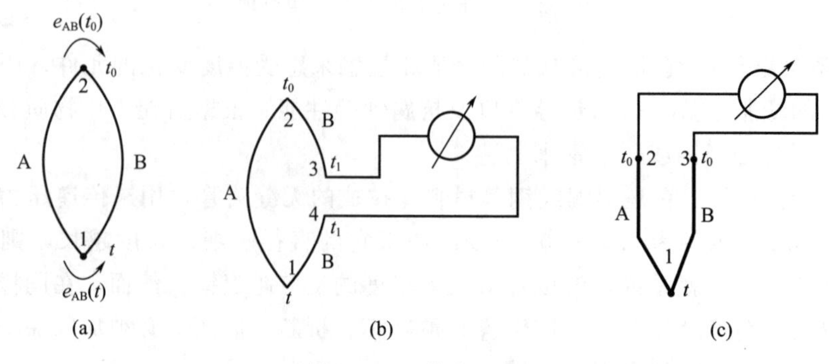

图 1-3-39　热电现象

图 1-3-40 表示两金属的接点温度不同，设 $t>t_0$，由于两金属的接点温度不同，就产生了两个大小不等、方向相反的热电势 $e_{AB}(t)$ 和 $e_{AB}(t_0)$。必须注意，对于同一金属 A（或 B)，由于其两端温度不同，自由电子具有的动能不同，也会产生一个相应的电动势，这个电动势称为温差电势。但由于温差电势远小于接触热电势，因此常常把它忽略不计。这样就可以用图 1-3-40（b）作为图 1-3-40（a）的等效电路，R_1、R_2 为热偶丝的等效电阻，在此闭合回路中总的热电势 $E(t,t_0)$ 应为：

$$E(t,t_0)=e_{AB}(t)-e_{AB}(t_0)$$

或

$$E(t,t_0)=e_{AB}(t)-e_{BA}(t_0) \tag{1-3-34}$$

也就是说，热电势 $E(t,t_0)$ 等于热电偶两接点热电势的代数和。当 A、B 材料固定后，热电势是接点温度 t 和 t_0 的函数之差。如果一端温度 t 保持不变，即 $e_{AB}(t_0)$ 为常数，则热电势 $E_{AB}(t,t_0)$ 就成为温度 t 的单值函数了，而和热电偶的长短及直径无关。这样，只要测出热电势的大小，就能判断测温点温度的高低，这就是利用热电现象来测温的原理。

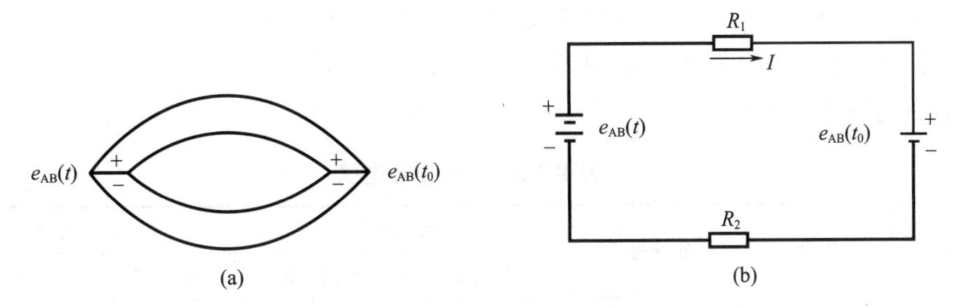

图 1-3-40　热电偶原理及电路图

（2）插入第三种导线的问题

利用热电偶测量温度时，必须要用某些仪表来测量热电势的数值，如图 1-3-41 所示。而测量仪表往往要远离测温点，这就要接入连接导线 C，这样就在 AB 所组成的热电偶回路中加入了第三种导线，而第三种导线的接入又构成了新的接点，如图 1-3-41（a）中点 3 和点 4，图 1-3-41（b）中的点 2 和点 3 这样引入第三种导线会不会影响热电偶的热电势呢？

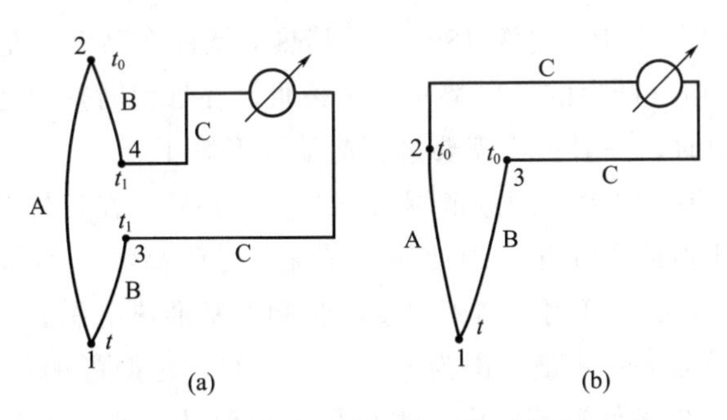

图 1-3-41　热电偶测温系统连接图

总的热电势

$$E_t=e_{AB}(t)+e_{BC}(t_1)+e_{CB}(t_1)+e_{BA}(t_0) \tag{1-3-35}$$

由于

$$e_{BC}(t_1)=-e_{CB}(t_1) \tag{1-3-36}$$

$$e_{BA}(t_0)=-e_{AB}(t_0) \tag{1-3-37}$$

将式（1-3-36）、式（1-3-37）代入式（1-3-35）得

$$E_t = e_{AB}(t) - e_{AB}(t_0) \tag{1-3-38}$$

式（1-3-38）和式（1-3-34）相同。

同理分析图 1-3-41（b）得出同样结论，在热电偶回路中接入第三种金属导线对原热电偶所产生的热电势数值并无影响。不过必须保证引入线两端的温度相同。

2. 热电偶种类

理论上任意两种金属材料都可以组成热电偶。但实际情况并非如此，对它们还必须进行严格的选择。工业上热电极材料应满足以下要求：温度每增加 1℃时所能产生的热电势要大，而且热电势与温度应尽可能成线性关系；物理稳定性要高，即在测温范围内其热电性质不随时间而变化，以保证与其配套使用的温度计测量的准确性；化学稳定性要高，即在高温下不被氧化和腐蚀；材料组织要均匀，要有韧性，便于加工成丝；复现性好（用同种成分材料制成的热电偶，其热电特性均相同的性质称复现性），这样便于成批生产，而且在应用上也可保证良好的互换性。但是，要全面满足以上要求是有困难的。目前在国际上公认的比较好的热电极材料只有几种，这些材料是经过精选而且标准化的。

工业用热电偶见表 1-3-2。

▶ 表 1-3-2 工业用热电偶

热电偶名称	代号	分度号	热电极材料		测温范围/℃	
			正热电极	负热电极	长期使用	短期使用
铂铑$_{30}$-铂铑$_6$	WRR	B	铂铑$_{30}$ 合金	铂铑$_6$ 合金	300～1600	1800
铂铑$_{10}$-铂	WRP	S	铂铑$_{10}$ 合金	纯铂	−20～1300	1600
镍铬-镍硅	WRN	K	镍铬合金	镍硅合金	−50～1000	1200
镍铬-铜镍	WRE	E	镍铬合金	铜镍合金	−40～800	900
铁-铜镍	WRF	J	铁	铜镍合金	−40～700	750
铜-铜镍	WRC	T	铜	铜镍合金	−400～300	350

铂铑$_{30}$-铂铑$_6$（分度号为 B）可测 1800℃，其热电特性在高温下更为稳定，适于在氧化性和中性介质中使用。但它产生的热电势小，价格贵。在低温时热电势极小，因此当冷端温度在 40℃以下范围使用时，一般可不需要进行冷端温度修正。

铂铑$_{10}$-铂（分度号为 S）中，测量范围为−20～1300℃，在良好的使用环境下可短期测量 1600℃，适于在氧化性或中性介质中使用。其优点是耐高温，不易氧化，有较好的化学稳定性；具有较高测量精度，可用于精密温度测量和作基准热电偶。

镍铬-镍硅（分度号为 K）测量范围为−50～1000℃，短期可测量 1200℃，在氧化性和中性介质中使用，500℃以下低温范围内，也可用于还原性介质中测量。此种热电偶其热电势大，线性好，测温范围较宽，造价低，因而应用很广。

3. 热电偶的结构

普通型热电偶，主要由热电极、绝缘管、保护套管和接线盒等主要部分组成，如图 1-3-42 所示。热电极是组成热电偶的两根热偶丝，贵金属的热电极大多采用直径为 0.3～0.65mm 的细丝，普通金属电极丝的直径一般为 0.5～3.2mm，其长度由安装条件及插入深度而定，一般为 350～2000mm。

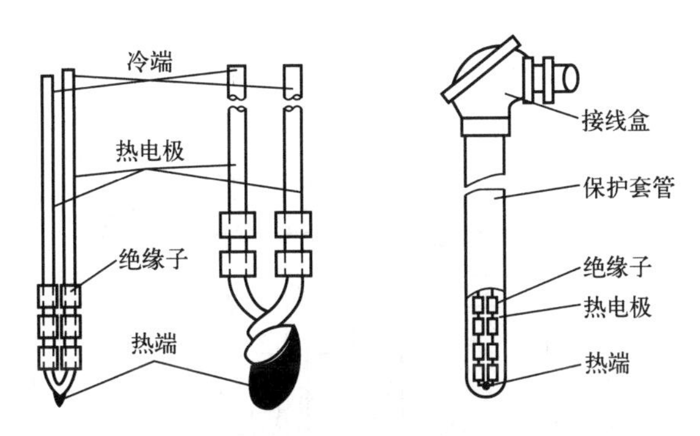

图 1-3-42　热电偶的结构

为了适应生产的需求，热电偶的家族还包括铠装热电偶、表面型热电偶、快速性热电偶等，分别应用在一些特殊的生产场合。

4. 补偿导线

由热电偶测温原理知道，只有当热电偶冷端温度保持不变时，热电势才是被测温度的单值函数。在实际应用时，由于热电偶的工作端（热端）与冷端离得很近，而且冷端又暴露在空间，容易受到周围环境温度波动的影响，因而冷端温度难以保持恒定。为了使热电偶的冷端温度保持恒定，当然可以把热电偶做得很长，使冷端远离工作热电偶端，但是，这样做要多消耗许多贵重的金属材料，是不经济的。解决这个问题的方法是采用一种专用导线，将热电偶的冷端延伸出来，如图 1-3-43 所示。这种专用导线称为补偿导线，它也是由两种不同性质的金属材料制成，在一定温度范围内（0～100℃）与所连接的热电偶具有相同的热电特性，其材料又是廉价金属。不同热电偶所用的补偿导线也不同，对于镍铬-康铜等一类用廉价金属制成的热电偶，则可用其本身材料作补偿导线。

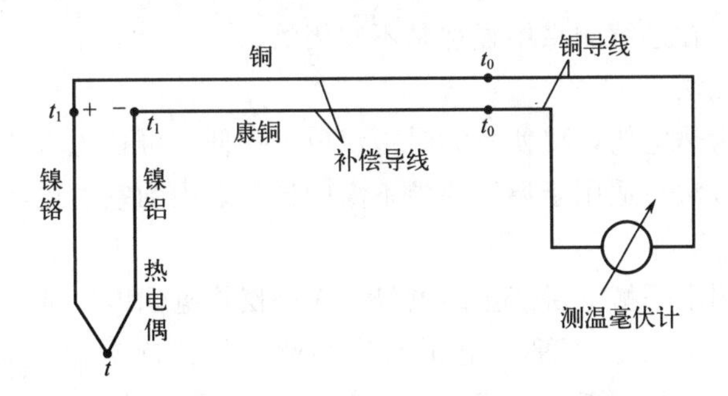

图 1-3-43　补偿导线接线图

5. 冷端补偿

采用补偿导线后，把热电偶的冷端从温度较高和不稳定的地方，延伸到温度较低和比较稳定的操作室内，但冷端温度还不是0℃。而工业上常用的各种热电偶的温度-热电势关系曲线是在冷端温度保持为 0℃的情况下得到的，与它配套使用的仪表也是根据这一关系曲线进行刻度的。操作室的温度往往高于 0℃，而且是不恒定的，这时，热电偶所产生的热电势必然偏小。且测量值也随着冷端温度变化而变化，这样测量结果就会产生误差。

在应用热电偶测温时，只有将冷端温度保持为 0℃，或者是进行一定的修正才能得出准确的测量结果。这样做，就称为热电偶的冷端温度补偿。一般采用下述几种方法。

(1) 冰浴法

冷端温度保持为0℃，将冷端置于冰水混合物中，这种方法多用于实验室中，如图1-3-44所示。

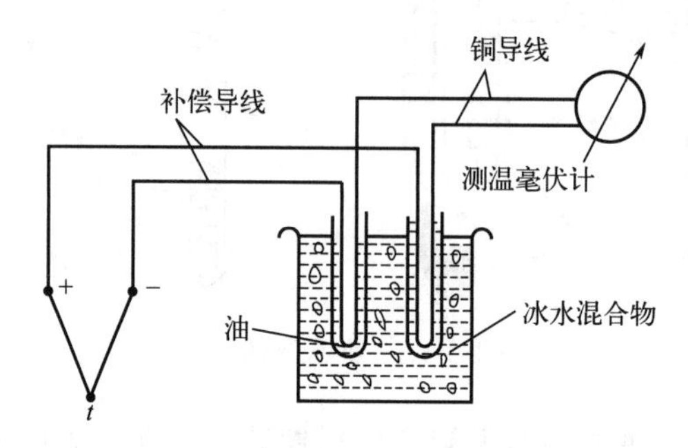

图1-3-44 热电偶冷端温度保持0℃的方法

(2) 冷端温度修正方法

在实际生产中，冷端温度往往不是0℃，而是某一温度 t_1，这就引起测量误差。因此，必须对冷端温度进行修正。

举例说明，某一设备的实际温度为 t，其冷端温度为 t_1，这时测得的热电势为 $E(t,t_1)$。为求得实际 t 的温度，可利用下式进行修正，即

$$E(t,0)=E(t,t_1)+E(t_1,0) \tag{1-3-39}$$

因为

$$E(t,t_1)=E(t,0)-E(t_1,0) \tag{1-3-40}$$

由此可知，冷端温度的修正方法是把测得的热电势 $E(t,t_1)$，加上热端为室温 t_1，冷端为0℃时的热电偶的热电势 $E(t_1,0)$，才能得到实际温度下的热电势 $E(t,0)$。

用计算的方法来修正冷端温度，是指冷端温度内恒定值时对测温的影响。该方法只适用于实验室或临时测温，在连续测量中显然是不实用的。

(3) 校正仪表零点法

若采用测温元件为热电偶，要使测温时指示值不偏低，可预先将仪表指针调整到相当于室温的数值上。这一方法只适用于温度要求不高的场合，因为室温也经常发生变化。

(4) 补偿电桥法

补偿电桥法是利用不平衡电桥产生的电势，来补偿热电偶因冷端温度变化而引起的热电势变化值，如图1-3-45所示。不平衡电桥又称补偿电桥或冷端温度补偿器，由 R_1、R_2、R_3（铜丝绕制）和 R_t（铜丝绕制）四个桥臂和稳压电源所组成，串联在热电偶测量回路中。为了使热电偶的冷端与电阻 R_t 感受相同的温度，必须把 R_t 与热电偶的冷端放在一起。

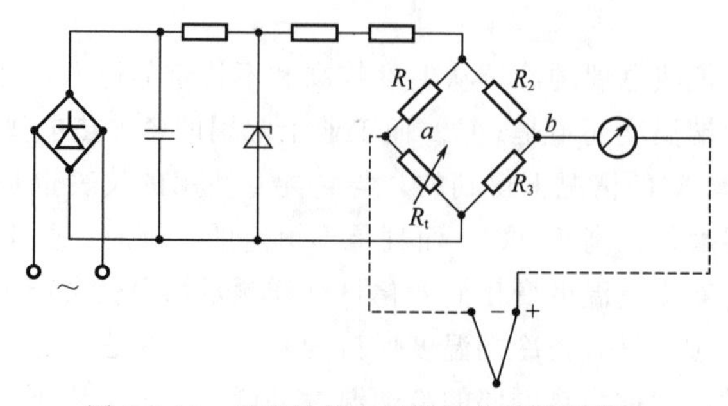

图1-3-45 具有补偿电桥的热电偶测温线路

电桥通常在 20℃时处于平衡，即 $R_1=R_2=R_3=R_t$，此时，对角线 a、b 两点电位相等，即 $U_a=0$，电桥对仪表的读数无影响。当周围环境高于 20℃时，热电偶因冷端温度升高而使热电势减弱，与此同时，电桥中 R_1、R_2、R_3 的电阻值不随温度变化，铜电阻 R_t 却随温度增加而增加，于是电桥不再平衡，这时，a 点电位高于 b 点电位，在对角线 a、b 间输出不平衡电压 U_{ab}，并与热电偶的热电势相叠加，一起送入测量仪表。如适当选择桥臂电阻和电流的数值，可以使电桥产生的不平衡电压 U_{ab} 正好补偿由于冷端温度变化而引起的热电势变化值，仪表即可指示出正确的温度。

(三) 热电阻温度计

1. 工作原理

上面介绍的热电偶温度计，其感受温度的一次元件是热电偶，这类仪表一般适用于测量 500℃以上的较高温度，对于 500℃以下的中、低温，利用热电偶进行测量就不一定恰当。首先，在中、低温区热电偶输出的热电势很小，这样小的热电势，对电位差计的放大器和抗干扰措施要求都很高，否则就测量不准，仪表维修也困难；其次，在较低的温度区域，冷端温度的变化和环境温度的变化所引起的相对误差就显得很突出，而不易得到全补偿，所以在中、低温区一般使用热电阻温度计进行温度测量。

热电阻温度计是由热电阻（感温元件）、显示仪表（不平衡电桥或平衡电桥）以及连接导线所组成，如图 1-3-46 所示。值得注意的是，连接导线采用三线制接法，热电阻是热电阻温度计的测温元件。

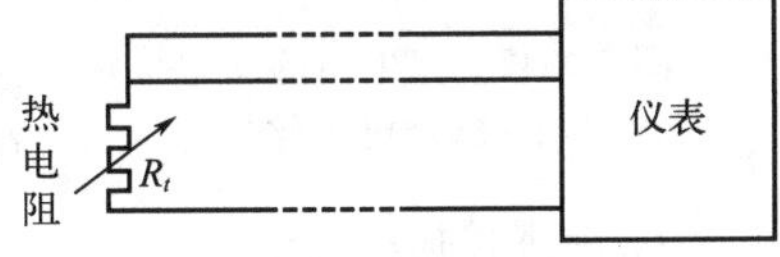

图 1-3-46　热电阻温度计

热电阻温度计利用金属导体的电阻值随温度变化而变化的特性（电阻温度效应）来进行温度测量，对于呈线性特性的电阻来说，其电阻值与温度关系如下式

$$R_t=R_{t_0}[1+\alpha(t-t_0)] \tag{1-3-41}$$

$$\Delta R_t=R_t-R_{t_0}=\alpha R_{t_0}\times\Delta t \tag{1-3-42}$$

式中，R_t 是温度为 t 时的电阻值；R_{t_0} 是温度为 t_0 时的电阻值；α 是电阻温度系数；Δt 是温度的变化值；ΔR_t 是电阻值的变化量。

可见，温度的变化，导致了金属导体电阻的变化。这样只要设法测出电阻值的变化，就可达到温度测量的目的。

热电阻温度计适用于测量－200～＋500℃范围内液体、气体、蒸汽及固体表面的温度。

2. 工业常用热电阻

作为热电阻的材料一般要求是电阻温度系数、电阻率要大；热容量要小；在整个测温范围内，应具有稳定的物理、化学性质和良好的复制性；电阻值随温度的变化关系，最好呈线性。

铂电阻：在 0～650℃的温度范围内，铂电阻与温度的关系为：

$$R_t=R_0(1+At+Bt^2+Ct^3) \tag{1-3-43}$$

由实验求得

$$A=3.950\times10^{-3}/℃,\quad B=-5.850\times10^{-7}/℃,\quad C=-4.22\times10^{-22}/℃$$

工业上常用的铂电阻有两种：一种是 $R_0=10\Omega$，对应分度号为 Pt10；另一种是 $R_0=100\Omega$，对应分度号为 Pt100。

铜电阻：金属铜易加工提纯，价格便宜；它的电阻温度系数很大，且电阻与温度呈线性

关系；在测温范围为－50～＋150℃内，具有很好的稳定性。在－50～＋150℃的范围内，铜电阻与温度的关系是线性的，即

$$R_t=R_0[1+\alpha(t-t_0)] \quad \alpha=4.25\times10^{-3}/℃ \tag{1-3-44}$$

工业上常用的铜电阻有两种，一种是$R_0=50\Omega$，对应的分度号为Cu50；另一种是$R_0=100\Omega$，对应的分度号为Cu100。

3. 热电阻的结构

（1）普通型热电阻

主要由电阻体、保护套管和接线盒等主要部件所组成。其中保护套管和接线盒与热电偶基本相同，下面就介绍一下电阻体的结构。

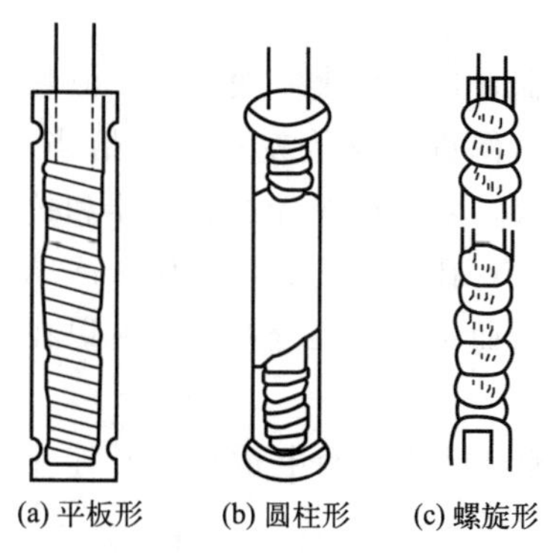

图 1-3-47　热电阻的支架形状（已绕电阻丝）

将电阻丝绕制（采用双线无感绕法）在具有一定形状的支架上，这个整体便称为电阻体。电阻体要求做得体积小，而且受热膨胀时，电阻丝应该不产生附加应力。目前，用来绕制电阻丝的支架一般有三种构造形式：平板形、圆柱形和螺旋形，如图 1-3-47 所示。一般地说，平板支架作为铂电阻体的支架，圆柱形支架作为铜电阻体的支架，而螺旋形支架作为标准或实验室用的铂电阻体的支架。

（2）铠装热电阻

将电阻体预先拉制成型并与绝缘材料和保护套管连成一体。这种热电阻体积小、抗震性强、可弯曲、热惯性小、使用寿命长。

（3）薄膜热电阻

它是将热电阻材料通过真空镀膜法，直接蒸镀到绝缘基底上。这种热电阻的体积很小，热惯性也小，灵敏度高。

【任务实施】

酯提纯塔 T160 各控制系统中检测仪表的选用是否得当，将直接影响酯提纯塔系统的控制质量、安全性和可靠性。其控制指标见表 1-3-3。

表 1-3-3　酯提纯塔工艺系统控制指标

位号	单位	数值指标	备注
TIC148	℃	45	T160 第 5 块塔板温度变化范围 20～100℃，误差±1℃
PIC133	kPa	20.7	V161 压力变化范围 20～100kPa，误差±2kPa
FIC150	kg/h	3286.66	V161 至 T160 回流量最大 4000kg/h，误差±10 kg/h，管道直径为 DN65
LIC125	%	50	T160 液位，液位高度 2m，物料密度 0.956g/cm^3，物料为丙烯酸甲酯

1. 为酯化提纯塔回流罐 V61 选择合适压力仪表

压力仪表的选择，主要从以下三方面考虑：

a. 压力表的类型；

b. 压力表的量程；

c. 压力表的精度。

（1）压力仪表的量程选择

根据工艺指标要求为压力表选择合适量程，并说明理由。

项目	选择步骤	选择理由
压力表量程选择		

（2）压力仪表的精度选择

根据工艺指标要求为压力表选择合适精度，并说明理由。

项目	选择步骤	选择理由
压力表精度选择		

（3）压力仪表型号选择

根据工艺要求选择适当的型号，并说明选择理由。

项目	选择步骤	选择理由
压力表型号选择		

（4）绘制控制图

绘制高低限报警控制图，并指明压力表的安装位置，说明理由。

项目	画出控制方框图及仪表连接图
绘制控制图	

2. 为 TIC148 选择温度检测仪表

温度仪表的选择，主要从以下三方面考虑：

a. 温度仪表的类型；

b. 温度仪表的量程；

c. 温度仪表的精度。

（1）温度仪表的量程选择

根据工艺指标要求为温度仪表选择合适量程，并说明理由。

项目	选择步骤	选择理由
温度仪表量程选择		

（2）温度仪表的精度选择

根据工艺指标要求为温度仪表选择合适精度，并说明理由。

项目	选择步骤	选择理由
温度仪表精度选择		

（3）温度仪表型号选择

根据工艺要求选择适当的型号，并说明选择理由。

项目	选择步骤	选择理由
温度仪表型号选择		

（4）绘制控制图

项目	画出控制方框图及仪表连接图
绘制控制图	

【任务评价】

任务	训练内容与分值	训练要求	学生自评	教师评分
仪表选用	量程选择（20 分）	① 正确选择仪表量程 ② 选择步骤清晰明确，理由充分		
	精度选择（20 分）	① 正确选择仪表精度 ② 选择步骤清晰明确，理由充分		
	仪表型号选择（20 分）	① 正确选择仪表型号 ② 选择步骤清晰明确，理由充分		
	绘制报警控制图（20 分）	① 绘制控制方框图 ② 绘制仪表工作连接图		
	职业素养与创新思维（20 分）	① 积极思考、举一反三 ② 分组讨论、独立操作 ③ 遵守纪律，遵守实验室管理制度		
	学生：　　教师：　　日期：			

【知识归纳】

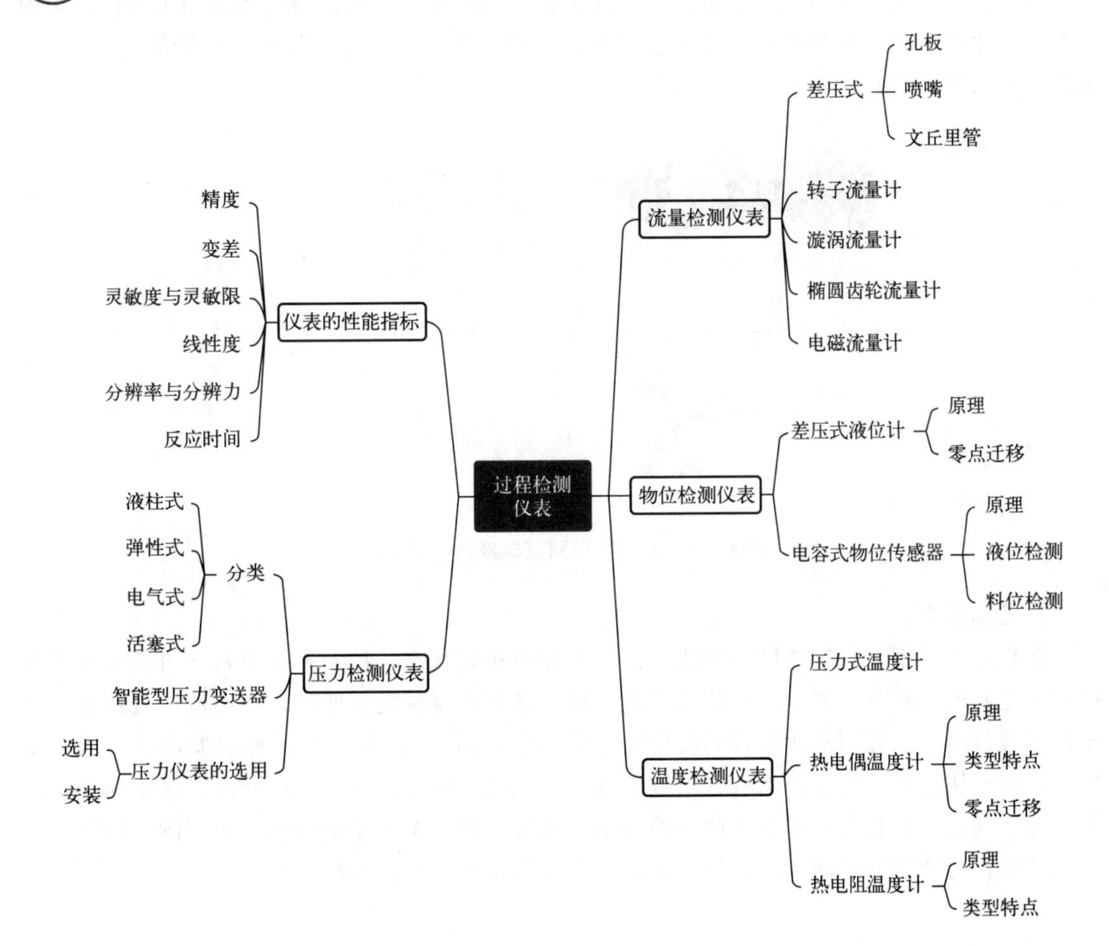

任务四 执行器的选用

【任务描述】

1. 任务简介

自倡导实施创新驱动发展战略以来，我国在自动控制领域发展迅猛，以国家战略需求为导向，集聚力量进行原创性、引领性科技攻关，打赢多个关键核心技术攻坚战，自主研制的压缩机防喘振控制阀、三偏心蝶阀等多项控制阀新产品，在我国 2000 万吨/年炼油、西气东输等重大装备制造中发挥着重要作用。同时我国深入实施人才强国战略，坚持尊重劳动、尊重知识、尊重人才、尊重创造，完善人才战略布局，加快建设世界重要人才中心和创新高地，涌现出大批具有改革创新精神的科技领军人物。

执行器是自动控制系统中必不可少的一个重要组成部分，广泛应用于工业自动化控制领域。它的作用是接受控制器送来的控制信号，改变被控介质的大小，从而将被控变量维持在所要求的数值上或一定的范围内。执行器的选用是否得当，将直接影响到控制系统的控制质量，对工业生产的安全稳定意义重大。下面让我们一起来学习执行器应用的相关知识，为丙烯酸甲酯生产工艺中的酯提纯塔装置选择合适的执行器吧。首先，我们来分析如图 1-4-1 酯提纯塔回流罐液位控制系统中的执行器。

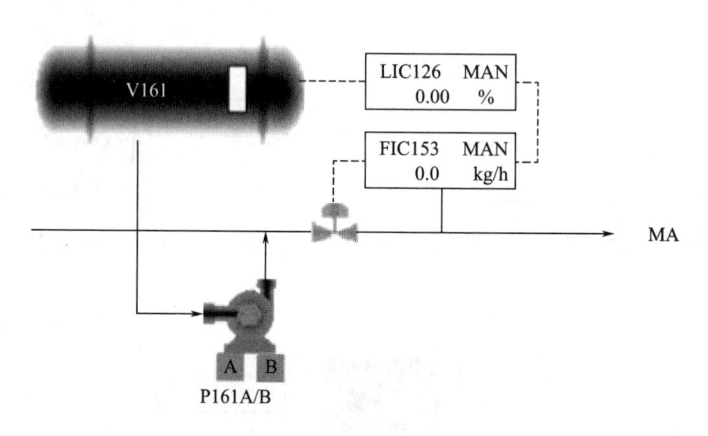

图 1-4-1 酯提纯塔回流罐液位控制系统

2. 控制要求

在稳定工况下，酯提纯塔回流罐液位处于相对稳定状态，控制产品出料流量的执行器保持在一定开度。在某一时刻，产品采出流量或者塔顶回流量发生变化，使回流罐液位变送器测得的液位改变，控制器接收到的液位测量值与设定值 SP 出现偏差，控制器给执行器发出指令，改变执行器开度，使出料管路流量改变，从而克服干扰作用，使回流罐液位回到正常值。为实现此工艺目的，需要从执行器的结构形式、控制阀的流量特性、控制阀的口径三个方面考虑，为酯提纯塔回流罐产品采出流量控制系统选择合适的执行器。

3. 任务主要内容

① 读懂图 1-4-1 中液位控制系统的基本信息，理解所设执行器的作用；

② 分析出图 1-4-1 中执行器的结构形式，并确定控制阀的流量特性及其口径大小。

③ 分析图 1-4-2 酯提纯塔 T160 DCS 控制图，为本装置中的温度控制系统（TIC148）、压力控制系统（PIC133）、流量控制系统（FIC150）、液位控制系统（LIC125）选择合适的执行器。

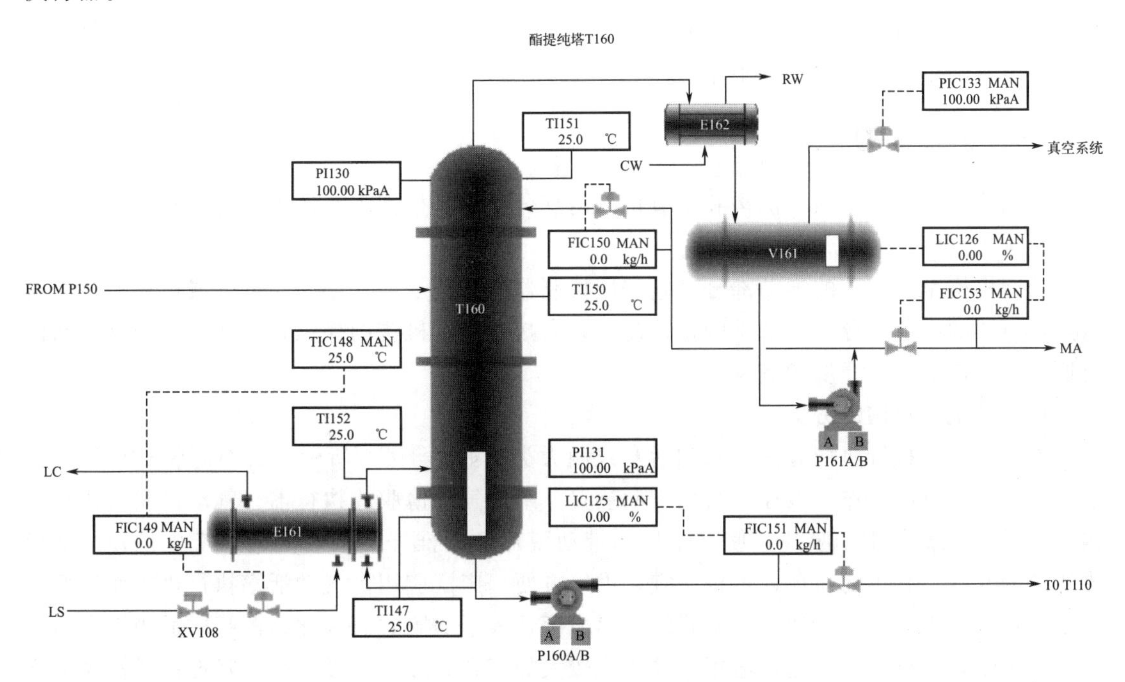

图 1-4-2　酯提纯塔 T160 带控制点的工艺流程图

【任务分析】

1. 明确项目工作任务

思考：化工生产中执行器有哪些类型？各类型的特点和选用原则是什么？

行动：阅读项目任务，根据酯提纯塔 T160 的控制目的，逐项分解工作任务，完成项目任务分析，为酯提纯塔 T160 控制系统选用合适的执行器。

2. 选用合适的执行器

思考：工艺装置的基本控制要求是什么？采用什么控制策略？完成项目需要选用什么类型的执行器？

行动：小组成员共同研讨，制订执行器选用方案；根据技术工艺指标和技术资料，确定需要选用的执行器。

3. 制订工作实施计划

思考：小组成员如何分工？完成本项目需要多少时间？

行动：根据执行器选用方案，小组成员合理分担工作任务，确定工作步骤和时间，制订完成工作任务的计划表，明确项目责任人。

【知识链接】

根据所使用的能源种类，执行器可分为气动、电动、液动三种。其中气动执行器具有结构简单、工作可靠、价格便宜、维护方便、防火防爆等优点，因而在工业过程中获得最广泛的应用。电动执行器的优点是能源取用方便、信号传输速度快和传输距离远，缺点是结构复杂、推力小、价格贵，适用于防爆要求不太高及缺乏气源的场所。液动执行器的特点是推力最大，但目前工业控制中基本不用。

一、气动执行器的类型

气动执行器一般由执行机构和调节机构两部分组成，根据需要还可以配上阀门定位器和手轮机构等附件。

执行机构是执行器的推动部分。它按照控制器所给信号的大小产生推力或位移。调节机构是执行器的调节部分，最常见的是控制阀，它接受执行机构的操纵，改变阀芯与阀座间的流通面积，调节工艺介质的流量。

1. 气动执行机构的分类

常见的气动执行机构有薄膜式和活塞式两大类，如图 1-4-3 所示。其中薄膜式执行机构最为常用，它可以用作一般控制阀的推动装置，组成气动薄膜式执行器。气动薄膜式执行机构的信号压力 p 作用于膜片，使其变形，带动膜片上的推杆移动，使阀芯产生位移，从而改变阀的开度。它结构简单，价格便宜，维修方便，广泛应用。气动活塞执行机构使活塞在气缸中移动产生推力，显然，活塞式的输出力度远大于薄膜式。因此，薄膜式适用于出力较小、精度较高的场合；活塞式适用于输出力较大的场合，如大口径、高压降控制或蝶阀的推动装置。除薄膜式和活塞式之外，还有一种长行程执行机构，它的行程长，转矩大，适用于输出角位移和大力矩的场合。气动执行机构接收的信号为标准 0.02～0.1MPa。

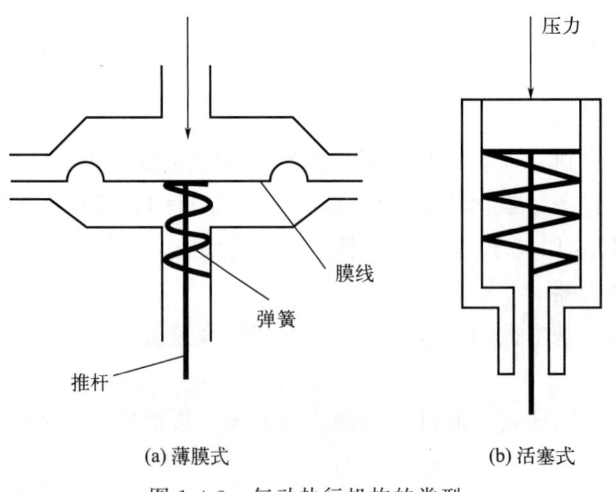

图 1-4-3　气动执行机构的类型

气动薄膜式执行机构有正作用和反作用两种形式，如图 1-4-4 和图 1-4-5 所示。正作用执行机构的信号压力通入波纹膜片上方的薄膜气室；反作用执行机构的信号压力通入波纹膜片下方的薄膜气室。通常正作用的执行机构被应用在调节阀的口径较大的情况下。

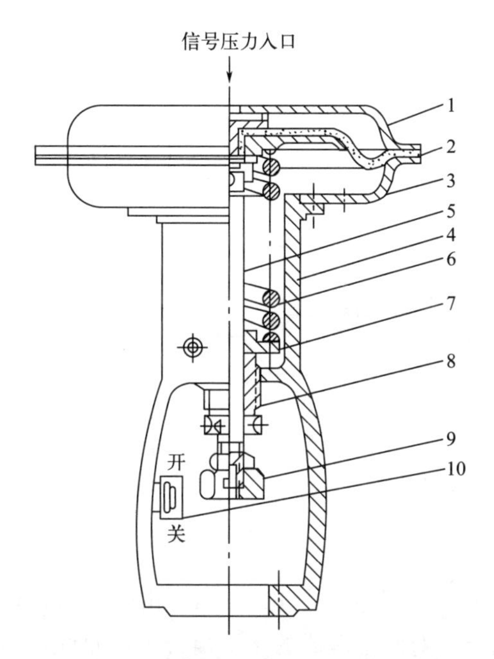

图 1-4-4　正作用式气动薄膜式执行机构

1—上膜盖；2—波纹膜片；3—下膜盖；4—支架；5—推杆；6—弹簧；7—弹簧座；8—调节件；9—连接阀杆螺母；10—行程标尺

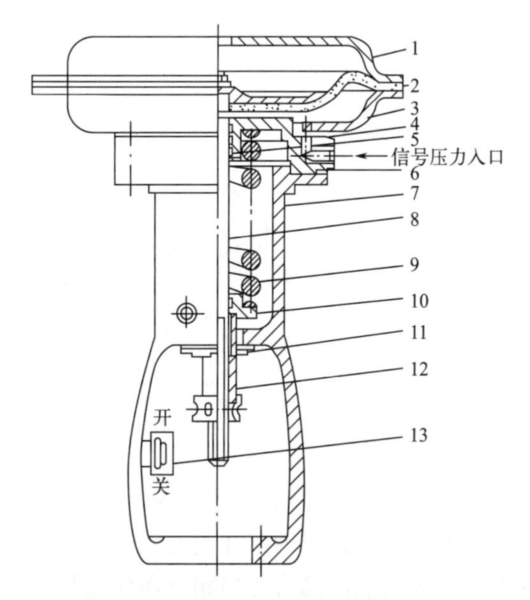

图 1-4-5　反作用式气动薄膜式执行机构

1—上膜盖；2—波纹膜片；3—下膜盖；4—密封膜片；5—密封环；6—填块；7—支架；8—推杆；9—弹簧；10—弹簧座；11—衬套；12—调节件；13—行程标尺

2. 控制阀的分类

控制阀（调节阀）通过阀杆上部与执行机构相连，下部与阀芯相连，是一个局部阻力可以改变的节流元件。由于阀芯在阀体内移动，改变了阀芯与阀座之间的流通面积，即改变了阀的阻力系数，被调介质的流量也就相应地改变，从而达到调节工艺参数的目的。

根据不同的使用要求，控制阀的结构形式主要有以下几种，如图 1-4-6 所示。

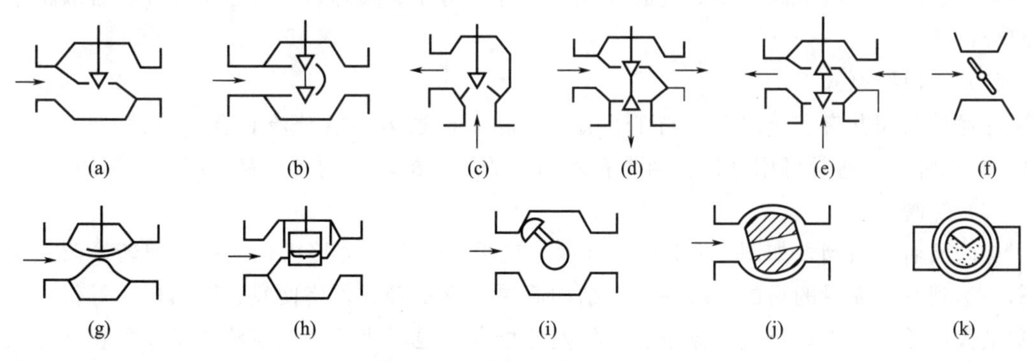

图 1-4-6　控制阀的类型示意图

（1）直通单座控制阀

直通单座控制阀的阀体内只有一个阀芯与阀座，如图 1-4-6（a）所示。其具有结构简单、价格便宜、全关时泄漏量少等优点，但在压差大的时候，流体对阀芯上下作用的推力不平衡，这种不平衡力会影响阀芯的移动。一般适用于阀两端压差较小，对泄漏量要求比较严格，管径不大的场合。

根据控制阀的阀芯与阀座相对位置，可分为正作用式与反作用式（或称正装与反装）。当阀体直立，阀杆下移时，流通面积减小的为正作用式，如图 1-4-7 所示，反之，为反作用式。如果将阀芯倒装，正反装可以互换。

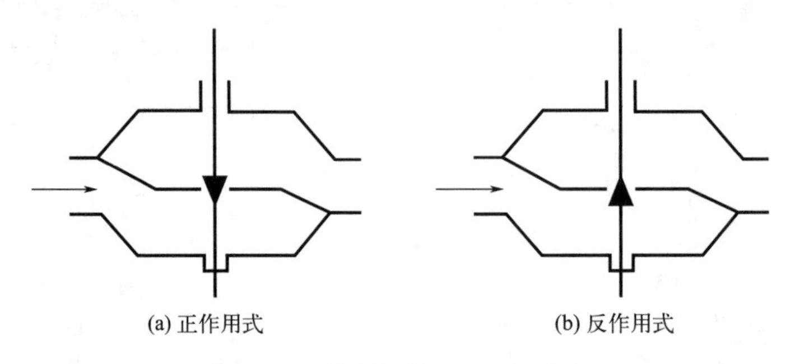

图 1-4-7 控制阀的正反作用形式

（2）直通双座控制阀

直通双座控制阀的阀体内有两个阀芯和两个阀座，如图 1-4-6（b）所示。由于流体作用在上、下阀芯上的推力方向相反而大小相近，因此介质对阀芯造成的不平衡力小，允许使用的压差较大，应用比较普遍。但因加工精度的限制，上下两阀芯不易保证同时关闭，所以泄漏量较大，不宜用在高黏度和含悬浮颗粒或纤维介质的场合。

（3）角形控制阀

角形阀的两个接管呈直角形，如图 1-4-6（c）所示。其特点是流路简单、阻力较小，流向一般是底进侧出，适于现场管道要求直角连接，介质为高黏度、高压差和含有少量悬浮物和固体颗粒状的场合。

（4）高压控制阀

高压控制阀的结构形式大多为角形，阀芯头部掺铬或镶以硬质合金，以适应高压差下的冲刷和汽蚀。为了减少高压差对阀的汽蚀，有时采用几级阀芯，把高差压分开，各级都承担一部分以减少损失。

（5）三通控制阀

三通控制阀共有三个出入口与工艺管道连接。流通方式有分流和合流两种，如图 1-4-6（d）、（e）所示。通常可用来代替两个直通阀，适用于配比控制和旁路控制。

（6）蝶阀

蝶阀又名翻板阀，如图 1-4-6（f）所示。它通过杠杆带动挡板轴使挡板偏转，改变流通面积，达到改变流量的目的。蝶阀具有结构简单、重量轻、价格便宜、流阻极小等优点。但泄漏量大，适用于大口径、大流量、低压差的场合，也可用于浓浊浆状或悬浮颗粒状介质的控制。

（7）隔膜控制阀

隔膜控制阀采用耐腐蚀衬里的阀体和隔膜代替阀组件，如图 1-4-6（g）所示。当阀杆移动时，带动隔膜上下动作，从而改变它与阀体堰面间的流通面积。它的结构简单、流阻小，流通能力比同口径的其他种类的阀要大，不易泄漏，耐腐蚀性强，适用于强酸、强碱、强腐蚀性介质的控制，也能用于高黏度及悬浮颗粒状介质的控制。

由于隔膜的材料通常为氯丁橡胶、聚四氟乙烯等，使用温度宜在 150℃以下，压力在

1MPa 以下，且在选用隔膜阀时，应注意执行机构须有足够的推力，一般隔膜阀的公称直径大于 100mm 时，应采用活塞式执行机构。

(8) 笼式阀

笼式阀的阀体内有一个圆柱形套筒，也叫笼子，如图 1-4-6 (h) 所示。套筒壁上开有一个或几个不同形状的孔，利用套筒导向，阀芯可在套筒中上下移动。由于这种移动改变了笼子的节流孔面积，就形成各种流量特性，并实现流量控制。笼式阀的可调比大、振动小、不平衡力小、结构简单、套筒互换性好，更换不同的套筒可得到不同的流量特性，阀内部件所受的汽蚀小、噪声小，是一种性能优良的阀，特别适用于要求低噪声及压差较大的场合，但不适用于高温、高黏度及含有固体颗粒的流体。

(9) 凸轮挠曲阀

凸轮挠曲阀的阀芯呈扇形球面状，与挠曲臂及轴套一起铸成，固定在转动轴上，如图 1-4-6 (i) 所示。其挠曲臂在压力作用下能产生挠曲变形，使阀芯球面与阀座密封圈紧密接触，密封性好，重量轻、体积小、安装方便，适用于高黏度或带有悬浮物的介质流量控制。

(10) 球阀

球阀的节流元件是带圆孔的球形体或一种 V 形缺口球形体，如图 1-4-6 (j)、(k) 所示。转动球体可起到控制和切断的作用，或转动球心使 V 形缺口起节流和剪切的作用，其特性近似于等百分比型。其适用于纤维、纸浆、含颗粒等介质的控制。

二、控制阀的流量特性

控制阀的流量特性是指被控介质流过阀门的相对流量与阀门的相对开度（相对位移）间的关系，即：

$$\frac{Q}{Q_{\max}}=f\left(\frac{l}{L}\right) \tag{1-4-1}$$

式中　$\frac{Q}{Q_{\max}}$——相对流量，即控制阀某一开度流量与全开时流量之比，称为相对流量；

$\frac{l}{L}$——相对开度，即控制阀某一开度行程与全开时行程之比，称为相对开度。

理想状况下，流过控制阀的介质流量主要取决于执行机构的行程，或者说取决于阀芯与阀座之间的节流面积，但实际上，在节流面积改变的同时，还会引起阀前后压差变化，而压差的变化又会引起流量的变化。于是控制阀的流量特性又有理想特性与工作特性之分。

1. 理想流量特性

理想流量特性是在控制阀的前后压差不变时得到的流量特性，完全取决于阀的结构参数，即阀芯的形状。典型的理想流量特性有直线、等百分比（对数）、快开和抛物线型，其阀芯形状及对应的特性曲线如图 1-4-8 所示。

可调比（可调范围）是控制阀所能控制的最大流量 $q_{\max}$ 与最小流量 $q_{\min}$ 之比，用 R 表示，它反映了控制阀调节能力的大小。

(1) 直线流量特性

直线流量特性指控制阀的相对流量与相对开度成直线关系。阀杆单位行程变化所引起的

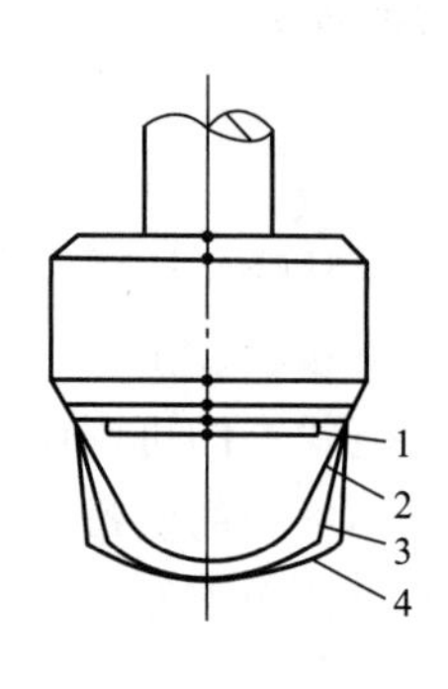

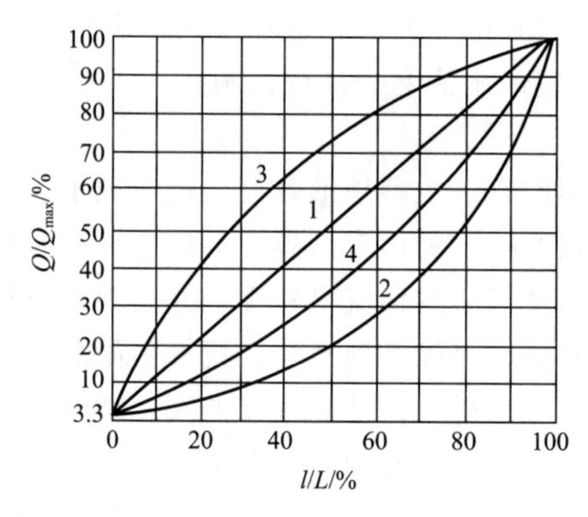

图 1-4-8 控制阀的理想流量特性（$R=30$）

1—直线；2—等百分比（对数）；3—快开；4—抛物线

相对流量变化是常数。

$$\frac{\mathrm{d}\left(\frac{Q}{Q_{\max}}\right)}{d\left(\frac{l}{L}\right)}=K \tag{1-4-2}$$

积分表达式为：

$$\frac{Q}{Q_{\max}}=K\ \frac{l}{L}+C \tag{1-4-3}$$

（2）等百分比流量特性

等百分比流量特性是指单位行程变化所引起的相对流量变化与此点的相对流量成正比关系。

$$\frac{\mathrm{d}\left(\frac{Q}{Q_{\max}}\right)}{\mathrm{d}\left(\frac{l}{L}\right)}=K\ \frac{Q}{Q_{\max}} \tag{1-4-4}$$

积分表达式为：

$$\frac{Q}{Q_{\max}}=R^{\left(\frac{l}{L}-1\right)} \tag{1-4-5}$$

（3）快开流量特性

快开流量特性在开度较小时就有较大流量，随开度的增大，流量很快就达到最大，随后在增大开度时流量的变化很小，故称为快开特性。快开特性的阀芯形式是平板形的，适用于迅速启闭的切断阀或双位控制系统。

（4）抛物线流量特性

这种流量特性是指$\frac{Q}{Q_{\max}}$与$\frac{l}{L}$之间呈抛物线关系，在直角坐标上是一条抛物线，它介于直线流量特性与等百分比流量特性之间。

2. 工作流量特性

在实际生产中，控制阀的前后压差是变化的，此时得到的控制阀的相对流量与相对开度之间的关系称为工作流量特性。

（1）串联管道的工作流量特性

如图 1-4-9 所示，当控制阀串联在管道系统中时，以 Δp_{v} 表示控制阀前后的压力损失；

Δp_{f} 表示管道系统中除控制阀外，所有其他部分（包括管道、万通截流孔板、其他操作阀门等）的压力损失；Δp 表示系统的总压差。

$$\Delta p=\Delta p_{\mathrm{v}}+\Delta p_{\mathrm{f}} \tag{1-4-6}$$

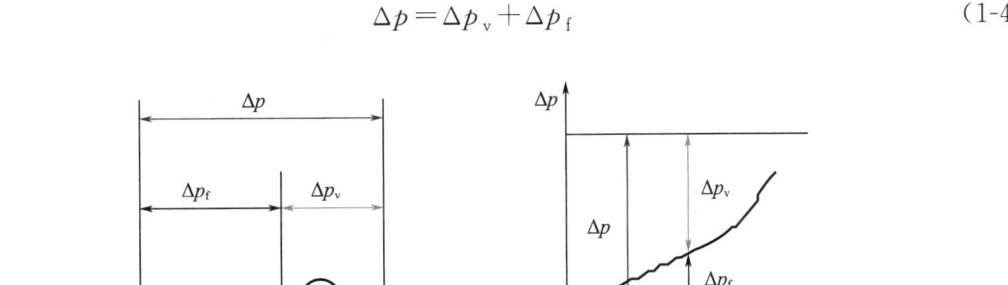

图 1-4-9　串联管道时控制阀压差变化

配管系数（阻力比）S，表示控制阀全开时，控制阀上压差 Δp_{v} 与系统总压差 Δp 之比。S 值越小，表示与控制阀串联的管道系统的阻力损失越大，因此对阀的特性影响也越大。所以在实际使用中，一般希望 S 值不低于 0.3～0.5。不同 S 值时控制阀的工作流量特性，如图 1-4-10 所示。$Q_{\max}$ 表示管道阻力等于零时控制阀全开流量。

$$S=\frac{(\Delta p_{\mathrm{v}})_n}{\Delta p}=\frac{(\Delta p_{\mathrm{v}})_n}{(\Delta p_{\mathrm{v}})_n+(\Delta p_{\mathrm{f}})_m} \tag{1-4-7}$$

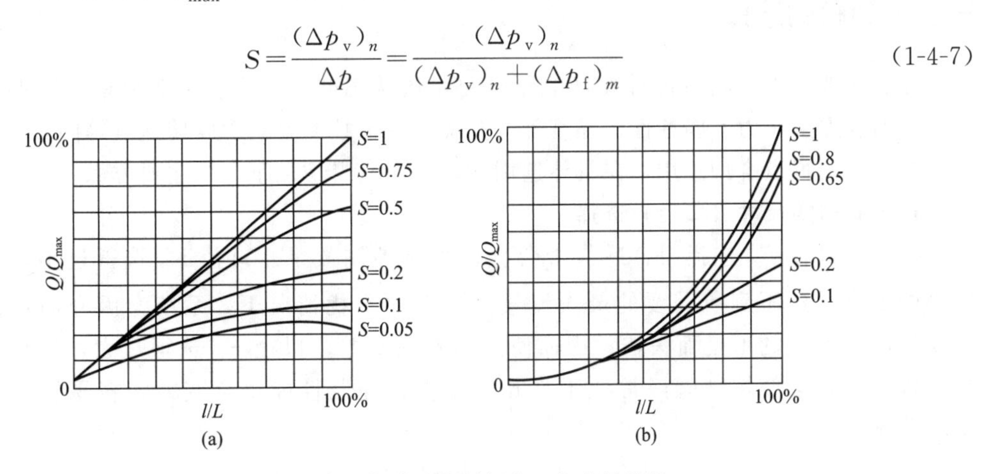

图 1-4-10　串联管道时控制阀的工作流量特性

（2）并联管道的工作流量特性

控制阀一般都装有旁路，以便手动操作和维护。当生产量提高或控制阀选小了时，只好将旁路阀打开一些，此时控制阀的理想流量特性就改变成为工作特性。如图 1-4-11 所示，显然这时管路的总流量 Q 是控制阀流量 Q_1 与旁路流量 Q_2 之和，即 $Q=Q_1+Q_2$。

以 x 代表并联管道时控制阀全开时的流量与总管最大流量 $Q_{\max}$ 之比，可以得到在压差 Δp 一定时，而 x 为不同数值时的工作流量特性曲线，如图 1-4-12 所示。

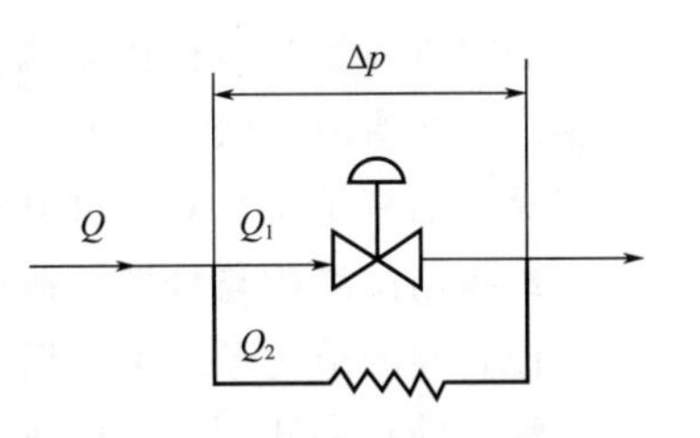

图 1-4-11　并联管道情况

当 $x=1$，即旁路阀关闭时，控制阀的工作流量特性与理想流量特性相同。随着 x 值的减小，即旁路阀逐渐打开，虽然阀本身的流量特性变化不大，但可调范围大大降低了。控制阀关死，即 $l/L=0$ 时，流量 $Q_{\min}$ 大大增加。在实际使

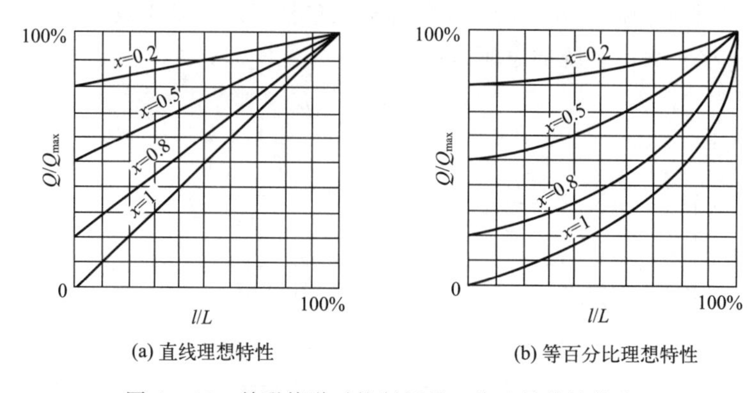

图 1-4-12　并联管道时控制阀的工作流量特性曲线

用中总存在着串联管道阻力的影响，控制阀上的压差还会随流量的增加而降低，使可调范围下降得更多些，控制阀在工作过程中所能控制的流量变化范围更小，甚至几乎不起控制作用。采用打开旁路阀的控制方案是不好的，一般认为旁路流量最多只能是总流量的百分之十几，即 x 值最小不低于 0.8。

三、控制阀的选择

控制阀选用得正确与否对管路中介质的输送状态非常重要。一般要根据被调介质的特点，包括温度、压力、腐蚀性、黏度等，并综合考虑控制要求、安装地点等因素，参考各种类型控制阀的特点合理选用，在具体选用时，一般应考虑以下几个主要方面。

1. 控制阀的尺寸（口径）选择

控制阀口径 F_0 选择得合适与否会直接影响控制效果。口径 F_0 选得过小，会使流经控制阀的介质达不到所需要的最大流量。在大的干扰情况下，系统会因介质流量（即操纵变量的数值）的不足而失控，因而使控制效果变差。口径 F_0 选得过大，不仅会浪费设备投资，而且会使控制阀经常处于小开度工作，控制性能也会变差，容易使控制系统变得不稳定。

流经控制阀的流量为：
$$Q=\alpha F_0\sqrt{\frac{2}{\rho}(p_1-p_2)} \tag{1-4-8}$$

令：
$$C=\sqrt{2}\alpha F_0 \tag{1-4-9}$$

代入上式得：
$$C=Q\sqrt{\frac{\rho}{\Delta p}} \tag{1-4-10}$$

C 称为控制阀的流量系数，它与阀芯与阀座的结构、阀前后的压差、流体性质等因素有关。额定流量系数指在控制阀全开，阀两端压差为 0.1MPa，介质密度为 $1g/cm^3$ 时，流经控制阀的介质流量数，以 m^3/h 表示。当生产工艺中需要的流量 Q 和压差 Δp 确定后，就可确定阀门的流量系数 C，再根据流量系数 C 就可选择阀门的尺寸。

2. 控制阀结构与特性的选择

控制阀的结构形式主要根据工艺条件，如温度、压力及介质的物理、化学特性（如腐蚀性、黏度等）来选择。例如强腐蚀性介质可采用隔膜阀，高温介质可选用带翅形散热片的结构形式。

控制阀的结构形式确定以后，还需确定控制阀的流量特性，即阀芯的形状。一般是先按控制系统的特点来选择阀的期望流量特性，然后再考虑工艺配管情况来选择相应的理想流量特性，使控制阀安装在具体的管道系统中，畸变后的工作流量特性能满足控制系统对它的要求，目前使用比较多的是等百分比流量特性。

3. 气开式与气关式的选择

当压力信号增加时阀关小，压力信号减小时阀开大的气动执行器为气关式；反之，为气开式。由于执行机构有正、反作用，控制阀也有正、反作用。因此气动执行器的气关或气开即由此组合而成。如图 1-4-13 所示。

序号	执行机构	控制阀	气动执行器
(a)	正	正	气关（反）
(b)	正	反	气开（正）
(c)	反	正	气开（正）
(d)	反	反	气关（反）

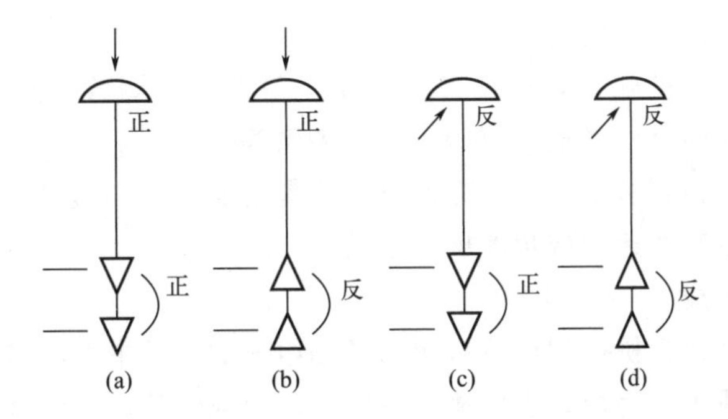

图 1-4-13　气动执行器的组合方式

气开、气关的选择主要从工艺生产安全要求出发。信号压力中断时，应保证设备和操作人员的安全。如果阀处于打开位置时危害性小，则应选用气关式，以使气源系统发生故障，气源中断时，阀门能自动打开，保证安全。反之阀处于关闭时危害性小，则应选用气开阀。

四、电动执行机构

1. 电动执行机构的分类

电动执行机构以电力作为能源，把来自控制仪表的 0～10mA 或 4～20mA 直流电信号，转换成与输入信号相对应的转角或位移，以推动各种类型的控制阀，从而连续控制生产工艺过程中的流量。或简单地开启和关闭阀门以控制流体的通断，达到自动控制生产过程的目的。

电动执行机构不仅可与控制器配合实现自动控制，还可通过操作器实现控制系统的自动控制和手动控制的相互切换。电动执行机构根据其输出形式不同，分为角行程电动执行机构、直行程电动执行机构和多转式电动执行机构。

角行程电动执行机构以交流 220V 为动力，接收控制器的直流电流输出信号，并转变为 0°～90°的转角位移，以一定的机械转矩和旋转速度自动操纵挡板、阀门等调节机构，完成调节任务，如图 1-4-14 所示。

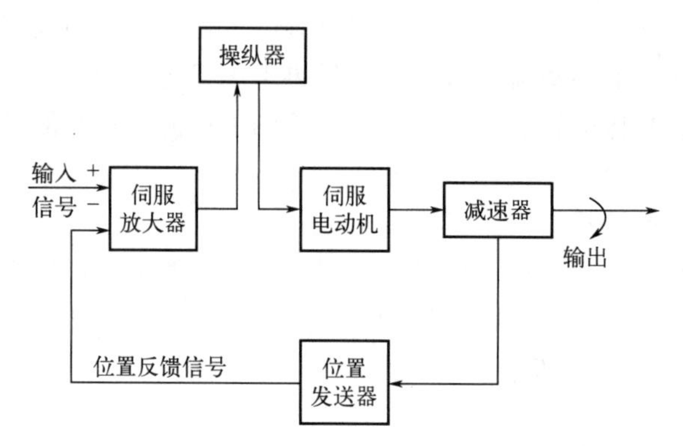

图 1-4-14 角行程执行机构的组成示意图

直行程电动执行机构（DKZ 型）以控制仪表的指令作为输入信号，使电动机动作，然后经减速器减速并转换为直线位移输出，去操作单座、双座、三通等各种控制阀和其他直线式调节机构，以实现自动调节的目的。

多转式电动执行机构的输出轴输出各种大小不等的有效圈数，通常用于控制各类闸板阀、截止阀或需要多圈转动的其他调节阀，如各种泵等。

这三种类型的电动执行机构在电气方面基本上是相同的，都是由电动机带动减速装置，在电信号的作用下产生直线运动或角度旋转运动。

2. 电动调节阀的组成

电动调节阀是电动执行机构和调节机构两部分组成的。其中电动执行机构将控制仪表输出的控制电信号转换成力或力矩，进而输出一定的转角或位移；而调节机构则是直接改变被调节介质流量的装置。

电动执行机构根据不同的使用要求，在结构上有简有繁。最简单的就是电磁阀上的电磁铁，其余都是用电动机带动调节机构。调节机构的种类很多，有蝶阀、闸阀、截止阀、感应调压器等。

电动执行机构与调节机构是分开的两个部分，这两个部分的连接方法很多，两者可相对固定安装在一起，也可以用机械连杆把两者连接起来。电动控制阀就是将电动执行机构与控制阀固定连接在一起的成套电动执行器。

3. 电动执行器的特点

① 由于工频电源取用方便，不需增添专门装置，特别是执行器应用数量不太多的单位，更为适宜；

② 动作灵敏，精度较高，信号传输速度快，传输距离可以很长，便于集中控制；

③ 在电源中断时，电动执行器能保持原位不动，不影响主设备的安全；

④ 与电动控制仪表配合方便，安装接线简单；

⑤ 体积较大、成本较贵、结构复杂、维修麻烦，并只能应用于防爆要求不太高的场合。

【任务实施】

酯提纯塔 T160 各控制系统中执行器的选用是否得当，将直接影响酯提纯塔系统的控制质量、安全性和可靠性。执行器的选择，主要是从以下三方面考虑：

a. 执行器的结构形式；

b. 控制阀的流量特性；

c. 控制阀的口径。

酯提纯塔 T160 工艺系统控制指标见表 1-4-1。

▶ 表 1-4-1　酯提纯塔 T160 工艺系统控制指标

位号	单位	数值指标	备注
TIC148	℃	45	T160 第 5 块塔板温度
PIC133	kPa（绝对）	20.7	V161 压力
FIC150	kg/h	3286.66	V161 至 T160 回流量
LIC125	%	50	T160 液位

1. 执行器结构形式的选择

（1）执行机构类型选择

根据酯提纯塔工艺要求，进行执行机构类型选择，完成表 1-4-2 。

▶ 表 1-4-2　执行机构的类型及适用清单

类型	动作能源	特点	适用场合	型号
气动执行器				
电动执行器				
液动执行器				
位号	TIC148	PIC133	FIC150	LIC125
执行器 选用类型				

（2）执行器作用方式的选择

根据不同工艺条件下安全生产的要求，即在信号中断时，阀门能自动归位到工艺安全的位置，为本装置执行器选择合适的作用方式，完成表 1-4-3 。

▶ 表 1-4-3　气动执行器作用方式分析

执行机构	控制阀	组合方式	图形表达

位号	TIC148	PIC133	FIC150	LIC125
安全位置				
执行器 作用方式				

（3）控制阀（调节机构）结构的选择

主要依据是：流体性质，如流体种类、黏度、腐蚀性、是否含悬浮颗粒；工艺条件，如温度、压力、流量、压差、泄漏量等；过程控制要求，如控制系统精度、可调比、噪声等。

根据以上各点进行综合考虑，并参照各种调节机构的特点及其适用场合，同时兼顾经济性，来选择满足酯提纯塔工艺要求的调节机构。完成表 1-4-4。

▶ 表 1-4-4　控制阀类型及适用清单

类型	结构	特点	适用场合	型号
直通单座控制阀				
直通双座控制阀				
角形控制阀				
三通控制阀				
隔膜控制阀				
蝶阀				
球阀				
凸轮挠曲阀				
笼式阀				
位号	TIC148	PIC133	FIC150	LIC125
控制阀 结构类型				

2. 控制阀流量特性的选择

对控制阀流量特性的选择，可以参考以下经验准则：

① 考虑系统的控制品质　适当地选择调节阀的特性，以阀的放大系数的变化来补偿控制对象放大系数的变化，使控制系统总的放大系数保持不变或近似不变。

② 考虑工艺管道情况　调节阀在串联管道时的工作流量特性与 S 值的大小有关，即与工艺配管情况有关。因此，在选择其特性时，还必须考虑工艺配管情况。

具体做法是先根据系统的特点选择所需要的工作流量特性，再考虑工艺配管情况确定相应的理想流量特性。

③ 考虑负荷变化情况　直线特性调节阀在小开度时流量相对变化值大，控制过于灵敏，易引起振荡，且阀芯、阀座也易受到破坏，因此在 S 值小、负荷变化大的场合，不宜采用。等百分比特性调节阀的放大系数随调节阀行程增加而增大，流量相对变化值是恒定不变的，因此它对负荷变化有较强的适应性。

根据酯提纯塔工艺要求进行控制阀流量特性选择，完成表 1-4-5 。

▶ 表 1-4-5　控制阀流量特性选取清单

类型	阀门相对流量与相对开度的关系		控制特点	适用场合
直线流量特性				
等百分比流量特性				
抛物线流量特性				
快开流量特性				
位号	TIC148	PIC133	FIC150	LIC125
控制阀 流量特性				

3. 控制阀口径的选择

根据控制阀流量系数 K_V 计算公式，首先必须要合理确定调节阀流量和压差的数据。通常把代入计算公式中的流量和压差分别称为计算流量和计算压差。

（1）确定计算流量

最大计算流量是指通过调节阀的最大流量，其值应根据工艺设备的生产能力、对象负荷的变化、操作条件变化以及系统的控制质量等因素综合考虑，合理确定。避免两种倾向：过多考虑余量或者只考虑眼前生产。

（2）确定计算压差

计算压差是指最大流量时调节阀上的压差，即调节阀全开时的压差。确定计算压差时必须兼顾调节性能和动力消耗两方面，即应合理选定 S 值。

根据酯提纯塔工艺要求，参照表 1-4-6 进行控制阀口径选择，完成表 1-4-6。

▶ 表 1-4-6　控制阀口径的选择

类型	TIC148	PIC133	FIC150	LIC125
确定计算流量				
确定计算压差				
流量系数 K_V				
控制阀 公称直径 d_g				
控制阀 阀座直径 D_g				

【任务评价】

任务	训练内容与分值	训练要求	学生自评	教师评分
原油常减压蒸馏装置执行器的选择	执行机构类型选择（15 分）	正确选择执行机构的类型及型号		
	执行器作用方式的选择（15 分）	① 正确判断工艺要求的安全生产原则 ② 正确选择执行器的气开/关形式		
	控制阀结构的选择（20 分）	正确判断各种类型控制阀的结构特点和适用场合，并根据工艺要求正确选用		
	控制阀流量特性的选择（20 分）	正确判断控制阀不同流量特性的控制特点		
	控制阀口径的选择（15 分）	利用计算公式正确选择控制阀口径		
	职业素养与创新思维（15 分）	① 积极思考、举一反三 ② 分组讨论、独立操作 ③ 遵守纪律，遵守实验室管理制度		
	学生：	教师：	日期：	

【知识归纳】

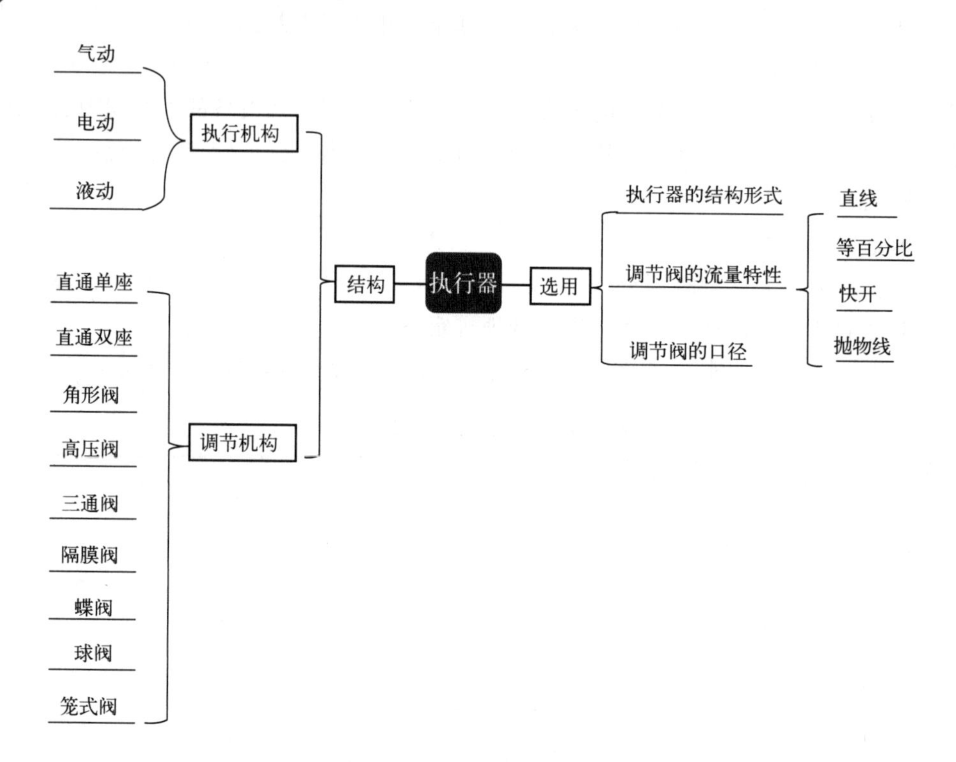

任务五 智能调节器的选用

【任务描述】

1. 任务简介

酯提纯塔 T160 液位控制系统如图 1-5-1 所示，根据工艺介质的特性，液位计选用的是双法兰液位计，调节阀选用的是气动 V 型球阀（气关式），现选用了宇电自动化科技有限公司生产的智能调节器用于液位控制。请在学习相关知识之后，结合工艺要求，确定智能调节器的型号，之后完成接线、参数设置和 PID 参数自整定，同时请思考以下两个问题：

① 智能调节器生产厂家很多，为什么会选择宇电自动化科技有限公司呢？

② 选用调节器时，需要考虑哪些因素？是不是功能越多越好？为什么？

2. 工艺要求

① 酯提纯塔 T160 液位要求控制在 50%（500mm），具备数据通信功能和高、低液位报警功能，即当液位高于 80%，产生上限报警；当液位低于 20%，产生下限报警。偏差上限报警值、偏差下限报警值和报警回差值分别为 50mm、10mm 和 10mm。

② 需要的现场参数有上限报警、下限报警、偏差上限报警、偏差下限报警和报警回差等五个参数。

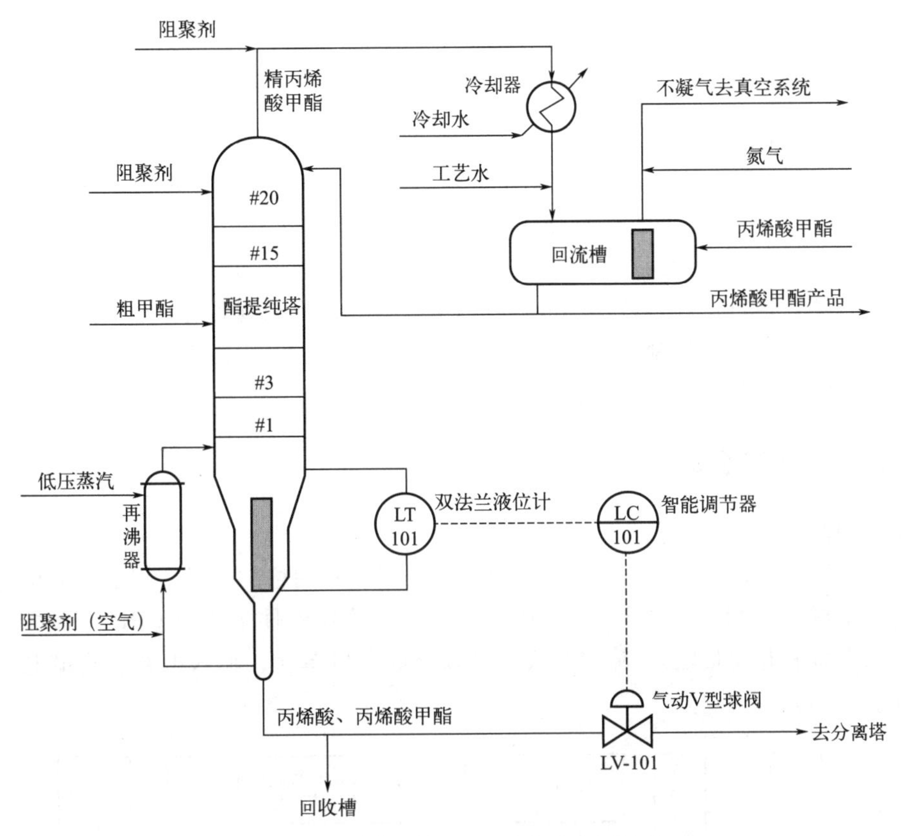

图 1-5-1　酯提纯塔 T160 液位控制回路图

【任务分析】

1. 智能调节器型号确定

思考：智能调节器的尺寸要多大？要具备哪些模块功能？

行动：测量仪表柜盘面预留空间，确定智能调节器的尺寸；明确酯提纯塔液位有无报警要求，液位计和执行器的信号类型，调节器是否需要通信或双输出的功能等，确定智能调节器所需安装的功能模块，从而明确其型号。

2. 调节器接线

思考：现场液位计采用的是几线制接线？传输到调节器的信号是什么类型？该信号从调节器的哪几个端子输入？调节器输出的 4～20mA DC 信号从哪一组端子输出？

行动：明确现场液位计的接线方式和信号类型；识读所选智能调节器的接线图，明确各端子的含义。

3. 调节器参数设置和自整定

思考：调节阀完整参数表及其含义分别是什么？调节器的正反作用如何选择？怎么进行基本参数设置、给定值设置和现场参数设置？如何进行参数自整定？

行动：熟悉智能调节器的操作方法；根据工艺要求，确定对智能调节器进行参数设置和现场参数的设置；启动参数自整定功能，确定 P、I、D 及 Ctl 参数值。

【知识链接】

调节器是过程控制系统的一个重要组成部分，其作用是将测量输入信号值PV与给定值SV进行比较，得出偏差e，然后根据预先设定的控制规律对偏差e进行运算，得到相应的控制值，并通过输出口以4～20mA DC电流信号传输给执行器。智能调节器内部有功能强大的微处理器，能根据不同用户的要求进行组态设定，实现PID、PI、PD等控制，其操作、组态、设定方便，性价比高。智能调节器可以单独构成过程控制系统，也可以作为大型集散控制系统中最基层的一种控制单元，与上位机（即操作监控级）连成主从式通信网络，接受上位机下传的控制参数，并上报各种过程参数。

一、智能调节器的组成

1. 硬件构成

智能调节器自问世以来，已出现了不同种类、系列和规格的产品。但是，无论何种智能调节器，其组成基本相似。如图1-5-2所示，智能调节器硬件主要由CPU、ROM、RAM、定时器、状态量和开关量输入/输出组成，可以分成微机单元、输入电路、输出电路和人机对话单元4个部分。

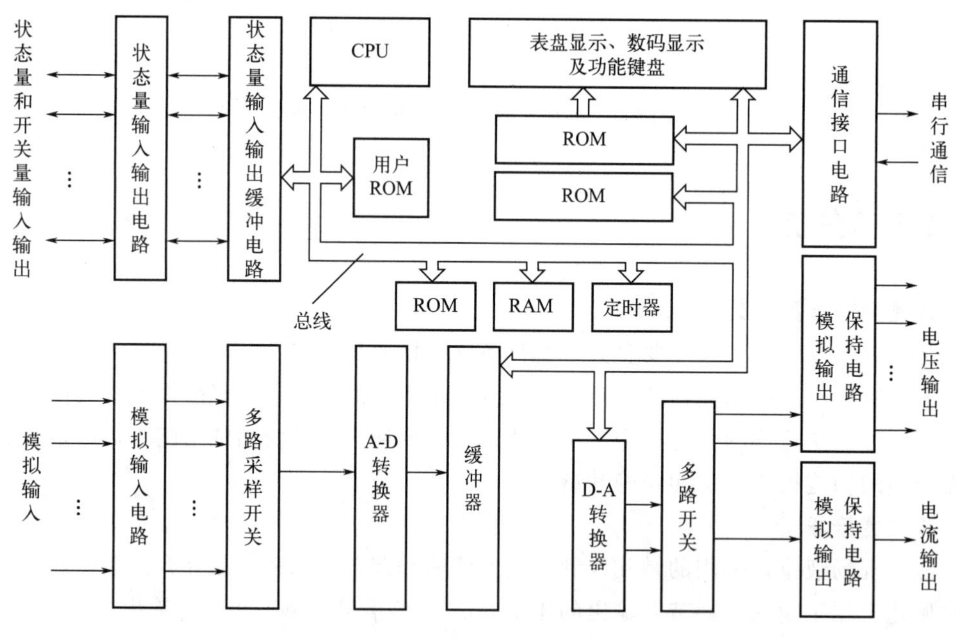

图1-5-2 智能调节器硬件构成

（1）微机单元

由CPU、ROM、RAM和相关接口电路组成，是智能调节器的核心组件，主要完成调节器的各种运算、功能协调和控制规律的计算等。通常，各种管理程序、运算子程序和控制运算处理子程序均固化在只读存储器（ROM）中，而用户程序固化在可擦可编程只读存储器（EPROM）或带电可擦可编程只读存储器（E^2PROM）中，CPU运算过程中的数据以及生产过程中的有关参数则存储在读写存储器（RAM）中。

（2）输入电路

包括模拟量输入接口、数字量输入接口和状态量接口电路，以实现输入信号与内部信号之间的转换、外部输入电路与内部电路的隔离等功能。

实际应用中，代表生产过程中被测温度、压力、流量和物位等参数数值大小的模拟量信号（如4～20mA DC或1～5V DC）经多路采样开关后依次进行模-数转换（A-D），转换后的数字量存放到各自的RAM中，供CPU进行运算和处理；代表生产过程工作状态的状态量、开关量经状态量输入接口电路送入CPU进行处理。

（3）输出电路

由模拟量输出电路和开关量、状态量输出电路组成。经CPU运算后的数字信号经D-A转换成模拟信号，由多路开关选择指定的模拟量输出通道输出。模拟输出通道有1～5V DC和4～20mA DC。通常1～5V DC输出用于连接其他仪表单元，而4～20mA DC输出用作控制操作信号，输出到执行机构，以产生相应的控制作用。

状态量、开关量通过状态量和开关量输出接口电路直接控制现场的工艺设备。数字输入/输出通道也包括数据通信接口电路，它用于与上位机的通信或与其他数字仪表的通信。通过数字通信，上位计算机可以实现对现场各种数字式仪表的集中监控和管理，实现对生产工艺过程的最佳控制。

（4）人机对话单元

包括表盘上的数码显示及各功能键盘接口电路，主要作用是通过键盘和显示器完成人机对话任务。调节器的各种工作方式的选择、参数值的设置和修改由各种功能按键来完成，并以数码显示或荧光柱显示形式显示出来。

2. 软件构成

智能调节器具有实时性很强的功能，在很短的时间内能够完成数据的采样、处理、计算和输出，这一系列工作都是在软件的支持下完成的。智能调节器的软件总体设计采用模块化设计思想，主要包括系统监控模块，数据采样模块，控制模块，基本通信程序模块，系统自检、自诊断模块。

二、智能调节器的特点

与模拟式调节器相比，智能调节器的优势主要在于以下四方面：

① 利用软件实现PID运算，取代硬件，降低成本，提高精度。

② 运算速度加快，功能增强，利用单片机实现调节器的智能化，使智能调节器的采样精度提高，速度加快，达到资源的充分利用。

③ 多功能化，智能调节器可以实现模块化的设计思想，功能因模块的变化而多样化。

④ 智能调节器具有良好的通信能力，可通过编程实现多机通信或与上位机通信，实现对被控对象的远程控制。

三、智能调节器基本控制规律

调节器的控制规律是指调节器的输出信号u与输入偏差信号e之间的关系。常用的基本控制规律有比例（P）、积分（I）、微分（D）三种。

1. 比例（P）控制规律

调节器的输出信号 u 与输入偏差信号 e 之间呈一定比例关系，即：

$$u=K_{P}e \tag{1-5-1}$$

式中，K_P 为比例增益、比例放大倍数或比例系数。

由式（1-5-1）可知，比例增益 K_P 决定了比例控制作用的强弱。K_P 越大，比例控制作用越强；反之，K_P 越小，比例控制作用越弱。在实际使用中，习惯用比例度 δ 来表示比例控制作用的强弱。比例度是指控制器输入的变化相对值与相应的输出变化相对值之比的百分数，即：

$$\delta=\frac{e/(e_{max}-e_{min})}{u/(u_{max}-u_{min})}\times 100\% \tag{1-5-2}$$

式中　$e_{max}-e_{min}$——偏差输入信号的最大变化量，即调节器的量程；

$u_{max}-u_{min}$——输出信号的最大变化量，即调节器输出的工作范围。

若令 $k=\frac{u_{max}-u_{min}}{e_{max}-e_{min}}$，则有：

$$\delta=\frac{e}{u}\times\frac{u_{max}-u_{min}}{e_{max}-e_{min}}\times 100\%=\frac{1}{K_P}\times k\times 100\%\propto\frac{1}{K_P} \tag{1-5-3}$$

可见，比例度 δ 与比例增益 K_P 成反比。当要增强系统的比例控制作用时，应增大控制器的比例增益 K_P，即减小比例度 δ。

比例控制规律在阶跃输入信号作用下的输出响应特性如图 1-5-3 所示。

从图 1-5-3 中可以看出，比例控制的优点是反应快，控制及时，即当有偏差信号输入时，控制器立刻有与偏差信号成比例的控制作用输出。输入的偏差信号越大，输出的控制作用也越强。当然，比例控制也存在不足。因控制器的输出信号与输入偏差信号之间任何时刻都存在着比例关系，所以用比例控制器组成控制系统难免存在余差，即控制结束时，被控参数不可能一点不差地回到给定值，因此，比例控制规律也叫有差控制规律。

2. 积分（I）控制规律

调节器输出信号 u 与偏差信号 e 对时间的积分呈正比例关系，即：

$$u=K_I\int_0^t e\,dt=\frac{1}{T_I}\int_0^t e\,dt \tag{1-5-4}$$

式中　K_I——积分增益；

T_I——积分时间。

由式（1-5-4）可知，积分控制器的输出不仅与偏差的大小有关，还与偏差存在的时间有关。当控制器输入偏差信号一定时，积分时间 T_I 越长，其输出信号越小，即积分控制作用越弱。反之，积分时间 T_I 越小，积分控制作用越强。

积分控制规律在阶跃输入信号作用下的输出响应特性如图 1-5-4 所示。

从图 1-5-4 中可以看出，只要偏差存在，积分控制的输出信号就会不断累积（输出值随时间不断增大或减小），直至偏差为零，输出信号才停止变化，而稳定在某一数值上，这意味着积分控制作用可以消除余差。所以，积分控制又称为无差控制规律。

因积分控制作用是随着时间积累而逐渐增强的，偏差刚出现时，不管有多大，控制作用也得从零开始逐渐加强，所以控制动作缓慢，这样就会造成控制不及时。特别是当被控过程的惯性较大时，由于控制不及时，被控参数将出现很大的超调量，控制时间也将延长，甚至使系统难以稳定，这就是积分控制的缺点。

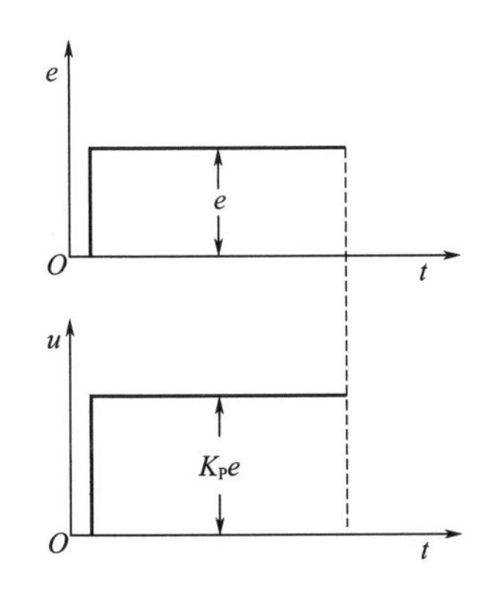

图 1-5-3　比例控制的阶跃响应特性

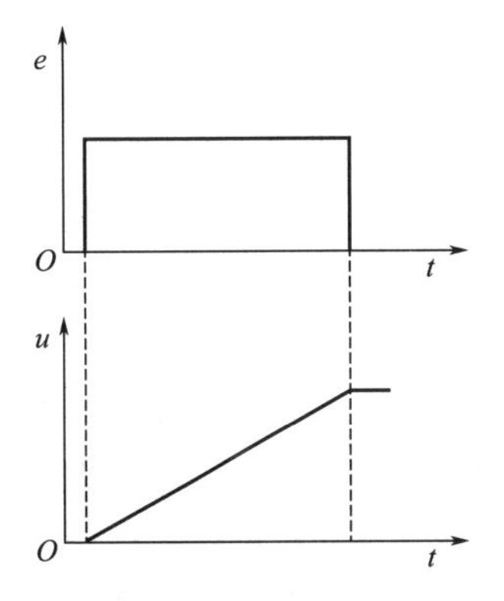

图 1-5-4　积分控制的阶跃响应特性

3. 微分（D）控制规律

调节器输出信号 u 与偏差信号 e 对时间的微分（或者偏差信号 e 的变化速度）成正比例关系，即：

$$u=T_{\mathrm{D}}\frac{\mathrm{d}e}{\mathrm{d}t} \tag{1-5-5}$$

式中　T_{D}——微分时间；

$\frac{\mathrm{d}e}{\mathrm{d}t}$——偏差信号变化速度。

由式（1-5-5）可知，微分控制器的输出不仅与微分时间有关，还与偏差的变化速度有关，而与偏差的数值无关。当控制器输入偏差变化的速度$\frac{\mathrm{d}e}{\mathrm{d}t}$一定时，微分时间 T_{D} 越长，其输出信号越大，即微分控制作用越强。反之，微分时间 T_{D} 越小，微分控制作用越弱。

微分控制规律在阶跃输入信号作用下的输出响应特性如图 1-5-5 所示。

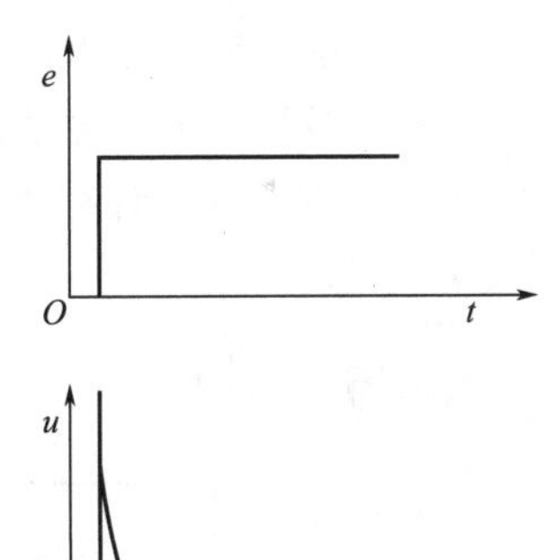

图 1-5-5　微分控制的阶跃响应特性

从图 1-5-5 中可以看出，当输入端出现阶跃信号的瞬间（$t=t_0$），相当于偏差信号变化速度为无穷大，控制器输出是一个非常大（理论上为无穷大）的信号，该信号在系统中传递时，将引起系统的可变物理量和可动部件快速反应、变化，从而快速克服干扰对系统的影响，故微分控制有超前控制之称，这是它的优点。但是当偏差不变时，即使偏差数值很大，微分控制器也没有信号输出，表明此时没有控制作用。这说明微分控制只对动态偏差有效，而对静态偏差无效。所以，微分控制规律不能单独使用。

四、调节器作用形式的选择

调节器有正作用和反作用两种形式。如果调节器输入信号增加（或减少），其输出信号亦增加（或减少），静态放大系数 $K_{\mathrm{c}}>0$，则该调节器称为正作用调节器；如果调节器输入信号增加（或减少），其输出信号减少（或增加），静态放大系数 $K_{\mathrm{c}}<0$，则该调节器称为反

作用调节器。

1. 调节器作用形式确定的原则

通过改变调节器的正、反作用，以保证整个简单控制系统是一个具有负反馈的闭环系统，即组成系统的各个环节（被控对象、测量元件及变送器、调节器、执行器）的静态放大系数相乘必须为负。

2. 调节器作用形式确定的步骤

（1）确定被控对象作用形式

当操纵变量增加时，被控变量也增加的对象属于正作用，其静态放大系数 $K_o>0$；反之，被控变量随操纵变量的增加而降低的对象属于反作用，其静态放大系数 $K_o<0$。

（2）确定测量元件及变送器作用形式

当被控变量增加，测量元件及变送器的输出量也增加，则其作用形式为“正”，静态放大系数 $K_m>0$。反之，测量元件及变送器的输出量随被控变量的增加而减小，则其作用形式为“负”，静态放大系数 $K_m<0$。对于测量元件及变送器，其作用方向一般都是“正”的。

（3）确定执行器作用形式

当执行器的输入信号增加时，其开度增加，流过阀体的流体流量也增加，则执行器为气（电）开式，属于正作用，其静态放大系数 $K_v>0$。反之，当执行器的输入信号增加时，流过阀体的流体流量反而减小，则执行器为气（电）关式，属于反作用，其静态放大系数 $K_v<0$。执行器的气（电）开或气（电）关形式主要从工艺安全角度来确定。

（4）确定调节器作用形式

根据被控对象、测量元件及变送器、调节器、执行器的静态放大系数相乘必须为负，即 $K_oK_mK_vK_c<0$，计算 K_c，从而确定调节器的正、反作用形式。

下面举例来说明调节器正反作用形式的选择。

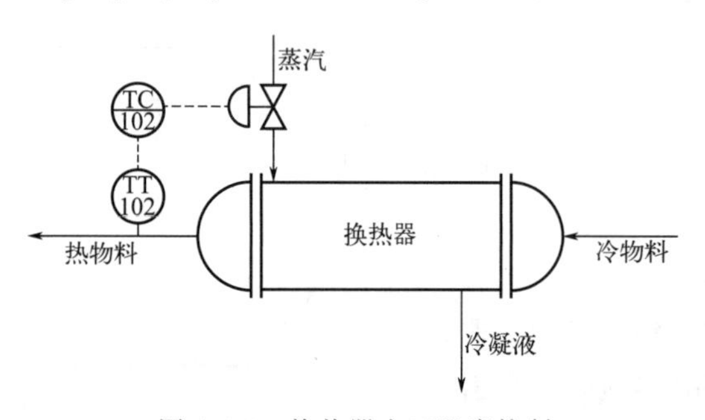

图 1-5-6　换热器出口温度控制

图 1-5-6 是换热器出口温度控制系统，其中，换热器是被控对象，蒸汽进口流量是操纵变量，被加热物料出口温度是被控变量。由此可知，当操纵变量蒸汽进口流量增加时，被控变量物料出口温度是增加的，故被控对象是正作用方向。当被控变量物料出口温度增加，温度变送器输出量增加，故变送器是正作用方向。如果从工艺安全考虑，选定执行器是气开阀（停气时，阀门关闭），以免当信号中断时，调节阀全开导致换热器温度过高而引发事故，故执行器是正作用方向。为了保证温度控制系统构成负反馈，调节器应选为反作用。这样才能当换热器温度升高时，控制器 TC 的输出减小，从而将蒸汽进口流量调节阀开度减小，达到降低换热器温度的目的。

五、智能调节器使用

智能调节器的厂家不同，其使用方法不同。这里以宇电 AI-719 系列智能调节器为例，说明其模块功能、接线和操作使用。

1. 模块使用

（1）模块功能定义

AI-719 系列智能调节器采用先进的模块化设计，具备 5 个功能模块插座，通过安装不同的模块，实现不同类型的输出规格及功能要求。

① 辅助输入（MIO）：安装带 24V 电源输出的电流输入模块 I4，使仪表能直接输入两线制变送器或 4～20mA DC 信号。

② 主输出（OUTP）：作为调节器的输出，ON-OFF、标准 PID 调节、AI 人工智能 APID 调节的输出；也可作为测量值或给定值变送输出。安装 L1 或 L4 模块为继电器触点输出；安装 X3 或 X5 模块可实现 4～20mA 等线性电流输出；安装 G 模块可实现 SSR 电压输出；安装 W1 或 W2 可实现可控硅无触点开关输出；安装 K51 模块实现可控硅移相触发输出；安装 L5、W5 或 G5 可作为阀门电机正/反转控制。

③ 报警（ALM）：安装 L0 或 L2 可作为一路常开＋常闭继电器报警输出（AL1），或安装 L3 作为二路常开继电器报警输出（AL1＋AL2）。

④ 辅助输出（AUX）：在同时需要加热/制冷双输出的控制场合，AUX 位置可安装 X3、X5、L1、L4、G、W1、W2 等模块作为调节器第二输出；在不需要作为第二输出的场合可安装 L0、L2 或 L3 继电器作为报警输出；也可安装 R 模块（RS232C 接口）实现与计算机通信功能。

⑤ 通信接口（COMM）：可安装 S 或 S4 模块（RS485 通信接口）用于与计算机通信，也可安装 I2 开关量模块实现事件输入或安装电压输出模块给外部传感器供电。

（2）模块型号定义

AI-719 系列调节器的型号共由 9 部分组成，即仪表基本功能、仪表面板尺寸规格、仪表辅助输入（MIO）安装的模块规格、仪表主输出（OUTP）安装的模块规格、仪表报警（ALM）安装的模块规格、仪表辅助输出（AUX）安装的模块规格、仪表通信（COMM）安装的模块规格、仪表供电电源和仪表扩充的分度表规格。例如：

AI—719	A	N	X3	L3	N	S4	—	24V DC	—	(F2)
①	②	③	④	⑤	⑥	⑦		⑧		⑨

这表示一台仪表：①基本功能为 AI-719 型；②面板尺寸为 A 型；③辅助输入（MIO）没有安装模块；④主输出（OUTP）安装线性电流输出模块；⑤报警（ALM）安装 L3 双路继电器触点输出模块；⑥辅助输出（AUX）没有安装模块；⑦通信接口（COMM）装有自带隔离电源的光电隔离型 RS485 通信接口 S4；⑧仪表供电电源为 24V DC 电源；⑨扩充输入规格自定义为 F2 型（辐射式高温计）。

2. 参数功能

（1）自定义参数表

AI-719 系列调节器的参数表可编程定义功能，能自定义仪表的参数表，为保护重要参数不被随意修改，把在现场需要显示或修改的参数叫现场参数，现场参数表是完整参数表的一个子集并可由用户自己定义，能直接调出供用户修改，而完整的常数表必须在输入密码的条件下方可调出。参数锁 Loc 可提供多种不同的参数操作权限及进入完整参数表的密码输入操作，其功能如表 1-5-1 所示。

▶ 表 1-5-1　智能调节器参数锁及其功能

参数锁	功能说明
Loc=0	允许修改现场参数、允许全部快捷方式操作，如修改给定值 SV 及程序值（时间及温度值）等
Loc=1	允许修改现场参数，允许用快捷方式修改给定值及程序值，但禁止程序运行/暂停/停止/定点控制/自整定等快捷操作
Loc=2	允许修改现场参数，禁止用快捷方式修改给定值、程序值及自整定操作，但允许程序运行/暂停/停止/定点控制等快捷操作
Loc=3	允许修改现场参数，禁止全部快捷方式操作
Loc=4～255	不允许修改 Loc 本身以外的任何参数，也禁止全部快捷操作

（2）完整参数表

设置 Loc=密码（密码可为 256～9999 之间的数字，初始密码为 808）并按确认，可进入显示及修改完整的参数表，一旦进入完整参数表，除只读参数外，其余所有的参数都是有权修改的。

AI-719 智能调节器完整参数表分报警、调节控制、输入、输出、通信、系统功能、给定值/程序及现场参数定义等 8 大块，按顺序排列如表 1-5-2 所示。

▶ 表 1-5-2　完整参数表及其含义

序号	模块	参数	含义	序号	模块	参数	含义
1	报警	HIAL	上限报警	2	调节控制	d2	冷输出微分时间
		LoAL	下限报警			Ctl2	冷输出周期
		HdAL	偏差上限报警			CHYS	控制回差（死区、滞环）
		LdAL	偏差下限报警	3	输入	InP	输入规格代码
		AHYS	报警回差			dPt	小数点位置
		AdIS	报警指示			SCL	输入刻度下限
		AOP	报警输出定义			SCH	输入刻度上限
2	调节控制	nonc	常开/常闭选择			Scb	输入平移修正
		Ctrl	控制方式			FILt	输入数字滤波
		Srun	运行状态			Fru	电源频率及温度单位选择
		Act	正/反作用			SPSL	外给定刻度下限
		A-M	自动/手动控制选择			SPSH	外给定刻度上限
		At	自整定	4	输出	OPt	输出类型
		P	比例带			Aut	冷却输出类型
		I	积分时间			OPL	输出下限
		D	微分时间			OPH	输出上限
		Ctl	控制周期			Strt	阀门转动行程时间
		P2	冷输出比例带			Ero	过量程时输出值
		I2	冷输出积分时间			OPrt	上电输出软启动时间

续表

序号	模块	参数	含义
5	通信	OEF	OPH 有效范围
		Addr	通信地址
		bAud	波特率
6	系统功能	Et	事件输入类型
		AF	高级功能代码
		AF2	高级功能代码 2
		AFC	通信模式
		PASd	密码
		SPL	SV 下限
		SPH	SV 上限
7	给定值/程序	SP1	给定点 1
		SP2	给定点 2
		SPr	升温速率限制
		Pno	程序段数（仅 AI-719P 有）
		PonP	上电自动运行模式（仅 AI-719P 有）
		PAF	程序运行模式（仅适用 AI-719P 型）
8	现场参数定义	EP1-EP8	现场使用参数定义

3. 接线方法

宇电 AI-719 系列智能调节器型号不同，其接线方式也不同。下面就以型号为 AI-719CI4 X3L2X3S4-24VDC 的智能调节器为例，说明其接线端子的含义。

如图 1-5-7 所示，调节器 1、2 端子是供电电源端，接 220V AC 电源线。通信接口（COMM）安装 RS485 通信接口模块，故 3、4 端子用于与无纸记录仪或计算机等通信。

报警（ALM）安装一路常开＋常闭继电器报警输出（其中 N/O 是常开触点、N/C 是常闭触点、COM 是公共端），故 5、6、7 端子是报警输出端，可与报警仪连接。

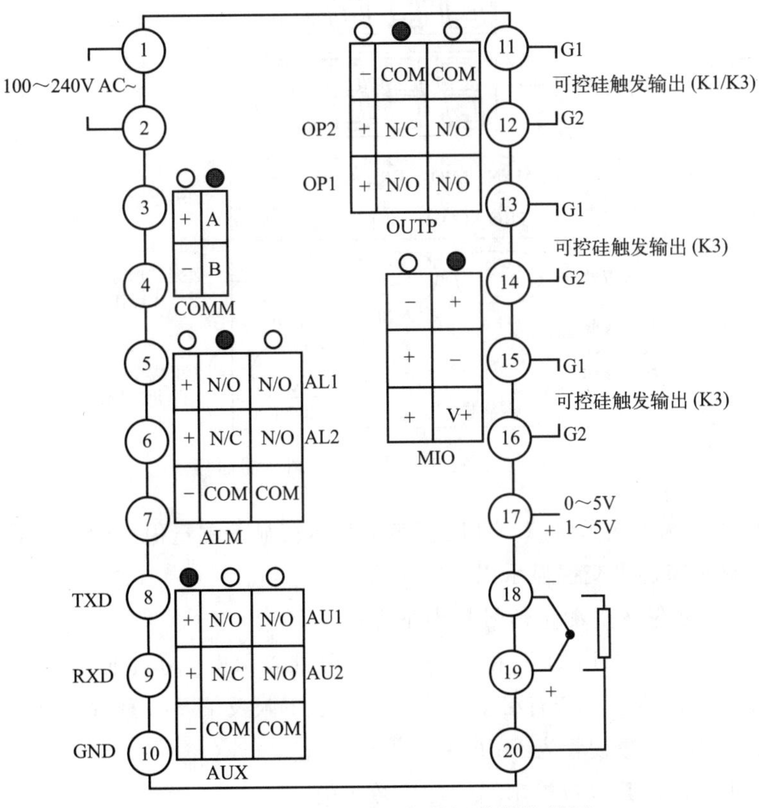

图 1-5-7　AI-719 系列智能调节器接线图

辅助输出（AUX）安装线性电流输出模块，故 8、9、10 端子是两组辅助输出端，其中 8＋、10－端子为第 1 组辅助输出端，9＋、10－端子为第 2 组辅助输出端，其输出信号都是 4～20mA DC 电流信号。

主输出（OUTP）安装线性电流输出模块，故 11、12、13 端子是两组主输出端，其中 13＋、11－端子为第 1 组主输出端，12＋、11－端子为第 2 组主输出端，其输出信号为 4～20mA DC 电流。

辅助输入（MIO）安装带 24V 电源输出的电流输入模块，4～20mA DC 电流信号从 14＋、15－端输入，或直接从 16＋、14－接二线制变送器。1～5V DC 电压信号从 17＋、18－端输入，热电偶信号由 19＋、18－端输入，三线制热电阻信号由 18、19、20 端输入，其中 18 端子接热电阻单端引线。

4. 显示及操作

（1）面板说明

AI 719 系列智能调节器的面板如图 1-5-8 所示。上显示窗可显示测量值 PV、参数名称等；下显示窗可显示给定值 SV、报警代号、参数值等；设置键用于进入参数设置状态，确认参数修改等；在 10 个 LED 指示灯中，MAN 灯亮表示处于手动输出状态，灯灭表示处于自动控制状态，PRG 灯亮表示仪表处于程序控制状态，MIO、OP1、OP2、AL1、AL2、AU1、AU2 等分别对应模块输入输出动作，COM 灯亮表示正与上位机进行通信。

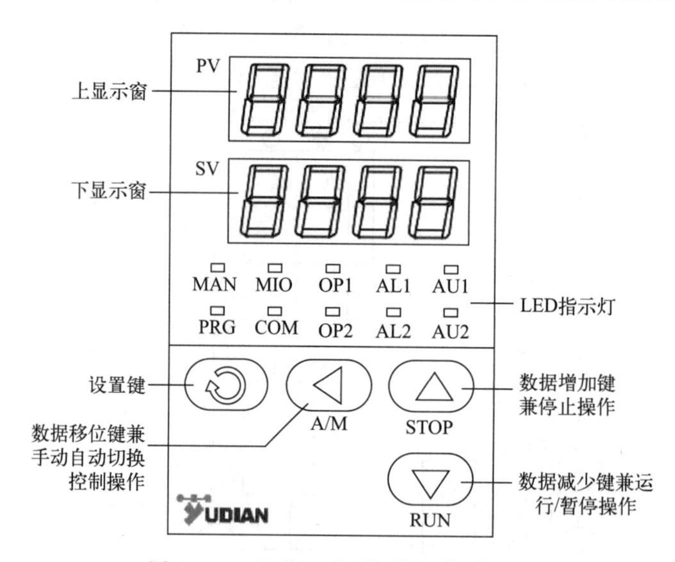

图 1-5-8　AI-719 系列智能调节器面板

仪表上电后进入基本显示状态，此时仪表上显示窗显示测量值（PV），下显示窗显示给定值（SV）。下显示窗还可交替显示以下字符表示状态：

①“orAL”：表示输入的测量信号超出量程；

②“HIAL”“LoAL”“HdAL”和“LdAL”：分别表示发生了上限报警、下限报警、偏差上限报警、偏差下限报警，若有必要，也可关闭上下限及偏差报警时字符闪动功能以避免过多的闪动（将 AdIS 参数设置为 OFF）；

③“Err”：表示内部系统自检出错，如参数丢失；

④ “FErr”：表示阀门反馈或外给定信号超量程；

⑤ “StoP”：表示处于停止状态；

⑥ “HoLd” 和 “rdy” 分别表示暂停状态和准备状态（仅 AI-719P 程序型仪表使用）。

（2）操作使用

AI-719 系列智能调节器的参数设置流程如图 1-5-9 所示。

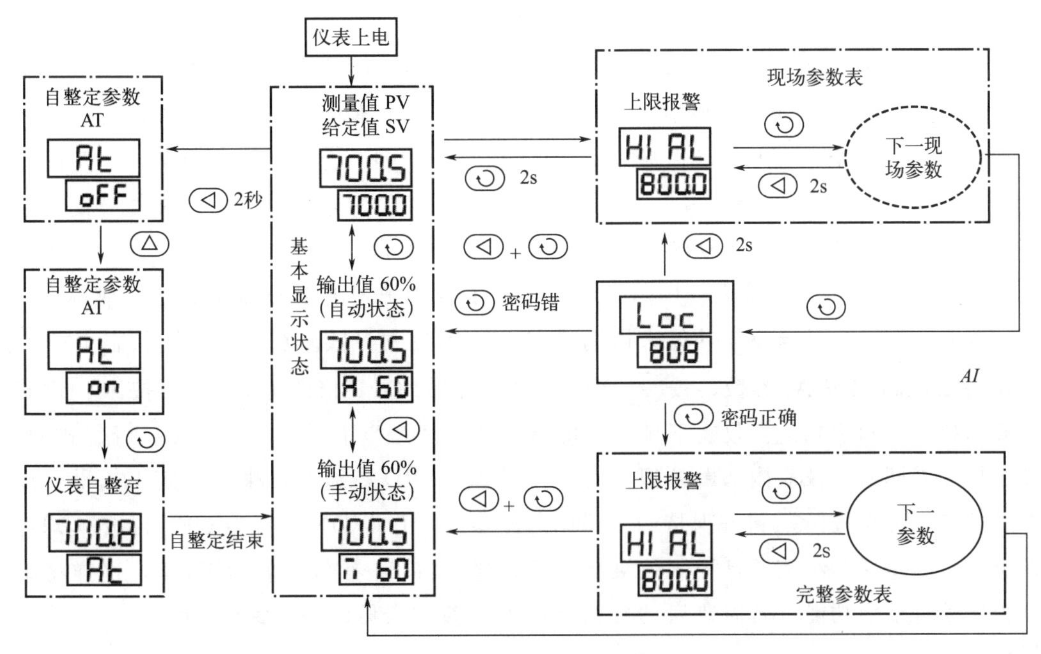

图 1-5-9　参数设置流程图

① 基本参数设置　在基本显示状态下按⟲键并保持约 2s 即可进入自定义的现场参数设置状态；参数设置状态下，持续按⟲键，仪表将依次显示自定义的各现场参数，例如上限报警 HIAL、下限报警 LoAL、偏差上限报警 HdAL 和偏差下限报警 LdAL 等。按▽键减小数据，按△键增加数据，所修改数值位的小数点会闪动（如同光标）。按△/▽键并保持不放，可以快速地增加/减少数值，并且速度会随小数点的右移自动加快。也可按◁键来直接移动修改数据的位置（光标），操作更快捷。按⟲键可保存显示下一参数，持续按⟲键可快速向下；按◁键并保持不放 2s 以上，可返回显示上一参数；先按◁键不放接着再按⟲键可直接退出参数设置状态。如果没有按键操作，约 25s 后也会自动退回基本显示状态。

持续按⟲键等现场参数显示完毕后将出现 Loc 参数，若输入正确的密码（初始密码是 808）并按⟲键确认，可进入完整参数表，这时可修改所有的参数。

② 现场参数定义　在完整参数表状态下，设置参数 EP1～EP8 可自定义 1～8 个现场参数，如果现场参数小于 8 个，应将没用到的第一个参数定义为 nonE，例如，用户需要的现场参数有上限报警、下限报警、报警回差这三个参数，则可将 EP 参数设置如下：EP1＝HIAL、EP2＝HdAL、EP3＝AHYS、EP4＝nonE。

③ 显示切换　在基本显示状态下按⟲键可切换下显示窗显示给定值还是输出值。若

仪表处于手动操作状态，即使被切换到给定值（SV）显示状态，一段时间后仍将自动返回到显示输出值的状态。

④ 给定值（SV）设置　如果智能调节器使用定点控制模式（参数 Pno=0 时），若 Loc 参数没有锁上，在下显示窗显示给定值时（如下显示窗显示输出值，可按⟲键切换至给定值显示状态），按◁键可进入修改当前给定值状态，再按◁、▽、△等键可直接修改给定值。

⑤ 自动/手动控制切换（A/M）　在下显示窗显示输出值状态下（如下显示窗显示给定值，可按⟲键切换至输出值显示状态），按◁键，可以使仪表在自动及手动之间进行无扰动切换。在手动状态且下显示窗显示输出值时，可直接按△键或▽键增加及减少手动输出值。通过对 M-A 参数设置，可使仪表固定在自动状态而不允许由面板按键操作来切换至手动状态，以防止误入手动状态。

⑥ 自整定（AT）　当仪表选用 APID（AI 人工智能技术的 PID 调节算法）或标准 PID 调节方式时，均可启动自整定功能来协助确定 PID 等控制参数。在基本显示状态下按◁键并保持 2s，将出现 At 参数，按△键将下显示窗的 OFF 修改为 ON，再按⟲键确认即可开始执行自整定功能。仪表下显示器将闪动显示“At”字样，此时仪表执行位式调节，经 2 个振荡周期后，仪表内部微处理器可自动计算出 PID 参数并结束自整定。如果要提前放弃自整定，可再按◁键并保持约 2s 调出 At 参数，并将 ON 设置为 OFF 再按⟲键确认即可。自整定成功结束并且控制效果满意后，建议将 At 参数设置为 FoFF，这样将禁止从面板启动自整定功能（若需要启动自整定可进入参数表修改 At 参数进行操作），可防止误操作。

【任务实施】

1. 智能调节器选型

根据工艺要求及仪表信号类型，确定智能调节器的型号，并填写表 1-5-3。

▶ 表 1-5-3　智能调节器型号

基本功能	面板尺寸	辅助输入（MIO）	主输出（OUTP）	报警（ALM）	辅助输出（AUX）	通信接口（COMM）	供电电源	扩充输入规格

2. 智能调节器接线

识读所选调节器接线图（图 1-5-7），将酯提纯塔液位控制回路接线图（见图 1-5-10）补充完整，即在 LC-101 的端子上填写正确的端子号，并完成实物接线（注：报警仪 LA101 的 10 号端子接公共端）。

3. 智能调节器参数设置

（1）基本参数设置

根据工艺控制要求，结合所选智能调节器的功能，填写基本参数配置表（见表 1-5-4），之后对智能调节器进行参数设置。

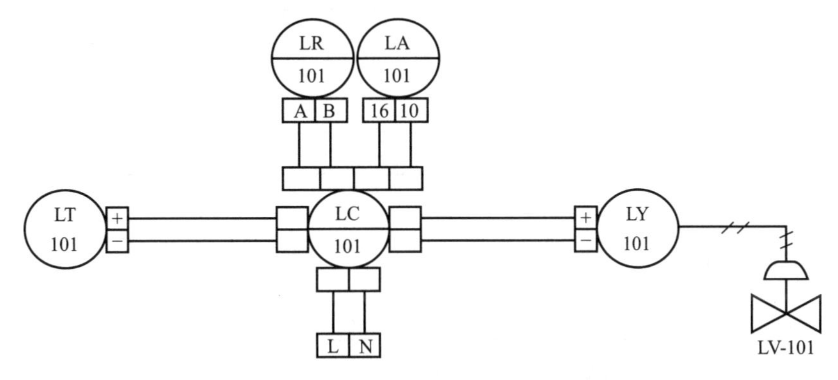

图 1-5-10　酯提纯塔液位控制回路接线图

▶ **表 1-5-4　参数配置表**

参数	设置值	参数	设置值

(2) 现场参数自定义

用户需要的现场参数有上限报警、下限报警、偏差上限报警、偏差下限报警和报警回差等五个参数，请填写 EP 参数配置表（见表 1-5-5)，并完成智能调节器现场参数定义。

▶ **表 1-5-5　EP 参数配置表**

EP 参数	设置值	EP 参数	设置值

4. PID 参数自整定

请采用 AI 人工智能调节方式，确定 P、I、D 及 Ctl 参数值，填写表 1-5-6。

▶ 表 1-5-6　参数自整定数值

参数	数值	参数	数值
P		D	
I		Ctl	

【任务评价】

评价内容	考核内容及要求	配分	评分细则（每项扣分不超过配分）	学生自评	教师评分
职业素养及操作规范（20分）	调节器选用时考虑成本等因素	4	未考虑成本等因素扣4分		
	操作过程中，工具、仪表、元器件、设备等摆放整齐	2	操作过程中，工具等摆放不整齐扣2分		
	具有安全意识，操作符合规范要求	5	操作过程中违反安全操作规程扣5分		
	遵守实训室纪律，无不文明行为	3	不遵守实训室纪律或有不文明行为发生扣3分		
	有团队协作意识	4	不服从小组工作安排扣4分，协作意识不够扣2分		
	作业完成后清理、清扫工作现场	2	操作完成后，未清理现场扣2分，清理不干净扣2分		
操作过程和结果（80分）	调节器选型	15	调节阀型号选用不符合工艺要求扣15分；不能正确解释调节阀型号含义扣5分		
	调节器接线	20	调节器接线图识读错误扣4分；接线图端子号填写错误每处扣1分；调节器电源线连接错误扣2分；调节器与液位变送器连接错误扣2分；调节器与报警仪连接错误扣2分；调节器与记录仪连接错误扣2分；调节器与电气阀门定位器连接错误扣2分		
	调节器参数设置	30	基本参数配置表和EP参数填写错误每处扣1分；基本参数设置不正确扣10分；现场参数自定义错误扣10分		
	调节阀参数自整定	15	不能解释出P、I、D控制的定义和特点，扣5分；不会进行PID参数自整定操作扣10分；P、I、D及Ctl参数值填写错误每处扣2分		
总评		100			

学生：　　　　　　　　　　教师：　　　　　　　　　　日期：

【知识归纳】

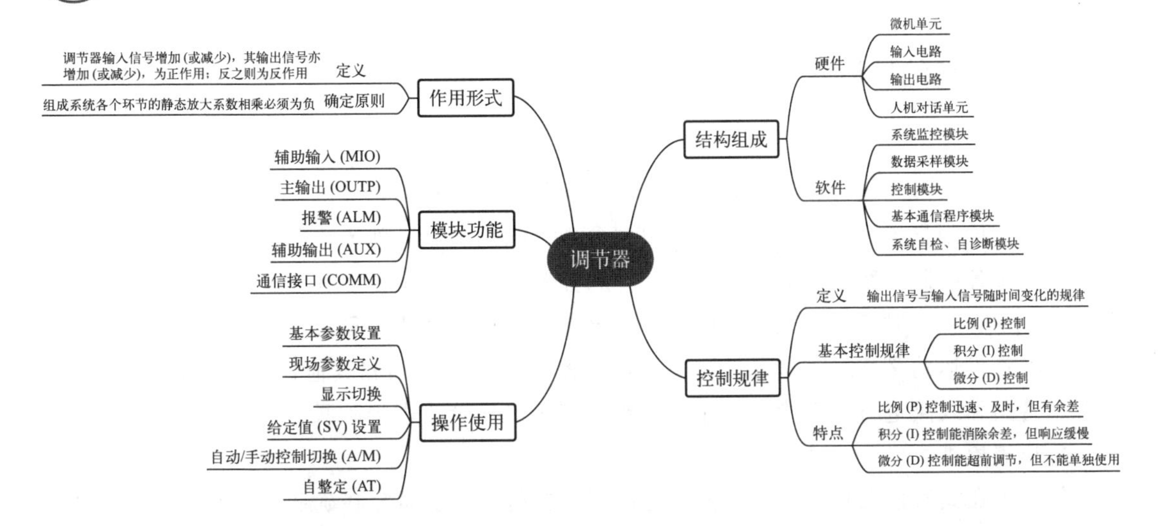

任务六　简单控制系统的投运

【任务描述】

简单控制系统设计并安装完毕后，如何投运是一项很重要的工作，尤其对一些关键部位的控制器的选择更应重视。本任务选取丙烯酸甲酯装置生产中的酯提纯塔 T160 进行温度控制系统投运。

【任务分析】

1. 明确项目工作任务

思考：化工生产中简单控制系统由哪些部分组成？各部分的特点和选择原则是什么？如何对温度控制系统进行投运？

行动：阅读项目任务，根据酯提纯塔 T160 的控制目的，逐项分解工作任务，完成项目任务分析，为酯提纯塔 T160 控制系统选取一个控制对象进行正确投运。

2. 正确投运简单控制系统

思考：工艺装置的基本控制要求是什么？采用什么控制策略？如何完成温度控制投运？

行动：小组成员共同研讨，制订温度投运方案；根据技术工艺指标和技术资料，确定合理的投运方案。

3. 制订工作实施计划

思考：小组成员如何分工？完成本项目需要多少时间？

行动：根据投运方案，小组成员合理分担工作任务，确定工作步骤和时间，制订完成工作任务的计划表，明确项目责任人。

【知识链接】

一、控制系统的投运

1. 准备工作

对于工艺人员与仪表人员来说，投运前都要熟悉工艺过程，了解主要工艺流程、主要设备的功能、控制指标和要求，以及各种工艺参数之间的关系；熟悉控制方案，全面掌握设计意图，熟悉各控制方案的构成，对测量元件和控制阀的安装位置、管线走向、工艺介质性质等都要心中有数。对于仪表人员来说，还应该熟悉各种自动化工具的工作原理和结构，掌握调校技术；投运前必须对测量元件、变送器、控制器、控制阀和其他仪表装置，以及电源、气源、管路和线路进行全面检查，尤其是要对气压信号管路进行试漏。

2. 仪表检查

仪表虽在安装前已校验合格，但投运前仍要进行回路测试，在确认仪表回路正常后才可考虑投运。

对于控制记录仪表，除了要观察测量指示是否正常外，还特别要对控制器控制点进行复校。前面已经介绍过，对于比例积分控制器，当测量值与给定值相等时，控制器的输出可以等于任意数值（气动仪表在0.02～0.1MPa之间，电动仪表在0～10mA或4～20mA之间）。例如，将给定值指针与测量值指针重合（又称对针），这时控制器的输出就应该稳定在某一数值不变。如果输出稳定不住（还在继续增大或减小），说明控制器的控制点有偏差。此时，若要使控制器输出稳定下来，测量值与给定值之间必然就有偏差存在。如果控制器是比例积分作用的，这种测量值与给定值之间的偏差就是控制点偏差。当控制点偏差超过允许范围时，就必须重新校正控制器的控制点。当然，如果控制器是纯比例作用的，那么测量值与给定值之间存在偏差是正常现象。

3. 检查控制器的正、反作用及控制阀的气开、气关形式

控制器的正反作用与控制阀的气开、气关形式是关系到控制系统能否正常运行与安全操作的重要问题，投运前必须仔细检查。

前面已经讲到，自动控制系统是具有被控变量负反馈的闭环系统。也就是说，如果被控变量偏高，则控制作用应使之降低；相反，如果原来被控变量偏低，则控制作用应使之升高。控制作用对被控变量的影响应与干扰作用对被控变量的影响相反，才能使被控变量回复到给定值。这里，就有一个作用方向的问题。在控制系统中，不仅是控制器，而且被控对象、测量变送器、控制阀都有各自的作用方向。它们如果组合不当，使总的作用方向构成了正反馈，则控制系统不但不能起控制作用，反而破坏了生产过程的稳定。所以，在系统投运前必须注意检查各环节的作用方向。

所谓作用方向，就是指输入变化后，输出变化的方向。当输入增加时，输出也增加，则称为正作用方向；反之，当输入增加时，输出减少的称反作用方向。

对于控制器，当被控变量（即变送器送来的信号）增加后，控制器的输出也增加，称为正作用方向；如果输出随着被控变量的增加而减小，则称为反作用方向（同一控制器，其被控变量与给定值的变化，对输出的作用方向是相反的）。对于变送器，其作用方向一般都是正的，因为当被控变量增加时，其输出信号也是相应增加的。对于控制阀，它的作用方向取决于是气开阀还是气关阀（注意不要与控制阀的正作用及反作用混淆），当控制器输出信号增加时，气开阀的开度增加，是正方向，而气关阀是反方向。至于被控对象的作用方向，则随具体对象的不同而各不相同。当操纵变量增加时，被控变量也增加的对象属于正作用。反之，被控变量随操纵变量的增加而降低的对象属于反作用。

在一个安装好的控制系统中，对象、变送器的作用方向一般都是确定了的，控制阀的气开或气关形式主要应从工艺安全角度来选定。所以在系统投运前，主要是确定控制器的作用方向。

图 1-6-1 是一个简单的加热炉出口温度控制系统。为了在控制阀气源突然断气时，炉温不继续升高，以防烧坏炉子，采用了气开阀（停气时关闭），是正方向。炉温是随燃料的增多而升高的，所以炉子也是正方向作用的。变送器随炉温升高，输出增大，也是正方向。所以控制器必须为反方向，才能当炉温升高时，使阀门关小，炉温下降。

图 1-6-2 是一个简单的液位控制系统。控制阀采用了气开阀，在气路出现故障或气源断开时，阀门自动关闭，以免物料全部流走，故控制阀是正方向。当控制阀打开时，液位是下降的，所以对象的作用方向是反的。变送器为正方向。这时控制器的作用方向必须为正才行。

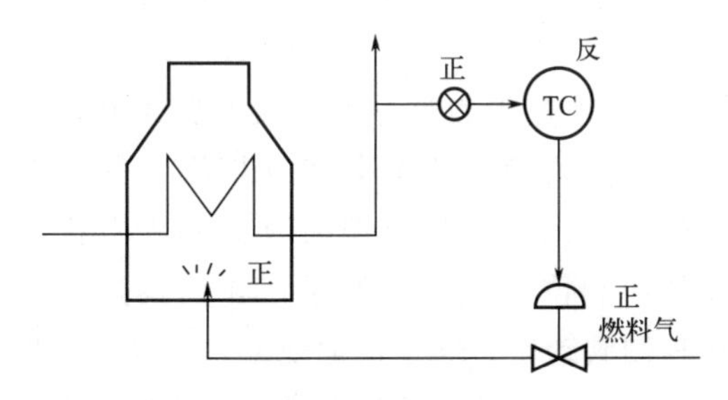

图 1-6-1　加热炉出口温度控制

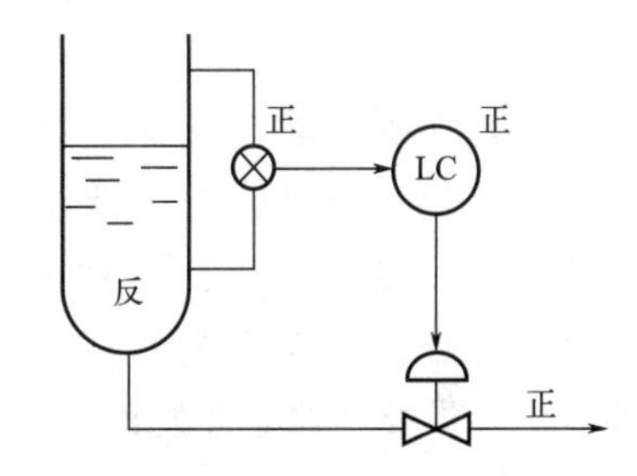

图 1-6-2　液位控制系统

总之，确定控制器作用方向，就是要使控制回路中各个环节总的作用方向为反方向，构成负反馈，这样才能真正起到控制作用。

4. 控制阀的投运

在现场，控制阀的安装情况一般如图 1-6-3 所示。在控制阀 4 的前后各装有截止阀，图中 1 为上游阀，2 为下游阀。另外，为了在控制阀或控制系统出现故障时不致影响正常的工艺生产，通常在旁路上安装有旁路阀 3。

开车时，有两种操作步骤：一种是先用人工操作旁路阀，然后过渡到控制阀手动遥控；另一种是一开始就用手动遥控。如条件许可，当然后一种方法较好。当由旁路阀手工操作转为控制阀手动遥控时，步骤如下：

① 先将上游阀 1 和下游阀 2 关闭，手动操作旁路阀 3，使工况逐渐趋于稳定；

② 用手动定值器或其他手动操作器调整控制阀上的气压 p，使它等于某一中间数值或已有的经验数值；

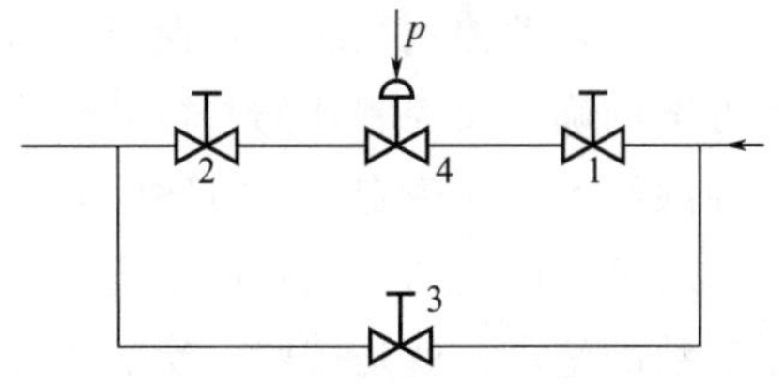

图 1-6-3　控制阀安装示意图
1—上游阀；2—下游阀；3—旁路阀；4—控制阀

③ 先开上游阀 1，再逐渐开下游阀 2，同时逐渐关闭旁路阀 3，以尽量减少波动（亦可先开下游阀 2）；

④ 观察仪表指示值，改变手动输出，使被控变量接近给定值。

远距离人工控制控制阀叫手动遥控，可以有三种不同的情况：

① 控制阀本身是遥控阀，利用定值器或其他手动操作器遥控；

② 控制器本身有切换装置或带有副线板，切至“手动”位置，利用定值器或手操轮遥控；

③ 控制器不切换，放在“自动”位置，利用定值器改变给定值而进行遥控，但此时宜将比例度置于中间数值，不加积分和微分作用。

一般说来，当达到稳定操作时，阀门膜头压力应为 0.03～0.085MPa 范围内的某一数值，否则，表明阀的尺寸不合适，应重新选用控制阀。当压力超过 0.085MPa 时，表明所选控制阀太小（对气开阀而言），可适当利用旁路阀来调整，但这不是根本解决的办法，它将使阀的流量特性变坏，当由于生产量的不断增加，使原设计的控制阀太小时，如果只是依靠开大旁路阀来调整流量，会使整个自动控制系统不能正常工作。这时无论怎样整定控制器参数，都是不能获得满意的控制质量的。

5. 控制器的手动和自动切换

通过手动遥控控制阀，工况趋于稳定以后，控制器就可以由手动切换到自动，实现自动操作。

由手动切换到自动，或由自动切换到手动，因所用仪表型号及连接线路不同，有不同的切换程序和操作方法，总的要求是要做到无扰动切换。所谓无扰动切换，就是不因切换操作给被控变量带来干扰。对于气动薄膜控制阀来说，只要切换时无外界干扰，切换过程中就应保证阀膜头上的气压不变，也就是使阀位不跳动，如果正在切换过程中，发生了外界干扰，控制器立即发出校正信号操纵控制阀动作，这是正常现象，不是切换带来的扰动。为了避免这种情况，切换必须迅速完成。所以，总的要求是平稳、迅速，实现无扰动切换。

6. 控制器参数的整定

控制系统投入自动后，即可进行控制器参数的整定。整定方法前面已经介绍过，这里所要强调的是：不管采用哪种方法进行整定，所得到的自动控制系统，在正常工况下，由于经常受到各种扰动，被控变量不可能总是稳定在一个数值上长期不变。企图通过控制器参数整定，使仪表测量值指针总是保持不动，记录曲线为一条直线或一个圆，这是不现实的。记录曲线围绕给定值附近有一些小的波动是正常的。如果出现记录曲线是一条直线或一个圆，这时倒要检查一下测量记录仪表有否故障，灵敏度是否足够等。

一个自动控制系统的过渡过程或者控制质量，与被控对象的特性、干扰形式与大小、控制方案的确定及控制器的参数整定有着密切关系。对象特性和干扰情况是受工艺操作和设备特性限制的。在确定控制方案时，只能尽量设计合理，并不能任意改变它。一旦方案确定之后，对象各通道的特性就已成定局。这时控制质量只取决于控制器参数的整定了。所谓控制器参数的整定，就是按照已定的控制方案，求取使控制质量最好时的控制器参数值。具体来说，就是确定最合适的控制器比例度 δ、积分时间 T_I 和微分时间 T_D。

整定的方法很多，我们只介绍几种工程上最常用的方法。

（1）临界比例度法

这是目前使用较多的一种方法。它是先通过试验得到临界比例度 δ_K 和临界周期 T_K，然后根据经验总结出来的关系求出控制器各参数值。具体做法如下。在闭合的控制系统中，先将控制器变为纯比例作用，即将 T_I 放在“∞”位置上，T_D 放在“0”位置上，在干扰作用下，从大到小地逐渐改变控制器的比例度，直到系统产生等幅振荡（即临界振荡），如图 1-6-4 所示，这时的比例度叫临界比例度 δ_K，周期为临界振荡周期 T_K，记下 δ_K 和 T_K，然后按表 1-6-1 中的经验公式计算出控制器的各参数整定数值。

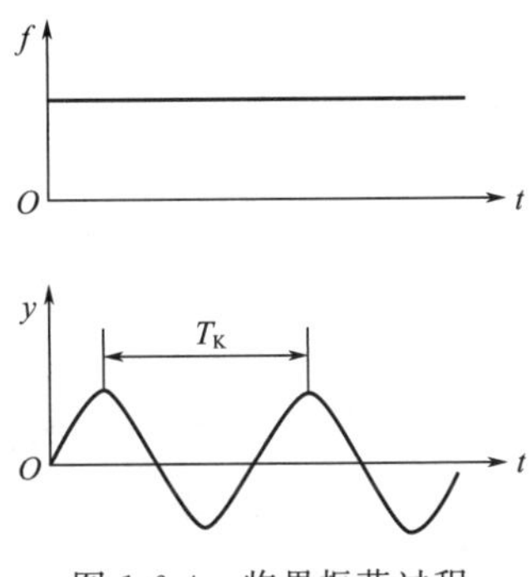

图 1-6-4　临界振荡过程

表 1-6-1　临界比例度法参数计算公式表

控制作用	比例度/%	积分时间 T_I/min	微分时间 T_D/min
比例	$2\delta_K$		
比例＋积分	$2.2\delta_K$	$0.85T_K$	
比例＋微分	$1.8\delta_K$		$0.1T_K$
比例＋积分＋微分	$1.7\delta_K$	$0.5T_K$	$0.125T_K$

临界比例度法比较简单方便，容易掌握和判断，适用于一般的控制系统，但是对于临界比例度很小的系统不适用。因为临界比例度很小，则控制器输出的变化一定很大，被控变量容易超出允许范围，影响生产的正常进行。

临界比例度法是要使系统达到等幅振荡后，才能找出 δ_K 与 T_K，对于工艺上不允许产生等幅振荡的系统亦不适用。

（2）衰减曲线法

衰减曲线法是通过使系统产生衰减振荡来整定控制器的参数值的，具体做法如下。

在闭合的控制系统中，先将控制器变为纯比例作用，比例度放在较大的数值上，在达到稳定后，用改变给定值的办法加入阶跃干扰，观察记录曲线的衰减比，然后从大到小改变比例度，直至出现 4∶1 衰减比为止，见图 1-6-5（a），记下此时的比例度 δ_S（叫 4∶1 衰减比例度），并从曲线上得出衰减周期 T_S，然后根据表 1-6-2 中的经验公式，求出控制器的参数整定值。

表 1-6-2　4∶1 衰减曲线法控制器参数计算表

控制作用	δ/%	T_I/min	T_D/min
比例	δ_S		
比例＋积分	$1.2\delta_S$	$0.5T_S$	
比例＋积分＋微分	$0.8\delta_S$	$0.3T_S$	$0.1T_S$

有的过程，4∶1 衰减仍嫌振荡过强，可采用 10∶1 衰减曲线法。方法同上，得到 10∶1 衰减曲线后［见图 1-6-5（b）］，记下此时的比例度 δ'_S 和最大偏差时间 $T_{升}$（又称上升时间），然后根据表 1-6-3 中的经验公式，求出相应的 δ、T_I、T_D 值。

▶ 表 1-6-3 10∶1 衰减曲线法控制器参数计算表

控制作用	δ/%	T_I/min	T_D/min
比例	δ'_S		
比例+积分	$1.2\delta'_S$	$2T_升$	
比例+积分+微分	$0.8\delta'_S$	$1.2T_升$	$0.4T_升$

采用衰减曲线法必须注意以下几点：

① 加的干扰幅值不能太大，要根据生产操作要求来定，一般为额定值的5%左右，也有例外的情况；

② 必须在工艺参数稳定情况下才能施加干扰，否则得不到正确的 δ_S、T_S 或 δ'_S 和 $T_升$ 值；

③ 对于反应快的系统，如流量、管道压力和小容量的液位控制等，要在记录曲线上严格得到 4∶1 衰减曲线比较困难，一般被控变量来回波动两次达到基本稳定，就可以近似地认为达到 4∶1 衰减过程了。

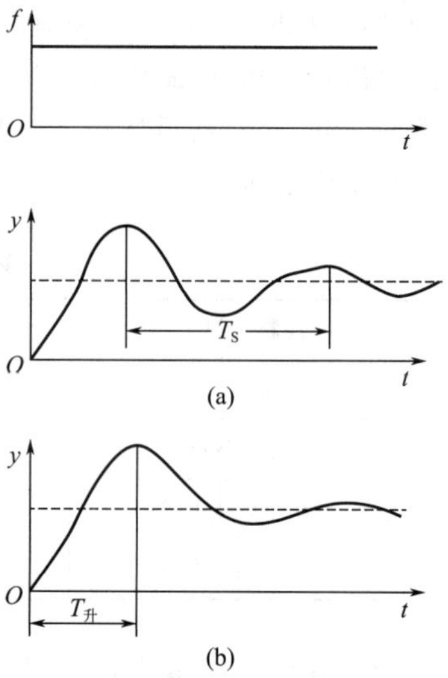

衰减曲线法比较简便，适用于一般情况下的各种参数的控制系统。但对于干扰频繁，记录曲线不规则，不断有小摆动时，由于不易得到正确的衰减比例度 δ_S 和衰减周期 T_S，这种方法难以应用。

图 1-6-5 4∶1 和 10∶1 衰减振荡过程

(3) 经验凑试法

经验凑试法是长期的生产实践中总结出来的一种整定方法。它是根据经验先将控制器参数放在一个数值上，直接在闭合的控制系统中，通过改变给定值施加干扰，在记录仪上观察过渡过程曲线，以 δ、T_I、T_D 对过渡过程的影响为指导，按照规定顺序，对比例度 δ、积分时间 T_I 和微分时间 T_D 逐个整定，直到获得满意的过渡过程为止。

各类控制系统中控制器参数的经验数据，列于表 1-6-4 中，供整定参数时参考选择。

▶ 表 1-6-4 各类控制系统中控制器参数经验数据表

被控变量	特点	δ/%	T_I/min	T_D/min
流量	对象时间常数小，参数有波动，δ 要大；T_I 要短；不用微分	40～100	0.3～1	
温度	对象容量滞后较大，即参数受干扰后变化迟缓，δ 应小；T_I 要长；一般需加微分	20～60	3～10	0.5～3
压力	对象的容量滞后一般，不算大，一般不加微分	30～70	0.4～3	
液位	对象时间常数范围较大，要求不高时，δ 可在一定范围内选取，一般不用微分	20～80		

表中给出的只是一个大体范围，有时变动较大。例如，流量控制系统的 δ 值有时需在200%以上；有的温度控制系统，由于容量滞后大，T_I 往往在15min以上。另外，选取 δ 值时应注意测量部分的量程和控制阀的尺寸。如果量程范围小（相当于测量变送器的放大系数 K_m 大）或控制阀尺寸选大了（相当于控制阀的放大系数 K_V 大），δ 应选得适当大一些。

整定的步骤有以下两种。

① 先用纯比例作用进行凑试，待过渡过程已基本稳定并符合要求后，再加积分作用消除余差，最后加入微分作用提高控制质量。按此顺序观察过渡过程曲线进行整定工作，具体做法如下。

根据经验并参考表 1-6-4 的数据，选出一个合适的 δ 值作为起始值，把积分阀全关、微分阀全开，将系统投入自动。改变给定值，观察记录曲线形状。如曲线不是 4∶1 衰减（这里假定要求过渡过程是 4∶1 衰减振荡的），例如衰减比大于 4∶1，说明选得 δ 值偏大，适当减小 δ 值再看记录曲线，直到呈 4∶1 衰减为止。注意，当把控制器比例度盘拨小后，如无干扰就看不出衰减振荡曲线，一般都要改变一下给定值才能看到，若工艺上不允许改变给定值，那只好等候工艺本身出现较大干扰时再看记录曲线。δ 值调整好后，如要求消除余差，则要引入积分作用。一般积分时间可先取为衰减周期的一半值，并在积分作用引入的同时，将比例度增加 10%～20%，看记录曲线的衰减比和消除余差的情况，如不符合要求，再适当改变 δ 和 T_I 值。如果是三作用控制器，则在已调整好 δ 和 T_I 的基础上再引入微分作用，而在引入微分作用后，允许把 δ 值缩小一点，把 T_I 值也再缩小一点。微分时间 T_D 也要凑试，以使过渡过程时间短，超调量小，控制质量满足生产要求。

经验凑试法的关键是“看曲线，调参数”。因此，必须弄清楚控制器参数值变化对过渡过程曲线的影响关系。一般来说，在整定中，观察到曲线振荡很频繁，须把比例度增大以减小振荡；当曲线最大偏差大且趋于非周期过程，须把比例度减小。当曲线波动较大时，应增大积分时间；曲线偏离给定值后，长时间回不来，则须减小积分时间，以加快消除余差的过程。如果曲线振荡得厉害，须把微分作用减到最小，或者暂时不加微分作用，以免更加剧振荡；曲线最大偏差大而衰减慢，须把微分时间加长。经过反复凑试，一直调到过渡过程振荡两个周期后基本达到稳定，品质指标达到工艺要求为止。

在一般情况下，比例度过小，积分时间过小或微分时间过大，都会产生周期性的激烈振荡。但是，积分时间过小引起的振荡，周期较长；比例度过小，振荡周期较短；微分时间过大，振荡周期最短。如图 1-6-6 所示。曲线 a 的振荡是积分时间过小引起的，曲线 b 是比例度过小引起的，曲线 c 的振荡是微分时间过大引起的。

比例度过小、积分时间过小和微分时间过大引起的振荡，还可以这样进行判别：从输出气压（或电流）指针动作之后，一直到测量指针发生动作，如果这段时间短，应把比例度增加；如果这段时间长，应把积分时间增大；如果时间最短，应把微分时间减小。

如果比例度过大或积分时间过大，都会使过渡过程变化缓慢，如何判别这两种情况呢？一般地说，比例度过大，曲线东跑西跑，不规则地较大地偏离给定值，而且，形状像波浪般绕大弯地变化，如图 1-6-7 曲线 a 所示。如果曲线通过非周期的不正常路径，慢慢地回复到给定值，就说明积分时间过大，如图 1-6-7 曲线 b 所示。应当引起注意，积分时间过大或微分时间过大，超出允许的范围时，不管如何改变比例度，都是无法补救的。

② 经验凑试法还可以按下列步骤进行：先按表 1-6-4 中给出的范围把 T_I 定下来，如要引入微分作用，可取 $T_D=\left(\frac{1}{3}\sim\frac{1}{4}\right)T_I$，然后对 δ 进行凑试，凑试步骤与前一种方法相同。

一般来说，这样凑试可较快地找到合适的参数值。但是，如果开始 T_I 和 T_D 设置得不合适，则可能得不到所要求的记录曲线。这时应将 T_D 和 T_I 做适当调整，重新凑试，直至记录曲线合乎要求为止。

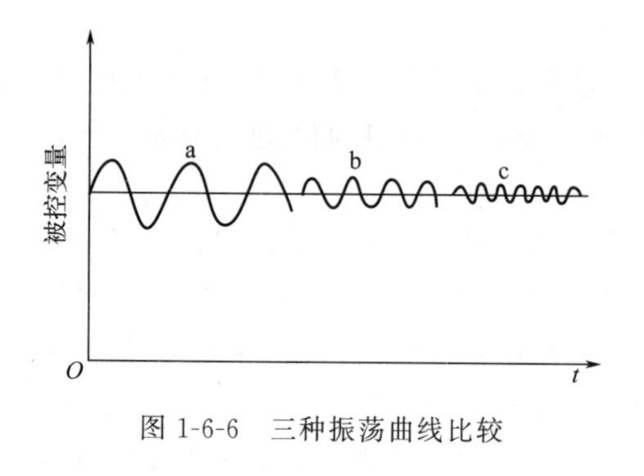

图 1-6-6 三种振荡曲线比较

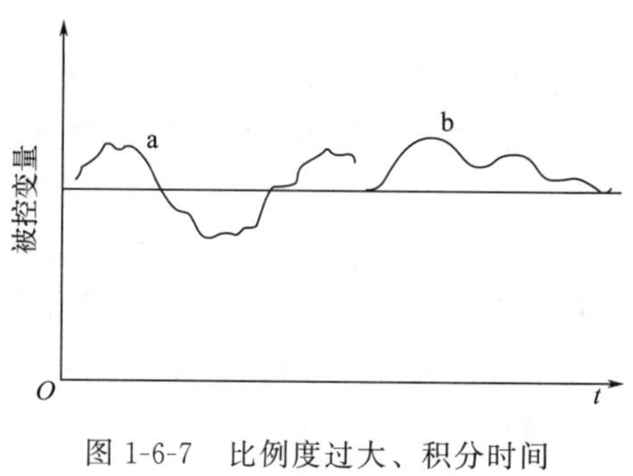

图 1-6-7 比例度过大、积分时间过大时两种曲线比较

经验凑试法的特点是方法简单，适用于各种控制系统，因此应用非常广泛。特别是外界干扰作用频繁，记录曲线不规则的控制系统，采用此法最为合适。但是此法主要是靠经验，在缺乏实际经验或过渡过程本身较慢时，往往费时较多。为了缩短整定时间，可以运用优选法，使每次参数改变的大小和方向都有一定的目的性。值得注意的是，对于同一个系统，不同的人采用经验凑试法整定，可能得出不同的参数值，这是由于对每一条曲线的看法，有时会因人而异，没有一个很明确的判断标准，而且不同的参数匹配有时会使所得过渡过程衰减情况一样。

在一个自动控制系统投运时，控制器的参数必须整定，才能获得满意的控制质量。同时，在生产进行的过程中，如果工艺操作条件改变，或负荷有很大变化，被控对象的特性就要改变，因此，控制器的参数必须重新整定。由此可见，整定控制器参数是经常要做的工作，对工艺人员与仪表人员来说，都是需要掌握的。

二、控制系统操作中常见的问题

控制系统在投运以后及运行一个时期以后，可能会出现各种各样的问题，这时通常要从自动化装置和工艺两方面去寻找原因，只要工艺人员和仪表人员密切配合，认真检查，是不难发现问题并找出处理办法的。显然，工艺人员要学习仪表自动化知识，自动化人员要学习工艺知识，这是十分重要的。

这里仅就控制系统可能出现的几个主要问题，以及解决的措施做简单的介绍。

1. 控制系统间的相互干扰及克服办法

由于化工过程常常是用管道将一系列单元设备连接而成的，流经设备和管道的物料又常是连续的。所以，随着生产过程的强化和反应速度的加快，必将使过程中参数之间的联系更加密切，相互之间的影响和依赖关系更强。在工艺操作中常会看到，当改变某一参数（例如压力或流量等）后，很快会影响另外几个参数。参数之间这种关联程度越强，控制系统间的相互干扰也就越严重。当几个控制系统间相互干扰时，通常需要采取措施加以处理，否则不能正常运行。有时尽管对每一个系统设计得非常完善，但几个系统同时投入运行后，会因为几个控制系统之间的干扰而根本无法正常运行。

图 1-6-8 是精馏塔两个温度控制系统之间相互干扰的示意图。由于精馏塔在操作过程中是一个整体，通过控制回流量来控制塔顶温度时，必然会影响塔底温度。同样，通过控制加热蒸汽量来控制塔底温度时，必然会影响塔顶温度。

图 1-6-9 是压力和流量两个控制系统之间相互干扰的示意图。如果在一条管道上既要控制压力，又要控制流量，两者必然存在相互干扰。例如，当管道压力低于给定值时，压力控制器要去关小阀门 1，这将导致管道流量下降，于是流量控制器要去打开阀门 2，这又会导致压力下降，如此反复，可能会造成两个控制系统都无法正常工作。

一些并联运行的设备相互之间关联也很大，例如一个负荷分配系统（见图 1-6-10），主管道与三个支管道是连通的，各支管上均有控制阀门。改变任一阀的开度都会影响主管道内的压力变化，而这又会影响进入其他分支管的流量，当主管道口径越小时，这种影响越明显。消除控制系统间相互干扰的办法可以从工艺上考虑，也可以从控制系统方面考虑。

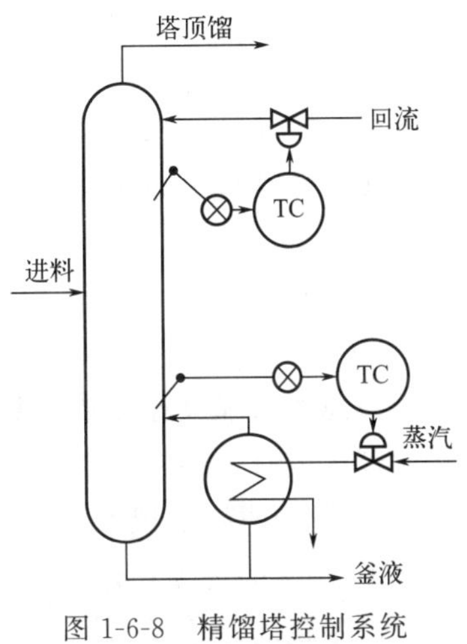

图 1-6-8 精馏塔控制系统之间的干扰

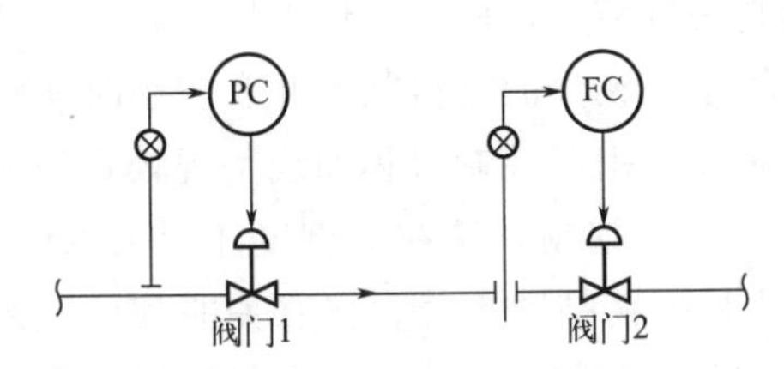

图 1-6-9 压力和流量控制系统之间的干扰

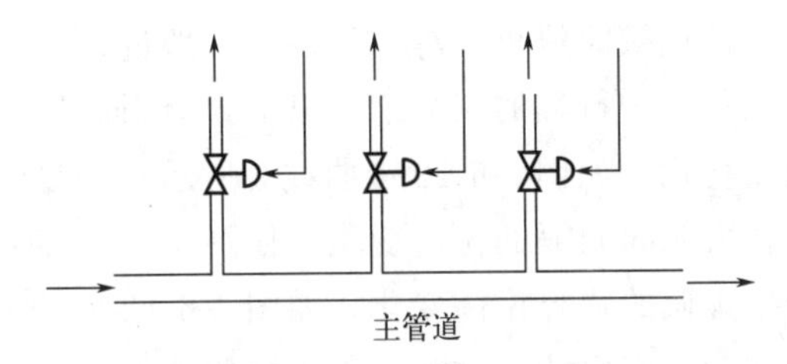

图 1-6-10 负荷分配系统

对于图 1-6-9 的管道压力与流量控制系统，如不希望改变控制方案时，可以通过控制器参数整定，将两个控制系统的动态联系削弱，使其能正常工作。假如压力系统是主要的，可以把流量控制器的比例度与积分时间适当加大。当受到干扰时，压力控制系统立即起作用，把压力调回给定值，而流量控制系统慢慢起作用，经过一段时间才能恢复到给定值。这样，削弱了流量系统对压力系统的影响。采取这种措施后，保证了主要被控变量——压力的稳定，而流量的控制质量会有所降低，但这是必须付出的代价。

图 1-6-8 所示的精馏塔温度控制系统之间的干扰也可以用同样方法加以克服。在这个例子中，由于塔顶系统的操纵变量是回流量，影响塔顶温度较快，而塔底系统的操纵变量是加热蒸汽，要通过再沸器换热过程才能影响塔底温度。所以塔底温度控制系统的动作本来就比塔顶温度控制系统慢，如果再通过参数整定，将塔底温度控制器的比例度加大一些，这样就可以进一步削弱两个温度控制系统之间的动态联系，从而使两套系统比较正常地工作。另外，从自动化角度出发，尚可设计较为复杂一些的去关联控制系统，通过引入一些特殊的去关联环节来消除相互间的影响。

从工艺上消除关联也是一个极为有效的措施。如图 1-6-10 所示的负荷分配系统，只要把主管道口径适当加粗，就可削弱各支管控制系统间的关联，使各系统成为基本上独立的控制系统。

2. 测量系统的故障及判别方法

自动控制系统在运行过程中，有时测量系统会出现各种故障。这时工艺人员若误认为是工艺有问题而对设备进行误操作，结果就会影响生产，甚至导致生产事故，所以在发现工艺参数的记录曲线出现异常情况时，首先要分析情况，判别其原因，这是正常操作的前提之一。判别的方法可归纳为如下三点。

（1）记录曲线的分析比较

记录曲线的异常情况一般有下列几种，仔细分析比较，是不难找出其原因的。

① 记录曲线突变。一般来说，工艺参数的变化是比较缓慢的，有规律的。如果记录曲线突然变化到“最大”或“最小”两个极端位置上，则可能是仪表发生故障。

② 记录曲线突然大幅度变化。各个工艺参数往往是互相关联的。一个参数的大幅度变化一般总要引起其他参数的明显变化，如果其他参数并没有变化，则这个指示参数大幅度变化的仪表或有关装置可能有故障。

③ 记录曲线出现不规则变化。一般说来，控制阀存在干摩擦或死区，记录曲线产生图11-6-11 中 a 的现象；仪表记录笔卡住，记录曲线往往出现 b 的现象；控制阀定位器用得不当，产生跳动，记录曲线产生有规律的自持振荡，如图 1-6-11 曲线 c 所示。

④ 记录曲线出现等幅振荡。除了由于控制器参数整定不合适出现临界振荡外，其他因素也会使记录曲线出现等幅振荡。一般说来，控制阀阀杆滞涩，阀芯特性不好，阀门尺寸太大，工作在全行程的三分之一以下，会引起记录曲线呈现狭窄的锯齿状，并有较小时间间隔的振荡变化，如图 1-6-12 中曲线 a 所示；往复泵的脉冲，引起控制过程曲线呈现较宽的连续的有较大时间间隔的振荡变化，如图 1-6-12 曲线 b；有的控制系统在比例度还很大的时候，就产生虚假的临界振荡变化，如图 1-6-12 曲线 c，这种振荡是紧跟着直接有关的其他工艺参数的波动而产生的，这时，不要被假象所迷惑，它说明控制作用还很微弱，应把比例度大幅度减小。

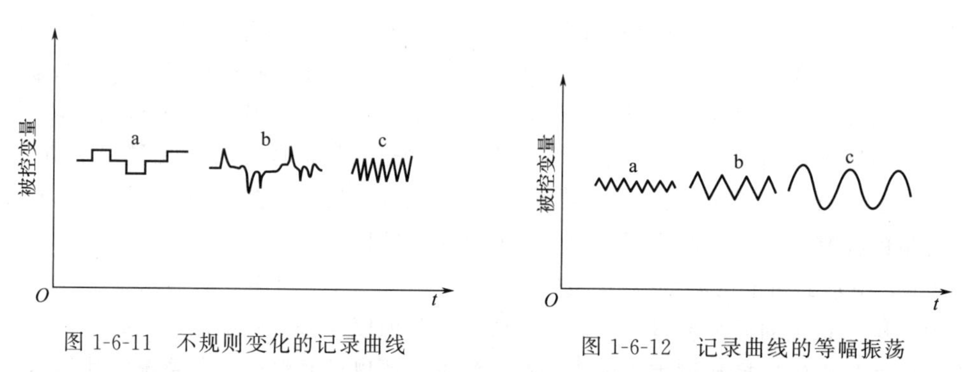

图 1-6-11　不规则变化的记录曲线

图 1-6-12　记录曲线的等幅振荡

⑤ 记录曲线不变化，呈直线状（或圆状）。目前大多数较灵敏的仪表，对工艺参数的微小变化，多少总能反映一些出来。如果在较长的时间内，记录曲线是直线状，或原来有波动的曲线突然变成直线形（或圆形），就要考虑仪表可能有故障。这时可以人为地改变一点工艺条件，看仪表有无反应，如果没有反应，则仪表有故障。

（2）控制室仪表与现场同位仪表比较

对控制室仪表指示有怀疑时，可以观察现场同位置（或相近位置）安装的各种直观仪表（如弹簧管压力表，玻璃管温度计等）的指示，看两者指示值是否相近（不一定要完全相等），如果差别很大，则仪表有故障。

（3）两台仪表之间的比较

对一些重要的工艺参数，往往都是用两台仪表同时进行检测显示，以确保测量准确，又便于对比检查。如果两台仪表的指示值不是同时变化，且相差较大，则仪表有故障。

造成测量系统故障的原因很多，必须仔细分析，认真检查。例如开车时测量正常，但开车一段时间后发现测量不准确，或被控变量指示值变化不大，反应不灵敏，则必须检查测量元件是否被结晶或黏性物包住；孔板和引压管是否被结晶或粉末局部堵塞；仪表本身灵敏度是否变化等。另外，若引压管中不是单相介质，如液中带气或气中带液，而未及时排放，会造成测量信号失真。当由于长期高温或受局部损坏，致使热电偶或热电阻断开，记录曲线就会突变，指针会移向最大值或最小值，这是比较容易判断和处理的。

3. 控制系统运行中的常见问题

控制系统在正常投运以后，经过长期的运行，可能会出现各种问题。除了要考虑前面所讲的测量系统可能出现的故障以外，特别要注意被控对象特性的变化以及控制阀特性变化的可能性，要从仪表和工艺两个方面去找原因，不能只从一个角度去看问题。

由于控制系统内各组成环节的特性对控制质量都有一定的影响，所以当控制系统中某个组成环节的特性发生变化，系统的控制质量也会随着发生变化。首先要考虑对象的特性在运行中有无发生变化。例如所用催化剂是否老化或中毒？换热对象的管壁有无结垢而增大热阻降低传热系数？设备内是否由于工艺波动等原因使结晶不断析出或聚合物不断产生？以上各种现象的产生都会使被控对象的特性发生变化，例如时间常数变大，容量滞后增加等。为了适应对象特性的变化，一般可以通过重新整定控制器参数，以获得较好的控制质量。因为控制器参数值是针对对象特性而确定的，对象特性改变，控制器参数也必须改变。

工艺操作的不正常，生产负荷的大幅度变化，不仅会影响对象的特性，而且会使控制阀的特性发生变化。例如控制系统原来设计在中负荷条件下运行，而在大负荷或很小负荷条件下就不适应了；又如所用线性控制阀在小负荷时特性变化，系统无法获得好质量，这时可考虑采用等百分比特性的控制阀，情况会有所改善。控制阀本身在使用时的特性变化也会影响控制系统的工作。如有的阀，由于受介质腐蚀，阀芯、阀座形状发生变化，阀的流通面积变大，特性变坏，也易造成系统不能稳定地工作。严重时应关闭截止阀，人工操作旁路阀，更换控制阀。其他如气压信号管路漏气、阀门堵塞等也是常见故障，可按维修规程处理。

【任务实施】

正确投运酯提纯塔 T160 中流量控制系统，确保每个步骤正确有效。投运过程按以下步骤进行。

1. 准备工作

要求工艺操作人员和仪表人员对控制系统的各种装置、管线、气路和电路等情况进行全面检查。

2. 现场手动操作

简单控制系统的构成如图 1-0-3 所示，先将切断阀 VD718 和 VD719 关闭，手动操作副线阀 V705，待工况稳定后再转入手动遥控调节。

3. 手动遥控

先将 VD718 全开，然后慢慢开大 VD719，关小 V705，逐渐改变 FV105 的开度，使被控变量基本不变，直到 V705 全关、VD719 全开为止，待工况稳定后，就可以切换到自动控制。

4. 手动遥控切换到自动控制

在切换前，需将控制器的比例度、积分时间和微分时间置于已整定好的数值上，然后观察被控变量是否基本稳定在设定值或者极小偏差的范围内。

① 依照以上步骤，完成酯提纯塔 T160 中流量控制系统的投运，填写表 1-6-5。

▶ **表 1-6-5 酯提纯塔 T160 中流量控制系统投运**

工艺过程	
控制方案	
测量元件	
控制阀	
测量仪表及控制阀的投运	
手动控制切换到自动控制	

② 选择一种参数整定方法，对流量控制系统中的控制器进行参数整定。

整定调节器参数应用较广的方法是临界比例度法，但是工艺上被控变量不允许等幅振荡时不宜采用，还有流量控制系统由于微分时间太小，在被控变量的记录曲线上看不出等幅振荡的时间和波形时也不能采用。

下面用衰减曲线法整定。

4∶1 衰减曲线法：使系统处于纯比例作用下，在达到稳定时，用给定值改变的方法阶跃干扰，观察被控变量记录曲线的衰减比，然后逐渐从大到小改变比例度，使其出现 4∶1 的衰减比为止，如图 1-6-5（a）所示。记下此时的比例度和衰减周期，按表 1-6-2 的经验公式确定三种不同规律控制下的调节器的最佳参数值。

【任务评价】

任务	训练内容与分值	训练要求	学生自评	教师评分
简单控制系统的投运	准备工作（10 分）	讲解工艺流程、主要设备的功能、控制指标和要求，以及各种工艺参数之间的关系		
	仪表检查（20 分）	现场校验所有仪表，并完成校验方案		
	检查控制器的正、反作用及控制阀的气开、气关形式（10 分）	检查控制器的正、反作用及控制阀的气开、气关形式		
	控制阀的投运（20 分）	正确投运控制阀		
	控制器的手动和自动切换（10 分）	控制器能否在手动和自动模式之间切换		
	控制器参数的整定（10 分）	明确控制器参数的整定方法		
	职业素养与创新思维（20 分）	1. 积极思考、举一反三 2. 分组讨论、独立操作		
	学生：	教师：	日期：	

【知识归纳】

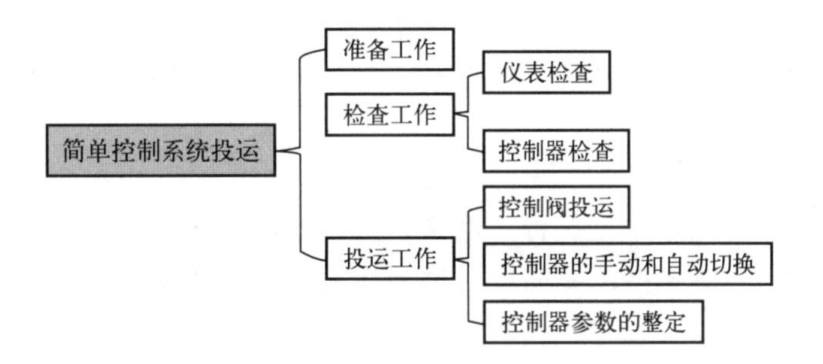

【拓展阅读】

简单控制系统

随着生产和科学技术的发展，自动控制广泛应用于电子、电力、机械、冶金、石油、化工、航海航天、核反应等各个学科领域，并为各学科之间的相互渗透起到促进作用。

简单控制系统在化工生产中扮演着至关重要的角色。通过简单控制系统可以按照一定方式保持和改变机器、机构或其他设备内任何可变的量，使被控制对象达到预定的理想状态。系统通常由检测仪表、执行器、控制器和被控对象组成，通过不断采集和分析反馈信号，并根据预设的控制算法，对执行器发出指令，实现对被控对象的准确控制。

一、生产过程对简单控制系统的要求

1.稳定性

由于简单控制系统都包含蓄能元件，若系统参数匹配不当，就有可能引起振荡。稳定性就是指系统动态过程的振荡倾向及其恢复平衡状态的能力。对于稳定的系统，当输出量偏离平衡状态时，应能随着时间收敛并且最后回到最初的平衡状态。稳定性乃是保证控制系统正常工作的先决条件。

2. 精确性

简单控制系统的精确性即控制精度。一般以稳态误差来衡量。所谓稳态误差是指以一定变化规律的输入信号作用于系统后，当调整过程结束而趋于稳定时，输出量的实际值与期望值之间的误差值，它反映了动态过程后期的性能。这种误差一般是很小的，如数控机床的加工误差小于0.02mm，一般恒速、恒温控制系统的稳态误差都在给定值的1%以内。

3. 快速性

快速性是指当系统的输出量与输入量之间产生偏差时，消除这种偏差的快慢程度。快速性好的系统，它消除偏差的过渡过程时间就短，就能复现快速变化的输入信号，因而具有较好的动态性。

简单控制系统需要确保系统稳定性和准确性，它通过将被控对象的状态或输出与期望值进行比较，产生偏差信号，并将该信号输入到控制器中，使控制器能够根据偏差信号来调节输出，实现对被控对象的精确控制。

二、优势与特点

1.简明易懂

简单控制系统的控制算法通常基于简单的数学模型或经验规则，不涉及太多的复杂计算和高级算法。这使得系统的操作和维护相对容易，即使对于非专业人士也能够理解和操作。

2.实时性强

由于控制算法较为简单，执行速度快，简单控制系统可以实现对被控对象的即时响应和准确控制。这在某些需要高实时性的应用中非常重要，如化工生产中的自动化控制。

3.稳定性好

通过反馈环路的引入，简单控制系统能够不断调节执行器的输出，使得被控对象保持稳定状态。这种反馈机制能够有效抵消外部干扰和系统的不确定性，提高控制系统的稳定性和鲁棒性。

三、未来发展趋势

未来，简单控制系统将继续向以下方向发展。

1.综合化

由于标准化数据通信线路和通信网络的发展，将各种单（多）回路调节器、PLC、工业比、NC等工控设备构成大系统，以满足工厂自动化要求，并适应开放化的大趋势。

2.智能化

从工业自动化仪表的发展趋势看，智能化是其核心部分，所谓智能化表现在其具有多种新功能。在工控方面，过去控制的算法，只能由调节器或DCS来完成，如今一台智能化的变送器或者执行器，只要植入PID模块，就可以与有关的现场仪表连在一起，在现场实现自主调节，实现控制的彻底分散，从而减轻了DCS主机的负担，使调节更加及时，并提高了整个系统的可靠性。

3.专业化

DCS为更适合各相应领域的应用，就要进一步了解这个专业的工艺和应用要求，以逐步形成如核电站DCS、变电站DGS、玻璃DCS及水泥DCS等。DCS和工厂信息网络架构的网络基础设施日益交织在一起。

4.高精度化

由于工业生产对成品质量的要求日益提高，我国的政策和法令对节能减排也有具体的要求和规定，因此提高测量仪表与控制系统的精度就被提上了议事日程。例如变送器的精度，普遍从0.75%提高到0.04%。

5.总线化

过程控制系统自动化中的现场设备通常称为现场仪表。现场总线技术的广泛应用，使组建集中和分布式测试系统变得更为容易。然而集中测控越来越不能满足复杂、远程及范围较大的测控任务的需求，必须组建一个可供各现场仪表数据共享的网络，现场总线控制系统（FCS）正是在这种情况下出现的。它是用于各种现场智能化仪表与中央控制之间的一种开放、全数字化、双向、多站的通信系统。目前现场总线已成为全球自动化技术发展的重要表现形式，它为过程测控仪表的发展提供了千载难逢的发展机遇，并为实现进一步的高精度、高稳定、高可靠、高适应、低消耗等方面提供了巨大动力和发展空间。

6. 网络化

现场总线技术采用计算机数字化通信技术，使自动控制系统与现场设备加入工厂信息网络，成为企业信息网络底层，可使智能表的作用得以充分发挥。随着工业信息网络技术的发展，以网络结构体系为主要特征的新型自动化仪表，即IP智能现场仪表代表了新一代控制网络发展的必然趋势，是基于嵌入式Internet的控制网络体系结构。

7. 开放性

现在的测控仪器越来越多采用以Windows/CE、Linux、VxWorks等嵌入式操作系统为系统软件核心和高性能微处理器为硬件系统核心的嵌入式系统技术，未来的仪器仪表和计算机的联系也将会日趋紧密。Agilent公司表示仪器仪表设备上应当具备计算机的所有接口，如USB接口、打印机接口、局域网网络接口等，测量的数据也应通过USB接口存储在可移动存储设备中，使用这样的仪器仪表设备和操作一台简易电脑一样容易。齐备的接口可连接多种现场测控仪表或执行器设备，在过程控制系统主机的支持下，通过网络形成具有特定功能的测控系统，实现了多种智能化现场测控设备的开放式互连系统。

总之，简单控制系统在化工生产中具有广泛的应用前景和重要的应用价值，通过合理选择传感器和执行器、定期维护和检查以及注意安全问题等措施，可以确保系统的稳定性和准确性，为化工生产的自动化和智能化提供有力支持。

一、选择题

1. 化工生产过程控制大多采用（　　）调节系统。

A. 定值　　B. 程序　　C. 随动　　D. 串级

2. 下列控制系统中，（　　）是开环控制。

A. 定值控制　　B. 随动控制　　C. 前馈控制　　D. 反馈控制

3、信号报警和连锁保护系统的基本组成部分是（　　）。

A. 检测元件、发信元件、执行元件

B. 输出元件、中间元件、执行元件

C. 发信元件、逻辑元件、执行元件

D. 继电器、信号灯、电磁阀

4. 如习题图1-1所示，自控流程图包含的内容是（　　）。

A. 泵出口压力指示、联锁、报警　　B. 泵出口压力报警

C. 泵出口压力高位报警　　D. 泵出口压力高位联锁

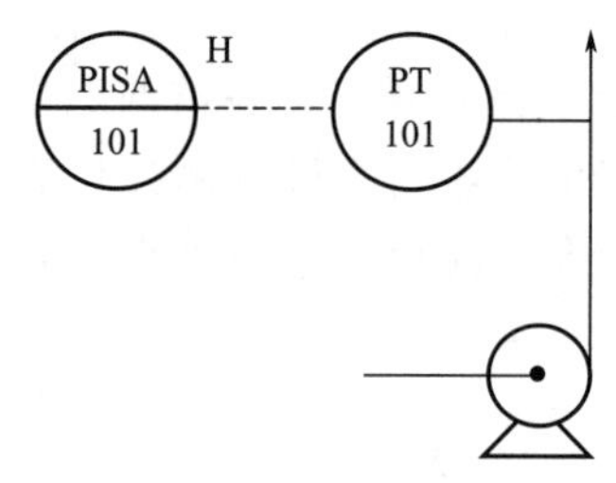

习题图 1-1　第 4 题图

5. 自动控制系统中描述被控对象特性的参数是（　　）。

A. 最大偏差、衰减比、余差　　B. 最大偏差、振荡周期、余差

C. 过渡时间、衰减比、余差　　D. 放大系数、时间常数、滞后时间

6. 自动调节系统的稳定性十分重要，它主要取决于（　　）。

A. 系统本身的结构参数　　B. 干扰作用的形式

C. 干扰作用的强弱　　D. 干扰作用的形式和强弱

7. 在流量测量中，一般都要采用温度补偿和压力补偿，这种补偿修正的是（　　）。

A. 系统误差　　B. 偶然误差　　C. 疏忽误差　　D. 随机误差

8. 一台安装在设备内最低液位下方的压力式液位变送器，为了测量准确，压力变送器必须采用（　　）。

A. 正迁移　　B. 负迁移　　C. γ 射线　　D. X 射线

9. 关于标准节流装置以下说法错误的是（　　）。

A. 流体必须充满圆管和节流装置

B. 流体流经节流元件时不发生相变

C. 适用于脉动流和临界流的流体测量

D. 流体雷诺数需在一定范围

10. 电磁流量计可采用（　　）激磁方式产生磁场。

A. 直流电　　B. 交流电　　C. 永久磁铁　　D. 以上三种

11. 关于热电偶以下说法不正确的是（　　）。

A. 热电势与热端温度有关　　B. 热电势与热端温度有关

C. 热电势与热电偶长短、粗细有关　　D. 热电势与材料有关

12. 根据习题图 1-2，下列正确的说法是（　　）。

A. A 表指示>B 表指示

B. A 表指示<B 表指示

C. A 表指示=B 表指示

D. 不确定

13. 电磁流量计运行中出现指示值负方向超量程的故障原因是（　　）。

A. 测量管内无被测介质

B. 回路开路、端子松动或电源中断

C. 电极被绝缘物盖住

D. 以上三项

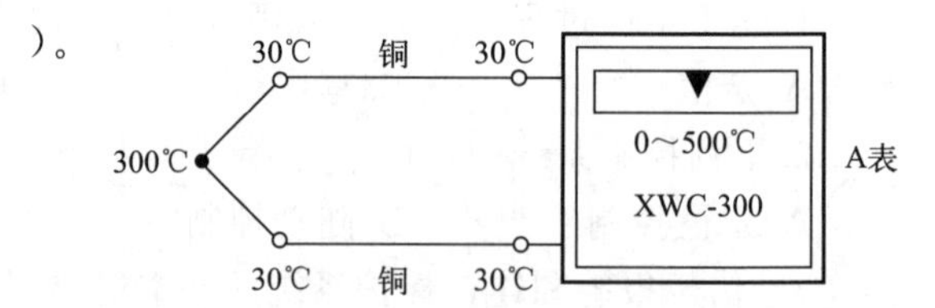

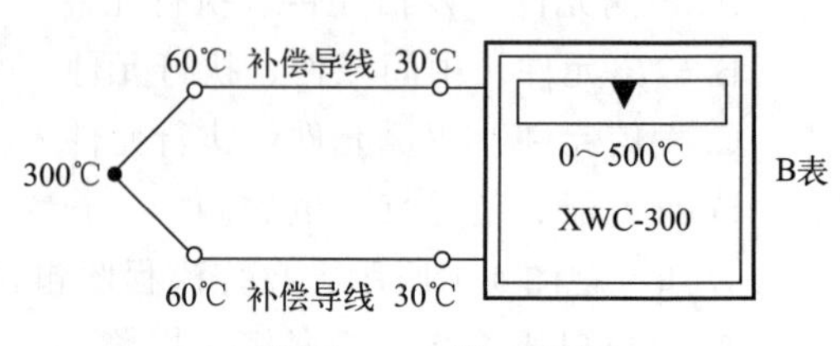

习题图 1-2　第 12 题图

14. 差压式流量计检修时误将孔板装反了会造成（　　）。

A. 差压计倒指示　　B. 差压计示值偏大

C. 差压计示值偏小　　D. 对差压计示值无影响

15. 某差压式流量计测量蒸汽流量，一到冬天仪表指示就偏低，经检查仪表本身、导压管、三阀组等无问题，则产生故障的原因是（　　）。

A. 伴热管线不热　　B. 伴热管线太靠近正压管

C. 伴热管线太靠近负压管　　D. 气候影响

16. 液位测量双法兰变送器表体安装位置最好在（　　）。

A. 正负压法兰之间　B. 负压法兰上方　C. 正压法兰下方　D. 任意位置

17. 有一台差压变送器，其量程为 10kPa，可实现负迁移，迁移量为 10kPa，请问该表测量范围（　　）。

A. 0～10kPa　B. －10～10kPa　C. －10～0kPa　D. 10～20kPa

18. 在测量温度的智能仪表中，经常用到热电偶作为测温元件，热电偶测温的依据是（　　）。

A. 热胀冷缩　　B. 热电效应

C. 金属受热电阻发生变化　　D. 金属受热产生电流

19. 温度仪表最高使用指示一般为满量程的（　　）。

A. 90%　B. 80%　C. 70%　D. 100%

20. 配用 K 分度号热电偶温差测量系统，在故障处理中误将低端温度热电偶更换成 E 分度号热电偶，则会使仪表示值（　　）。

A. 偏低　B. 偏高　C. 不变　D. 不确定

21. 若热电阻丝线间局部短路或保护管内有金属屑，则显示仪表指示（　　）。

A. 最大值　　B. 最小值

C. 比实际值低或示值不稳　　D. 室温

22. 调节阀的流量随着开度的增大迅速上升，很快地接近最大值的是（　　）。

A. 直线流量特性　　B. 等百分比流量特性

C. 快开流量特性　　D. 抛物线流量特性

23. 一台电-气阀门定位器的回差过大，产生的原因是（　　）。

A. 力矩马达工作不良　　B. 某一固定部位松动

C. 喷嘴挡板安装不良　　D. 以上都是

24. 调节阀常在小开度工作时，应选用（　　）流量特性。

A. 直线型　B. 等百分比型　C. 快开型　D. 抛物线型

25. 调节阀的泄漏量就是（　　）。

A. 指在规定的温度和压力下，阀全关状态的流量大小

B. 指调节阀的最小流量

C. 指调节阀的最大量与最小量之比

D. 指被调介质流过阀门的相对流量与阀门相对行程之间的比值

26. 直通双座调节阀不存在（　　）的特点。

A. 有上下两个阀芯和底阀座　　B. 阀关闭时，泄漏量大

C. 允许阀芯前后压差较大　　D. 阀关闭时，泄漏量小

27. 控制阀工作流量特性取决于（　　）。

A. 阀芯形状　B. 配管状况　C. 阀前后压差　D. 阀芯形状及配管状况

28. 在自动控制系统中，微分控制规律的控制依据是（　　）。

A. 偏差大小　B. 偏差存在与否　C. 偏差变化速度　D. 不确定

29. 调节器的正、反作用方向根据（　　）来选择。

A. 调节阀作用方向

B. 被控变量变化方向

C. 调节阀作用方向和被控变量变化方向

D. 以上三项均不是

30. 用临界比例度法得到临界比例度 δ_K 和临界周期 T_K 后，按计算公式该调节器的比例度 δ 和积分时间 T_I 为（　　）。

A. $2\delta_K$ 和 $0.85T_K$　B. $2.2\delta_K$ 和 $0.85T_K$

C. $1.8\delta_K$ 和 $0.85T_K$　D. $2.2\delta_K$ 和 $0.5T_K$

31. 用 10∶1 衰减曲线法得到衰减比例度 δ'_S 和最大偏差时间 $T_{升}$（又称上升时间）后，按计算公式调节器的比例度 δ 和积分时间 T_I 为（　　）。

A. $1.2\delta'_S$ 和 $1.5T_{升}$　B. $0.8\delta'_S$ 和 $2T_{升}$

C. $1.2\delta'_S$ 和 $2T_{升}$　D. $0.8\delta'_S$ 和 $2T_{升}$

32. 有一个 PI 调节器的控制系统，按 4∶1 衰减曲线法进行整定，其整定参数有以下 4 组，试选择（　　）作为最佳整定参数。

A. δ 为 25%、T_I 为 300s　B. δ 为 30%、T_I 为 230s

C. δ 为 40%、T_I 为 150s　D. δ 为 50%、T_I 为 110s

33. 有一台 PI 调节器，$\delta=80\%$，$T_I=5\text{min}$，若将 T_I 改为 0.5min，则（　　）。

A. 调节系统稳定度降低　B. 调节时间加长

C. 调节系统稳定度提高　D. 余差有所减小

34. 对于外界扰动作用频繁，记录曲线不规则的控制系统，进行参数整定一般采用（　　）最为合适。

A. 临界比例度法　B. 衰减曲线法　C. 经验凑试法　D. 三者均可

35. 用经验法整定调节器参数引入积分时，已经调整好的比例度应（　　），然后将积分时间由大到小不断调整，直到取得满意的过渡过程曲线。

A. 保持不变　B. 适当放大 10%～20%

C. 适当缩小 10%～20%　D. 重新调整

二、判断题

1. 测量脉动压力时，正常操作压力应在量程的 1/3～1/2 处。（　　）

2. 用压力法测量开口容器液位时，液位高低取决于介质密度和容器横截面。（　　）

3. 浮筒液位计浮筒的长度就是它的量程。（　　）

4. 用节流装置测量流量时，流量越小，测量误差越小。（　　）

5. 有人说热电偶在出厂前已经过检定，因此在安装前或使用一段时间后无需对其进行校准。（　　）

6. 配用热电偶的测温仪表，如操作人员怀疑仪表示值有误，维护人员可用 UJ 型电位差计实测补偿导线冷端热电势来判断。（　　）

7.调节阀出入口方向装反不影响调节阀的使用。（　　）

8.更换热电偶时，与补偿导线接反了，使温度偏低，这时可将温度表处两补偿导线对换一下即可。（　　）

9.测温精度要求较高，无剧烈振动、测量温差等场合，宜选用热电阻。（　　）

10.仪表引压管路的强度和严密性试验压力，一般应为设计压力的1.5倍。（　　）

11.滞后时间常用来表征对象的特性，它反映了被控对象受到扰动作用后，被控变量达到新的稳态值的快慢程度；滞后时间越小，被控变量达到新的稳态值的速度越快。（　　）

12.流量测量仪表的刻度范围对于方根刻度来说，最小流量应不小于满刻度的10%。（　　）

13.调节阀在检修后进行调校，首先应检查定位器安装位置或定位器反馈杆连接螺栓位置，保证零位置与定位器反馈杆处于水平。（　　）

14.经验凑试法的关键是“看曲线，调参数”。在系统整定中，若观察到曲线振荡很频繁，需要把比例度增大；当曲线波动较大时，应减小积分时间。（　　）

15.零点迁移不改变量程的大小。（　　）

16.角接取压和法兰取压只是取压方式不同，但标准孔板的本体结构是一样的。（　　）

17.热电偶补偿导线短路，二次表将显示短路处的环境温度。（　　）

18.调节器正、反作用选择的目的是实现负反馈控制。（　　）

19.用孔板测量流量，应将孔板安装在调节阀前。（　　）

20.对象的时间常数越小，受干扰后达到新稳定值所需要的时间越短。（　　）

三、简答题

1.何为简单控制系统？试画出简单控制系统的典型方块图，指出如何考虑组建这一系统，各部分的作用是什么？

2.何谓控制系统的过渡过程？根据过渡过程自动控制系统的工作品质用什么指标来衡量？影响控制系统过渡过程品质的因素有哪些？

3.请简述控制器在自动控制系统中的作用。

4.简述压力计的选用和安装时需要注意的要点。

5.简述物位检测的意义，并按其工作原理列举常见的物位检测类型。

6.什么是液位测量时的零点迁移问题？怎样进行迁移？其实质是什么？

7.简述流量计的分类及其工作原理。

8.简述差压式流量计、转子流量计工作原理的区别。

9.常用的热电偶有哪几种？所配用的补偿导线是什么？为什么要使用补偿导线？并说明使用补偿导线时要注意哪几点？

10.热电偶温度计为什么可以用来测量温度？它由哪几部分组成？各部分有何作用？

11.热电阻温度计为什么可以用来测量温度？它由哪几部分组成？各部分有何作用？

12.执行器在自动控制系统中起什么作用？执行器通常由哪些部分构成？各起什么作用？

13.试述电动执行机构的结构原理、分类及适用场合。

14.控制器的控制规律是指什么？常用的控制规律有哪些？

15.控制器参数整定的任务是什么？工程上常用的控制器参数整定有哪几种方法？

项目二

复杂控制系统的设计与投运

【项目学习目标】

知识目标：

1. 掌握各类复杂控制系统的结构及特点。
2. 掌握各类复杂控制系统的设计原则。
3. 熟悉复杂控制系统控制器参数的选择。
4. 熟悉各类复杂控制系统的投运方法。
5. 熟悉各类复杂控制系统的应用场合。

技能目标：

1. 能区分复杂控制系统的类型。
2. 能根据控制要求和干扰情况选择合适的复杂控制系统。
3. 能进行复杂控制系统的参数整定和投运。
4. 正确分析和处理复杂控制系统运行和维护过程中出现的各类问题。
5. 能阅读带有复杂控制系统的控制点工艺流程图。

素质目标：

1. 培养精益求精的大国工匠精神。
2. 提高分析和解决实际工程问题的能力。
3. 培养实事求是的工作作风；加强安全、节约的意识。
4. 培养团队合作精神与竞争意识。
5. 厚植爱岗敬业、科技报国的家国情怀。

项目学习内容

学习复杂控制系统的结构、特点、应用场合等基本知识，根据所给工艺条件和要求，完成复杂控制系统的类型选择、方案设计及系统投运。

项目学习计划

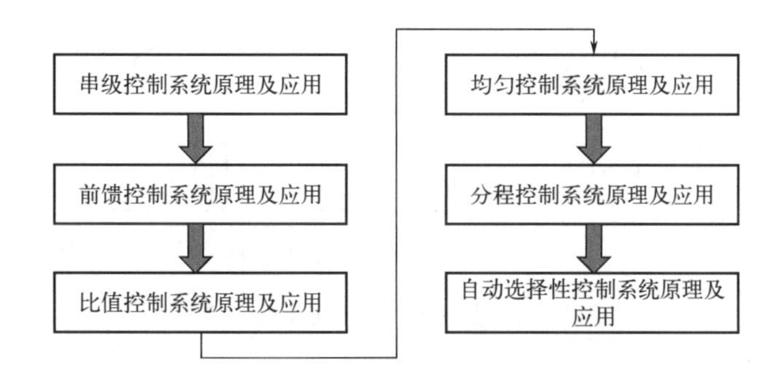

任务一　加热炉串级控制系统设计与投运

【任务描述】

串级控制系统是复杂控制系统中应用最多的一种控制形式。它是在简单控制系统的基础上发展起来的。随着现代工业的发展，加热炉在冶金、机械制造、汽车、石油化工等行业中被广泛应用，在温度控制、加热传热、反应控制、环境保护等方面的技术不断更新，同时应用技术也不断拓展，5G 技术的快速发展将带来新的机遇，未来加热炉的远程控制、智能化控制等领域将有新的变革。5G 技术可提供高速率、低时延、大连接的通信服务，使得加热炉更加精确地获取运行数据，实时调整生产流程，更好地满足市场的需求。

1. 控制要求

加热炉是石油化工生产中经常使用的设备，对出口温度的控制都比较严格，为了控制加热炉的出口温度，可选择出口温度作为被控变量。燃料油流量作为操纵变量，构成如图 2-1-1 所示的简单控制系统。分析图 2-1-1 的控制方案可知，加热炉运行过程中，可能存在的影响炉出口温度的因素有冷物料的流量波动、成分变化和温度变化，燃料油热值的变化、温度和压力波动，烟囱挡板位置的变化及抽力的改变等。但是加热炉这个被控对象具有控制通道时间常数大和容量滞后大的特点，所以控制作用不及时，系统克服干扰的能力较差，控制效果不理想，不能满足工艺生产要求。

在有些场合，燃料气阀前压力会有波动，即使阀门开度不变，仍将影响流量，从而逐渐影响出口温度。因为加热炉炉管等热容较大，等温度控制器发现偏差再进行控制，显然不够及时，控制质量变差。如果改用图 2-1-2 所示的流量控制系统，此时对于阀前压力等干扰，可以迅速克服，但对进料负荷、燃料气成分变化等干扰，却完全无能为力。所以该方案控制质量也不能满足工艺要求，因此引入串级控制系统。

2. 任务主要内容

串级控制系统的基本知识。

① 串级控制系统的构成和有关术语。

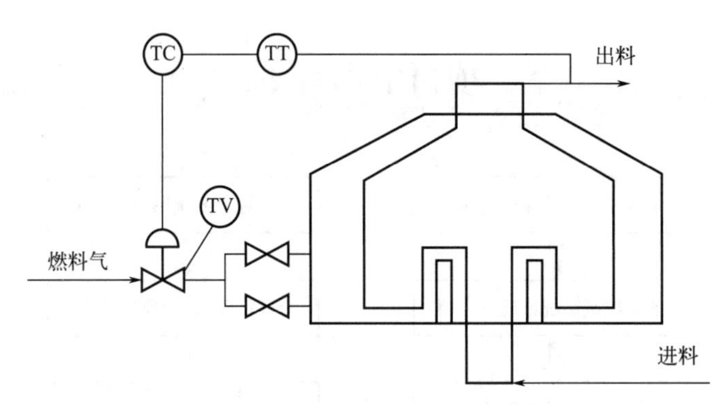

图 2-1-1 加热炉出口温度控制系统

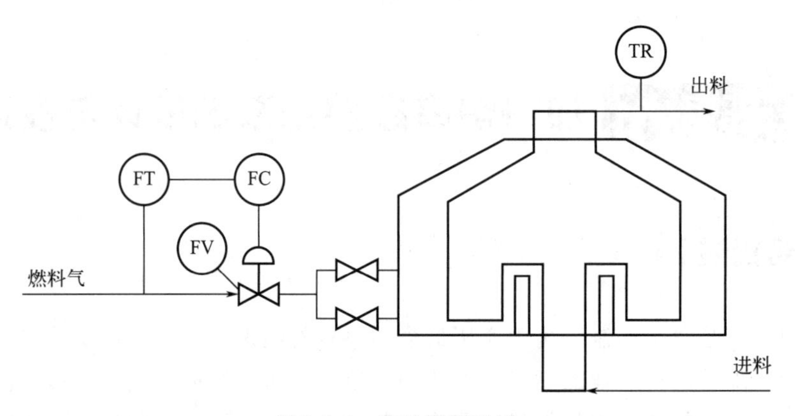

图 2-1-2 流量控制系统

② 串级控制系统的工作过程分析。

③ 串级控制系统的特点。

④ 串级控制系统副变量的选择。

⑤ 串级控制系统主、副控制器的选择。

⑥ 串级控制系统的投运与控制器参数整定。

【任务分析】

1. 明确项目工作任务

思考：项目工作任务是什么？

行动：阅读项目任务，根据系统的控制要求，逐项分解工作任务，完成项目任务分析。

2. 确定系统控制方案

思考：采用什么控制策略？

行动：小组成员共同研讨，分析控制要求，制定总体控制方案。

3. 制订工作实施计划

思考：小组成员如何分工？完成本项目需要多少时间？

行动：根据控制方案，小组成员合理分担工作任务，确定工作步骤和时间，制订完成工作任务的计划表，明确项目责任人。

【知识链接】

串级控制系统按照上述简单控制系统操作经验，把两个控制器串接起来，在这个控制系统中，有两个控制器分别接收来自对象不同部位的测量信号，流量控制器的设定值由温度控制器输出决定，而流量控制器的输出去控制执行器以改变操纵变量，这样能迅速克服影响流量的干扰作用，又能使加热炉出口温度在其他干扰作用下也保持在给定值，系统结构如图 2-1-3 所示。从系统的结构来看，这两个控制器是串接在一起的，因此，这样的系统称为串级控制系统。所以串级控制系统是由两个变送器、两个控制器、两个对象和一个控制阀组成的闭环负反馈定值控制系统。

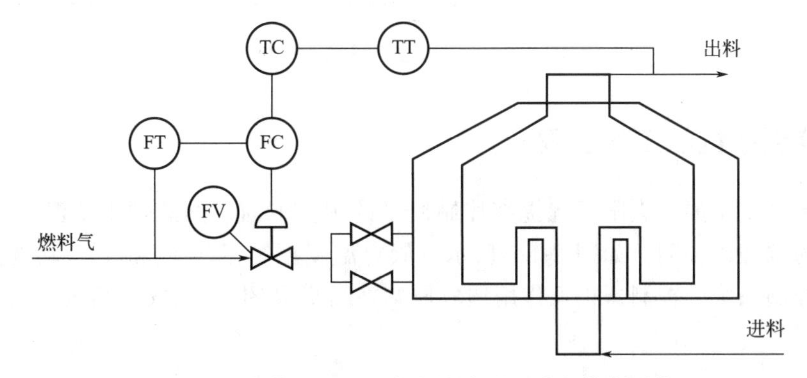

图 2-1-3　加热炉出口温度-燃料气流量串级控制系统

为了更好地阐述和研究问题，这里介绍几个串级控制系统中常用的名词。

主被控变量（y_1）：是工艺控制指标或与工艺控制指标有直接关系，在串级控制系统中起主导作用的被控变量。如图 2-1-3 中的加热炉出料温度。

副被控变量（y_2）：大多为影响主被控变量的重要参数。通常为稳定主被控变量而引入的中间辅助变量。如图 2-1-3 中的燃料气流量。

主控制器：在系统中起主导作用，按主被控变量和其设定值之差进行控制运算，并将其输出作为副控制器给定值。如图 2-1-3 中的温度控制器。

副控制器：在系统中起辅助作用，按所测得的副被控变量和主控输出之差来进行控制运算，其输出直接作用于控制阀的控制器，简称为副控。如图 2-1-3 中的流量控制器。

主变送器：测量主被控变量，并将主被控变量的大小转换为标准统一信号。如图 2-1-3 中的温度变送器。

副变送器：测量副被控变量，并将副被控变量的大小转换为标准统一信号。如图 2-1-3 中的流量变送器。

主对象：大多为工业过程中所要控制的、由主被控变量表征其主要特性的生产设备或过程。如图 2-1-3 中的流量变送器。

副对象：大多为工业过程中影响主被控变量的、由副被控变量表征其特性的辅助生产设备或辅助过程。如图 2-1-3 中的燃料气部分管道。

副回路：由副变送器、副控制器、控制阀和副对象所构成的闭环回路，又称为副环或内环。

主回路：由主变送器、主控制器、副回路等效环节、主对象所构成的闭环回路，又称为主环或外环。

根据前面介绍的串级控制系统的专用名词，串级控制系统的典型方框图可用图 2-1-4 表示。f_1 是作用于主回路的干扰，f_2 是作用于副回路的干扰。

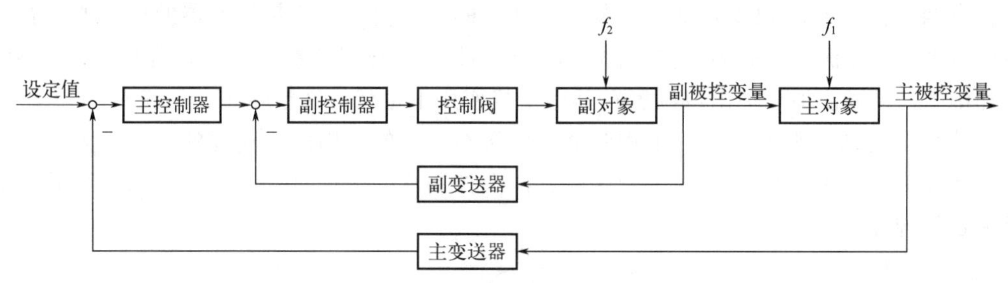

图 2-1-4　串级控制系统方框图

一、串级控制系统的工作过程

串级控制系统是如何克服干扰提高控制质量的呢？下面以加热炉出口温度-炉膛温度串级控制系统为例加以说明，如图 2-1-5 所示。假定温度控制器 T_1C 和 T_2C 均选择了反作用方式（串级控制系统的控制器正反作用选取原则在后面介绍）。从安全角度考虑，控制阀选择气开形式。

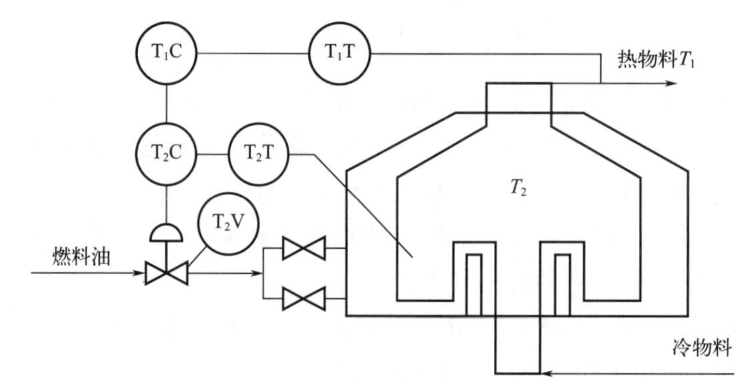

图 2-1-5　加热炉出口温度-炉膛温度串级控制系统

1. 干扰作用在主回路

如果物料的流量减小，其作用结果是使加热炉出口温度升高。这时温度控制器 T_1C 的测量值增加，由于 T_1C 是反作用控制器，所以它的输出将减小，即温度控制器 T_2C 的给定值减小。此时，副对象由于时滞，副变量不变，因此温度控制器 T_2C 的输入偏差信号增加，由于温度控制器 T_2C 也是反作用，于是其输出减小，气开阀阀门开度也随之减小，使燃料油供给量减少，加热炉出口温度慢慢降低，并靠近给定值。在这个控制过程中，副回路是随动控制系统，这就是说炉膛温度为了稳定主变量（加热炉出口温度）是随时变化的。所以串级控制系统中，当干扰作用于主对象时，副回路的存在可以及时改变副变量的数值，以达到稳定主变量的目的。

2. 干扰作用在副回路

假定燃料油压力增加，则使副变量升高，由于加热炉反应慢而暂时对主变量不产生影响，对于温度控制器 T_2C 来说，它的输入是副变量的测量值与温度控制器 T_1C 的输出之差，主变量暂不变化，所以 T_1C 的输出是不变的。此时副变量升高，显然温度控制器 T_2C 的输入是增加的，因温度控制器 T_2C 是反作用，故其输出减小，关小控制阀，进行调节。在此控制过程中，由于副回路控制通道时间常数小，所以控制比较及时。如果在燃料油压力幅值不大的情况下，它们的影响几乎波及不到主变量，就被副回路克服了；当燃料油压力幅值较大时，在副回路快速及时的控制下，会使其干扰影响大大削弱，即便影响到加热炉出口温度（主变量），偏离给定值的程度也不大。此时温度控制器 T_1C 的测量值增加，其输出就会减小（温度控制器 T_1C 是反作用），即温度控制器 T_2C 的给定值减小，从而使温度控制器 T_2C 的输出减小，再适度地关小控制阀，减小燃料流量，经过主控制器的进一步调节，燃料油压力的影响很快被消除，使主变量回到给定值。由此可见，串级控制系统能够很好地克服作用到副回路上的干扰。

3. 干扰同时作用于主副回路

当干扰即物料的流量和燃料油压力分别作用于主副回路时，会有两种可能。一种可能是物料的流量和燃料油压力的影响使主副变量同方向变化。假设使主副变量都增加，这时温度控制器 T_1C 输出减小，温度控制器 T_2C 的测量值增加，因此反作用温度控制器 T_2C 的输出会大大减小，使控制阀的开度大幅度减小，大大减少了燃料流量，以阻止加热炉炉膛温度和出口温度上升的趋势，使主变量出口温度渐渐恢复到给定值。如果干扰使主副变量都减小，情况类似，共同的作用结果是使阀门开度大幅度增加，以大大增加燃料流量。由此可知，当两种干扰的作用方向相同时，两个控制器的共同作用比单个控制器的作用要强，阀门的开度有较大的动作变化，抗干扰能力更强，控制质量也更高。另一种可能是物料的流量和燃料油压力的影响使主副变量反方向变化，即对于主副变量的影响一个增加，一个减小。这种情况是有利于控制的，因为一定程度上部分干扰作用相互抵消了，没有被抵消的部分，可能使主变量升高，也可能使主变量降低，这取决于物料的流量和燃料油压力幅值的强弱，但比较前一种情况，对主变量的干扰程度已有所降低，因偏差不大，控制阀稍加动作，即可使系统平稳。

串级控制系统对于作用在主回路上的干扰和作用在副回路上的干扰都能有效克服，但主、副回路各有其特点，副回路对象时间常数小，能很迅速地动作，然而控制不一定精确，所以其特点是先调、粗调、快调。主回路对象时间常数大，动作滞后，但主控制器能进一步消除副回路没有克服掉的干扰，所以主回路的特点是后调、细调、慢调。当对象滞后较大，干扰幅值比较大，而且频繁，采用简单控制系统得不到满意的控制效果时，可采用串级控制系统。

串级控制系统特点发挥的好坏，与整个系统的设计、整定和投运有很大关系，下面对串级控制系统实施过程中涉及的环节进行阐述，即明确在串级控制系统的实施过程中要完成的任务。

4. 副变量的选择

在串级控制系统中主变量的选择与简单控制系统的变量选择原则相同。副变量的选择是我们在设计串级控制系统时关键所在。那么，副变量选择的好坏直接影响到整个系统的性能，在选择副变量时要考虑的原则有以下几个方面：

① 将主要的干扰包含在副回路中。这样副回路能更好更快地克服干扰，能充分发挥副回路的特点。例如如果是燃料的热值变化，那么选择炉膛温度作为副变量，才能将其干扰包

含在副回路中，如图 2-1-5 所示。

② 在可能的条件下，使副回路包含更多的干扰。实际上副变量越靠近主变量，它包含的干扰就会越多，但同时控制通道也会变长；越靠近操纵变量包含的干扰就越少，控制通道也就越短。因此在选择时需要兼顾考虑，既要尽可能多地包含干扰，又不至于使控制通道太长，使副回路的及时性变差。

③ 尽量不要把纯滞后环节包含在副回路中。这样做的原因就是尽量将纯滞后环节放到主回路中去，以提高副回路的快速抗干扰能力，及时对干扰采取控制措施，将干扰的影响抑制在最小限度内，从而提高主变量的控制质量。

④ 主、副对象的时间常数不能太接近。一般情况下，副对象的时间常数应小于主对象的时间常数，如果选择副变量距离主变量太近，那么主、副对象的时间常数就相近，这样，当干扰影响到副变量时，很快就影响到了主变量，副回路存在的意义也就不大了。此外，当主、副对象时间常数接近，系统可能会出现共振现象，这会导致系统的控制质量下降，甚至变得不稳定。因此，副对象的时间常数要明显小于主对象的时间常数。一般主、副对象的时间常数之比在 3～10 之间。

应该指出，在具体问题上，要结合实际的工艺进行分析，应考虑工艺上的合理性和可能性，分清主次矛盾，合理选择副变量。

5. 主、副控制器控制规律的选择

串级控制系统主、副回路所发挥的控制作用是不同的，主副回路各有其特点。副回路的特点是先调、粗调、快调。主回路的特点是后调、细调、慢调。主控制器是定值控制作用，而副控制器是随动控制作用。这是我们选择主副控制器控制规律的基本出发点。

主控制器的控制目的是稳定主变量，主变量是工艺操作的主要指标，它直接关系到生产的平稳、安全或产品的质量和产量，一般情况下对主变量的要求是较高的，要求没有余差（即无差控制），因此主控制器一般选择比例积分（PI）或比例积分微分（PID）控制规律。设置副变量的目的是稳定主变量的控制质量，其本身可在一定范围内波动，因此副控制器一般选择比例作用（P）即可，积分作用很少使用，它会使控制时间变长，在一定程度上减弱了副回路的快速性和及时性。但在以流量为副变量的系统中，为了保持系统稳定，比例度选得稍大，比例作用有些弱，为了增强控制作用，可适度引入积分作用。副控制器一般不加入微分作用，若有微分作用，一旦主控制器输出稍有变化，就容易引起控制阀大幅度地变化，这对系统稳定是不利的。

6. 主、副控制器正、反作用的选择

串级控制系统控制器正、反作用方式的选择依据也是为了保证整个系统构成负反馈，先确定控制阀的开关形式，再进一步判断控制器的正反作用方式。副控制器正反作用的确定同简单控制系统一样，只要把副回路当作一个简单控制系统即可。确定主控制器正反作用方式的方法是可以把整个副回路等效对象 K'_{P2} 符号确定为“＋”，保证系统主回路为负反馈的条件是：主回路各环节“$K_{C1} \cdot K'_{P2} \cdot K_{O1} \cdot K'_{m1}$”符号为“－”，其中 K_{C1} 为主控制器符号，K'_{P2} 为副回路等效环节符号，K_{O1} 为主对象特性符号，K_{m1} 为主测量变送器符号，主控制器符号确定时，因 K'_{P2} 和 K_{m1} 符号均为“＋”，所以“$K_{C1} \cdot K_{O1}$”符号为“－”。根据主对象的特性确定主控制器的正反作用方式。也就是，若主对象 K_{O1} 符号为“＋”，主控制器 K_{C1} 符号为“－”，则选反作用方式；若主对象 K_{O1} 符号为“－”，主控制器 K_{C1} 符号为“＋”，则选正作用方式。

如图 2-1-6 所示为夹套式反应釜温度-冷却水流量串级控制系统，根据生产设备的安全原则控制阀选择气关阀，控制阀气源中断时，处于打开状态，防止釜内温度过高发生危险。副对象的输入是操纵变量冷却水流量，输出是副变量夹套内水温。当输入变量增加时，输出变量下降，故副对象是反作用环节 K_{O2} 为“－”，保证系统副回路为负反馈的条件是 $K_{C2} \cdot K_V \cdot K_{O2}$ 为“－”，由此可判断出副控制器应该是 K_{C2} 为“－”反作用。主对象的输入是夹套内水温，输出是釜内温度，经过分析主对象为正作用 K_{O1} 为“＋”，保证系统主回路为负反馈的条件是“$K_{C1} \cdot K_{O1}$”为“－”，因此主控制器 K_{C1} 为“－”，应选反作用。

验证：当反应温度 T_1 升高$\xrightarrow{\text{反作用}}$主控制器的输出减小，即副控制器给定值减小（相当于给定值不变，测量值增加）$\xrightarrow{\text{反作用}}$副控制器的输出减小$\xrightarrow{\text{气关阀}}$控制阀开度增大，冷却水流量增大$\xrightarrow{\text{导致}}$反应温度 T_1 降低。

所以，当干扰使反应釜内温度升高（高于给定值），控制系统控制作用能够使其降下来；相反，如干扰使其温度降低（低于给定值），系统也能使其升高。

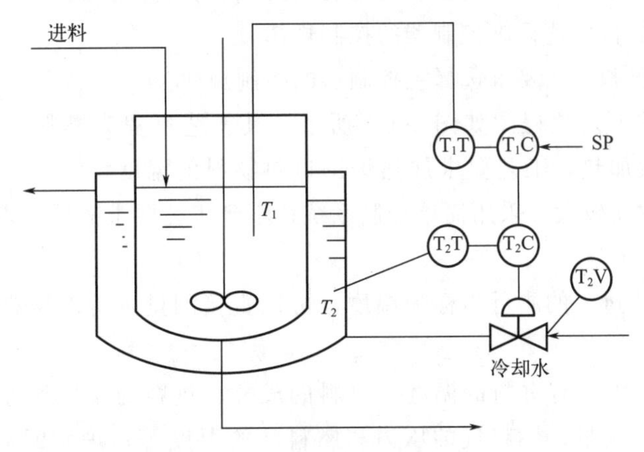

图 2-1-6　反应釜温度控制系统

二、串级控制系统的特点

串级控制系统从总体上看，它是一个定值控制系统，因此，主被控变量在干扰作用下的过渡过程和简单控制系统具有相同的品质指标和类似形式。但是串级控制系统和简单定值控制系统相比，在结构上增加了一个副回路，串级控制系统具有以下特点：

① 串级控制系统由于副回路作用，对于进入副回路的干扰具有较强的抗干扰能力。

以加热炉出口温度-燃料气流量串级控制系统为例加以说明（图 2-1-3）。当燃料气控制阀的阀前压力增加时，若没有副回路作用，燃料气流量将增加，并通过滞后较大的温度对象，使出口温度上升时，控制器才动作，控制不及时，导致出口温度质量较差。而在串级控制系统中，由于副回路的存在，当燃料气阀前压力波动影响到燃料气流量时，副控制器及时控制。这样即使进入加热炉的燃料气流量比以前有所增加，也肯定比简单控制系统小得多，它所能引起的温度偏差要小得多，并且又有主控制器进一步的控制，来克服这个干扰，总效果比单回路控制时要好。

② 串级控制系统由于副回路的存在，改善了对象特性，使控制过程加快，提高了控制质量。

③ 串级控制系统的自适应能力。串级控制系统主回路是一个定值控制系统，而其副回路则为一个随动控制系统。主控制器的输出能按照负荷或操作条件的变化而变化，从而不断地改变副控制器的给定值，使副控制器的给定值能随负荷及操作条件的变化而变化，这就使得串级控制系统对负荷的变化和操作条件的改变有一定的自适应能力。

【任务实施】

1. 串级控制系统的设计

根据任务的内容要求进行串级控制系统的方案设计。

① 结合工艺要求选择主变量和操纵变量。

② 结合工艺过程选择副变量和控制阀的开关形式。

③ 分析主、副对象特性，确定主、副控制器的正、反作用方式。

④ 结合副对象的特性选择副控制器的控制规律。

⑤ 结合工艺过程和工艺要求选择主控制器的控制规律。

例如某一加热炉工艺流程图如图 2-1-7 所示，其工艺过程为燃料气在炉膛燃烧放出能量，物料进入炉膛被加热，工艺要求加热炉出口热物料的温度稳定。经过工艺生产过程分析，因燃料气压力波动较大，采用简单控制系统达不到工艺要求的质量指标，试设计一串级控制系统。

解：① 因为工艺过程的质量指标为温度，可以直接测量，所以加热炉出口热物料的温度为主被控变量。

影响被控变量的因素有进料的温度、进料的成分、进料的流量和进料的压力等；燃料气的成分、燃料气的流量、燃料气的压力和燃料油的温度等；炉膛的温度和炉膛的压力；加热炉周围环境的温度；燃料气的燃烧情况等。有可能作为操纵变量的是进料的流量和燃料气的流量。进料的流量为主物料流量，调整主物料流量影响生产负荷，可能对下一级生产过程造成影响。因此，选择燃料气的流量作为操纵变量，另外燃料气的流量作为操纵变量构成的控制通道的放大系数比进料的流量作为操纵变量构成的控制通道的放大系数大，控制灵敏。

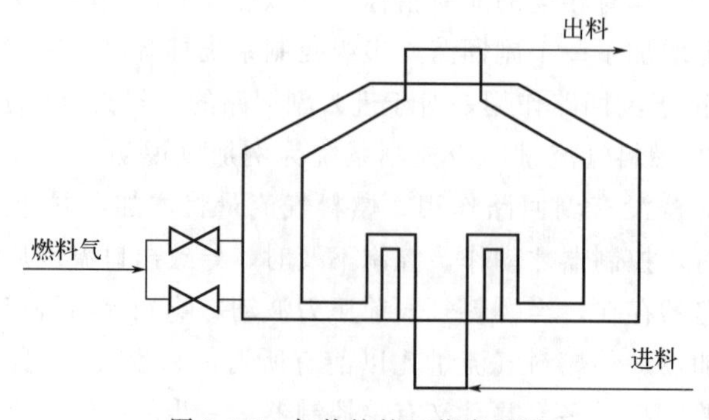

图 2-1-7　加热炉的工艺流程图

② 经过工艺生产过程分析，因燃料气压力波动较大，采用简单控制系统达不到工艺要求的质量指标，所以主要干扰为燃料气压力波动，串级控制系统的副变量选择燃料气流量，这样副回路包含了主要干扰。当气源中断时切断燃料气可以保障生产设备安全，所以控制阀采用气开阀。串级流程控制图如图 2-1-3 所示。

③ 主、副对象特性分析和控制器选择。

副对象特性：操纵变量燃料气流量↑→副变量燃料气流量↑，副对象特性符号为“＋”。

副控制器选择：控制规律可以采用比例积分；正反作用因控制阀是气开形式，控制阀的特性符号 K_V 为“＋”，副回路为负反馈副回路环节特性符号乘积“$K_{C2} \cdot K_V \cdot K_{O2}$”为“－”，所以副控制器特性 K_{C2} 符号为“－”，副控制器为反作用。

主对象特性：副变量燃料气流量↑→主变量物料出口温度↑，主对象特性 K_{O1} 符号为“＋”。

主控制器选择：控制规律可以采用比例积分微分；正反作用主回路为负反馈主回路环节特性符号乘积“$K_{C1} \cdot K_{O1}$”为“－”，所以主控制器特性 K_{O1} 符号为“－”，主控制器为反作用。

2. 串级控制系统的投运和控制器参数整定

(1) 串级控制系统的投运

串级控制系统的投运和简单控制系统一样，要求是投运过程要无扰动切换，投运的一般顺序是“先投副回路，后投主回路”。

① 主控制器置内给定，副控制器置外给定，主、副控制器均切换到手动。

② 调副控制器手操器，使主、副参数趋于稳定时，调主控制器手操器，使副控制器的给定值等于测量值，使副控制器切入自动。

③ 当副回路控制稳定并且主被控变量也稳定时，调主控制器，使主控制器的给定值等于测量值，将主控制器切入自动。

(2) 控制器参数整定的方法

串级控制系统设计完成后，通常需要进行控制器的参数整定才能使系统运行在最佳状态。整定串级控制系统参数时，首先要明确主、副回路的作用，以及对主、副被控变量的控制要求。整体上来说，串级控制系统的主回路是个定值控制系统，要求主被控变量有较高的控制精度，其控制质量的要求与简单控制系统一样。但副回路是一个随动系统，只要求副被控变量能快速跟随主被控变量即可，精度要求不高。在实践中，串级控制系统的参数整定方法有两种：两步整定法和一步整定法。

① 两步整定法　这是一种先整定副控制器，后整定主控制器的方法。当串级控制系统主、副对象的时间常数相差较大，主、副回路的动态联系不紧密时，采用此法。

a. 先整定副控制器。主、副回路均闭合，主、副控制器都置于纯比例作用，将主、副控制器的比例度 δ 放在 100%处，用简单控制系统整定法整定副回路，得到副变量按 4∶1 衰减时的比例度 δ_{2S} 和振荡周期 T_{2S}。

b. 整定主回路。主、副回路仍闭合。副控制器置 δ_{2S}，用同样方法整定主控制器，得到主变量按 4∶1 衰减时的比例度 δ_{1S} 和 T_{1S}，

c. 依据两次整定得到的 δ_{2S} 和 T_{2S} 及 δ_{1S} 和 T_{1S}，按所选的控制器的类型利用表 2-1-1 计算公式，算出主副控制器的比例度、积分时间和微分时间。

② 一步整定法　两步整定法虽然能满足主、副变量的要求，但是在整定的过程中要寻

求两个 4∶1 的衰减振荡过程，比较麻烦。为了简化步骤，也可采用一步法进行整定。

一步法就是根据经验先将副控制器的参数一次性设定好，不再变动，然后按照简单控制系统的整定方法直接整定主控制器的参数。在串级控制系统中，主变量是直接关系到产品质量或产量的指标，一般要求比较严格；而对副被控变量的要求不高，允许在一定的范围内波动。

在实际工程中，证明这种方法是很有效果的，经过大量实践经验的积累，总结得出在不同的副变量情况下，副控制器的参数可以参考表 2-1-1 所示的数据。

▶ 表 2-1-1　副控制器的参数经验值

副被控变量类型	温度	压力	流量	液位
比例度 δ/%	20～60	30～70	40～80	20～80
放大系数 K_{C2}	5.0～1.7	3.0～1.4	2.5～1.25	5.0～1.25

【任务评价】

任务	考核内容与分值	学生自评	教师评分
加热炉串级控制系统的相关知识	串级控制系统的结构、术语（15 分）		
	串级控制系统的工作过程（15 分）		
	比例积分控制规律的特点及使用场所（15 分）		
	串级控制系统的特点及应用场所（15 分）		
	串级控制系统的实施（20 分）		
	串级控制系统的控制器参数整定及投运（20 分）		
	学生：　　　　教师：　　　　日期：		

【知识归纳】

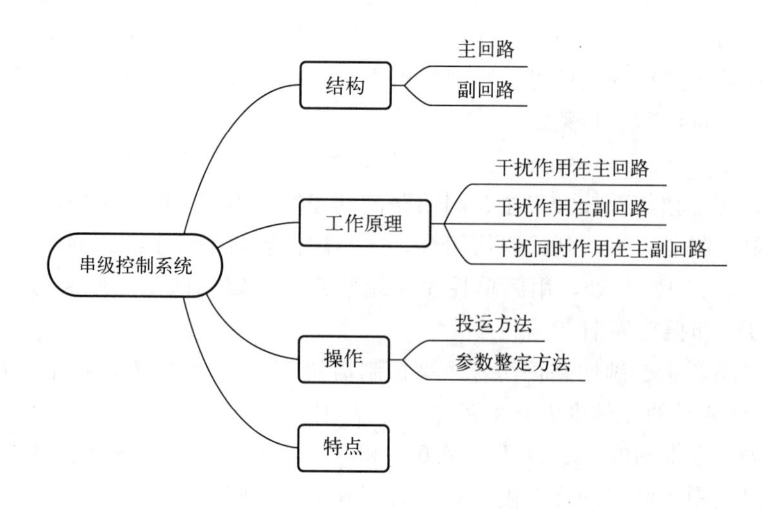

任务二　换热器前馈控制系统设计与投运

【任务描述】

多联换热器技术要求高，制造难度大，属于世界石油化工行业顶级产品，该类装置的核心设备一直以来全部依赖进口。茂名重力长期从事石化重大装备和关键技术国产化攻关研制，在业主、工程公司和专利商的信任和支持下，承担四联换热器国产化攻关任务。

国产化最大换热器、国产化首台套四联换热器——裕龙石化 Lummus 工艺 50 万吨/年乙苯/苯乙烯装置四联换热器在茂名重力石化装备股份公司完成国产化攻关研制，顺利出厂发运，标志着茂名重力在国内大型高端压力容器装备制造领域再次创造历史，打破了国外垄断，填补了国内空白，解决了石化设备设计制造“卡脖子”难题。

在反馈控制系统中，控制器是按照被控变量与给定值的偏差而进行工作的。控制作用影响被控变量，而被控变量的变化又返回来影响控制器的输入，使控制作用发生变化。不论什么干扰，只要引起被控变量变化，都可以进行控制，这是反馈控制的优点。很显然，这种控制方式的控制作用一定是落后于干扰作用的，即控制不及时，其优点是只要包含在反馈回路内的干扰，影响了被控变量，控制作用就克服它们对被控变量的影响。然而，在一般工业控制对象上总是存在一定的容量滞后或纯滞后，当干扰出现时，往往不能很快在被控变量上表现出来，需要一定时间才能反应，然后控制器才能发挥控制作用，而控制通道也会存在一定的滞后，这就必然使被控变量的波动幅度增大，偏差的持续时间变长，导致控制的过渡过程一些指标变差，不能满足生产的要求。

1. 控制要求

如图 2-2-1 所示的换热器出口温度的反馈控制中，所有影响被控变量的因素，如进料流量、温度的变化、蒸汽压力的变化等，对出口物料温度的影响都可以通过反馈控制来克服。但是，在反馈系统中，控制信号总是要在干扰已造成影响，被控变量偏离设定值以后才能产生，控制作用总是不及时的。特别是在干扰频繁、对象有较大滞后时，控制质量的提高受到很大的限制，不能达到工艺要求。为了提高系统的控制质量，满足工艺要求，引入前馈控制。

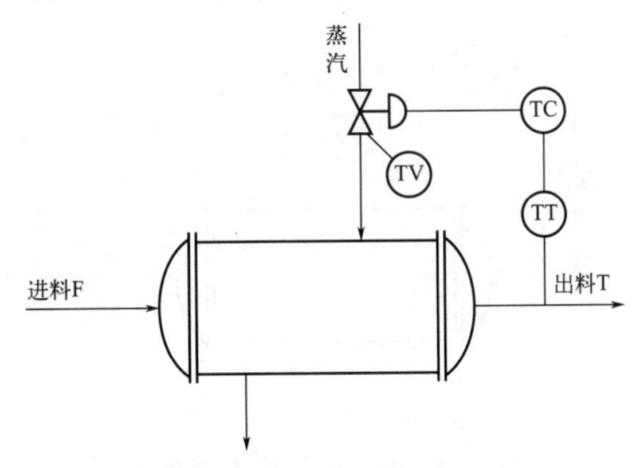

图 2-2-1　换热器出口温度反馈控制

2. 任务主要内容

学习前馈控制的基本知识：

① 前馈控制的工作原理。

② 前馈控制的特点。

③ 前馈控制的主要应用场合。

④ 前馈-反馈控制系统的投运与控制器参数整定。

【任务分析】

1. 明确项目工作任务

思考：项目工作任务是什么？

行动：阅读项目任务，根据系统的控制要求，逐项分解工作任务，完成项目任务分析。

2. 确定系统控制方案

思考：如何根据干扰量的大小进行控制？

行动：小组成员共同研讨，分析控制要求，制定总体控制方案。

3. 制订工作实施计划

思考：小组成员如何分工？完成本项目需要多少时间？

行动：根据控制方案，小组成员合理分担工作任务，确定工作步骤和时间，制订完成工作任务的计划表，明确项目责任人。

【知识链接】

如果已知影响换热器出口物料温度变化的主要干扰是进口物料流量的变化，为了及时克服此干扰对被控变量的影响，可以测量进料流量，根据进料流量大小的变化直接去改变加热蒸汽量的大小，这就是所谓的前馈控制。图 2-2-2 是换热器的前馈控制系统示意图。当进料流量变化时，通过前馈控制器 FC 去开大或关小蒸汽阀，以克服进料流量变化对出口物料温度的影响。

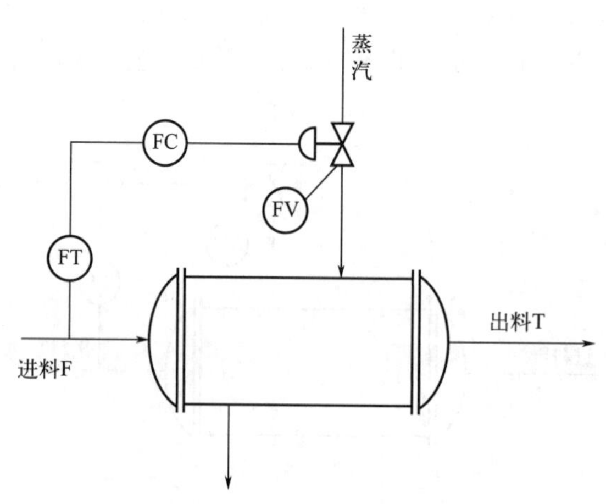

图 2-2-2　换热器的前馈控制系统

一、前馈控制系统的原理及结构形式

1. 前馈控制系统的工作原理

在图 2-2-2 所示的换热器前馈控制系统中，当进料流量突然阶跃增加 ΔF 后，通过干扰通道使换热器出口物料温度 T 下降，其变化曲线如图 2-2-3 中曲线 1 所示。与此同时，进料流量的变化经测量变送后，送入前馈控制器 FC，按一定的函数运算后输出去开大蒸汽阀。由于加热蒸汽量增加，通过换热器的控制通道会使出口物料温度 T 上升，如图 2-2-3 中曲线 2 所示。由图可知，干扰作用使温度 T 下降，控制作用使温度 T 上升。如果控制规律选择合适，可以得到完全的补偿。也就是说，当进口物料流量变化时，可以通过前馈控制，使出口物料的温度完全不受进口物料流量变化的影响。显然，前馈控制对于干扰的克服要比反馈控制及时得多。干扰一旦出现，不需等到被控变量受其影响产生变化，就会立即产生控制作用，这个特点是前馈控制的一个主要优点。

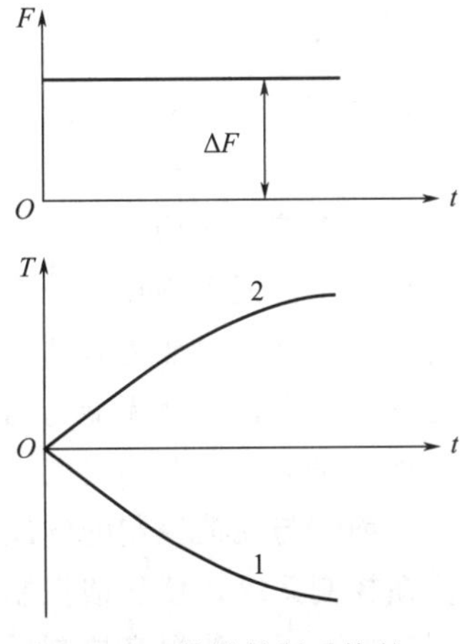

图 2-2-3　前馈控制系统的补偿过程

2. 前馈控制系统的几种结构形式

（1）静态前馈控制

前馈控制器的输出信号是按照干扰量的大小随时间而变化的，是输入和时间的函数。如不考虑干扰通道和控制通道的动态特性，即不去考虑时间因素，这时就属于静态前馈。静态前馈的传递函数为：

$$G_{fc}(s)=-K_{fc}=-\frac{K_f}{K_o} \tag{2-2-1}$$

式中　K_{fc}——前馈控制器的放大系数；

K_f——干扰通道的放大系数；

K_o——控制通道的放大系数。

由于静态前馈控制规律不包含时间因子，因此实施起来相当方便。事实证明，在不少场合，特别是干扰通道 $G_f(s)$ 与控制通道 $G_o(s)$ 滞后相近时，应用静态前馈控制也可获得较高的控制质量。

（2）动态前馈控制

静态前馈控制系统能够实现被控变量静态偏差为零或减小到工艺要求的范围内，为了保证动态偏差也在工艺要求之内，需要分析对象的动态特性，才能确定前馈控制器的规律，获得动态前馈补偿。然而工业对象特性是千差万别的，如果按动态特性设计控制器将会非常复杂，难以实现。因此可在静态前馈的基础上增加动态补偿环节，即加延迟环节或微分环节来达到近似补偿。按照这个原理设计的一种前馈控制器，如式（2-2-2）

$$G_{fc}(s)=-\frac{G_f(s)}{G_o(s)}=-\frac{\dfrac{K_2}{T_2S+1}e^{-T_2S}}{\dfrac{K_2}{T_2S+1}e^{-T_1S}}=-K_{fc}\frac{T_1S+1}{T_2S+1} \tag{2-2-2}$$

有三个能够调节的参数，分别是 K_{fc}、T_1 和 T_2。K_{fc} 参数整定为控制器的放大系数，起静态补偿作用，T_1 和 T_2 是时间常数，通过调整它们的数值，实现延迟作用和微分作用的强弱控制。与干扰通道相比，控制通道反应快时，给它加强延迟作用；控制通道反应慢时，给它加强微分作用。根据两个通道的特性适当调整 T_1、T_2 的数值，使两个通道控制节奏相吻合，便可实现动态补偿，消除动态偏差。

二、前馈-反馈控制系统

反馈控制是闭环系统，控制结果能够通过反馈获得检验。而前馈控制系统是一个开环系统，其控制效果并没有经过检验。如上例中，根据进口物料流量变化这一干扰施加前馈控制作用后，出口物料的温度（被控变量）是否达到所希望的温度是不得而知的。因此，一个合适的前馈控制作用，必须对被控对象的特性作深入的研究和彻底的了解。

由于前馈控制作用是根据干扰进行工作的，而且整个系统是开环的，因此根据干扰设置的前馈控制就只能克服这一干扰对被控变量的影响，而对于其他干扰，由于这个前馈控制器无法感受到，也就无能为力了。而反馈控制只用一个控制回路就可克服多个干扰，所以说这一点也是前馈控制系统的一个弱点。

前馈与反馈控制的优缺点是相对应的，若把其组合起来，取长补短，组成复合的前馈-反馈控制系统，使前馈控制用来克服主要干扰，反馈控制用来克服其他的多种干扰，两者协同工作，一定能提高控制质量。因此，往往用前馈来克服主要干扰，再用反馈来克服其他干扰，组成如图 2-2-4 所示的前馈-反馈控制系统。

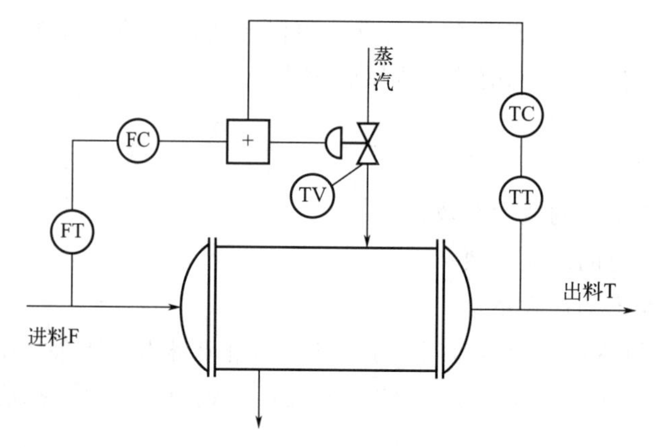

图 2-2-4　前馈-反馈控制系统

图 2-2-4 中的控制器 FC 起前馈作用，用来克服由于进料量波动对被控变量的影响，而温度控制器 TC 起反馈作用，用来克服其他干扰对被控变量 T 的影响，前馈和反馈控制作用相加，共同改变加热蒸汽量，以使出料温度维持在给定值上。

前馈控制是根据干扰的变化产生控制作用的。如果能使干扰作用对被控变量的影响与控制作用对被控变量的影响在大小上相等、方向上相反的话，就能完全克服干扰对被控变量的影响。图 2-2-3 就可以充分说明这一点。

三、前馈控制系统的特点及应用

1. 前馈控制的特点

① 前馈控制是按照干扰作用的大小和方向进行控制的，控制作用及时，表 2-2-1 所示是

前馈控制和反馈控制的特点比较。

▶ 表 2-2-1　前馈控制与反馈控制比较

项目	控制所依据的信号	检测的信号	控制作用发生的时间
反馈控制	被控变量的偏差大小	被控变量	偏差出现之后
前馈控制	干扰量的大小	干扰量	偏差出现之前

② 前馈控制属于开环控制系统，这是前馈控制的不足之处。反馈控制系统是一个闭环控制，能够不断地反馈控制结果，可以不断地修正控制作用，前馈控制却不能对控制效果进行检验。所以应用前馈控制，必须清楚地了解对象的特性，才能够取得较好的前馈控制作用。

③ 前馈控制器是专用控制器。与一般反馈控制系统采用通用的 PID 控制器不同，前馈控制器使用的是根据对象特性而定的专用控制器。

④ 一种前馈作用只能克服一种干扰。前馈作用只能针对一个测量出来的干扰进行控制，对于其他干扰，由于该前馈控制器无法感知，因此也就无能为力了。而在反馈控制系统中，只要是影响到被控变量的干扰都能克服。

2. 前馈控制的局限性

由前馈控制的原理、特点可以看出，前馈控制虽然对可测不可控的干扰有很好的抑制作用，但同时亦存在着很大的局限性，主要有以下几点。

（1）完全补偿难以实现

前馈控制只有在实现完全补偿的前提下，才能使系统得到良好的动态品质，但完全补偿几乎是难以做到的。

① 获取实际系统传递函数的方法通常采用工程方法，要准确地掌握过程干扰通道特性及控制通道特性是不容易的，而且在建立各通道数学模型时还要做适当的简化，系统中使用的干扰通道和控制通道的传递函数不十分准确，因而前馈模型难以准确获得；并且被控对象常具有非线性特性，在不同的运行工况下，其动态特性参数会发生变化，原有的前馈模型此时就不能适应了，因此无法实现动态上的完全补偿。

② 对于过于复杂或存在特殊环节的前馈补偿器模型，有时工程上难以实现。例如，前馈补偿器传递函数中包含超前环节等。

（2）补偿的单一指向性

一个前馈补偿器只能对一个干扰实现补偿控制，而对其他的干扰无能为力，具有补偿的单一指向性。实际生产过程中，往往同时存在着若干个干扰，如上述换热器温度系统中，物料流量、物料入口温度、蒸汽压力等的变化均将引起出口温度的变化。如果要对每一种干扰都实行前馈控制，这将使系统庞大而复杂，增加自动化设备的投资。

目前，过程系统中尚有一些干扰量由于无法对其实现在线测量而不能采用前馈控制。若仅对某些可测干扰进行前馈控制，则无法消除其他干扰对被控变量的影响。

3. 前馈控制主要的应用场合

① 干扰幅值大而频繁，对被控变量影响剧烈，仅采用反馈控制达不到要求的场合。

② 主要干扰是可测而不可控的变量。所谓可测，是指干扰量可以运用检测变送装置将其在线转化为标准的电或气信号。但目前对某些变量，特别是某些成分量还无法实现上述转

换，也就无法设计相应的前馈控制系统。所谓不可控，主要是指这些干扰难以通过设置单独的控制系统予以稳定，这类干扰在连续生产过程中是经常遇到的，其中也包括一些虽能控制但生产上不允许控制的变量，例如负荷量等。

【任务实施】

1. 前馈-反馈控制系统的设计

根据任务的内容要求进行前馈-反馈控制系统的方案设计。

① 结合工艺情况设计反馈控制。

② 结合工艺情况选择前馈量。

③ 根据具体工艺流程选择动态前馈或静态前馈，一般为静态前馈。

例如某一加热炉工艺流程图如图 2-1-7 所示，工艺要求加热炉出口热物料的温度稳定，经过工艺生产过程分析，因进料物料流量波动较大，但是又不能调节，采用简单控制系统达不到工艺要求的质量指标，试设计一前馈-反馈控制系统。

解：① 设计反馈控制：如果进料物料流量波动较大，其他干扰波动小，可采用简单控制系统，出料温度为被控变量，燃料气流量为操纵变量，选用气开形式控制阀。

② 前馈量为进料物料流量，可测不可控。其前馈-反馈控制方案如图 2-2-5 所示。

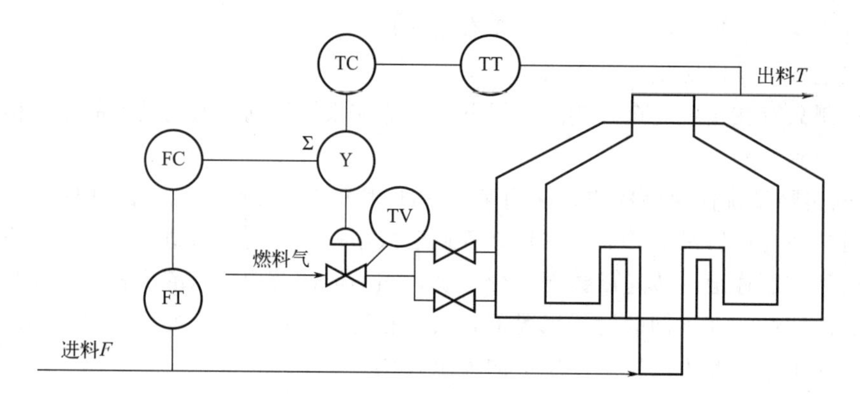

图 2-2-5 加热炉前馈-反馈控制系统

③ 对象特性测试误差较大，采用静态前馈。

2. 前馈控制系统的参数整定

前馈控制系统的前馈控制模型的参数取决于对象的特性，由于对象特性的测试精度，测试工况与在线工况的差异，以及前馈装置的制作精度等因素的影响，使得控制效果并不会那么理想。因此，必须对前馈模型进行在线整定。这里以最常用的静态前馈模型为例讨论静态参数 K_{fc} 的整定方法。

在工程实际中整定 K_{fc} 一般有开环整定法及闭环整定法之分。

（1）开环整定法

开环整定是在前馈-反馈系统中将反馈回路断开，使系统处于单纯静态前馈状态下，施加干扰，K_{fc} 值由小逐步增大，直到被控变量回到给定值，此时对应的 K_{fc} 值为最佳整定值。为了使 K_{fc} 值整定结果准确，应力求工况稳定，减少其他干扰对被控变量的影响。

（2）闭环整定法

在反馈控制器已整定好的基础上，施加相同的干扰作用量，由小而大逐步改变 K_{fc} 值，直至得到满意的补偿过程为止。使用这种整定法需要注意反馈控制器必须具有积分作用，否则在干扰作用下无法消除被控变量的余差，同时要求工况稳定，以免其他干扰的影响。

【任务评价】

任务	考核内容与分值	学生自评	教师评分
换热器前馈控制系统的相关知识	前馈控制的原理（20 分）		
	前馈控制的特点（20 分）		
	前馈控制与反馈控制的区别（20 分）		
	前馈控制系统的应用（20 分）		
	前馈-反馈控制系统（20 分）		
	学生：	教师：	日期：

【知识归纳】

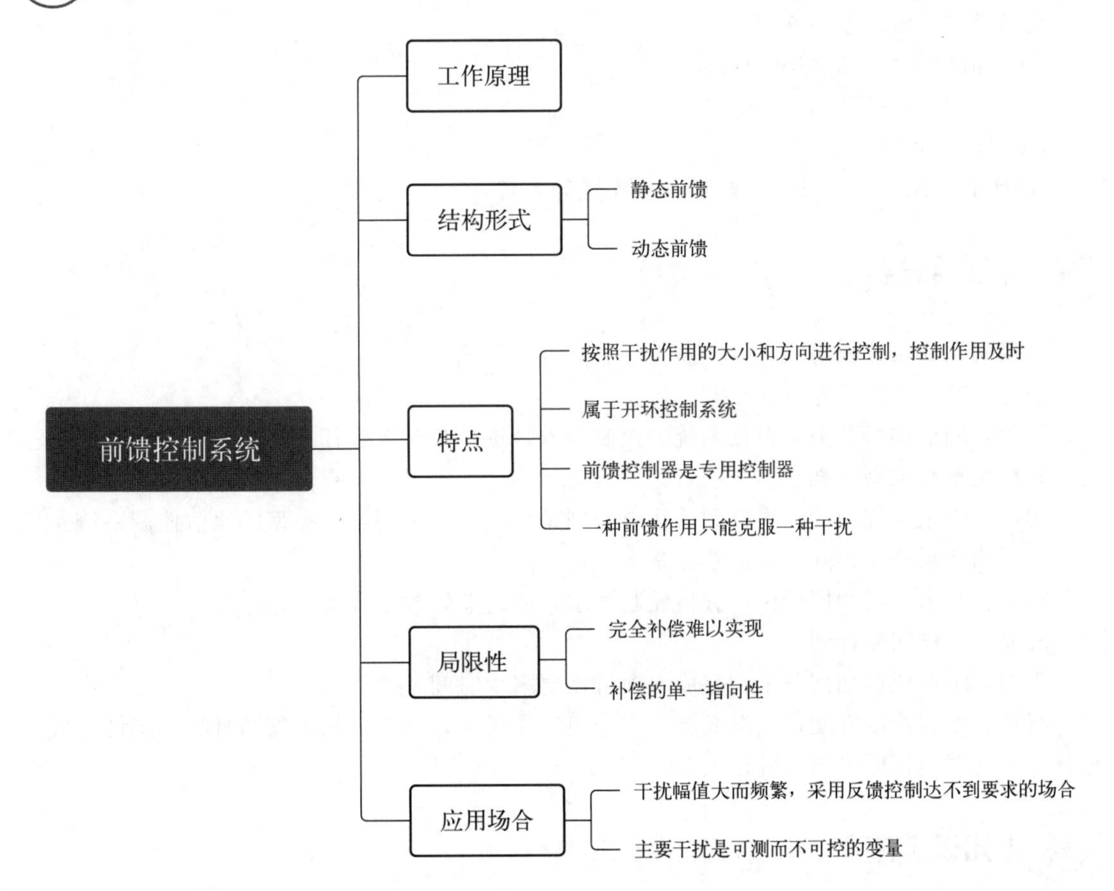

任务三 流量比值控制系统设计与投运

【任务描述】

在化工、炼油及其他工业生产过程中，工艺上常需要将两种或两种以上的物料保持一定的比例关系，如比例一旦失调，就使产品质量不合格，甚至造成事故或发生危险。

1. 控制要求

在重油气化的造气生产过程中，进入气化炉的氧气和重油流量要求保持一定的比例。若氧油比过高，因炉温过高使喷嘴和耐火砖烧坏，严重时甚至会引起炉子爆炸；如果氧量过低，则燃烧不完全，浪费能源，生成的炭黑增多，还会发生堵塞现象，有安全隐患。所以保持合理的氧油比，不仅为了使生产能正常进行，且对安全生产来说具有重要意义。如在锅炉或加热炉燃烧过程中，为了节能减排，必须保证空气量和燃烧量成比例，需要采用比值控制系统。

2. 任务主要内容

比值控制系统的基本知识。

① 比值控制系统的类型和特点。

② 比值控制系统比值系数计算。

③ 比值方案的实施。

④ 比值控制系统的投运及控制器参数整定。

【任务分析】

1. 明确项目工作任务

思考：项目工作任务是什么？

行动：阅读项目任务，根据系统的控制要求，逐项分解工作任务，完成项目任务分析。

2. 确定系统控制方案

思考：确定系统中的主物料和从物料分别是什么？应采用什么类型的比值控制系统？比值方案采用相乘还是相除？比值系数是多少？

行动：小组成员共同研讨，分析控制要求，制定总体控制方案。

3. 制订工作实施计划

思考：小组成员如何分工？完成本项目需要多少时间？

行动：根据控制方案，小组成员合理分担工作任务，确定工作步骤和时间，制订完成工作任务的计划表，明确项目责任人。

【知识链接】

实现两个或两个以上物料符合一定比例关系的控制系统，称为比值控制系统，通常为流量比值控制系统。

在需要保持比值关系的两种物料流量中，必有一种物料处于主导地位，这种物料称为主物料，表征这种物料的变量称为主动流量，用 F_1 表示。而另一种物料按主物料进行配比，在控制过程中随主物料而变化，因此称为从物料，表征其特性的变量称为从动流量或副流量，用 F_2 表示。一般情况下，总以生产中主要物料定为主物料，如上例中的重油气化过程中重油为主物料，而相应跟随变化的氧气则为从物料。在有些场合，以不可控物料作为主物料，用改变可控物料即从物料的量来实现它们之间的比值关系。比值控制系统就是要实现从动流量 F_2 与主动流量 F_1 成一定比值关系，满足如下关系式：

$$k=F_2/F_1$$

式中，k 为从动流量与主动流量的工艺流量比值。

一、主要的比值控制系统方案

1. 开环比值控制系统

开环比值控制系统是最简单的比值控制方案，图 2-3-1 是其原理图。当主动流量 F_1 变化时，通过控制器及安装在从物料管道上的控制阀，来控制从动流量 F_2，以满足 $k=F_2/F_1$ 的要求。该系统的测量信号取自主物料 F_1，但控制器的输出去控制从物料的流量 F_2，所以是一个开环系统。

乙炔（C_2H_2）与氯化氢（HCl）充分混合进行冷冻脱水后，在活性炭催化剂 $HgCl_2$ 的作用下催化生成氯乙烯就是一个典型的流量比值控制系统。根据生产实际情况，乙炔流量较易控制，作为从物料，氯化氢流量作为主物料，从而构成开环比值控制系统，如图 2-3-2 所示。

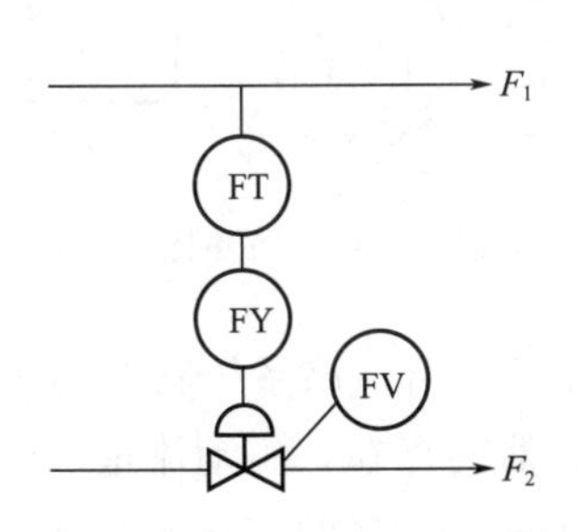

图 2-3-1　开环比值控制系统

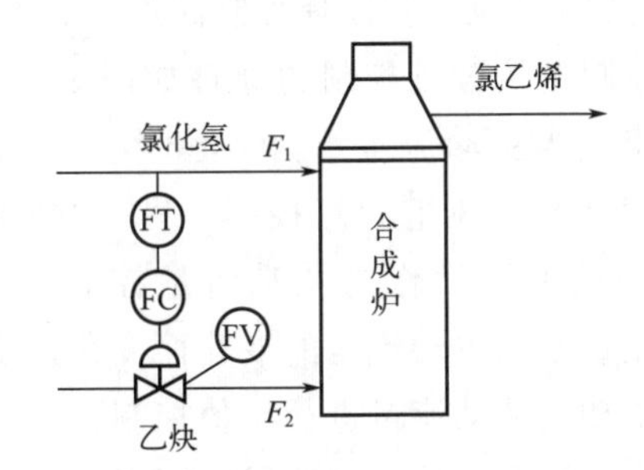

图 2-3-2　HCl 和 C_2H_2 的开环比值控制系统

这种方案的优点是结构简单，只需一台纯比例控制器，其比例度可以根据比值要求来设定。缺点是如主物料 F_1 稳定不变，从物料的流量 F_2 将受控制阀前后压差变化影响而改变。所以这种系统只能适用于从动流量较平稳且比值要求不高的场合。实际生产过程中，很少采用开环比值控制方案。

2. 单闭环比值控制系统

单闭环比值控制系统是为了克服开环比值控制方案的不足，在开环比值控制系统的基础上，通过增加一个副流量闭环控制系统而组成。上述例子用单闭环比值控制系统进行控制的原理如图 2-3-3 所示。

从图中可以看出，单闭环比值控制系统与串级控制系统具有相类似的结构形式，但两者

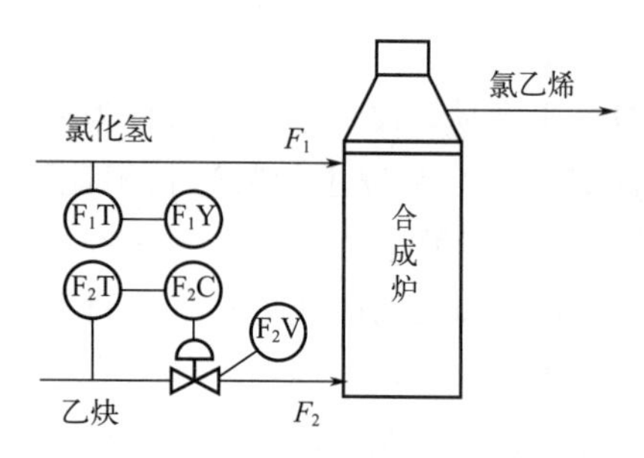

图 2-3-3　单闭环比值控制系统

是不同的。单闭环比值控制系统的主动流量 F_1 相似于串级控制系统中的主变量，但主动流量并没有构成闭环系统，F_2 的变化并不影响到 F_1。尽管它亦有两个控制器，但只有一个闭合回路，这就是两者的根本区别。

在稳定情况下，主动、从动流量满足工艺要求的比值，$F_2/F_1=k$。当主动流量 F_1 变化时，经变送器送至比值控制器 F_1Y。F_1Y 按预先设置好的比值使输出成比例地变化，也就是成比例地改变从动流量控制器 F_2C 的给定值，此时从动流量控制系统为一个随动控制系统，从而 F_2 跟随 F_1 变化，使流量比值 k 保持不变。当主动流量没有变化而从动流量由于自身干扰发生变化时，此从动流量控制系统相当于一个定值控制系统，使工艺要求的流量比值仍保持不变。

单闭环比值控制系统的优点是它不但能实现从动流量跟随主动流量的变化而变化，而且还可以克服从动流量本身干扰对比值的影响，因此主、副流量的比值较为精确。另外，这种方案的结构形式较简单，实施起来也比较方便，所以得到广泛的应用，尤其适用于主物料在工艺上不允许进行控制的场合。

单闭环比值控制系统，虽然能保持两物料量比值一定，但由于主流量是不受控制的，主流量变化时，总的物料量就会跟着变化。

3. 双闭环比值控制系统

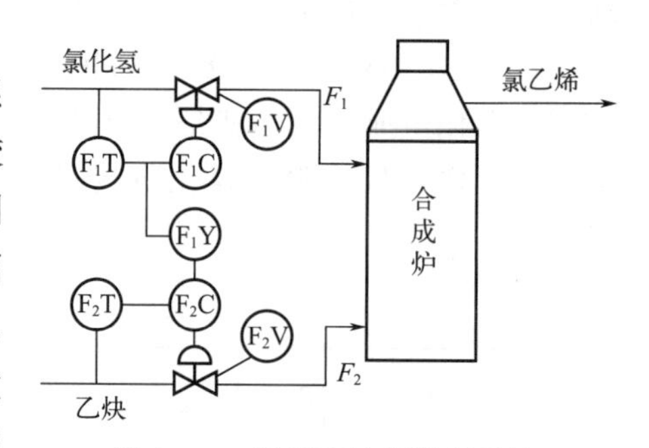

图 2-3-4　双闭环比值控制系统

双闭环比值控制系统是为了克服单闭环比值控制系统主流量不受控制，生产负荷（与总物料量有关）在较大范围内波动的不足而设计的。它是在单闭环比值控制的基础上，增加了主动流量闭环控制回路。上述例子用双闭环比值控制系统进行控制的原理如图 2-3-4 所示。从图可以看出，当主动流量 F_1 变化时，一方面通过主动流量控制器 F_1Y 对它进行控制，另一方面通过乘法器乘以适当的系数后作为从动流量控制器的给定值，使从动流量跟随主动流量的变化而变化。由图 2-3-4 可以看出，该系统具有两个闭合回路，分别对主动、从动流量进行定值控制。同时，由于乘法器的存在，主动流量从受到干扰作用开始到重新稳定在给定值这段时间内，从动流量能跟随主动流量的变化而变化，这样不仅实现了比较精确的流量比值，而且也确保了两物料总量基本不变，这是它的一个主要优点。

双闭环比值控制系统的另一个优点是提降负荷比较方便，只要缓慢地改变主动流量控制器的给定值，就可以提降主动流量，同时从动流量也就自动跟踪提降，并保持两者比值不变。

这种比值控制方案的缺点是结构比较复杂，使用的仪表较多，投资较大，系统调整比较麻烦。双闭环比值控制系统主要适用于主流量干扰频繁、经常需要提降负荷的场合。

4. 变比值控制系统

前面所述的三种比值控制方案属于定比值控制，即在生产过程中，主、从物料的流量比值关系是不变的。而此生产过程却要求两种物料的流量比值根据第三个变量的变化而不断调整以保证产品质量，这种系统称为变比值控制系统。变比值控制系统构成方案也有乘法和除法两种，如图 2-3-5 所示。

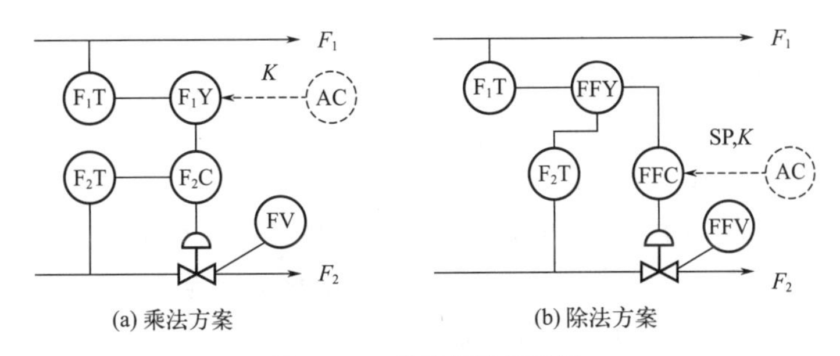

图 2-3-5　变比值控制系统

图 2-3-6 所示为变换炉的变比值控制系统示意图。变换炉生产过程中半水煤气和水蒸气作为原料，在催化剂的作用下，转化成二氧化碳和氢气。变换炉是关键设备，它的任务是让煤气中的一氧化碳与蒸汽中的水分在催化剂作用下发生反应：$H_2O+CO \longrightarrow CO_2+H_2$。为增加一氧化碳的转化率，需要根据变化炉的温度，随时调整水蒸气和煤气的流量比值，以达到最大的转化率。从系统的结构上来看，该系统实际属于一个串级控制系统，变换炉的催化剂层温度是主变量，副变量是蒸汽流量与半水煤气流量的比值，蒸汽流量同时也是操纵变量。在此系统中蒸汽流量在保证其平稳的同时，能实现跟随主动量煤气的流量变化而变化，保持一定的比值，该比值系数还能随变换炉催化剂层的温度变化而变化。因为，蒸汽与半水煤气的流量比值是作为流量控制器的测量值，而流量控制器的给定值来自温度控制器的输出，当变换炉催化剂层温度变化时，会通过调整蒸汽流量（实际是调整了蒸汽与半水煤气的比值）来使其恢复到规定的数值上。该变比值控制系统的方框图如图 2-3-7 所示。

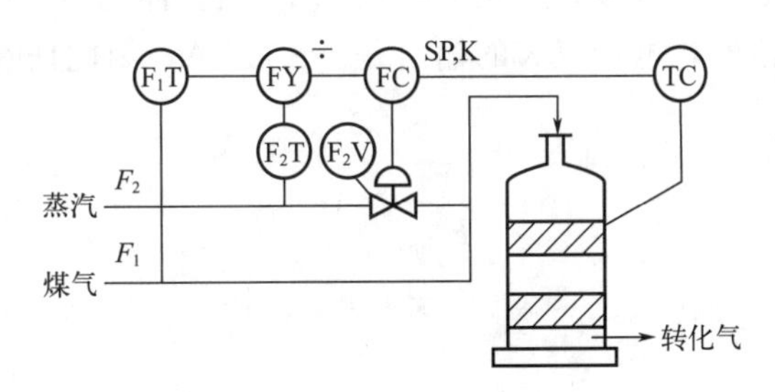

图 2-3-6　变换炉温度控制系统

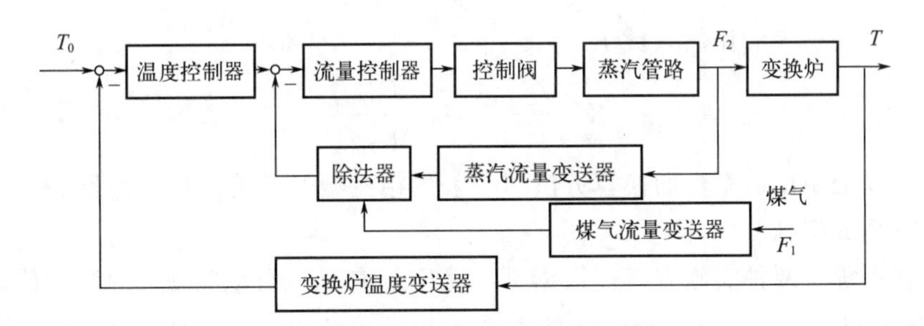

图 2-3-7　变换炉温度变比值控制系统

二、比值系数的计算和比值方案的实施

1. 比值系数的计算

首先明确仪表的比值系数 K 和工艺中物料的比值系数 k 是不相同的。比值控制系统实施时必须把工艺比值系数 k 换算成仪表比值系数 K。

(1) 流量与测量信号成线性关系

以电动仪表为例，说明工艺比值系数 k 与仪表比值系数 K 的关系。

当流量由 0 变化到最大值 F_{max} 时，变送器输出变化范围为 4～20 mA 直流信号，当控制系统稳定时，则某流量 F 所对应的输出电流为

$$I=\frac{F}{F_{max}}\times 16+4 \tag{2-3-1}$$

则

$$F=(I-4)F_{max}/16 \tag{2-3-2}$$

由上式可得工艺要求的流量比值 k 为

$$k=\frac{F_2}{F_1}=\frac{(I_2-4)F_{1max}}{(I_1-4)F_{2max}} \tag{2-3-3}$$

由上式可折算出仪表的比值系数 K 为

$$K=\frac{I_2-4}{I_1-4}=k\frac{F_{1max}}{F_{2max}} \tag{2-3-4}$$

式中，F_{1max}、F_{2max} 分别为主、副流量变送器的最大量程。

(2) 流量与测量信号呈非线性关系

用差压法测量流量，但未经过开方器运算处理时，流量与压差的关系为

$$F=c\sqrt{\Delta p} \tag{2-3-5}$$

式中 F 表示流量，c 是节流装置的比例系数，Δp 是流体流经节流元件前后的压差。

压差由 0 变到最大值时，电动仪表的输出是 4～20mA，因此任意时刻的流量 F 对应的输出电流为

$$I=\frac{F^2}{F_{max}^2}\times 16+4 \tag{2-3-6}$$

则有

$$F^2=(I-4)F_{max}^2/16 \tag{2-3-7}$$

所以

$$k^2=\frac{F_2^2}{F_1^2}=\frac{(I_2-4)F_{1max}^2}{(I_1-4)F_{2max}^2} \tag{2-3-8}$$

可求得换算成仪表的比值系数 K 为

$$K=\frac{I_2-4}{I_1-4}=k^2\frac{F_{1max}^2}{F_{2max}^2} \tag{2-3-9}$$

由此，可以证明比值系数的换算方法与仪表的结构型号无关，只与测量的方法有关。

2. 比值方案的实施

比值控制系统有两种实施方案，依据 $F_2=kF_1$，那么就可以将 F_1 的测量值乘以比值 k 作为 F_2 流量控制器的设定值，称为相乘实施方案；而若根据 $F_2/F_1=k$，就可以将 F_2 与 F_1 的测量值相除之后的数值作为比值控制器的测量值，这种方法称为相除实施方案。

（1）相乘实施方案

如图 2-3-8 所示为采用乘法器实现的单闭环比值控制方案。如果计算所得乘法器的比值系数 K 小于 1，采用图 2-3-8（a）方案，乘法器是非线性，但不在控制回路中，所以不影响从动流量回路的稳定性。如果计算所得乘法器的比值系数 K 大于 1，理论计算乘法器的输出大于该仪表的量程上限，可将乘法器设置在从动流量回路中，采用图 2-3-8（b）方案，乘法器的比值系数 $K'=1/K$，但是乘法器在从动流量控制回路中，影响从动流量回路的稳定性。采用相乘方案不能直接获得流量比值。

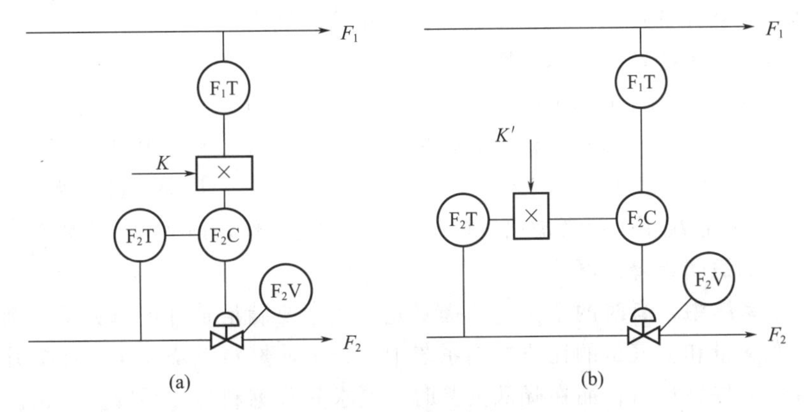

图 2-3-8　相乘方案

（2）相除实施方案

如图 2-3-9 所示为采用除法器实现的比值方案。它是一个简单控制系统，控制器的测量值和设定值都是流量信号的比值，而不是流量信号本身。如果计算所得除法器的比值系数 K 大于 1，将除法器的输入信号交换，主动流量信号作为被除数，从动流量信号作为除数，除法器的比值系数 $K'=1/K$。相除方案的优点是直观、方便、直接读出比值，使用方便，可调范围大；但也有弱点，由于除法器的放大倍数随负荷变化，是非线性，且在控制回路中，影响从动流量回路的稳定性。

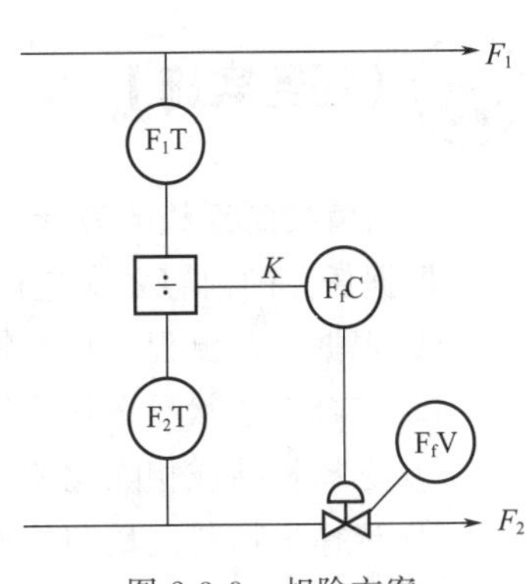

图 2-3-9　相除方案

3. 比值控制中控制器控制规律选择

比值控制控制器控制规律要根据不同控制方案和控制要求而确定。例如，单闭环比值控制的从动流量回路控制器选用 PI 控制规律，因为起使测量等于给定值的作用；双闭环比值控制的主、从动流量回路控制器均选用 PI 控制规律，因为他同样起使测量等于给定值的作用；变比值控制可仿效串级控制器控制规律的选用原则。

三、比值控制系统中的其他问题

1. 主动流量和从动流量的选择

在流量 F_1 不可控，而流量 F_2 可控的时候，只能选 F_1 作为主动流量，F_2 作为从动流量，如果都可控的情况下，则要考虑以下原则：

① 把决定生产负荷的关键性物料流量作为主流量，以便提降负荷。

② 要考虑工艺出现波动时，仍能满足比值控制，不能因为一种物料饱和而改变比值关系。

③ 从一些工艺特殊安全角度出发考虑。

2. 关于开方器的选用

流量测量变送环节的非线性影响系统的动态品质。采用差压法测量流量时，静态放大系数与流量成正比，随负荷增大而增大。负荷减小时系统的稳定性提高，负荷增加时系统的稳定性下降。若将差压法测量的结果经过开方器运算，就会使变送环节成为线性环节，它的静态放大系数与负荷大小无关，系统的动态性能不再受负荷变化的影响；开方器的加入位置，可以在现场变送器上，也可以在控制室内DCS系统中。所以在比值控制系统中是否采用开方器，要根据具体被控变量的控制精度和负荷变化情况确定。

3. 比值控制系统中的动态跟踪问题

随着生产的发展，对比值控制系统提出了更高的要求。不仅稳态时要求物料之间的流量保持一定的比值关系，而且还要求动态时比值关系也要保持一定。对于某些生产，如从物料反应速度远小于主物料的反应速度，从工艺安全角度出发，要求主、从动流量在整个变化过程中都保持比值恒定。这种情况下，要考虑比值控制系统的动态补偿，以实现动态跟踪的目的。

4. 主副流量的逻辑提降问题

在比值控制系统中，有时两个流量的提降先后次序要满足某种逻辑关系。例如，在锅炉燃烧系统中，燃料量和空气量的比值控制系统中，为了使燃料燃烧完全，在提升负荷时，要求先提空气量，后提燃料量；而在降低负荷时，要求先降燃料量，后降空气量。要实现这种有逻辑关系的比值控制系统，需要跟其他控制系统结合才能实现。

【任务实施】

1. 比值控制系统的设计

根据任务的内容要求进行比值控制系统的方案设计。

① 根据工艺流程选择主物料和从动物料。

② 结合工艺状况选择比值控制系统的类型。

③ 选择相乘或相除比值方案。

④ 选择主物料流量和从动物料流量测量仪表的量程，计算仪表比值系数。

例： 加热炉燃烧过程中，为了践行绿水青山就是金山银山的理念，燃料气流量与空气流量要求成比例。空气量过剩浪费能源，燃料气量过剩燃烧不完全冒黑烟，既浪费能源又污染空气。试设计一比值控制系统。

解： ① 根据工艺流程选择主物料为燃料气和从物料为空气。

② 结合工艺状况选择比值控制系统的类型。如果燃料气成分稳定选择单闭环比值控制，如果燃料气成分不稳定选择单闭环变比值控制。

2. 比值控制系统的投运与比值系数整定

（1）比值系统的投运

比值系统的投运与其他控制系统是一样的，做好各项检查工作，如变送器、比值计算器、控制器、控制阀和电气线路的连接以及引压管线是否良好等。投运前的比值系数不一定很准确，可以在投运过程中慢慢校准。

（2）比值系数整定

比值系数整定是很重要的一个过程，如果系数整定不当，即便设计合理，也不能正常运行。在比值控制系统中，由于构成方案和工艺要求不尽相同，系数整定的过渡过程的要求也是不一样的。对于变比值控制系统，主控制器按串级控制系统整定，尽量严格保持稳定。对于双闭环比值控制系统中的主物料回路，可以按照简单定值控制要求去整定，也就说可以参照（4∶1）～（10∶1）的衰减曲线标准去调整系数。

对于单闭环的比值系统、双闭环从物料的控制回路和变比值的副回路来讲，它们都属于随动控制系统，也就是它们的流量是跟随主动量变化而变化的，基本要求是跟踪的速度要快，且不易有过调，因此副流量的过渡过程在振荡的边界为佳，不要按照4∶1衰减去整定。一般整定步骤如下：

① 根据工艺要求的流量比值，进行仪表比值系数计算，然后根据计算的比值系数投运。

② 控制器需采用比例规律，整定时先将积分时间置于最大，再由大到小调整比例度，直至系统处于振荡与不振荡的临界过程为止。

③ 适当减小放大倍数或放大比例度（一般放大20%），然后把积分时间慢慢减小，直到出现振荡与不振荡的临界过程或微振荡过程为止。

【任务评价】

任务	考核内容与分值	学生自评	教师评分
比值控制系统的相关知识	单闭环比值系统（20分）		
	双闭环与变比值系统（20分）		
	差压法测流量开方器的使用（20分）		
	比值控制系统的应用（20分）		
	比值控制系统的比值系数整定（20分）		
	学生：	教师：	日期：

【知识归纳】

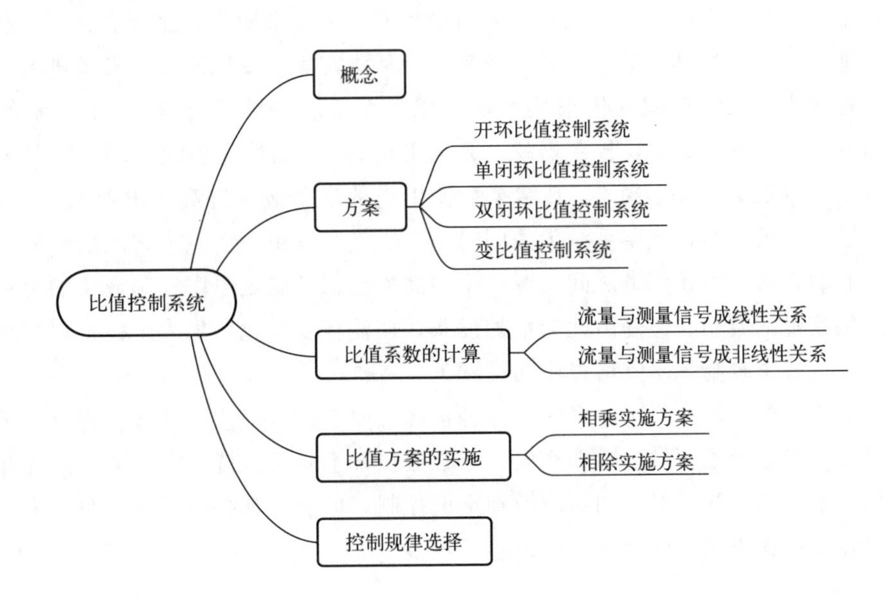

任务四 精馏塔液位-流量均匀控制系统设计与投运

【任务描述】

20世纪50年代，我国炼油工业刚刚起步，精馏技术是其中关键。90%以上的工业原料都要经过精馏这一加工过程，其能耗占生产过程总能耗的比例高达40%～70%。余国琮院士敏锐地发现这一产业的重大需求，开始进行化工精馏技术领域的科研攻关，并带领学生在天津大学化工机械教研室建立了我国第一套大型塔板实验装置。重水分离技术的研制成功也标志着我国精密精馏技术进入了一个新的阶段。此后，余国琮发现并提出精馏工艺和设备一体化这一重大工程科学命题，在国际上率先提出大型精馏塔流体力学理论研究。他指导的团队迅速实现了精馏技术的产业化，为企业创造了从研究到试车生产的“一条龙”服务模式，先后改造或新建的工业精馏塔已过万，直接带动了我国石化、轻工、环保等行业精馏分离技术的进步。目前石化工业全行业80%以上的精馏塔均采用了该项技术；在炼油常减压精馏领域解决了我国千万吨炼油中超大型精馏塔的设计问题，国内技术市场覆盖率达到了90%；在空气产品分离这一重要领域，国内技术市场占有率达到80%以上，完全取代了国外技术。进入21世纪，化学工业成为我国国民经济的支柱性产业，为各行业的发展提供各种原料和燃料，支撑着我国经济的高速增长。精馏作为覆盖所有石化工业的通用技术，在炼油、乙烯和其他大型化工过程中发挥着关键作用。余国琮的现代精馏技术让我国化工分离技术实现了更新换代，有力促进了我国石化工业跨越式发展，使我国在精馏技术领域跨入了国际先进国家行列。

1. 控制要求

如图2-4-1所示为连续精馏的多塔分离过程。为了保证精馏塔的稳定操作，希望进料和塔釜液位稳定。对甲塔来说，为了稳定前后精馏塔的供求关系操作需保持塔釜液位稳定，为此必然频繁地改变塔底的排出量。而对乙塔来说，从稳定操作要求出发，希望进料量尽量不变或少变，这样甲、乙两塔间的供求关系就出现了矛盾。如果采用图2-4-1所示的控制方案，若甲塔的液位上升，则液位控制器就会开大出料阀1，而这将引起乙塔进料量增大，于是乙塔的流量控制器又要关小阀2，其结果会使甲塔的塔釜液位升高，出料阀1继续开大，如此下去，顾此失彼，两个控制系统无法同时正常工作，解决不了供求之间的矛盾。

解决矛盾的方法，可在两塔之间设置一个中间贮罐，既满足甲塔控制液位的要求，又缓冲了乙塔进料流量的波动。但是由此会增加设备，使流程复杂化，加大了投资。另外，有些生产过程连续性要求较高，不宜增设中间贮罐。

解决供求之间的矛盾，只有冲突的双方各自降低要求。从工艺和设备上进行分析，塔釜有一定的容量。其容量虽不像贮罐那么大，但是液位并不要求保持在定值上，允许在一定的范围内变化。至于乙塔的进料，如不能做到定值控制，但能使其缓慢变化也对乙塔的操作是很有益的，较之进料流量剧烈的波动则改善了很多。

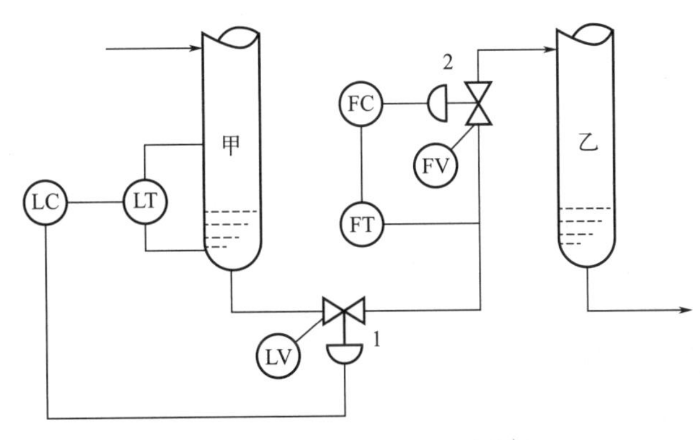

图 2-4-1　前后精馏塔物料供求关系

该控制同时兼顾两个矛盾变量，使两个互相矛盾的变量达到下列要求。

① 两个变量在控制过程中都应该是变化的，且变化是缓慢的。因为均匀控制是指前后设备的物料供求之间的均匀，那么，表征前后供求矛盾的两个变量都不应该稳定在某一固定的数值。图 2-4-2（a）中把液位控制成比较平稳的直线，因此下一设备的进料量必然波动很大。这样的控制过程只能看作液位的定值控制，而不能看作均匀控制。反之，图 2-4-2（b）中把后一设备的进料量控制成比较平稳的直线，那么，前一设备的液位就必然波动很厉害，所以，它只能被看作是流量的定值控制。只有如图 2-4-2（c）所示的液位和流量控制曲线才符合均匀控制的要求，两者都有一定程度的波动，但波动都比较缓慢。

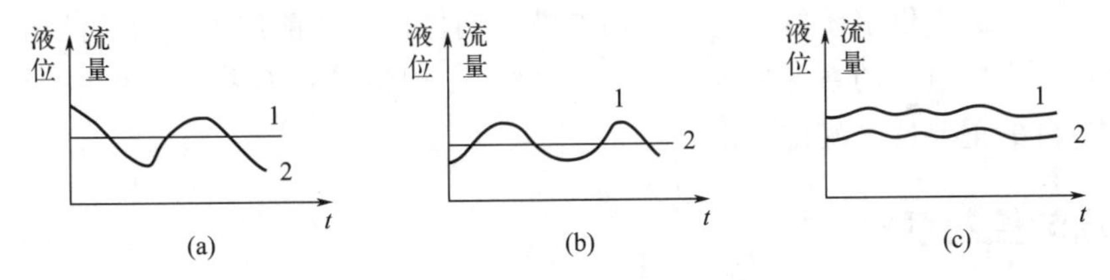

图 2-4-2　液位和进料量的关系
1—液位变化曲线；2—流量变化曲线

② 前后互相联系又互相矛盾的两个变量应保持在所允许的范围内波动。如图 2-4-1 中，甲塔塔釜液位的升降变化不能超过规定的上下限，否则就有淹过再沸器蒸汽管或被抽干的危险。同样，乙塔进料流量也不能超越它所承受的最大负荷或低于最小处理量，否则就不能保证精馏过程的正常进行。

采用均匀控制方案，来满足以上两个限制条件。当然，这里的允许波动范围比定值控制过程的允许偏差要大得多。

2. 任务主要内容

学习均匀控制系统的基本知识：

① 均匀控制系统的目的和特点。

② 简单均匀控制系统的分析。

③ 串级均匀控制系统的分析。

④ 均匀控制系统的投运。

【任务分析】

1. 明确项目工作任务

思考：项目工作任务是什么？

行动：阅读项目任务，保证精馏塔的稳定操作。根据控制要求，甲塔的液位稳定在一定的范围内；乙塔将流量的变化速度变得缓慢。将这两个变量在规定范围内保持均匀缓慢变化，完成均匀控制系统方案设计和投运。

2. 确定系统控制方案

思考：均匀控制系统采用什么控制规律？完成项目需要哪些步骤？

行动：小组成员共同研讨，制订精馏塔液位-流量均匀控制方案，绘制自动控制系统方框图，选择合理控制规律。

3. 制订工作实施计划

思考：小组成员如何分工？完成本项目需要多少时间？

行动：根据控制方案，小组成员合理分担工作任务，确定工作步骤和时间，制订完成工作任务的计划表，明确项目责任人。

【知识链接】

为了解决前后工序供求矛盾，达到前后兼顾协调操作，使前后供求矛盾的两个变量在一定范围内变化，为此组成的系统称为均匀控制系统。"均匀"并不表示"平均照顾"，而是根据工艺变量各自的重要性来确定主次。

一、简单均匀控制系统

1. 简单均匀控制方案

图 2-4-3 所示为简单均匀控制系统。外表看起来与简单的液位定值控制系统一样，但系统设计的目的不同。定值控制是通过改变排出流量来保持液位为给定值，而简单均匀控制是为了协调液位与排出流量之间的关系，允许它们都在各自许可的范围内作缓慢的变化。均匀控制系统要协调液位和流量两变量，是多变量控制系统，其方框图如图 2-4-4 所示。

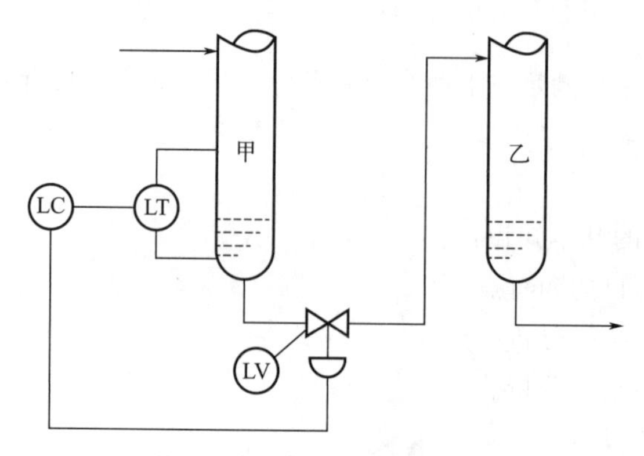

图 2-4-3　简单均匀控制系统

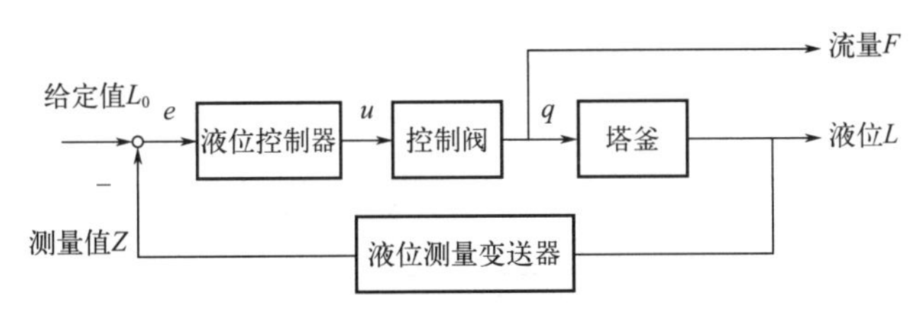

图 2-4-4　简单均匀控制系统的方框图

简单均匀控制系统如何能够满足均匀控制的要求呢？是通过控制器的参数整定来实现的。简单均匀控制系统中的控制器一般都是纯比例作用，比例度的整定不能按 4∶1（或 10∶1）衰减振荡过程来整定，而是将比例度整定得很大，当液位变化时，控制器的输出变化很小，排出流量只作微小缓慢的变化。有时为了克服连续发生的同一方向干扰所造成的过大偏差，防止液位超出规定范围，则引入积分作用，这时比例度一般大于 100%，积分时间也要放得大一些。至于微分作用，在均匀控制系统中，不能选用微分作用规律，这是因为微分作用规律“超前”的特点与均匀控制要求是背道而驰的。

简单均匀控制系统最大的优点是结构简单，操作、整定和调试都比较方便，投入成本低。但是，如果前、后设备压力波动较大，尽管控制阀的开度不变，流量仍然会变化，此时简单均匀控制就不适合了。所以，简单均匀控制只适用于干扰较小、对流量控制质量要求低的场合。

2. 简单均匀控制的特点

① 简单均匀控制系统具有与简单控制系统相同的系统结构。

② 简单均匀控制系统应用于需要同时对两个相互关联的被控变量进行控制；而简单控制系统的被控变量是一个。

③ 由于简单均匀控制系统要兼顾到两个相互关联的被控变量，因此，控制器的比例度和积分时间常数等参数的设置要大一些；而简单控制系统的参数设置要小一些。

④ 简单均匀控制系统的控制器采用 P 或 PI；简单控制系统的控制器采用 P 或 PI、PID。

⑤ 简单均匀控制系统使被控制的变量在一定范围内缓慢变化；简单控制系统使被控制的变量一定。

二、串级均匀控制系统

简单均匀控制方案，虽然结构简单，但有局限性。当塔内压力或排出端压力变化时，即使控制阀开度不变，流量也会随控制阀前后压差变化而改变。等到流量变化影响到液位变化后，液位控制器才进行控制，显然这是不及时的。为了克服这一缺点，可在简单均匀控制方案基础上增加一个流量副回路，即构成串级均匀控制，如图 2-4-5 所示，串级均匀控制系统方框图如图 2-4-6 所示。

从图 2-4-5 中可以看出，在系统结构上它与串级控制系统是相同的。液位控制器的输出，作为流量控制器的给定值，用流量控制器的输出来操纵控制阀。由于增加了副回路，可以及时克服由于塔内或排出端压力改变所引起的流量变化。这些都是串级控制系统的特点。但是，由于设计这一系统的目的是协调液位和流量两个变量的关系，使之在规定的范围内作缓慢的变化，所以本质上是均匀控制。

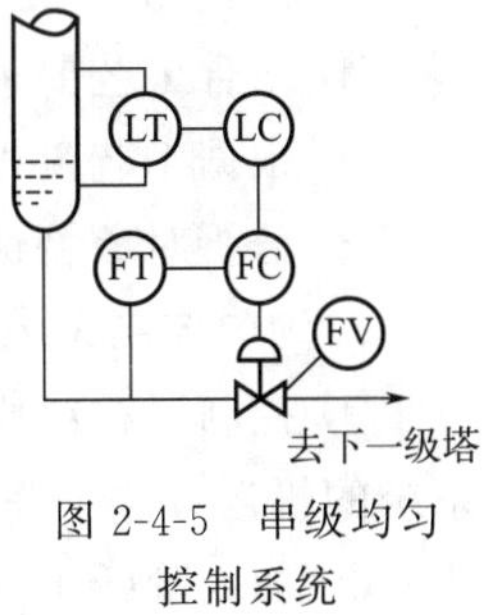

LT　LC　FT　FC　FV

去下一级塔

图 2-4-5　串级均匀控制系统

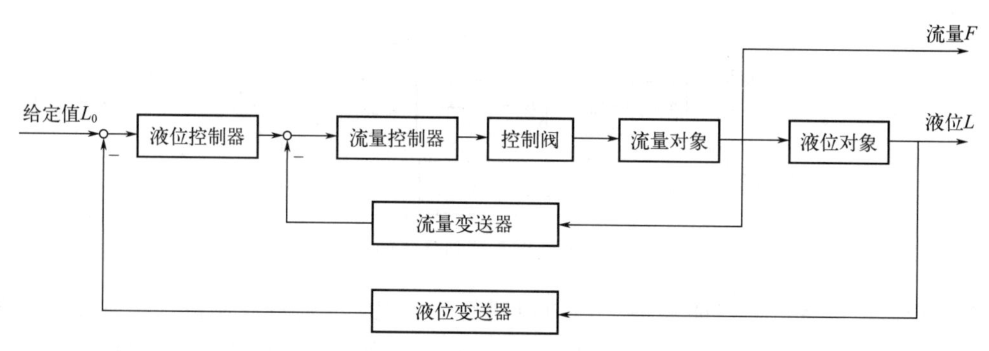

图 2-4-6 串级均匀控制系统方框图

串级均匀控制系统之所以能够使两个变量间的关系得到协调，是通过控制器参数整定来实现的。在串级均匀控制系统中，参数整定的目的不是使变量尽快地回到给定值，而是要求变量在允许的范围内作缓慢的变化。参数整定的方法也与一般的不同。一般控制系统的比例度和积分时间是由大到小地进行调整，均匀控制系统却正相反，是由小到大地进行调整。均匀控制系统的控制器参数数值一般都很大。

一般情况下，简单均匀控制系统的控制器采用比例控制而不采用比例积分控制，其原因是均匀控制系统的控制要求是使液位和流量在允许范围内缓慢变化，即允许被控量有余差。由于控制器参数整定时比例度较大，控制器输出引起的流量变化一般不会超出工艺要求范围，因此可以满足系统的控制要求。当然，由于工艺过程的需要，为了照顾流量参数使其变化更稳定，有时也采用比例积分控制。当液位波动较剧烈或输入流量存在急剧变化的场合、系统要求液位没有余差时，则要采用比例积分控制规律，在此情况下，加入积分作用相应增大了控制器的比例度，削弱比例控制作用，使流量变化缓慢，也可以很好地实现均匀控制作用。这里要指出引入积分作用的不利之处，主要是对流量参数产生不利影响，如果液位偏离给定值的时间较长而幅值又比较大，积分作用产生积分饱和，会导致控制阀全开或全关，造成流量的波动较大。

串级均匀控制系统主控制器的控制规律可按照简单均匀控制系统的控制规律选择，副控制器的控制规律可以选用比例控制规律，不必消除余差；为了改善系统的动态特性，可以采用比例积分控制规律。

【任务实施】

1. 均匀控制系统的设计

根据任务的内容要求进行均匀控制系统的方案设计。

① 结合工艺要求选择简单均匀或串级均匀控制。

② 根据工艺流程选择被控变量和操纵变量。

③ 分析对象特性选择控制规律。

2. 均匀控制系统的投运

① 控制器在纯比例作用下，对比例作用设置适当数值，参照简单控制系统和串级控制系统的投运方法，完成简单均匀控制系统和串级均匀控制系统的投运工作。

② 加入阶跃干扰后，分别设置不同的比例作用数值，观察被控变量变化曲线。

3. 均匀控制系统的参数整定

（1）简单均匀控制系统的参数整定

先将比例作用数值放置在不会引起变量超值但相对较大的数值，观察趋势，适当地调整比例作用数值，使变量波动小于且接近允许范围。如果加入积分作用，需在比例作用数值适当调整后，再加入积分作用，由大到小逐渐调整积分时间，直到变量都在工艺范围内均匀、缓慢地变化。

（2）串级均匀控制系统的参数整定

先将副控制器比例作用数值放于适当值上，然后由大到小地调整比例放大倍数，直至副参数呈现缓慢非周期衰减过程为止。再将主控制器比例作用数值放于适当值上，然后由大到小地调整比例放大倍数，直至主参数呈现缓慢非周期衰减过程为止。

为避免在同向干扰作用下主变量出现过大余差，可以适当地加入积分作用，但积分时间不要太少。

【任务评价】

任务	训练内容与分值	训练要求	学生自评	教师评分
简单均匀控制系统的设计与投运	方案设计（40 分）	设计控制方案合理，正确选择被控变量、操纵变量		
	系统投运（20 分）	① 正确加入阶跃干扰 ② 设置比例作用数值 ③ 观察记录被控变量变化		
	控制器参数整定（30 分）	将比例作用设置为不同数值，适当调整，直到变量都在工艺范围内均匀、缓慢变化		
	职业素养与创新思维（10 分）	① 积极思考、举一反三 ② 分组讨论、独立操作 ③ 遵守纪律，遵守实验室管理制度		
	学生：　教师：　日期：			

【知识归纳】

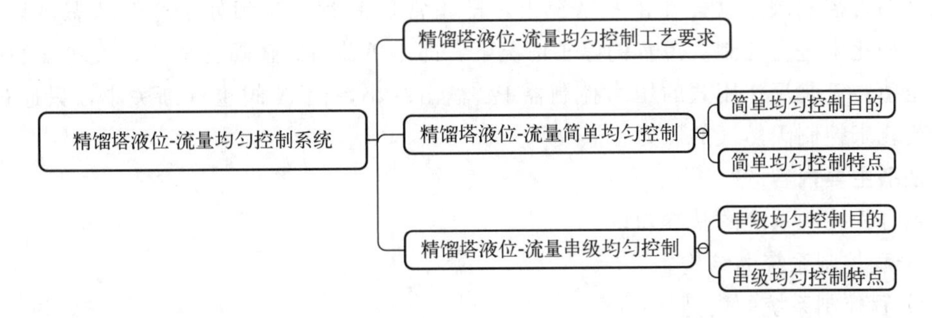

任务五 天然气压力分程控制系统设计与投运

【任务描述】

天然气作为优质高效、绿色清洁的低碳能源，已经成为推进我国能源生产和消费革命，构建清洁低碳、安全高效的现代能源体系的重要路径。我国天然气资源的分布十分不平均，用管道进行天然气的运输就显得极其重要。为提高天然气管道输送自动化水平，在应用自动化控制技术的基础上，结合多项智能技术，如人工智能技术、红外遥感技术、卫星监测技术等，全面提高天然气管道运输的自动化，降低人工成本，减少危险出现概率，从而保证天然气管道输送的安全性。2023 年 6 月中国石化首个全国产化的天然气管道 SCADA 系统投入使用。作为全国产化系统，该项目新建站场、阀室控制系统及调控中心全部采用国产化软硬件，可由调控中心直接控制所辖站场各工艺设备，实现了由单套国产化 SCADA 系统对多条管道、多个站库进行集中监控的管控目标，达到了“一级调控”和“站场无人值守”。项目建设过程中，项目部采用了机柜间模块化 、坐席管理智能化、装修简约人性化、系统可扩展化和全过程数字化等创新做法，为天然气分公司后续长输管道工程树立了标杆，为输气管道、LNG 及储气库的集中管控奠定了基础。

1. 控制要求

某大型化工厂燃烧天然气压力系统，在正常生产时，为了适应此负荷下天然气供应量的需要，控制阀的口径就要选择得很大。然而，在短暂的停车过程中，需要少量的天然气，需将控制阀开度关小。也就是说，短暂的停车情况下控制阀只在小开度下工作。而大口径阀在小开度下工作时，除了控制阀特性会发生畸变外，还容易产生噪声和振荡，这样就会使控制效果变差，控制质量降低。

为解决这一矛盾需设计分程控制方案，扩大控制阀的可调范围，改善控制品质。生产过程要求有较大范围的流量变化，但是控制阀的可调范围是有限制的（国产控制阀可调范围 $R=30$）。若采用一个控制阀，能够控制的最大流量和最小流量相差不可能太悬殊，满足不了生产上流量大范围变化的要求，这时可考虑采用两个控制阀并联的分程控制方案，如图 2-5-1 所示。两个阀的动作要求为：采用 A（流通能力较小即小阀）、B（流通能力较大即大阀）两台控制阀。这样在正常情况下，即正常负荷时，A 阀处于全开状态，只通过 B 阀开度的变化来进行控制。短暂的停车情况下，即小负荷时，B 阀已全关，天然气的压力仍高于给定值，于是反作用式的压力控制器 PC 输出减小，使 A 阀也逐渐关小，只通过 A 阀开度的变化来控制天然气的压力。

2. 任务主要内容

学习分程控制系统的基本知识：

① 分程控制系统的结构。

② 分程控制系统的类型。

③ 分程控制系统的应用场合。

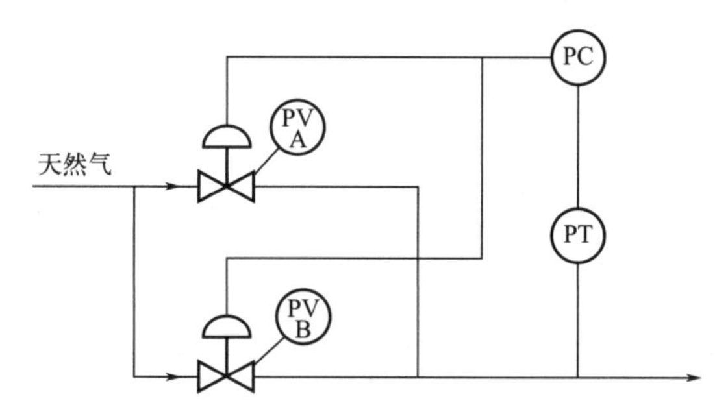

图 2-5-1　天然气压力分程控制系统

【任务分析】

1. 明确项目工作任务

思考：项目工作任务是什么？

行动：阅读项目任务，根据控制要求，生产过程要求有较大的流量变化范围，而控制阀的可调范围是有限的，如果采用一个控制阀能够控制的流量变化范围不大，满足不了生产工艺对流量有较大变化范围的要求，这时就可以考虑采用两个控制阀并联工作的分程控制。

2. 确定系统控制方案

思考：控制阀的气开、气关形式怎么选？分程控制如何确定分程区间？完成项目需要哪些步骤？

行动：小组成员共同研讨，设计分程控制方案，绘制流程控制图，选择控制阀气开、气关形式，确定控制器的正反作用方式，并确定分程区间，绘制控制阀分程图。

3. 制订工作实施计划

思考：小组成员如何分工？完成本项目需要多少时间？

行动：根据控制方案，小组成员合理分担工作任务，确定工作步骤和时间，制订完成工作任务的计划表，明确项目责任人。

【知识链接】

在反馈控制系统中，通常都是一台控制器的输出只控制一台控制阀。而在分程控制系统中，一台控制器的输出可以同时控制两台甚至两台以上控制阀。控制器的输出信号被分割成若干个信号范围段，由每一段信号去控制一台控制阀。由于是分段控制，故取名为分程控制系统。

一、分程控制方案

分程控制系统的方框图如图 2-5-2 所示。

分程控制系统中控制器输出信号的分段一般是由附设在控制阀上的阀门定位器来实现的。以图 2-5-2 系统为例来说明其控制过程，控制器分别控制控制阀 A 和控制阀 B，如果 A

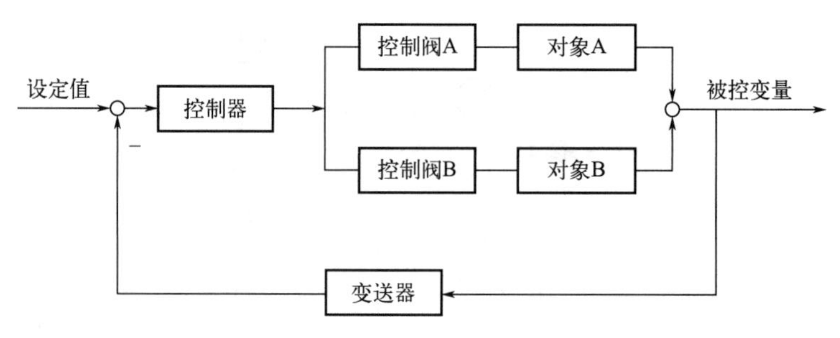

图 2-5-2　分程控制系统方框图

阀在 0～50%信号范围内作全行程动作（即由全关到全开或由全开到全关），B 阀在 50%～100%信号范围内作全行程动作。那么，就可以对附设在控制阀 A、B 上的阀门定位器进行调整，使控制阀 A 在 0～50%的输入信号下走完全行程，使控制阀 B 在 50%～100%的输入信号下走完全行程。这样一来，当控制器输出信号在小于 50%范围内变化时，就只有控制阀 A 随着信号压力的变化改变自己的开度，而控制阀 B 则处于某个极限位置（全开或全关），其开度不变。当控制器输出信号在 50%～100%范围内变化时，控制阀 A 因已移动到极限位置开度不再变化，控制阀 B 的开度却随着信号大小的变化而变化。分程控制属于定值控制系统，其控制过程与简单控制系统相同。分程控制系统就控制阀的开、关形式可以划分为两类：一类是两个控制阀同向动作，即随控制阀的输入信号增加或减小，阀门都开大或都关小，如图 2-5-3 所示；另一类是两个控制阀异向动作，即随控制阀的输入信号增加或减小，阀门一个关小另一个开大，如图 2-5-4 所示。

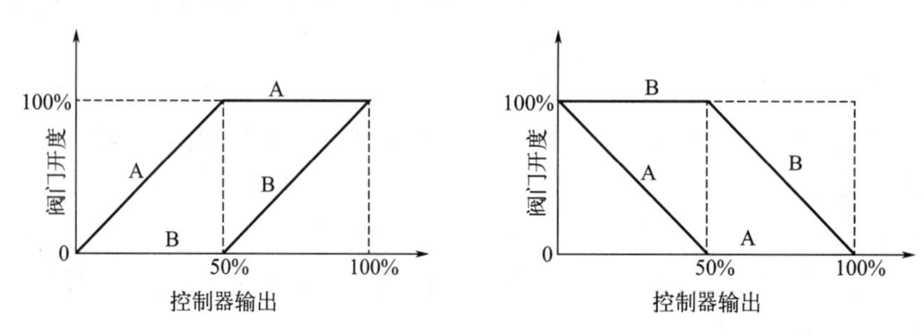

图 2-5-3　两阀同向动作

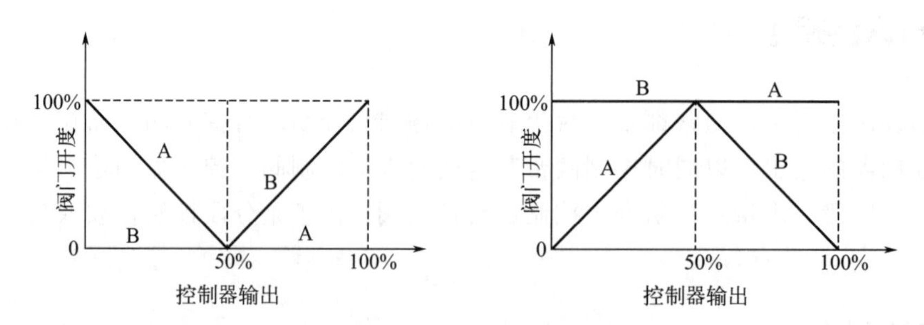

图 2-5-4　两阀异向动作

分程控制系统中控制阀的开关形式即阀同向或异向动作的选择问题，要根据生产工艺的实际需要来确定。

二、分程控制系统的应用场合

1. 用于扩大控制阀的可调范围，改善控制品质

蒸汽减压分程控制系统如图 2-5-5 所示。图中，锅炉的生产蒸汽压力为 10MPa，属于高压蒸汽，而生产上需要的是 4MPa 的中压蒸汽。为此，需要用节流减压的办法将高压蒸汽节流减压成中压蒸汽。这样，为了适应较大负荷下蒸汽供应量的需要，在选择控制阀时，控制阀的口径就要选得很大。然而，大口径控制阀在小开度下工作时，除了控制阀的特性会发生畸变外，还容易产生噪声和振荡，导致控制效果变差。为了解决这一矛盾，可采用如图 2-5-6 所示的两个控制阀并联工作的分程控制方案。

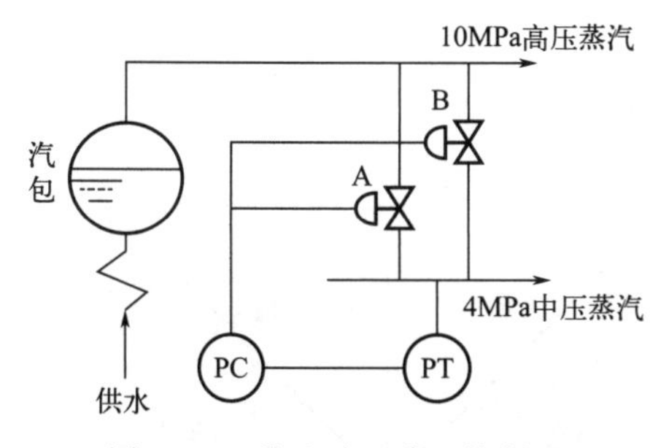

图 2-5-5 蒸汽减压分程控制图

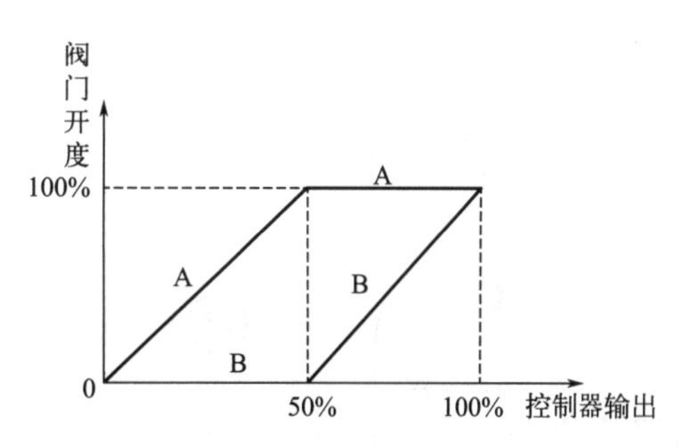

图 2-5-6 控制阀动作示意图

在该控制方案中，采用 A、B 两个控制阀（假定均选择为气开阀）并联工作，其中 A 阀在控制器的输出信号为 0～50%时，由全关到全开，B 阀在控制器的输出信号为 50%～100%时，由全关到全开。在正常工作情况下，B 阀处于关闭状态，系统只通过 A 阀开度的变化进行控制。当负荷较大时，A 阀在全开的情况下仍然满足不了蒸汽供应量的需要，此时，压力控制器 PC 的输出增加。当压力控制器 PC 的输出信号超过 50%时，B 阀逐渐打开，以满足蒸汽供应量的要求。

2. 交替使用不同的控制方式

在工业生产中，有时需要交替使用不同的控制方式，满足生产需求，例如有些存放各种油品或石油化工产品的贮罐。这些油品或石油产品不宜与空气长期接触，因为空气中的氧气会使油品氧化而变质，甚至引起爆炸。为此，常常在贮罐上方充以惰性气体 N_2，使油品与空气隔绝，通常称之为氮封。为了保证空气不进贮罐，一般要求氮气压力应保持为微正压。

这里需要考虑的一个问题就是贮罐中物料量的增减会导致氮封压力的变化。当抽取物料时，氮封压力会下降，如不及时向贮罐中补充 N_2，贮罐就有被吸瘪的危险。而当向贮罐中打料时，氮封压力又会上升，如不及时排出贮罐中一部分 N_2 气体，贮罐就可能被鼓坏。为了维持氮封压力，可采用如图 2-5-7 所示的分程控制方案，该方案从安全角度出发 A 阀采用气开式，B 阀采用气关式。

当贮罐压力升高时，测量值将大于给定值，压力控制器 PC 的输出将下降，这样 A 阀将关闭，而 B 阀将打开，于是通过放空的办法将贮罐内的压力降下来。当贮罐内压力降低，测量值小于给定值时，控制器输出将变大，此时 B 阀将关闭而 A 阀将打开，于是 N_2 被补充加入贮罐中，以提高贮罐的压力。

为了防止贮罐中压力在给定值附近变化时A、B两阀频繁动作，可在两阀信号交接处设置一个不灵敏区，如图2-5-8所示。方法是通过阀门定位器的调整，使B阀在0～48％信号范围内从全开到全关，使A阀在52％～100％信号范围内从全关到全开，而当控制器输出压力在48％～52％范围变化时，A、B两阀都处于全关位置不动。这样做的结果，对于贮罐这样一个空间较大，因而时间常数较大且控制精度不是很高的具体压力对象来说，是有益的。因为留有这样一个不灵敏区之后，将会使控制过程变化趋于缓慢，系统更为稳定。

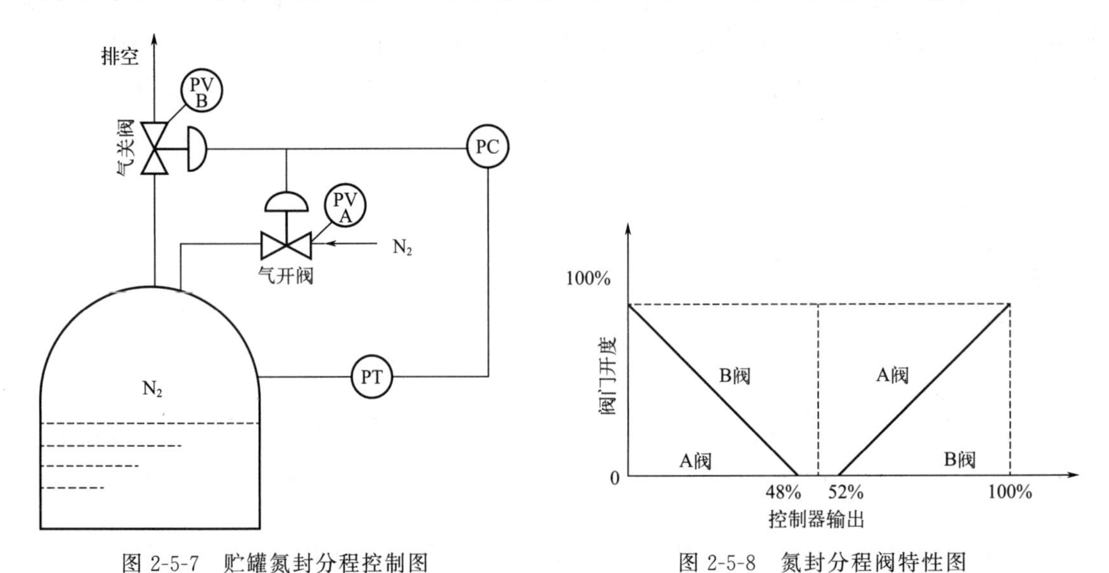

图2-5-7 贮罐氮封分程控制图　　图2-5-8 氮封分程阀特性图

3. 用于控制两种不同的介质，以满足工艺生产的要求

在某些间歇式生产的化学反应过程中，当反应物料投入设备后，为了使其达到反应温度，往往在反应开始前，需要给它提供一定的热量。一旦达到反应温度后，就会随着化学反应的进行而不断放出热量，这些放出的热量如不及时移走，反应就会越来越剧烈，以致会有爆炸的危险。因此，对这种间歇式化学反应器，既要考虑反应前的预热问题，又需要考虑过程中移走热量的问题。为此，可设计如图2-5-9所示的分程控制系统。在该系统中，利用A、B两台控制阀，分别控制冷水与蒸汽两种不同介质，以满足工艺上需要冷却和加热的不同需要。

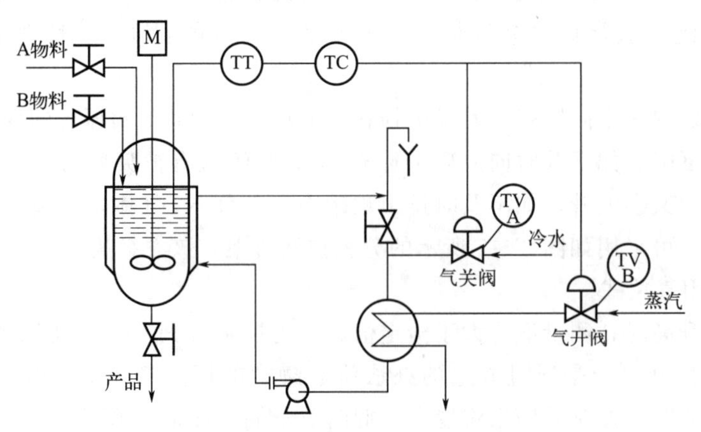

图2-5-9 反应器分程控制系统

温度控制器 TC 选择为反作用，冷水控制阀 A 选为气关式，蒸汽控制阀 B 选为气开式，两阀的分程情况如图 2-5-10 所示。

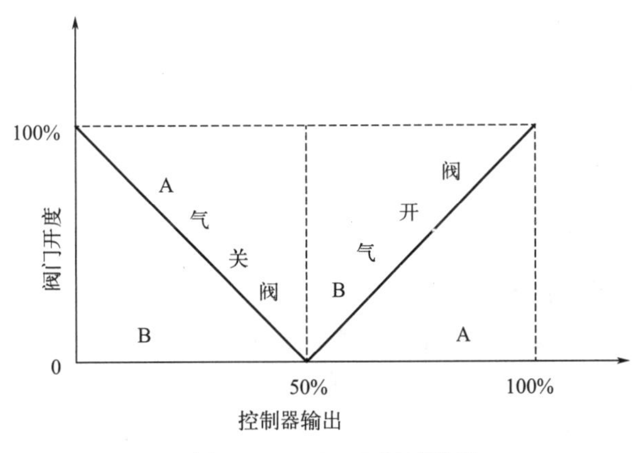

图 2-5-10　A、B 阀特性图

该系统的工作情况如下：在进行化学反应前的升温阶段，由于温度测量值小于给定值，控制器 TC 输出较大（大于 50%），因此，A 阀将关闭，B 阀被打开，此时蒸汽通入热交换器使循环水被加热，循环热水再通入反应器夹套为反应物加热，以便使反应物温度慢慢升高。

当反应物温度达到反应温度时，化学反应开始，于是就有热量放出，反应物的温度将逐渐升高。由于控制器 TC 是反作用的，故随着反应物温度的升高，控制器的输出逐渐减小。与此同时，B 阀将逐渐关闭。待控制器输出小于 50%以后，B 阀全关，A 阀则逐渐打开。这时，反应器夹套中流过的将不再是热水而是冷水。这样一来，反应所产生的热量就不断为冷水所移走，从而达到维持反应温度不变的目的。

本方案中选择蒸汽控制阀为气开式，冷水控制阀为气关式是从生产安全角度考虑的。因为，一旦出现供气中断情况，A 阀将全开，B 阀将全关。这样，就不会因为反应器温度过高而导致生产事故。

三、分程控制应用中的几个问题

1. 正确选择控制阀的流量特性

在两个控制阀的分程点上（即由一个控制阀转到另一个控制阀的交替点），系统要求其流量的变化要平缓，否则对系统的控制不利。但由于控制阀的放大系数不同，造成分程点上流量特性的突变。尤其是大、小阀并联动作时显得尤为突出。如两控制阀均为线性阀，其突变情况非常严重，其总流量特性已不再呈现线性关系，导致了总流量特性的不平滑，这对系统的平稳运行是不利的，如图 2-5-11 所示。当均采用对数阀时，突变情况要好一些，如图 2-5-12 所示。

在分程控制中，控制阀流量特性的选择非常重要，为使总的流量特性比较平滑，一般尽量选用对数阀。如果两个控制阀的流通能力比较接近且阀的可控范围不大，可选用线性阀。

2. 控制阀泄漏的问题

在分程控制中，阀的泄漏量大小是一个很重要的问题。当分程控制系统中采用大、小阀并联时，若大阀泄漏量过大，小阀将不能充分发挥其控制作用，甚至起不到控制作用。因此，要选择泄漏量较小或没有泄漏的控制阀。

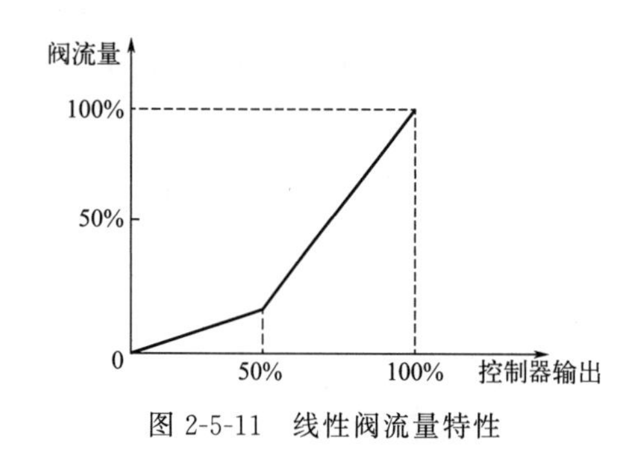

图 2-5-11 线性阀流量特性

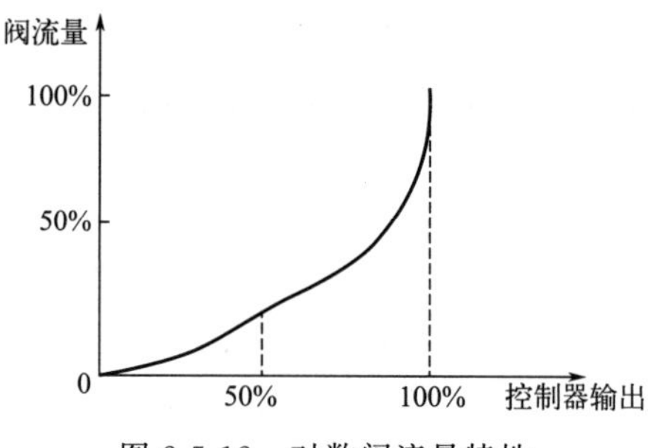

图 2-5-12 对数阀流量特性

3. 控制规律的选择及参数整定问题

分程控制系统本质上仍是一个简单控制系统，有关控制器控制规律的选择及其参数整定可参考简单控制系统的处理。但当两个控制通道特性不相同时，应照顾正常情况下的对象特性，按正常工况整定控制器的参数，另一阀只要在工艺允许的范围内工作即可。

【任务实施】

1. 分程控制系统的设计

根据任务的内容要求进行分程控制系统的方案设计。

① 被控变量和操纵变量的选择。

② 控制阀的气开、气关形式的选择。

③ 确定控制器正、反作用方式。

④ 确定控制阀分程区间。

如图 2-5-13 所示，在某生产过程加热器中，冷物料通过换热器用热水（工业废水）和蒸汽对其进行加热，当用热水加热不能满足出口温度要求时，则再同时使用蒸汽加热，从而减少能源消耗，提高经济效益。试设计一个过程控制系统，画出流程控制图，并确定控制阀的气开、气关形式，控制器的正、反作用方式和分程特性图。

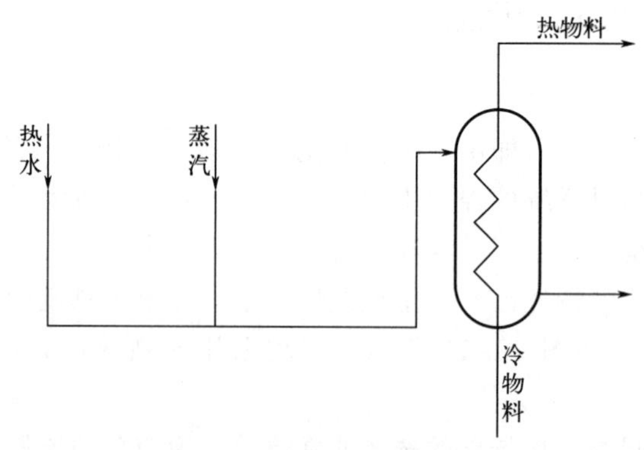

图 2-5-13 加热器工艺流程

2. 分程控制系统的投运

分程控制系统属简单（单回路）控制系统，有关控制器控制规律的选择及系统参数整定，可以参照简单（单回路）控制系统处理，但是分程控制中的两个控制通道特性不会完全相同。所以，在系统运行中采用互相兼顾的办法，选取一组较为合适的整定参数值。

【任务评价】

任务	训练内容与分值	训练要求	学生自评	教师评分
分程控制系统的设计与投运	方案设计（40 分）	① 正确选择被控变量和操纵变量 ② 正确选择控制阀气开、气关形式 ③ 合理设置分程工作区间		
	系统投运（20 分）	① 正确加入阶跃干扰 ② 观察记录被控变量变化		
	控制器参数整定（30 分）	将 PID 作用设置为不同数值，适当调整，直到变量都在控制要求范围内变化		
	职业素养与创新思维（10 分）	① 积极思考、举一反三 ② 分组讨论、独立操作 ③ 遵守纪律，遵守实验室管理制度		
	学生：	教师：	日期：	

【知识归纳】

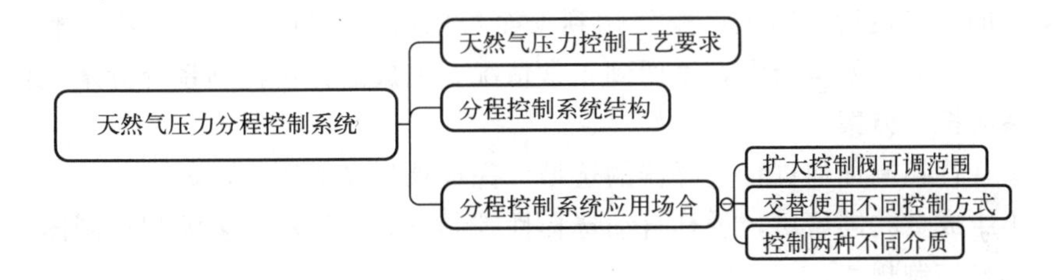

任务六　液氨蒸发器的自动选择性控制系统设计与投运

【任务描述】

1. 控制要求

液氨蒸发器作为一个换热设备，在工业生产中应用很多。它是利用液氨的汽化需要吸收大量的汽化热来冷却物料。在正常工况下，控制阀由温度控制器的输出来控制，这样可以保证被冷却物料的温度稳定在某个给定值上。这样就构成了以被冷物料出口温度为被控变量，以液氨流量为操纵变量的控制方案，如图 2-6-1 所示。这一控制方案是通过改变传热面积来调节传热量的。由于液位高度会影响换热器的传热面积，液氨蒸发器实质上是一个单输入（液氨流量）两输出（温度和液位）系统。通过工艺的合适设计，在正常工况下当温度得到控制后，液位也应该在一定允许区间内，让蒸发器有足够的汽化空间来保证良好的汽化条件及避免出口氨气带液。

对这两个控制系统工作的逻辑规律要求如下：在正常工况下，由温度控制器操纵阀门进行温度控制；而当出现非正常工况，引起氨的液位达到最高限时，被冷却物料的出口温度将比设定值高，此时温度的偏离暂成为次要因素，而保护氨压缩机不致损坏已上升为主要矛盾。此时，也不再增加液氨量，而由液位控制器取代温度控制器进行控制，这样既保证了必要的汽化空间又保证了设备安全。

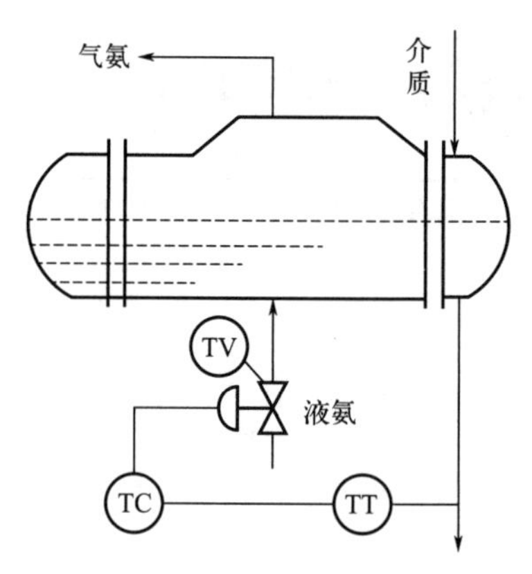

图 2-6-1 液氨蒸发器自动控制系统

2. 任务主要内容

学习选择性控制系统的基本知识：

① 选择性控制系统的类型。

② 选择性控制系统的设计。

③ 选择性控制系统的应用。

【任务分析】

1. 明确项目工作任务

思考：项目工作任务是什么？

行动：阅读项目任务，根据控制要求，在生产处于正常运行情况下，能够克服外界干扰，维持生产的平稳运行；当生产操作达到安全极限时，控制系统应能采取相应的保护措施，促使生产操作离开安全极限，返回到正常情况。完成选择性控制系统方案设计和投运。

2. 确定系统控制方案

思考：选择性控制如何进行选择器的选型？完成项目需要哪些步骤？

行动：小组成员共同研讨，设计自动选择性控制方案，绘制工艺流程控制图，确定选择器的类型，选择控制规律。

3. 制订工作实施计划

思考：小组成员如何分工？完成本项目需要多少时间？

行动：根据控制方案，小组成员合理分担工作任务，确定工作步骤和时间，制订完成工作任务的计划表，明确项目责任人。

【知识链接】

选择性控制系统是当生产短期内处于不正常工况时，既不使设备停车又起到对生产进行自动保护的目的。在这种选择性控制系统中，考虑到了生产工艺过程限制条件的逻辑关系。当生产操作条件趋向限制条件时，一个用于控制不正常工况的控制方案将自动取代正常工况下工作的控制方案。直到生产操作重新回到安全范围时，正常工况下工作的控制方案又自动恢复对生产过程的正常控制。因此，这种选择性控制系统有时被称为取代控制系统或自动保护控制系统。某些选择性控制系统甚至可以使开、停车这样的工作都能够由系统控制自动进行而无需人参与。

要构成选择性控制，生产操作必须具有一定选择性的逻辑关系。而选择性控制的实现则需要靠具有选择功能的自动选择器来完成。选择性控制系统的结构有多种，经常使用的类型是：选择器在控制器和控制阀之间的选择性控制系统和选择器在控制器和变送器之间的选择性控制系统。

一、选择性控制原理

通常的自动控制系统都是在生产过程处于正常工况时发挥作用的，如遇到不正常工况，则往往要启动联锁保护紧急性停车或退出自动控制而切换为手动，待工况基本恢复再投入自动控制状态。

现代石油、化工等流程工业中，越来越多的生产装置要求控制系统既能在正常工艺状况下发挥控制作用，又能在非正常工况下起到自动控制作用，使生产过程尽快恢复到正常工况，至少也是有助于工况恢复正常。这种非正常工况时的控制系统属于安全保护措施。安全保护措施有两大类，一类是硬保护，另一类是软保护。

硬保护措施就是联锁保护控制系统。当生产过程工况超出一定范围时，联锁保护系统采取一系列相应的措施，如报警、自动到手动、联锁动作等，使生产过程处于相对安全的状态。但这种硬保护措施经常使生产停车，造成较大的经济损失。于是，人们在实践中探索出许多更为安全经济的软保护措施来减少停车造成的损失。

所谓软保护措施，就是当生产工况超出一定范围时，不是消极地进入联锁保护甚至停车，而是自动切换到一种新控制系统中，这个新的控制系统取代了原来的控制系统对生产过程进行控制，当工况恢复时又自动切换到原来的控制系统中。由于要对工况是否正常进行判断，以在两个控制系统中选择，因此称为选择性控制系统，有时也称为取代控制或超驰控制。

选择性控制是在一个过程控制系统中，设有两个控制器，通过高、低值选择器选择出能够适应生产安全状况的控制信号，实现对生产过程的自动控制。选择器通常是两个输入信号，一个输出信号，如图 2-6-2 所示。对于高选器，输出信号 Y 等于 X_1 和 X_2 中数值较大的一个。对于低选器，输出信号 Y 等于 X_1 和 X_2 中数值较小的一个。

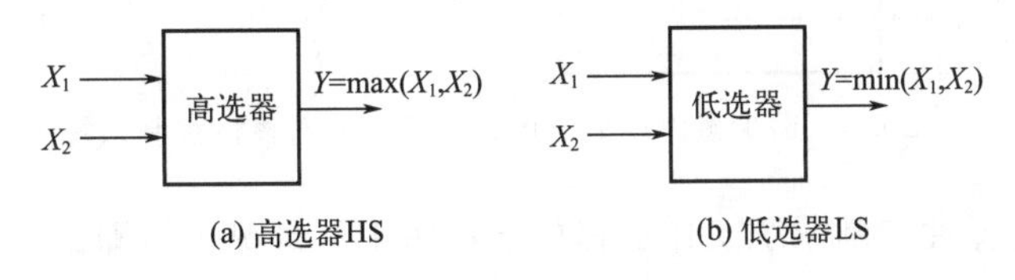

图 2-6-2　选择器

选用高选器时，正常工艺状况下参与控制的信号应该比较强，如设 X_1 为控制信号，则 X_1 应明显大于 X_2。出现不正常工况时，X_2 变得大于 X_1，高选器输出 Y 转而等于 X_2。待工艺恢复正常后，X_2 又下降到小于 X_1，Y 又恢复为选择 X_1。这就是选择性控制原理。

二、选择性控制系统的类型

1. 选择器在控制器和控制阀之间的选择性控制系统

在这一类选择性控制系统中，一般有 A、B 两个可供选择的变量。其中一个变量 A 假定是工艺操作的主要技术指标，它直接关系到产品的质量或生产效率；另一个变量 B，工艺上对它只有一个限值要求，只要不超出限值，生产就是安全的，一旦超出这一限值，生产过程就有发生事故的危险。因此，在正常情况下，变量 B 处于限值以内，生产过程就按照变量 A 来进行连续控制。一旦变量 B 达到极限值时，为了防止事故的发生，所设计的选择性控制系统将通过选择器切断变量 A 控制器的输出，而将控制阀迅速关闭或打开，直到变量 B 回到限值以内时，系统才自动重新恢复到按变量 A 进行连续控制。这种类型选择性控制系统一般都用作系统的限值保护。

在锅炉的运行中，蒸汽负荷随着用户需要而经常波动。在正常情况下，通过控制燃料量来保证蒸汽压力的稳定。当蒸汽用量增加时，为保证蒸汽压力不变，必须在增加供水量的同时，相应地增加燃料气量。然而，燃料气的压力也随燃料气量的增加而升高，当燃料气压力过高而超过某一安全极限时，会产生脱火现象。一旦脱火现象发生，燃烧室内由于积存大量燃料气与空气的混合物，就会有爆炸的危险。为此，锅炉控制系统中需采用蒸汽压力与燃料气压力的选择性控制系统，以防止脱火现象产生，如图 2-6-3 所示。蒸汽负荷随用户需求量的多少而波动，在正常情况下，用控制燃料量的方法维持蒸汽压力稳定。当蒸汽用量剧增时，蒸汽总管压力显著下降，此时蒸汽压力控制器不断打开燃料阀门，增加燃料量，因而使阀后压力大增。当阀后压力超出一定范围之后，会造成喷嘴脱火事故，为此，设计了选择性控制系统。

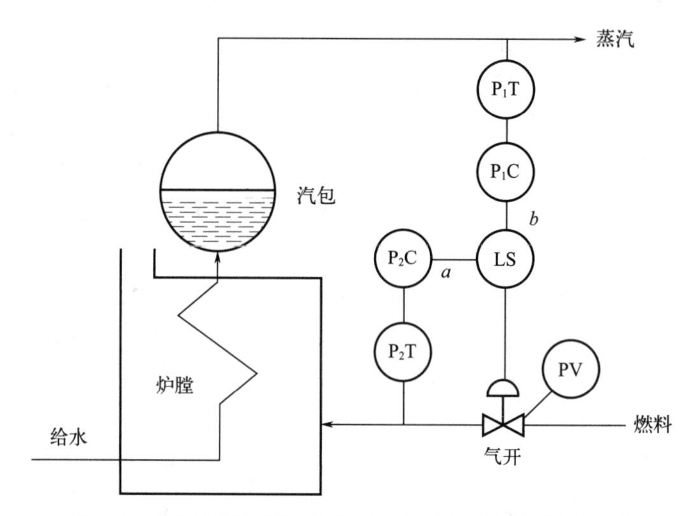

图 2-6-3　锅炉蒸汽压力与燃料气压力的选择性控制系统

图 2-6-3 所示选择性控制系统工作过程如下：在正常情况下，即阀后压力低于脱火压力时，燃料压力控制器的输出信号大于蒸汽压力控制器的输出信号。由于低值选择器 LS 能够自动选择两个输入信号 a、b 中的低值作为输出，因此，在正常情况下，蒸汽压力控制器输出 b 控制燃料阀门的开度。而当燃料阀门开大，使阀后压力接近脱火压力时，燃料压力控制器的输出信号 a 减小，并取代蒸汽压力控制器去操纵燃料阀门，使阀门关小，避免因阀后压力过高而造成喷嘴脱火事故。当阀后压力降低后，且蒸汽压力回升后，蒸汽压力控制器的输出信号再被选中恢复正常工况控制。

在图 2-6-3 中，采用一台低选器（LS）来确定控制阀的输入信号，低选器能自动地选择两个输入信号中较低的一个作为它的输出信号。系统中蒸汽压力控制器为正常控制器，燃料压力控制器为取代控制器。正常控制器与取代控制器的输出信号通过选择器，在不同工况下自动选取后送至控制阀，以维持蒸汽压力的稳定以及防止脱火现象的发生。该系统的方框图如图 2-6-4 所示。

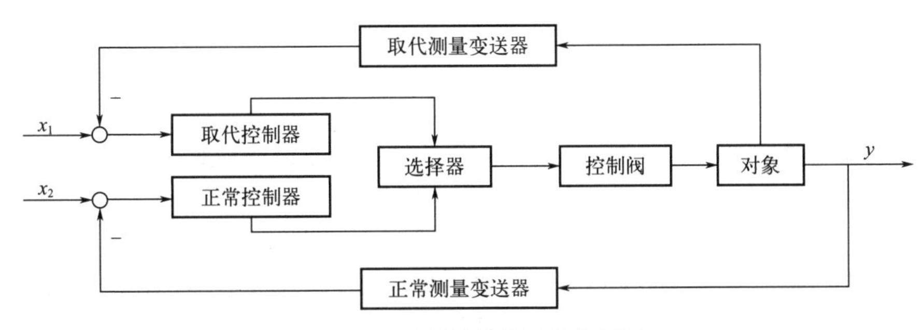

图 2-6-4　选择性控制系统方框图

① 在正常情况下，燃料气压力低于产生脱火的压力，取代控制器感受到的是负偏差，因此它的输出呈现为高信号，而与此同时正常控制器的输出信号相对来说为低信号。这样，低值选择器将选中正常控制器的输出送往控制阀，构成蒸汽压力控制系统。

② 当燃料气压力上升到超过取代控制器的给定值时，取代控制器感受到的是正偏差，由于它是反作用、窄比例，因此它的输出一下跌为低信号，于是低值选择器将选中取代控制器的输出信号送往控制阀，构成燃料气压力控制系统，从而防止燃料气压力上升，达到防止脱火的目的。

针对锅炉蒸汽压力控制的，其正常工作的所有参数指标必须达标，当其中有参数出现临界值时，系统首先做出正确的预判。假如控制系统出现了一系列异常值致使产品质量下降，甚至威胁到设备、人员安全才做出反馈，常常会得不偿失。选择性控制系统理论启发我们“择善而从”。三人行，必有我师焉：择其善者而从之，其不善者而改之。集思广益，博采众长，在集聚各方智慧的基础上择善而从，迅速做出科学决断，并使之立即付诸实施。

2. 选择器在控制器和变送器之间的选择性控制系统

此类选择性控制系统一般比较简单，是几个测量变送器共用一个控制器。图 2-6-5 所示的固定床反应器，由于内部气体流动情况的变化和催化剂活动性降低，其反应的最高温度点的位置将会改变，为了防止温度过高而烧坏催化剂，在反应器的固定催化剂床层内的不同位置，安装了几个温度检测点，各检测点温度测量值经过高值选择器，选出最高的温度信号进行控制。这样保证了催化剂的安全使用和正常生产。

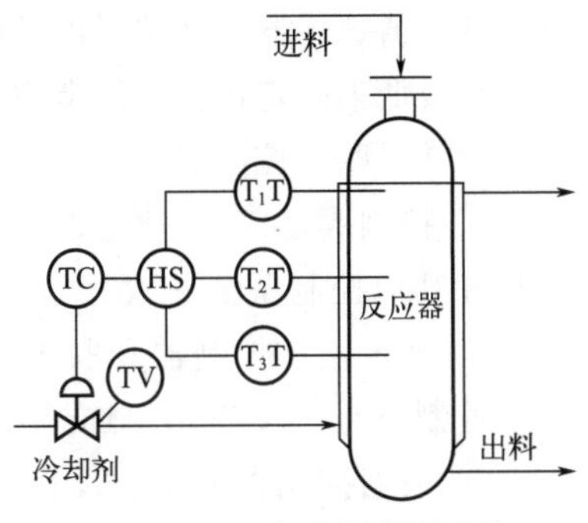

图 2-6-5　温度选择控制系统

三、积分饱和现象及其防治措施

1. 积分饱和现象

在选择性控制系统中，由于采用了选择器，未被选用的控制器就处于开环状态，如果控制器有积分作用，偏差信号又长期存在，积分作用就会使控制器的输出不断增大或不断减小，直至达到极限状态。这种现象称为积分饱和现象。

如果在这种状态下该控制器重新被选用，积分饱和现象会使控制器不能及时反向动作，则它不能迅速地从极限状态（即饱和状态）进入正常信号范围之内，而暂时丧失控制功能，而且必须经过一段时间后才能恢复正常的控制功能，这将给安全生产带来严重影响。控制系统不能及时地进行控制，系统质量和安全等性能都受到影响，甚至造成事故。

2. 抗积分饱和的措施

产生积分饱和现象的条件有三个：一是控制器具有积分控制规律；二是控制器处于开环工作状态，其输出没有送至执行器；三是控制器的输入偏差信号长期存在。少一个条件就不会产生积分饱和。目前主要有以下两个防止积分饱和现象的措施。

（1）限幅法

所谓限幅法是指利用高值或低值限幅器使控制器的输出信号不超过工作信号的范围。至于用高值限幅器还是低值限幅器，则要根据具体生产工艺来决定。如果控制器处于开环待命状态，由于积分作用使控制器输出逐渐增大，则要用高值限幅器。反之，则用低值限幅器。

（2）积分切除法

所谓积分切除法是指控制器具有 PI-P 控制规律。当控制器被选中时具有 PI 控制规律，一旦处于开环工作状态，就将控制器的积分作用切除，只具有比例作用。这是一种特殊设计的控制器，如果用计算机进行选择性控制，只要利用计算机的逻辑判断功能，编制出相应的程序即可。

【任务实施】

选择性控制系统可等效为两个（或多个）简单控制系统。选择性控制系统设计的关键是选择器类型的选择以及多个控制器控制规律的确定。

1. 选择器的选型

在选择性控制系统设计中，一个重要的内容就是确定选择器的性质，也就是选择高值选择器或者低值选择器。在选择器具体选型时，根据生产处于不正常情况下，取代控制器的输出信号为高或低来确定选择器的类型。如果异常时取代控制器输出信号为高，则选用高值选择器；如果异常时取代控制器输出信号为低，则选用低值选择器。其选型过程可按如下步骤进行。

① 控制阀的气开、气关形式的选择。根据生产安全要求选择控制阀的形式，具体选择原则和其他控制系统一致。

② 确定正常控制器和取代控制器的正、反作用方式。根据被控对象的特性和控制要求，选择控制器正、反作用。选择方法和其他控制系统一致。

③ 根据控制器的正、反作用和选择性控制系统设置的目的，确定选择器的类型。选择器的类型可以根据生产处于不正常情况下控制器的输出信号高、低来确定；如果在非正常情况下它的输出信号为高信号，应选高值选择器；如果在非正常情况下它的输出信号为低信号，应选低值选择器。

2. 控制规律的确定

在选择性控制系统中，正常控制器可以按照简单控制系统的设计方法处理。对取代控制器而言，只要求它在非正常情况时能及时采取措施，故一般选用比例控制规律，以实现对系统的快速保护。

3. 控制器的参数整定

选择性控制系统在对其控制器进行参数整定时，可按简单控制系统的整定方法进行。当系统出现故障，取代控制器投入工作时，由于要产生及时的自动保护作用，要求取代控制器必须发出较强的控制信号，因此，比例度要小一些。

【任务评价】

任务	训练内容与分值	训练要求	学生自评	教师评分
选择性控制系统的设计与投运	方案设计（40分）	① 确定选择器的类型 ② 正确选择控制阀气开、气关形式 ③ 确定正常控制器和取代控制器的正、反作用方式		
	系统投运（20分）	① 正确加入阶跃干扰 ② 设置PID作用数值 ③ 观察记录被控变量变化		
	控制器参数整定（30分）	① 按简单控制系统整定方法进行 ② 取代控制器参数整定		
	职业素养与创新思维（10分）	① 积极思考、举一反三 ② 分组讨论、独立操作 ③ 遵守纪律，遵守实验室管理制度		
	学生：	教师：	日期：	

【知识归纳】

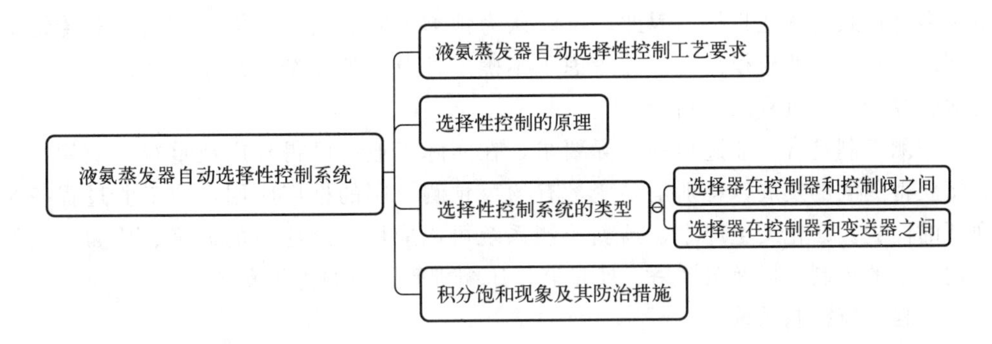

【拓展阅读】

高级控制系统

随着工业生产水平的提高与自动控制理论的发展，在前述的简单控制系统与复杂控制系统的基础上，出现了许多新的控制策略、控制系统结构和控制算法，这些新型控制系统的主要特征是：

① 被控过程是多输入多输出的多变量系统，且变量之间互相耦合；

② 被控过程的数学模型难以精确获得或具有明显的时变性；

③ 控制算法丰富，不只局限于PID形式，系统的目的不是简单地实现输出控制；

④ 控制工具不再是简单的模拟式控制器，而是采用各种大、中、小、微型计算机。

下面简要介绍几种发展较快且有一定代表性的高级控制系统。由于这些系统的结构与控制算法一般都比较复杂，一些概念与观点必须运用较复杂的数学才能讲清，所以这里只简单介绍这些系统的基本原理。

1. 预测控制系统

预测控制是20世纪70年代末开始出现的一种基于模型的计算机控制算法。1978年Richalet提出的模型预测启发式算法，不但完整地给出这一算法，也给出工业应用的实例。40多年来，无论在理论上或工业上，由于它的先进性和有效性，控制界投入大量人力和物力进行研究，使预测控制有了很大发展，成为控制理论及其工业应用的热点。目前已经有了几十种的预测控制算法，其中比较有代表性的是模型算法控制（MAC）、动态矩阵控制（DMC）和广义预测控制（GPC）等。这些系统利用数学模型预测未来的过程状态，并据此制定控制策略，以实现过程的最优化运行。

从控制方式上，预测控制优于传统的PID控制。通常的PID控制，是根据过程当前的和过去的输出测量值和设定值的偏差来确定当前的控制输入。而预测控制不但利用当前的和过去的偏差值，而且还利用预测模型来预估过程未来的偏差值，以滚动优化确定当前的最优输入策略。

从原理来说，预测控制中的预测模型、反馈校正、滚动优化虽然只不过是一般控制理论中模型、反馈和控制概念的具体表现形式。但是，由于预测控制对模型结构的不唯一性，使它可以根据过程的特点和控制要求，以最为方便的方法在系统的输入输出信息中，建立起预测模型。由于预测控制的优化模式和预测模式的非经典性，使它可以把实际系统中的不确定因素体现在优化过程中，形成动态优化控制，并可处理约束和多种形式的优化目标。因此，可以认为预测控制的预测和优化模式是对传统最优控制的修正，它使建模简化，并考虑了不确定性及其他复杂性因素，从而使预测控制能适合复杂工业过程的控制。

预测控制符合工业过程的实际要求，在实际工业中已得到广泛重视和应用，而且必将获得更大的发展，特别是多变量有约束预测控制的推广应用，使工业过程控制出现新的面貌。在化工生产中，预测控制系统可以应用于反应器的温度、压力、流量等关键参数的控制，以及蒸馏塔、换热器、压缩机等设备的优化操作。

2. 自适应控制系统

自适应控制是针对不确定性的系统而提出的。这里的所谓“不确定性”是指描述被控对象及其环境的数学模型不是完全确定的，其中包含一些未知因素和随机因素。面对这些客观存在的各式各样的不确定性，如何综合适当的控制作用，使得某一指定的性能指标达到并保持最优或近似最优，这就是自适应控制系统所要研究解决的问题。

对于自适应控制系统来说，根据不确定性的不同情况，主要有两种类型：一类是系统本身的数学模型是不确定的，例如模型的参数未知而且是变化的，但系统基本工作在确定性的环境之中，这类系统称为确定性自适应控制系统；另一类是不仅被控对象的数学模型不确定，而且系统还工作在随机环境之中，这类系统称为随机自适应控制系统。当随机扰动和测量噪声都比较小时，对于参数未知的对象的控制可以近似地按确定性自适应控制问题来处理。

自适应控制系统能够根据化工生产过程中的变化自动调整控制策略，以保持系统的稳定性和优化运行。这些系统通常包括在线辨识算法、自适应控制算法和实时优化算法等。在化工生产中，自适应控制系统可以应用于处理非线性、时变和不确定性等复杂问题，如反应器的温度控制、蒸馏塔的分离效率优化等。

3. 安全仪表系统（SIS）

SIS系统用于监测化工生产过程中的危险情况，并在必要时采取紧急措施以防止事故发生。这些系统通常包括传感器、逻辑控制器和执行机构，能够实时检测过程参数，并根据预设的安全逻辑进行响应。

在化工生产中，SIS系统对于确保生产安全至关重要，可以应用于压力容器的超压保护、有毒气体的泄漏检测与报警等。

4. 批次控制系统

批次控制系统用于实现化工生产中的间歇生产过程自动化。这些系统通常包括配方管理、生产调度、过程控制和数据采集等功能，能够根据不同的生产配方和工艺要求，自动调整生产参数，确保产品质量的稳定性和一致性。

在化工生产中，批次控制系统广泛应用于医药、农药、染料等行业的间歇生产过程。

5. 多变量控制系统

多变量控制系统能够同时处理多个相互关联的过程变量，实现复杂化工生产过程的协调控制。这些系统通常包括多变量模型预测控制（MMPC）、多变量自适应控制等策略。

在化工生产中，多变量控制系统可以应用于处理多个相互影响的工艺参数，如反应器的温度、压力和流量等。

高级控制系统在化工生产中得到了越来越多的重视和应用，这些系统通过引入先进的控制策略和算法，能够实现对化工生产过程的精确控制和优化，提高生产效率、产品质量和安全性。

一、选择题

1. 通常串级控制系统主控制器正反作用选择取决于（　　）。

A. 控制阀　　B. 副控制器　　C. 副对象　　D. 主对象

2. 在串级控制系统中，当操纵变量变化时，首先影响的是（　　）。

A. 主变量　　B. 主变量测量值　　C. 副变量　　D. 副变量测量值

3. 在串级控制系统中，主回路是（　　）控制系统。

A. 定值　　B. 随动　　C. 简单　　C. 开环

4. 在串级控制系统中，主、副对象的（　　）要适当匹配，否则当一个参数发生振荡时，会引起另一个参数振荡。

A. 滞后时间　　B. 过渡时间　　C. 时间常数　　D. 放大倍数

5. 串级控制系统有主、副两个回路。主要的、严重的干扰应包括在（　　）。

A. 主回路　　B. 副回路　　C. 主对象　　D. 主、副回路均可

6. 在串级控制系统中，主回路是（　　）控制系统。

A. 开环　　B. 随动　　C. 程序　　D. 闭环负反馈

7. 前馈控制中的前馈量不可控，但必须是（　　）。

A. 固定的　　B. 变化的　　C. 唯一的　　D. 可测量的

8. 关于前馈控制，不正确的说法是（　　）。

A. 不考虑稳定性　　B. 属于闭环控制

C. 一种前馈只能克服一种干扰　　D. 比反馈及时

9. 单纯的前馈控制是一种能对（　　）进行补偿的控制系统。

A. 测量与给定之间的偏差　　B. 被控变量的变化

C. 干扰量的变化　　D. 控制要求

10. 关于前馈-反馈控制系统的描述错误的是（　　）。

A. 前馈控制用来克服主要干扰

B. 反馈控制用来克服其他多种干扰

C. 前馈-反馈控制系统是由一个反馈回路和另一个开环的补偿回路叠加而成

D. 前馈-反馈控制系统只有一个控制器

11. 单闭环比值控制系统中，当主流量变化时，副流量闭环系统相当于（　　）系统。

A. 定值控制　　B. 随动控制　　C. 程序控制　　D. 顺序控制

12. 对于单闭环比值控制系统，下列说法哪一个正确（　　）。

A. 单闭环比值控制系统也是串级控制系统

B. 整个系统是闭环控制系统

C. 主物料是开环控制，副物料是闭环控制

D. 可以保证主物料、副物料量一定

13. 双闭环比值控制系统中，当主流量变化时，副流量闭环系统相当于（　　）系统。

A. 定值控制　　B. 随动控制　　C. 程序控制　　D. 顺序控制

14. 双闭环比值控制系统中，当主流量变化时，主流量闭环系统相当于（　　）系统。

A. 定值控制　　B. 随动控制　　C. 程序控制　　D. 顺序控制

15. 关于简单均匀调节系统和简单调节系统的说法正确的是（　　）。

A. 结构特征不同　　B. 控制目的不同

C. 控制规律相同　　D. 控制器参数整定相同

16. 均匀控制系统中的控制器一般都采用（　　）控制作用。

A. 比例和积分　　B. 比例和微分　　C. 纯比例　　D. 比例积分微分

17. 下列对于分程调节系统的表述，正确的说法是（　　）。

A. 工况不同控制手段不同

B. 分程控制就是被控变量的选择性调节

C. 控制阀一定用于控制不同的介质

D. 可以提高系统稳定性

二、简答题

1. 串级控制系统有哪些特点？主要应用在哪些场合？

2. 为什么说串级控制系统中的主回路是定值控制系统，而副回路是随动控制系统？

3. 怎样选择串级控制系统中主、副控制器的控制规律？

4. 什么是前馈控制系统？它有什么特点？

5. 前馈控制系统主要应用在什么场合？

6. 什么是比值控制系统？

7. 简述双闭环比值控制系统及其应用场合

8. 均匀控制系统的目的和特点是什么？

9. 什么叫分程控制？怎样实现分程控制？

10. 在分程控制中需注意哪些主要问题？为什么在分程点上会发生流量特性的突变？如何解决？

11. 什么是选择性控制？与简单控制系统相比，其结构上有什么不同？

12. 在选择性控制系统中，如何确定选择器的类型？

三、设计与计算题

1. 习题图 2-1 所示为精馏塔提馏段温度与蒸汽流量的串级控制系统。生产要求一旦发生事故，应立即关闭蒸汽供应。试完成：

①画出该控制系统的方框图。

②选择控制阀的气开、气关形式。

③确定控制器的正、反作用。

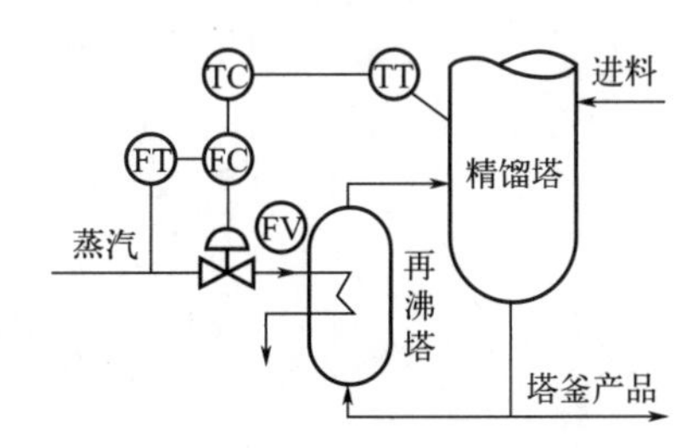

习题图 2-1 精馏塔温度-流量串级控制系统

2. 在某生产过程中，要求参与反应的甲、乙两种物料保持一定比值，若已知正常操作时，甲流量 $F_1=7\text{m}^3/\text{h}$，采用差压法测量并配用差压变送器，其测量范围为 $0\sim15\text{m}^3/\text{h}$；乙流量 $F_2=30\text{m}^3/\text{h}$，相应的测量范围为 $0\sim60\text{m}^3/\text{h}$，根据要求设计保持 F_2/F_1 比值的控制系统。试求在流量和测量信号分别成线性和非线性关系时的比值系数 K。

3. 在某化学反应器内进行气相反应，控制阀 A、B 分别控制进料流量和反应生成物的流量。为了控制反应器内压力，设计了习题图 2-2 所示的控制系统流程图。试画出其方框图，并确定控制阀的气开、气关形式及控制器的正、反作用方式和分程特性图。

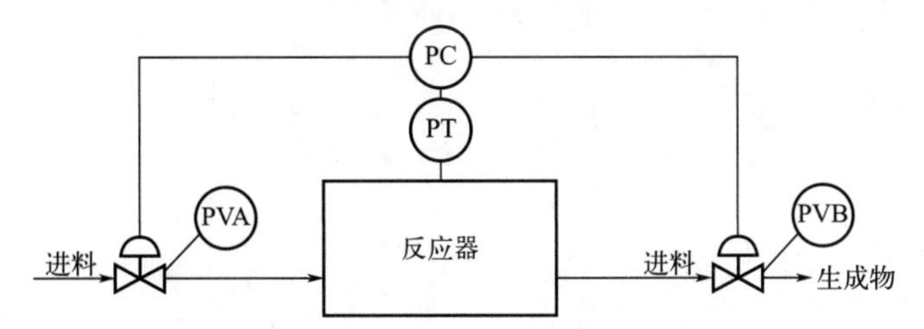

习题图 2-2 反应器压力控制流程图

4. 习题图 2-3 所示为一冷却器，用以冷却经五段压缩后的裂解气，采用的冷剂为来自脱甲烷塔的釜液。在正常情况下，要求冷剂流量维持恒定，以保证脱甲烷塔的平稳操作。但是裂解气冷却后的出口温度 T 不得低于 15℃，否则裂解气中所含的水分就会生成水合物而堵塞管道。根据上述要求，试设计一控制系统，并画出控制系统的原理图和方框图，确定控制阀的气开、气关形式及控制器的正、反作用，并简要说明系统的控制过程。

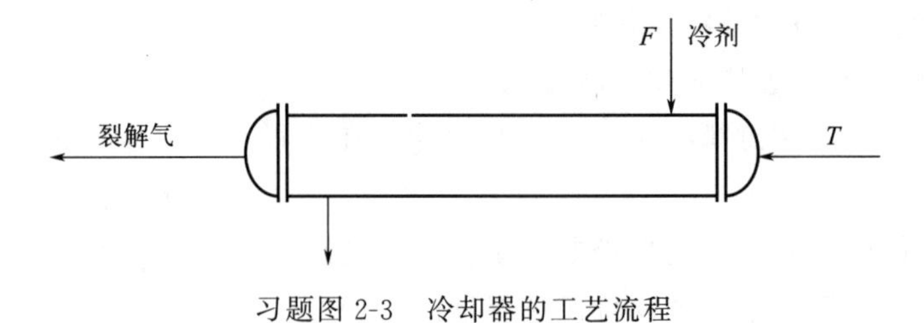

习题图 2-3 冷却器的工艺流程

项目三

集散控制系统的组态与监控

【项目学习目标】

知识目标：

1. 了解集散控制系统的产生背景。
2. 熟悉集散控制系统概念、发展过程、体系结构。
3. 掌握集散控制系统控制站和操作站硬件构成。
4. 掌握集散控制系统组态过程。
5. 掌握集散控制系统监控方法。

技能目标：

1. 能够安装集散控制系统控制站的卡件。
2. 能够根据工程项目要求正确选择集散控制系统控制站硬件和操作站硬件。
3. 能够使用组态软件对集散控制系统进行系统组态和回路组态。
4. 能够绘制集散控制系统流程图。
5. 能够制作集散控制系统报表。
6. 能够对集散控制系统进行监控和调试。

素质目标：

1. 培养严谨踏实、实事求是的工作作风。
2. 积极思考，举一反三，探索解决问题的多种方式，培养组态设计思维模式。

项目学习内容

学习集散控制系统基本知识，根据所给项目任务单，完成集散控制系统硬件选型、软件组态及系统监控。

项目学习计划

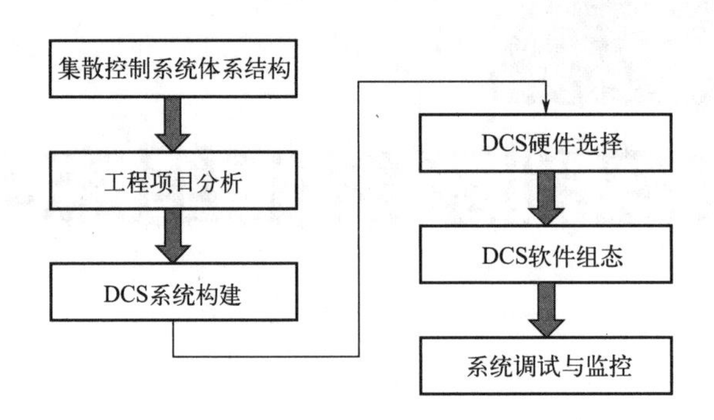

任务一　甲醇氧化制甲醛控制系统硬件的选择

【任务描述】

1. 工艺简介

如图 3-1-1 所示，甲醇氧化制甲醛的工艺流程为原料甲醇用泵送入高位槽，以一定的流量经过过滤器进入蒸汽加热的蒸发器。同时，由鼓风机将已除尘和其他杂质的空气定量地送入蒸发器的底部。空气鼓泡通过被加热到 319～323K 的甲醇层时被甲醇蒸气所饱和，每升甲醇蒸气和空气的混合物中甲醇的含量约为 0.5g。为了控制甲醇被氧化的速度，通过蒸气分离缸，在甲醇和空气的混合物中加入一定量的水蒸气。为了保证混合气能在反应器内迅速反应，以及避免混合气中存在甲醇凝液，所以通过过热器进行加热。过热混合气为了阻止氧化器中发生燃烧波及蒸发系统，要经过阻火器和过滤器除去铁杂质后，才进入氧化反应器，在催化剂的作用下，温度控制在 653～923K 左右，进行氧化和脱氢反应。

从氧化器出来的气体进入第一吸收塔，将大部分甲醛吸收；未被吸收的气体再进入第二吸收塔底部，从塔顶加入一定量的冷却水进行吸收。由第二吸收塔塔底采出的稀甲醛溶液经循环泵打入第一、第二吸收塔，作为吸收的一部分。自第一吸收塔塔底引出的吸收液经冷却后，即为含 10%甲醇的甲醛水溶液。甲醇的存在可以防止甲醛的聚合，甲醛的产率约 80%。

2. 控制要求

为了确保生产的安全进行，最大限度地提高生产效率，应对整个生产过程进行分析。本项目将根据甲醇氧化制甲醛的工艺要求，确定参与反应的物料流量控制方案，并根据确定的控制方案和企业自动化水平，以及自动化仪表和装置的发展情况，选择控制仪表、流量检测仪表和执行装置。

各种化工反应对参与化学反应的物料比都有一定的要求。甲醇氧化制甲醛生产所需的三种原料必须保持一定的比例，即甲醇气∶空气∶水蒸气＝1∶(1.7～1.9)∶(0.7～0.9)。

为了保证以上物料的配比，要对其流量进行控制。空气是通过鼓风机加入其流程，在甲

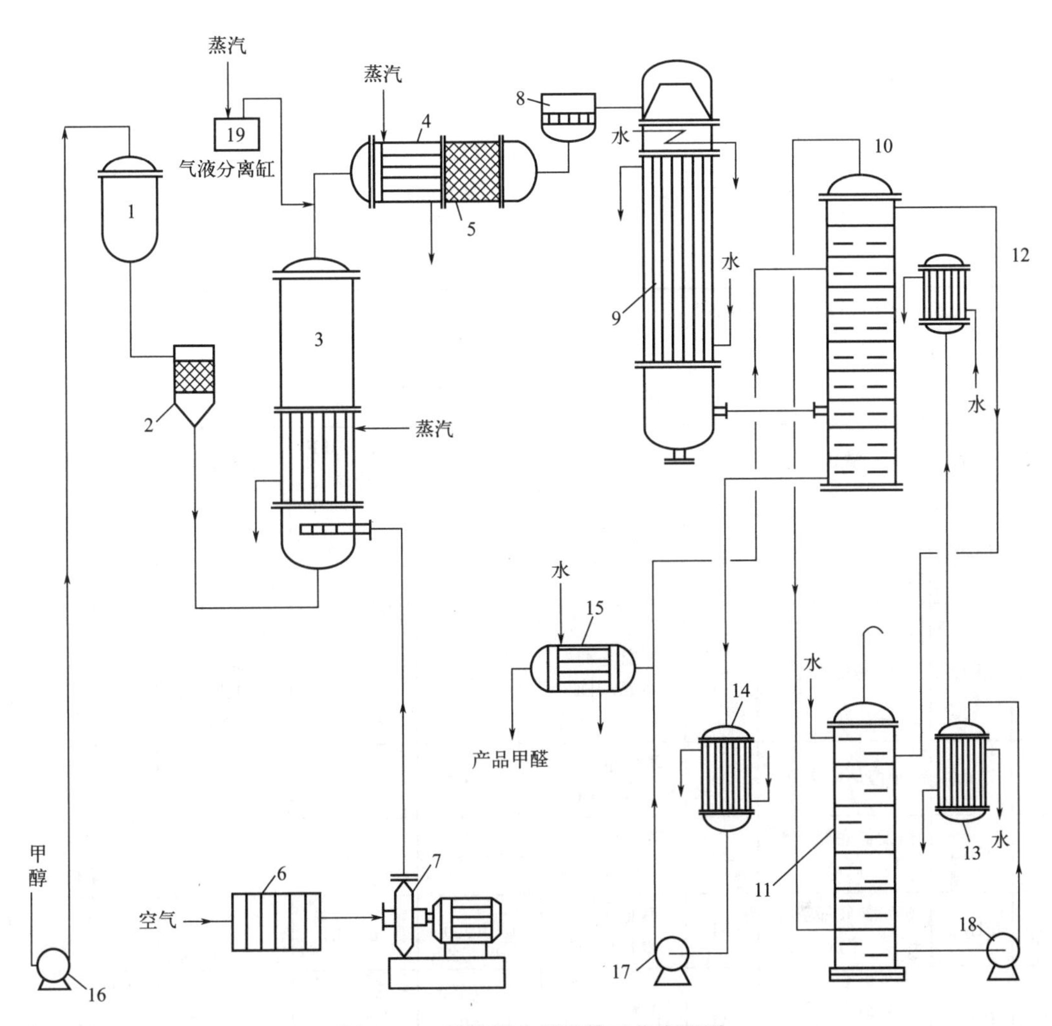

图 3-1-1　甲醇氧化制甲醛工艺流程图

1—高位槽；2，8—过滤器；3—蒸发器；4—过热器；5—阻火器；6—除尘器；7—鼓风机；
9—氧化反应器；10—第一吸收塔；11—第二吸收塔；12～15—换热器；
16～18—循环泵；19—气液分离缸

醇蒸发器中与甲醇蒸气混合，形成二元混合气体。甲醇液体通过离心泵加入甲醇蒸发器。因此，空气与甲醇的进入量基本稳定，可以设置简单的控制系统来完成。空气流量采用流量单回路控制系统，而通过控制甲醇蒸发器的液位定值，保证甲醇气体的流量稳定。合理设置两个控制系统的设定值，就可以保证二元混合气中的醇氧摩尔比。

二元混合气要加入一定量的蒸汽，形成三元混合气体。由于水蒸气的含量决定反应速率和效率，所以，根据蒸汽加入量控制二元混合气体的流量。

甲醇的流量计量不能加以控制，主要在进入系统时对其进行累计指示。

3. 系统配置

根据工艺对控制系统的要求，系统需要配置过程控制站及操作站，具体要求见表 3-1-1。

4. 测点清单

系统中需要进行检测的量主要包括各设备的液位、流量、压力、温度等过程量，阀门的控制变量、泵和风机的状态及控制变量等，具体要求见表 3-1-2。

▶ 表 3-1-1　系统配置表

类型	数量	IP 地址	备注
控制站	1	128.128.1.4	主控卡和数据转发卡均冗余配置 主控卡注释：1#控制站
工程师站	1	128.128.1.130	注释：工程师站 130
操作站	2	128.128.1.131 128.128.1.132	注释：操作员站 131、操作员站 132

注：其他未作说明的均采用默认设置。

▶ 表 3-1-2　系统测点清单

序号	位号	描述	I/O	类型	量程/ON 描述	单位/OFF 描述	报警要求	趋势要求
1	LI101	高位槽液位	AI	不配电 4～20mA DC	0～100	%	H：85% L：15% LL：10%	
2	LI102	蒸发器液位	AI	不配电 4～20mA DC	0～100	%	HH：90% H：80% L：15% LL：10%	
3	LI103	甲醛储罐液位	AI	不配电 4～20mA DC	0～100	%	HH：90% H：80%	
4	FI101	蒸发器底部甲醇流量	AI	不配电 4～20mA DC	0～500	m^3/h		累积 累积单位：km^3
5	FI102	蒸发器底部空气流量	AI	不配电 4～20mA DC	0～1000	m^3/h		
6	FI103	蒸发器顶部水蒸气流量	AI	不配电 4～20mA DC	0～500	m^3/h		累积 累积单位：km^3
7	FI104	氧化反应器入口流量	AI	不配电 4～20mA DC	0～2000	m^3/h	HH：90% H：80%	累积 累积单位：km^3
8	PI101	蒸发器顶部压力	AI	配电 4～20mA DC	0～200	kPa	HH：90% H：80%	
9	PI102	氧化反应器顶部压力	AI	配电 4～20mA DC	0～500	kPa	HH：90% H：80%	
10	PI103	氧化反应器底部压力	AI	配电 4～20mA DC	0～500	kPa	HH：90% H：80%	
11	PI104	甲醇输送泵出口压力	AI	配电 4～20mA DC	0～500	kPa		
12	PI105	鼓风机出口压力	AI	配电 4～20mA DC	0～500	kPa		
13	TI101	蒸发器上部温度	RTD	Pt100	0～200	℃		
14	TI102	蒸发器中部温度	RTD	Pt100	0～200	℃		
15	TI103	蒸发器下部温度	RTD	Pt100	0～200	℃		

续表

序号	位号	描述	I/O	类型	量程/ON描述	单位/OFF描述	报警要求	趋势要求
16	TI104	蒸发器蒸汽温度	TC	E	0～600	℃		
17	TI105	水蒸气温度	TC	E	0～600	℃	HH：90% H：80% L：15% LL：10%	
18	TI106	过热器温度	TC	E	0～600	℃		
19	TI107	过热器蒸汽温度	TC	E	0～600	℃		
20	TI108	氧化反应器上部温度	TC	E	0～600	℃		
21	TI109	氧化反应器中部温度	TC	E	0～600	℃		
22	TI110	氧化反应器下部温度	TC	E	0～600	℃		
23	TI111	反应器冷却水入水温度	RTD	Pt100	0～100	℃		
24	TI112	反应器冷却水出水温度	RTD	Pt100	0～100	℃		
25	TI113	第一吸收塔顶部温度	RTD	Pt100	0～200	℃		
26	TI114	第二吸收塔顶部温度	RTD	Pt100	0～200	℃		
27	FV101	空气流量控制	AO	Ⅲ型；正输出				冗余
28	FV102	水蒸气流量控制	AO	Ⅲ型；正输出				冗余
29	LV101	高位槽液位控制	AO	Ⅲ型；正输出				冗余
30	KI1011	甲醇输送泵运行状态	DI	NO；触点型	运行	停止		
31	KI1012	甲醇输送泵故障状态	DI	NO；触点型	故障	正常	故障报警	
32	KI1021	鼓风机运行状态	DI	NO；触点型	运行	停止		
33	KI1022	鼓风机故障状态	DI	NO；触点型	故障	正常	故障报警	
34	KO101	甲醇输送泵启停控制	DO	NO	启动	停止		
35	KO102	鼓风机启停控制	DO	NO	启动	停止		

5. 任务主要内容

① 掌握集散控制系统基本知识、JX-300XP DCS相关信息，主要包含以下内容：集散控制系统产生背景、发展过程、体系结构；集散控制系统硬件构成；JX-300XP系统主要设备、网络体系；JX-300XP系统控制规模。

② 根据任务要求进行系统硬件选择，主要对操作站和控制站硬件进行选择。

③ 进行硬件安装，主要包括控制站卡件安装及地址、冗余、配电等跳线设置。

【任务分析】

1. 明确项目工作任务

思考：项目工作任务是什么？

行动：阅读项目任务，根据系统的控制和操作要求，逐项分解工作任务，完成项目任务分析。按顺序列出项目子任务及所要求达到的技术工艺指标。

2. 确定系统控制方案

思考：系统采用什么主控制器？采用什么控制策略？完成项目需要哪些设备？

行动：小组成员共同研讨，制定总体控制方案，绘制系统工作流程图及系统结构框图；根据技术工艺指标确定系统的评价标准；收集相关 DCS、传感器等设备的技术资料，咨询项目设施情况。

3. 制订工作实施计划

思考：小组成员如何分工？完成本项目需要多少时间？

行动：根据控制方案，小组成员合理分担工作任务，确定工作步骤和时间，制订完成工作任务的计划表，明确项目责任人。

【知识链接】

集散控制系统（distributed control system，DCS）是以微处理器为基础的对生产过程进行集中监视、操作、管理和分散控制的集中分散控制系统。该系统采用控制分散、操作和管理集中的基本设计思想，采用多层分级、合作自治的结构形式，其主要特征是集中管理和分散控制。DCS 综合了计算机技术、通信技术、自动控制技术和 CRT 显示技术（简称 4C 技术），在电力、冶金、石化等行业都获得了极其广泛的应用。

一、集散控制系统的基本组成和特点

1. 集散控制系统的基本组成

虽然集散控制系统的品种繁多，但从系统的结构分析，其基本组成是相似的，一般由分散控制装置、集中操作与管理系统和通信系统三部分组成。

分散控制装置按地理位置分散于工厂的各个控制现场，分别独立地控制一个或多个回路，可独立地对各个回路进行简单或复杂的控制。

集中操作与管理系统主要由系统操作站、各种管理单元和管理计算机组成。系统操作站是集散控制系统的人机接口装置，普遍配有高分辨率和大屏幕的显示器、操作者键盘、工程师键盘、打印机、硬拷贝机和大容量存储器。操作员可通过操作者键盘在 CRT 显示器上选择各种操作和监视用的画面、信息画面和用户画面等。控制工程师或系统工程师利用工程师键盘实现控制系统组态、操作站系统的生成和系统的维护。

通信系统是 DCS 各工作站的内联网络。DCS 网络标准体系结构为：最高级为工厂主干网络，负责中央控制室与上级管理计算机的连接；第二级为过程控制网络，负责中央控制室各控制装置间的相互连接；最低一级为现场总线级，负责安装在现场的智能检测器和智能执行器与中央控制室控制装置间的相互连接。全厂范围内的中央控制室可通过通信系统汇集分散在各个过程控制单元或单元控制室的信息，从而实现信息综合与集中管理。

2. 集散控制系统的特点

集散控制系统采用以微处理器为核心的智能技术，凝聚了计算机的最先进技术，成为计算机应用最完善、最丰富的领域。这是集散控制系统有别于其他系统装置的最大特点。

（1）实现分散控制

在集散控制系统中，每一个分散过程控制装置都是一个自治的小系统，它完成数据的采集、信号处理、计算及数据输出等功能。集散控制系统的各部分是各自独立的自治系统，但是，在系统中它们又是互相协调工作的。

（2）实现集中监视、操作和管理，具有强有力的人机接口功能

操作人员可以通过操作管理装置监视工业现场的生产情况，按预先设定的控制策略设计各个控制回路，并对各回路的控制器参数进行整定；还可以实现各状态量的监视及组态操作，极大地方便了操作人员的操作，便于集中操作和管理。

（3）系统适应性和可扩充性好

集散控制系统的硬件和软件系统均采用标准化、模块化设计思路，具有灵活的组配方案，用户可以根据生产需要来改变系统的配置，在生产流程发生改变时可以很方便地扩大或缩小系统的规模。

（4）通信网络具有开放性

在集散控制系统中，系统通信网络是 DCS 的骨架，是 DCS 的基础和核心，对于 DCS 整个系统的实时性、可靠性和扩充性，起着决定性的作用。DCS 数据通信网络的实现需要相应的网络协议。系统网络的发展有一个过程，历经了 RS232、RS485 协议等直至当今的开放式网络协议。

（5）丰富的软件功能

集散控制系统可以完成从简单的单回路控制到复杂的多变量最优化控制；可以实现连续反馈控制，也可以实现离散顺序控制；可以实现监控、显示、打印、报警、历史数据存储等日常全部操作要求。用户通过选用集散控制系统提供的控制软件包、操作显示软件包和打印软件包等，就能达到所需控制目的。

（6）采用高可靠性的技术

集散控制系统采用故障自检、自诊断技术，包括符号检测技术、动作间隔和响应时间的监视技术、微处理器及接口和通道的诊断技术、故障信息和故障判断技术等，使其可靠性进一步加强。

二、集散控制系统的体系结构

集散控制系统采用分级梯阶结构，实现系统功能分散、危险分散、提高可靠性、强化系统应用灵活性、降低投资成本、便于维修和技术更新等功能目的。分级梯阶结构通常分为四级，自下而上分别是现场控制级、过程控制级、过程管理级和经营管理级，如图 3-1-2 所示。

1. 现场控制级

现场控制级又称数据采集装置，主要完成过程数据采集与处理，以开关量或者模拟量

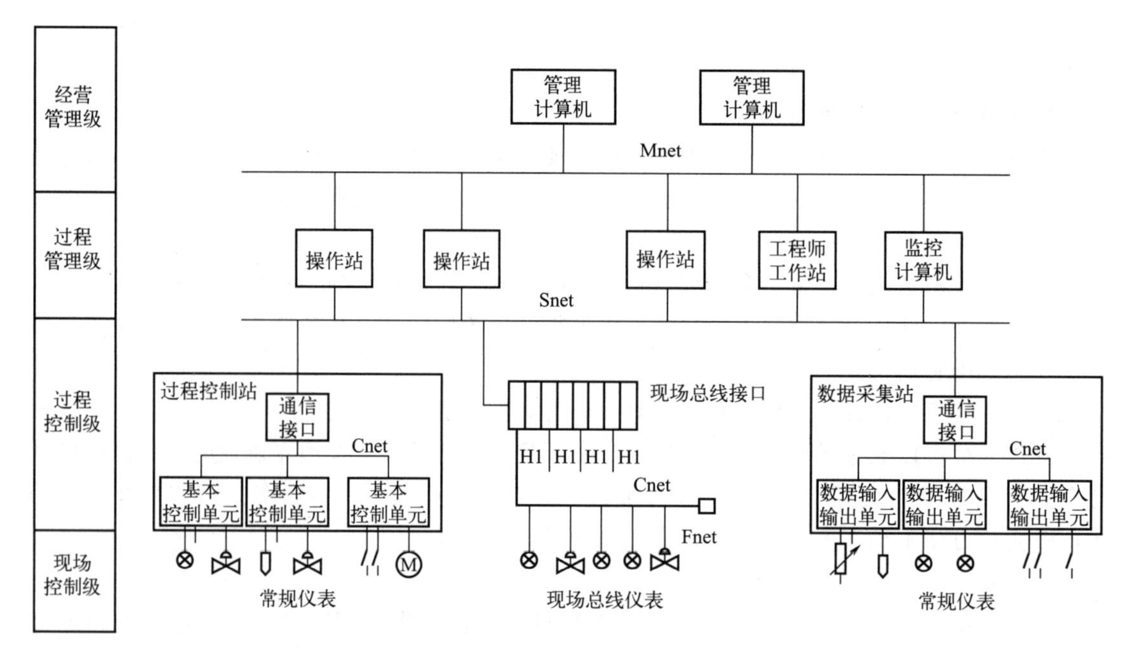

图 3-1-2 集散控制系统的体系结构

信号的方式，输出控制命令，实现分散控制。这一个级别直接面对现场，跟生产过程相连。如阀门、电机、各类传感器、变送器、执行机构等，它们都是工业现场的基础设备，同样也是 DCS 的基础。在 DCS 中，这一级别的功能就是服从上位机发来的命令，同时向上位机反馈执行的情况。至于它与上位机交流，就是通过模拟信号或者现场总线的数字信号。

2. 过程控制级

过程控制级又称现场控制单元或基本控制器，是 DCS 系统中的核心部分。生产工艺的调节都是靠它来实现，如阀门的开闭调节、顺序控制、连续控制等。它接收现场控制级传来的信号，按照工艺要求进行控制规律运算，然后将结果作为控制信号发给现场控制级的设备。

3. 过程管理级

操作员通过操作站选择各种操作和监视生产情况，这个级别是操作人员跟 DCS 交换信息的平台，是 DCS 的核心显示、操作、管理装置。操作人员通过操作站来监视和控制生产过程，可以通过屏幕了解到生产运行情况，了解每个过程变量的各种数据状态，根据需要随时进行手动自动切换、修改设定值，调整控制信号、操纵现场设备，以实现对生产过程的控制。

4. 经营管理级

经营管理级是全厂自动化系统的最高层，功能强、速度快、容量大，通过专门的通信接口与高速数据通路相连，综合监视系统各单元，管理全系统的所有信息。一般只有大规模的集散控制系统才具备这一级。它所面向的使用者是厂长、经理、总工程师等行政管理或运行管理人员。它的权限很大，可以监视各部门的运行情况，利用历史数据和实时数据预测可能发生的各种情况，从企业全局利益出发，帮助企业管理人员进行决策，帮助企业实现其计划目标。

三、集散控制系统的通信网络

集散控制系统的通信网络主要由两部分组成：传输电缆（或其他媒介）和接口设备。传输电缆有同轴电缆、屏蔽双绞线、光缆等；接口设备通常称为链路接口单元，或称调制解调器、网络适配器等。它们的功能是在现场控制单元、可编程控制器等装置或计算机之间控制数据的交换、传送存取等。在一般情况下，接到网络上的每个设备都有一个适配器或调制解调器，系统只有通过这些单元、调制解调器或适配器才能将多个网络设备连接到网络通信线路上。由于网络必须设计成在恶劣的工业环境中运行，所以，调制解调器都规定在特定的频率下通信，以便最大限度地减少干扰造成的传送误差。数据通信控制的典型功能包括误码检验、数据链路控制管理以及与可编程控制器、控制单元或计算机之间通信协议的处理等。

集散控制系统的通信网络就是把分布在不同地点且具有独立功能的多个计算机系统通过通信设备和介质连接起来，在功能完善的网络软件和协议的管理下，以实现网络中资源共享为目标的系统。一般采用星型、环型、总线型、树型等拓扑结构。

四、 JX-300XP 系统简介

JX-300XP 系统是浙江中控技术股份有限公司 SUPCON WebField 系列控制系统之一。JX-300XP 控制系统由系统网络（过程信息网、过程控制网）、控制站、操作节点（工程师站、操作站、数据管理站、时间同步服务器等的统称）等构成。过程信息网采用快速以太网技术，实现对等网络模式下服务器与客户端的数据通信，过程控制网实现操作节点和控制站的连接，完成信息、控制命令的传输与发送，采用双重化冗余设计，保证信息传输的可靠与高速。控制站是系统中直接与工业现场进行信息交互的控制处理单元，能够完成整个工业过程的实时监控功能。工程师站是为专业工程技术人员设计的，是系统组态和系统维护、管理的平台；操作站是操作人员完成过程监控管理任务的人机界面；数据管理站可与企业管理计算机网交换信息，实现企业网络环境下的实时数据和历史数据采集，从而实现整个企业生产过程的管理、控制全集成综合自动化。JX-300XP 系统的体系结构如图 3-1-3 所示。

JX-300XP 集散控制系统的通信网络共有四层，分别是：信息管理网、过程信息网、过程控制网和控制站内部网络，如图 3-1-4 所示。

1. 信息管理网（Ethernet）

信息管理网采用符合 TCP/IP 协议的以太网技术，连接了各个控制装置的网桥以及企业内各类管理计算机，用于工厂级的信息传送和管理，是实现全厂综合管理的信息通道。该网络通过在多功能 MFS 上安装双重网络接口（信息管理和过程控制网络）转接的方法，获取集散控制系统中过程参数和系统运行信息，同时向下传送上层管理计算机的调度指令和生产指导信息。管理网采用大型网络数据库实现信息共享，并可将各种装置的控制系统连入企业信息管理网，实现工厂级的综合管理、调度、统计和决策等。

2. 过程信息网

过程信息网具有对等网络特征，实现操作节点之间包括实时数据、实时报警、历史趋势、历史报警、操作日志等实时数据通信和历史数据查询，同时实现操作节点之间的时间同步。

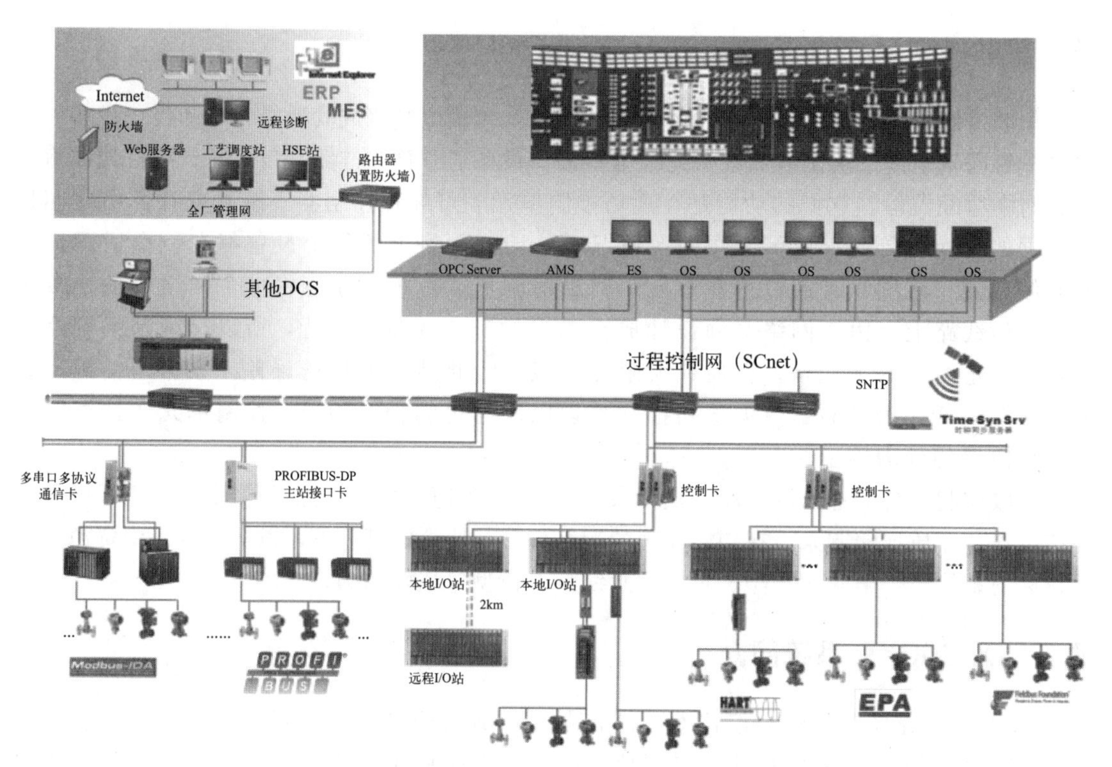

图 3-1-3　JX-300XP 体系结构图

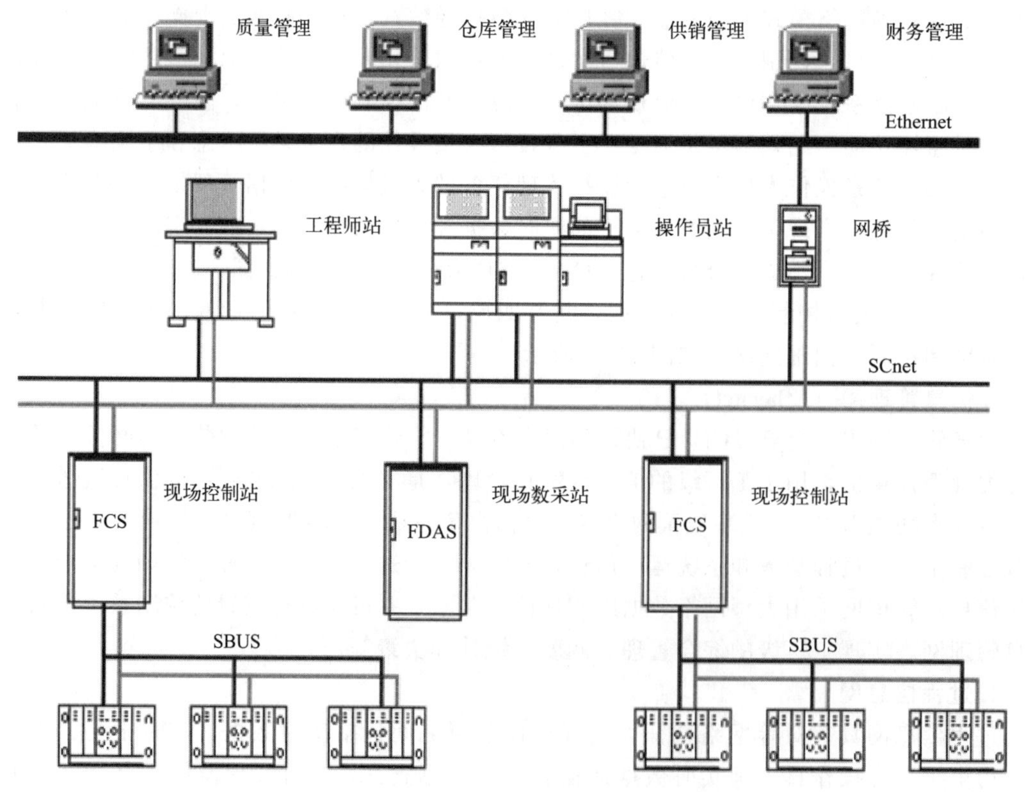

图 3-1-4　JX-300XP 系统网络结构示意图

3. 过程控制网（SCnet）

JX-300XP 系统采用高速冗余工业以太网 SCnet Ⅱ作为其过程控制网络。它直接连接系统的控制站、操作站、工程师站等，是传送过程控制实时信息的通道，具有很高的实时性和可靠性。通过挂接服务器，SCnet Ⅱ可以与上层的信息管理网或其他厂家设备连接。

SCnet Ⅱ的通信介质、网络控制器、驱动接口等均可冗余配置，在冗余配置的情况下，发送站点（源）对传输数据包（报文）进行时间标识，接收站点（目标）进行出错检验和信息通道故障判断、拥挤情况判断等处理；若校验结果正确，按时间顺序等方法择优获取冗余的两个数据包中的一个，而滤去重复和错误的数据包。当某一条信息通道出现故障，另一条信息通道将负责整个系统的通信任务，使通信仍然畅通。

4. 控制站内部网络（SBUS）

控制站内部网络是控制站内部通信网络，采用主控制卡指挥式令牌网，存储转发通信协议，实现主控制卡、数据转发卡和 I/O 卡件之间的信息交换。

五、 JX-300XP 系统硬件

1. 控制站硬件

控制站是 JX-300XP 系统实现过程控制的主要设备之一，其核心是主控制卡。主控制卡安装在机笼的控制器槽位中（机笼左部），通过系统内高速数据网络 SBUS 扩充各种功能，实现现场信号的输入输出，同时完成过程控制中的数据采集、回路控制、顺序控制以及各种控制算法。

系统所有的卡件均按智能化要求设计，微控制器采用专用的工业级、低功耗、低噪声芯片，保障卡件在控制、检测、运算、处理以及故障诊断等方面的高效与稳定。系统内部采用全数字化的数据传输和信息处理机制。同时，智能调理硬件和先进信号前端处理技术的运用，降低了信号调理的复杂性，减轻了主控制卡 CPU 的负荷，提高了系统信号处理能力，增强了卡件在系统中的自治性，提高了整个系统的可靠性。智能化卡件具有 A/D、D/A 信号的自动调校和故障自诊断能力，使卡件调试简单化并都具有 LED 工作状态和故障指示功能，如电源指示、运行指示、故障指示、通信指示等。

JX-300XP 集散控制系统控制站的主控制卡、数据转发卡和模拟量卡，均可以不冗余或冗余方式配置（开关量卡不能冗余），从而在保证系统可靠性和灵活性的基础上，降低使用费用。系统中的关键部件建议用户按 1∶1 冗余要求配置，如主控制卡、电源、通信网络、数据转发卡、SBUS 总线等。

（1）主控制卡 XP243X

主控制卡（又称主控卡）是控制站软硬件的核心，协调控制站内软硬件关系和各项控制任务。它是一个智能化的独立运行的计算机系统，可以自动完成数据采集、信息处理、控制运算等各项功能。通过过程控制网络与过程控制级（操作站、工程师站）相连，接收上层的管理信息，并向上传递工艺装置的特性数据和采集到的实时数据；向下通过 SBUS 和数据转发卡的程控交换与智能 I/O 卡件实时通信，实现与 I/O 卡件的信息交换（现场信号的输入采样和输出控制）。

XP243X 采用双微处理器结构，两个微处理器可以协同处理控制站的任务，具有双重化 10Mbps 以太网标准通信控制器和驱动接口，互为冗余，使系统数据传输实时性、可靠性、网络开放性有了充分的保证，构成了完全独立的双重化热冗余 SCnet Ⅱ网络。

XP243X 支持冗余结构。主控制机笼（主控制卡所在的机笼）可配置双 XP243X 卡，互为冗余。若不需冗余，可单卡工作（冗余工作和单卡工作系统功能完全一致）。互为冗余卡件之间的高速数据交换，使工作/备用卡件之间的运行状态同步，速度为 1Mb/s。

XP243X 可带 1～128 块 I/O 卡件，通过 SBUS 网络实现就地或远程配置 I/O。主控制卡对各种信号的最大配置点数为：模拟量输入 AI 点数 512；模拟量输出 AO 点数 192；开关量输入 DI 点数 2048；开关量输出 DO 点数 2048；控制回路数 192，包括 128 个自定义回路和 64 个常规回路。

控制站作为 SCnet Ⅱ网络（过程控制网络）的节点，其网络通信功能由主控卡承担。每个控制站可以安装两块互为冗余的主控卡，分别安装在主机笼的主控卡槽位内。主控卡面板上具有卡件名称、7 个 LED 状态指示灯和两个互为冗余的 SCnet Ⅱ通信口，如图 3-1-5 所示。LED 状态指示灯具体说明见表 3-1-3。

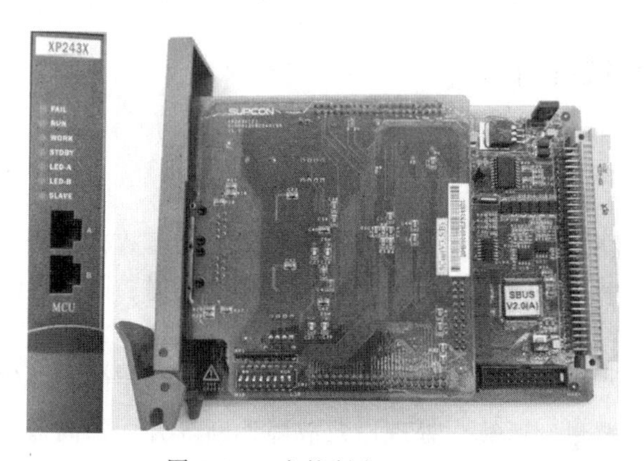

图 3-1-5　主控制卡 XP243X

表 3-1-3　主控制卡 LED 指示灯说明

名称	含义	颜色	正常运行时		故障时
			工作卡	备用卡	
FAIL	故障报警或复位指示	红	暗	暗	亮
RUN	工作卡件运行指示	绿	闪	闪	
WORK	工作/备用指示	绿	亮	暗	
STDBY	准备就绪指示 备用卡件运行指示	绿	暗	闪	
LED-A	本卡件的通信网络端口 A 的通信状态指示灯	绿	闪	闪	
LED-B	本卡件的通信网络端口 B 的通信状态指示灯	绿	闪	闪	
SLAVE	Slave CPU 运行指示，包括网络通信和 I/O 采样运行指示	绿	闪	闪	

主控制卡可冗余配置，也可单卡工作。冗余配置的两块主控制卡执行同样的应用程序，一块运行在工作模式（工作卡），另一块运行在备用模式（备用卡）。两块主控制卡均能访问

I/O 子系统和过程控制网络，但只有工作卡负责完成控制、输出、实时信息广播等功能。

在工作模式下，主控制卡如同非冗余配置一样直接访问 I/O 子系统，完成数据采集和控制功能，并向操作节点广播实时信息。此外它还监视与其配对的备用主控制卡的工作状态。处于工作模式下的主控制卡每个扫描周期向备用卡发送一次实时数据，以同步两冗余卡件的工作状态。

在备用模式下，备用主控制卡诊断和监视卡件运行状态，周期性获取工作主控制卡的实时信息，确保工作卡出现故障的情况下，无扰动地接替工作权，保障控制过程的连续性和稳定性。在备用卡工作正常的情况下，如发生下列故障，将产生工作/备用模式切换（冗余切换）：工作卡 RAM、ROM 等硬件故障；网络处理器故障；I/O 接口故障；工作主控制卡掉电；工作主控制卡复位；工作卡用户自定义程序出错；工作卡组态出错等。一旦主控制卡被切换到备用模式，带故障的备用主控制卡可停电维修或更换而不影响系统的正常运行。检修好的主控制卡重新上电后，进入备用模式工作。若工作卡发生故障的同时，备用主控制卡也发生故障，此时会比较两块主控制卡的故障等级。如果工作卡故障较严重，则发生冗余切换。否则，不发生冗余切换。主控制卡确认需要进行冗余切换后，在一个扫描周期内完成冗余切换。

主控制卡 XP243X 在过程控制网中的 TCP/IP 协议地址的系统约定如表 3-1-4 所示。

▶ 表 3-1-4　TCP/IP 协议地址的系统约定

类别	地址范围		备注
	网络地址	主机地址	
主控制卡地址	128.128.1	2～127	每个控制站包括两块互为冗余主控制卡。同一块主控制卡享用相同的主机地址，两个网络码
	128.128.2	2～127	

主控制卡 XP243X 的网络地址已固化在卡件中，无需手工设置。

主控制卡 XP243X 上的地址拨码开关 SW1 用来设置主控制卡在 SCnet 网络中的主机地址。SW1 拨码开关共有 8 位，分别用数字 1～8 表示，用于设置主控制卡的主机地址。可设置地址范围为 2～127。地址采用二进制编码方式，位 1 表示高位，位 8 表示低位，开关拨成 ON 状态时代表该位二进制码为 1，开关拨成 OFF 状态时代表该位二进制码为 0，XP243X 主机地址设置如表 3-1-5 所示。SW1 拨码开关的 1 位必须设置成 OFF 状态。

▶ 表 3-1-5　主控制卡地址设置

地址选择 SW1							
2	3	4	5	6	7	8	地址
OFF	OFF	OFF	OFF	OFF	ON	OFF	02
OFF	OFF	OFF	OFF	OFF	ON	ON	03
OFF	OFF	OFF	OFF	ON	OFF	OFF	04
OFF	OFF	OFF	OFF	ON	OFF	ON	05
……							
ON	ON	ON	ON	ON	OFF	OFF	124
ON	ON	ON	ON	ON	OFF	ON	125
ON	ON	ON	ON	ON	ON	OFF	126
ON	ON	ON	ON	ON	ON	ON	127

如果主控制卡按非冗余方式配置，即单主控制卡工作，卡件的网络地址（标记为 ADD）必须遵循以下格式：ADD 必须为偶数，且满足 2≤ADD<127，ADD+1 地址保留，不可作其他节点地址使用；如果主控制卡按冗余方式配置，互为冗余的两块主控制卡网络地址必须设置为以下格式：若起始地址为 ADD，则另一地址为 ADD+1，且 ADD 为偶数，满足 2≤ADD<127。

网络地址 128.128.1 和 128.128.2 代表两个互为冗余的网络，在控制站表现为两个冗余的通信口，上为 128.128.1，下为 128.128.2，如图 3-1-6 所示。

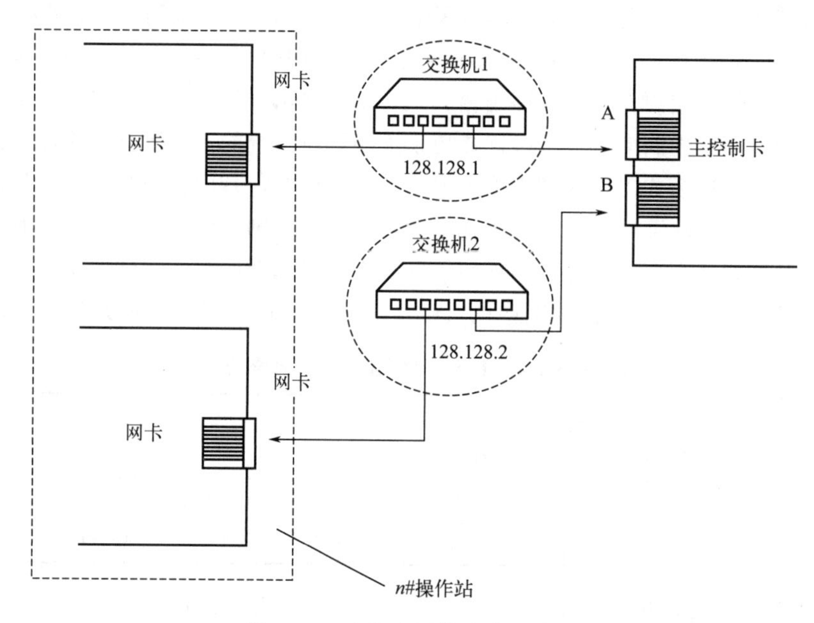

图 3-1-6　主控卡网络安装示意图

（2）数据转发卡 XP233

XP233 是 I/O 机笼的核心单元，是主控卡连接 I/O 卡件的中间环节，它一方面驱动 SBUS 总线，另一方面管理本机笼的 I/O 卡件。通过数据转发卡，一块主控制卡（XP243X）可扩展 1～8 个 I/O 机笼，即可以扩展 1～128 块不同功能的 I/O 卡件。SBUS 总线的结构图如图 3-1-7 所示。

数据转发卡 XP233 具有 WDT 看门狗复位功能，在卡件受到干扰而造成软件混乱时能自动复位 CPU，使系统恢复正常运行。每个机笼可配置双 XP233 卡，互为冗余。在运行过程中，如果工作卡出现故障可自动无扰动切换到备用卡，并可实现硬件故障情况下软件切换和软件死机情况下的硬件切换，确保系统安全可靠地运行。

数据转发卡 XP233 的结构如图 3-1-8 所示，面板上具有卡件名称、5 个 LED 状态指示灯，卡件上具有地址设置拨码开关，可设置本卡件在 SBUS 总线中的地址。在系统规模容许的条件下，只需增加 XP233 卡，就可扩展卡件机笼，但新增加的 XP233 卡件地址与已有的 XP233 卡件地址不可重复。

XP233 卡件上有一组地址拨码开关 SW101（见图 3-1-8），用于设置 XP233 在 SBUS 总线中的网络地址。其中 W101-5～SW101-8 为地址设置拨码，SW101-8 为低位，SW101-5 为高位，SW101-1～SW101-4 为系统资源预留，必须设置为 OFF 状态。地址设置采用 BCD 码

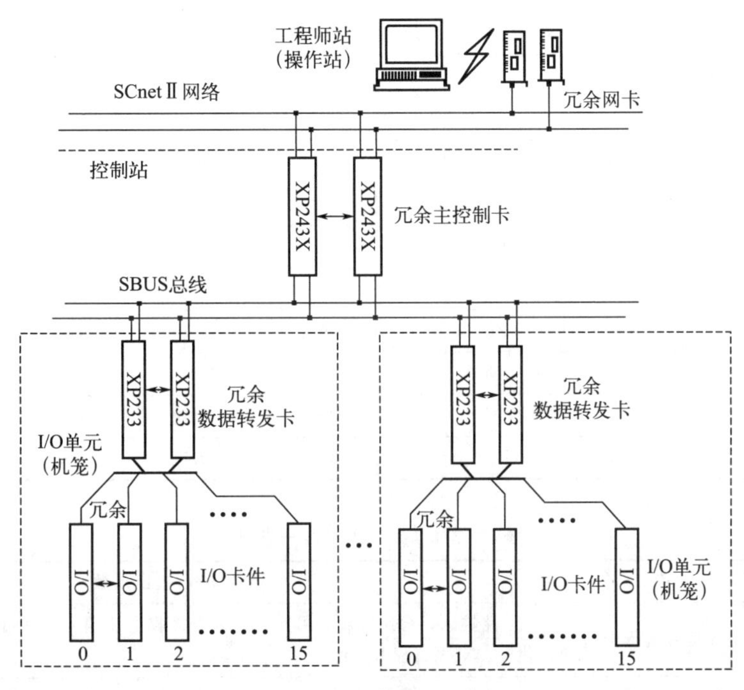

图 3-1-7　SBUS 网络结构图

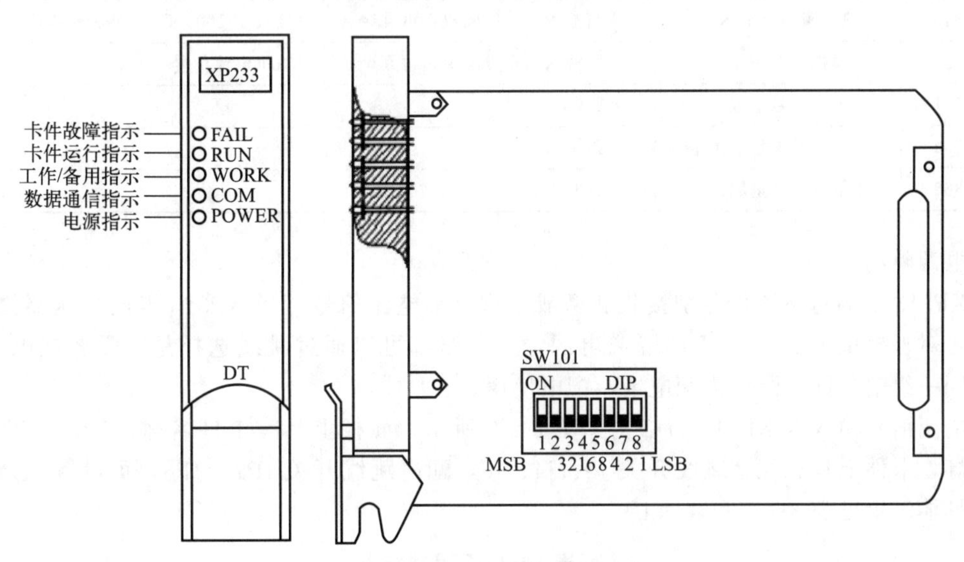

图 3-1-8　数据转发卡结构简图

编码方式，范围 0～15，具体设置方式如表 3-1-6 所示。

(3) I/O 卡件

I/O 卡件主要包括电流信号输入卡、电压信号输入卡、热电阻信号输入卡、电流信号输出卡、电平信号输入卡、晶体管开关量输出卡、干触点开关量输入卡等，如表 3-1-7 所示。

① 电流信号输入卡 XP313　电流信号输入卡 XP313 可测量 6 路电流信号，并可为 6 路变送器提供 24V 隔离配电电源。对模拟量电流输入信号进行调理、测量的同时，还具备卡件自检及与主控制卡通信的功能。6 路信号分为两组，其中 1～3 通道为第一组，4～6 通道为第二组，同一组中的信号采用同一隔离电源供电，两组间的电源和信号互相隔离，并且都与控制

▶ 表 3-1-6 数据转发卡地址设置表

地址拨码选择				地址	地址拨码选择				地址
SW101-5	SW101-6	SW101-7	SW101-8		SW101-5	SW101-6	SW101-7	SW101-8	
OFF	OFF	OFF	OFF	00	ON	OFF	OFF	OFF	08
OFF	OFF	OFF	ON	01	ON	OFF	OFF	ON	09
OFF	OFF	ON	OFF	02	ON	OFF	ON	OFF	10
OFF	OFF	ON	ON	03	ON	OFF	ON	ON	11
OFF	ON	OFF	OFF	04	ON	ON	OFF	OFF	12
OFF	ON	OFF	ON	05	ON	ON	OFF	ON	13
OFF	ON	ON	OFF	06	ON	ON	ON	OFF	14
OFF	ON	ON	ON	07	ON	ON	ON	ON	15

▶ 表 3-1-7 I/O 卡件一览表

型号	名称	性能及输入/输出点数
XP313	电流信号输入卡	6 路输入，分组隔离，可冗余，可以接收电流信号，并可为 6 路变送器提供＋24V 隔离配电电源
XP314	电压信号输入卡	6 路输入，分组隔离，可冗余，可以接收各种型号的热电偶以及电压信号
XP316	热电阻信号输入卡	4 路输入，分组隔离，可冗余，可以接收 Pt100、Cu50 两种热电阻信号
XP322	模拟信号输出卡	4 路输入，点点隔离，可冗余，可以输出电流信号
XP361	电平信号输入卡	8 路输入
XP362	晶体管开关量输出卡	8 路输出
XP363	干触点开关量输入卡	8 路输入

站的电源隔离。

XP313 卡的每一路可分别接收Ⅱ型或Ⅲ型标准电流信号。当 XP313 卡向变送器提供配电时可对外提供 6 路＋24V 的隔离电源，每一路都可以通过跳线选择是否需要配电功能，建议同一组信号同时配置为配电或不配电使用。

电流信号输入卡 XP313 的结构如图 3-1-9 所示，面板上具有卡件名称、5 个 LED 状态指示灯，卡件上具有冗余跳线开关 J2、J4、J5，配电跳线开关 JP1～JP6，可设置冗余与配电，具体配置见表 3-1-8 和表 3-1-9。

▶ 表 3-1-8 冗余跳线表

项目	J2	J4	J5
卡件单卡工作	1-2	1-2	1-2
卡件冗余配置	2-3	2-3	2-3

▶ 表 3-1-9 配电跳线表

项目	第一路	第二路	第三路	第四路	第五路	第六路
需要配电	JP1 1-2	JP2 1-2	JP3 1-2	JP4 1-2	JP5 1-2	JP6 1-2
不需配电	JP1 2-3	JP2 2-3	JP3 2-3	JP4 2-3	JP5 2-3	JP6 2-3

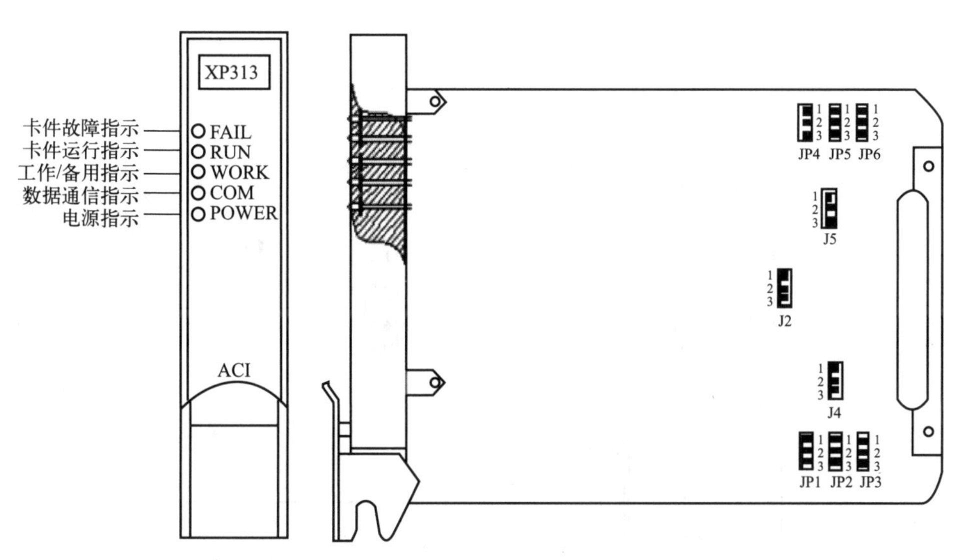

图 3-1-9　电流信号输入卡结构简图

② 电压信号输入卡 XP314　电压信号输入卡 XP314 是智能型带有模拟量信号调理的 6 路模拟信号采集卡，每一路可单独组态并接收各种型号的热电偶以及电压信号，将其调理后再转换成数字信号并通过数据转发卡 XP233 送给主控制卡 XP243X。6 路信号分为两组，其中 1～3 通道为第一组，4～6 通道为第二组，同一组内的信号采用同一个隔离电源供电，两组之间的电源和信号互相隔离，并且都与控制站的电源隔离。卡件可单独工作，也能以冗余方式工作。

XP314 在采集热电偶信号时具有冷端温度采集功能，可对热敏电阻信号进行采集，采集范围为－50～＋50℃之间的室温，冷端温度误差≤1℃。冷端温度的测量也可以由数据转发卡 XP233 完成。当组态中主控制卡对冷端设置为“就地”时（在本项目后面主控制卡的组态中设置），主控制卡使用 XP314 采集的冷端温度进行信号处理，即各个热电偶信号采集卡件都各自采样冷端温度，冷端温度测量元件安装在 I/O 单元接线端子的底部（不可延伸），此时补偿导线必须一直从现场延伸到 I/O 单元的接线端子处；当组态中主控制卡对冷端设置为“远程”时，由数据转发卡 XP233 采集冷端温度，主控制卡使用 XP233 卡采集的冷端温度进行信号处理。

电压信号输入卡 XP314 的结构如图 3-1-10 所示，面板上具有卡件名称、5 个 LED 状态指示灯，卡件上具有冗余跳线开关 J2，可设置卡件冗余，具体配置见表 3-1-10。

▶ **表 3-1-10　冗余跳线表**

项目	J2
卡件单卡工作	1-2
卡件冗余配置	2-3

③ 热电阻信号输入卡 XP316　热电阻信号输入卡 XP316 是一块智能型、分组隔离、用于测量热电阻信号、可冗余的 4 路 A/D 转换卡。每一路可单独组态并可以接收 Pt100、Cu50 两种热电阻信号，将其调理后转换成数字信号并通过数据转发卡 XP233 送给主控制卡 XP243X。4 路信号分为两组，其中 1、2 通道为第一组，3、4 通道为第二组，同一组内的

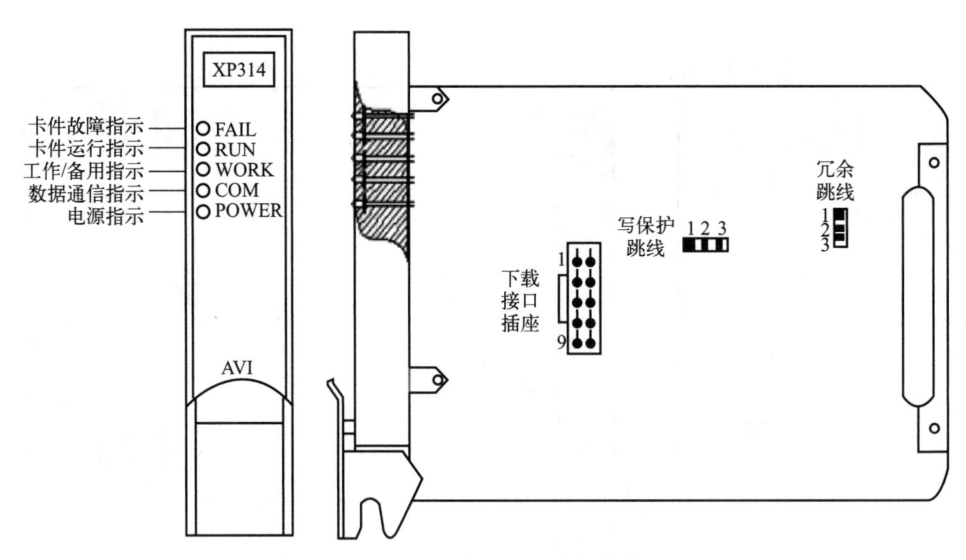

图 3-1-10　电压信号输入卡结构简图

信号调理采用同一个隔离电源供电，两组之间的电源和信号互相隔离，并且都与控制站的电源隔离。卡件可单独工作，也能以冗余方式工作。

热电阻信号输入卡 XP316 的结构如图 3-1-11 所示，面板上具有卡件名称、5 个 LED 状态指示灯，卡件上具有冗余跳线开关 J2，可设置卡件冗余，具体配置见表 3-1-11。

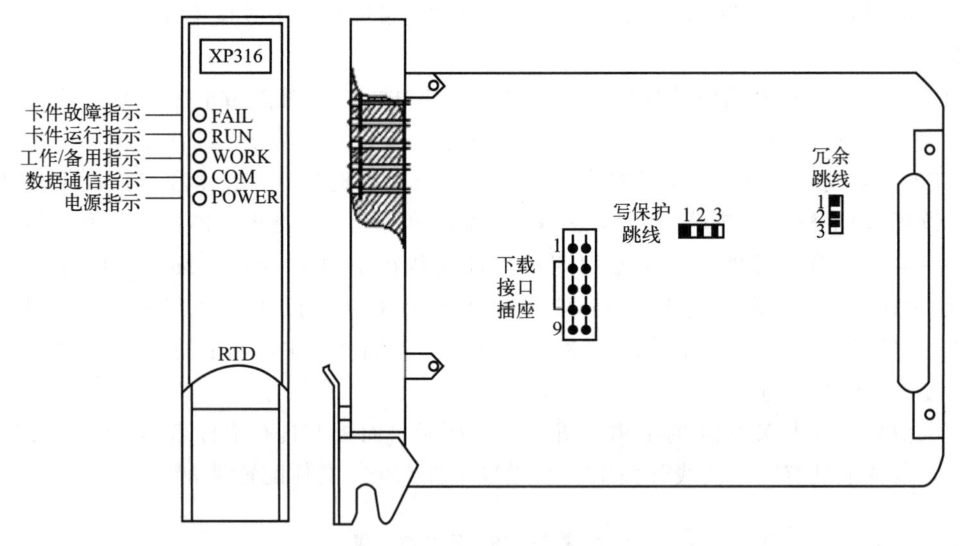

图 3-1-11　热电阻信号输入卡结构简图

▶ 表 3-1-11　XP316 冗余跳线表

J2	1-2	2-3
状态	单卡	冗余

④ 模拟信号输出卡 XP322　模拟信号输出卡 XP322 是 4 路点点隔离型电流（Ⅱ型或Ⅲ型）信号输出卡，具有实时检测输出信号的功能，它允许主控制卡监控输出电流，可单卡工

作，也可冗余配置。

XP322 的结构如图 3-1-12 所示，面板上具有卡件名称、5 个 LED 状态指示灯，卡件上具有冗余跳线开关 JP1，可设置卡件冗余，通 JP3～JP6 可以分别对每个通道选择不同的带负载能力，具体设置见表 3-1-12。

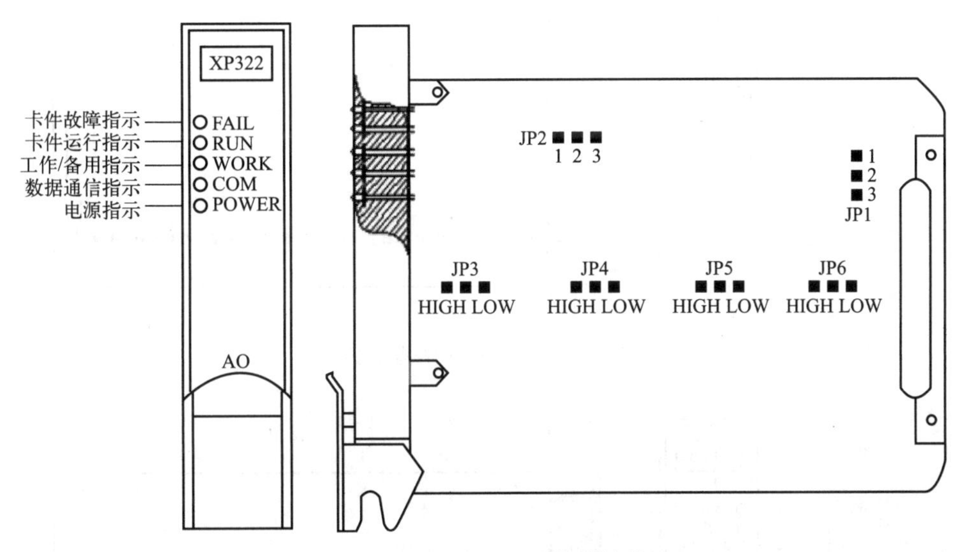

图 3-1-12 模拟信号输出卡结构简图

▶ 表 3-1-12 跳线说明表

跳线标号	说明	备注
JP1	卡件工作状态跳线	1-2：单卡工作
		2-3：冗余配置
JP2	写保护跳线	
JP3	第 1 通道带载能力选择	HIGH 档：Ⅱ型 2kΩ，Ⅲ型 1kΩ LOW 档：Ⅱ型 1.5kΩ，Ⅲ型 750Ω
JP4	第 2 通道带载能力选择	
JP5	第 3 通道带载能力选择	
JP6	第 4 通道带载能力选择	

⑤ 电平信号输入卡 XP361 电平信号输入卡 XP361 是 8 路电平型开关量信号输入卡，能够快速响应电平信号输入，采用光电隔离方式实现数字信号的准确采集。

XP361 的结构如图 3-1-13 所示，面板上具有卡件名称、9 个 LED 状态指示灯，卡件上具有跳线开关 JP1～JP8，可以分别对第 1～第 8 通道选择不同的电平信号的电压范围，跳线时电压范围为 12～30V，不跳线时电压范围为 30～54V。

⑥ 晶体管开关量输出卡 XP362 晶体管开关量输出卡 XP362 是 8 路无源晶体管开关触点输出卡，可通过中间继电器驱动电动执行装置，采用光电隔离，不提供中间继电器的工作电源。

XP362 的结构如图 3-1-14 所示，面板上具有卡件名称、9 个 LED 状态指示灯。

⑦ 干触点开关量输入卡 XP363 干触点开关量输入卡 XP363 是 8 路干触点开关量输入卡，采用光电隔离，具有自检功能。

XP363 的结构如图 3-1-15 所示，面板上具有卡件名称、9 个 LED 状态指示灯。

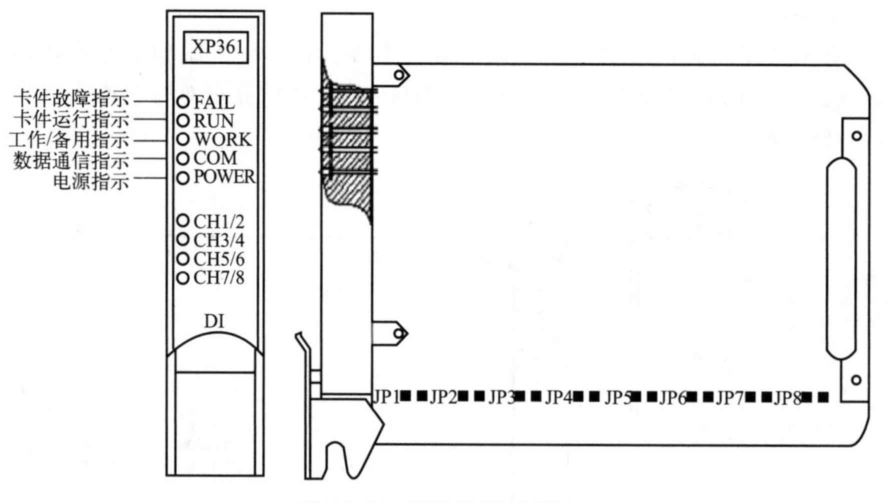

图 3-1-13 XP361 结构简图

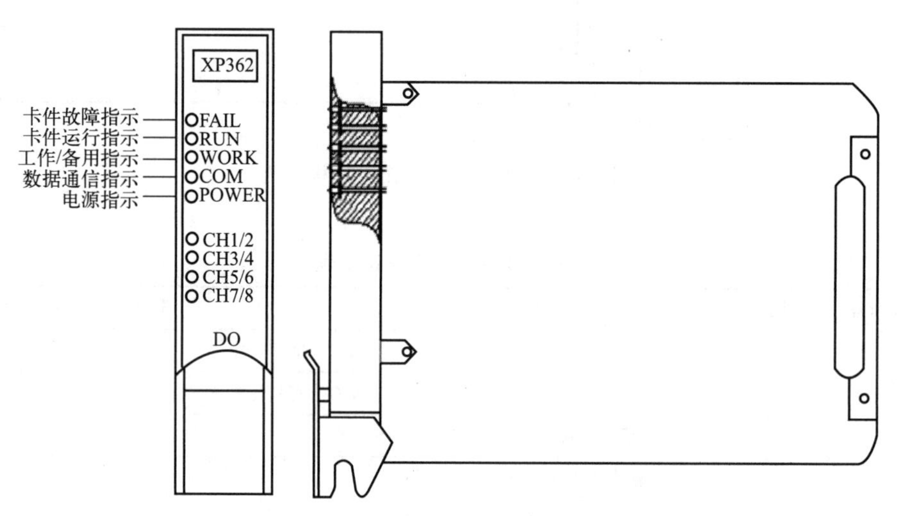

图 3-1-14 XP362 结构简图

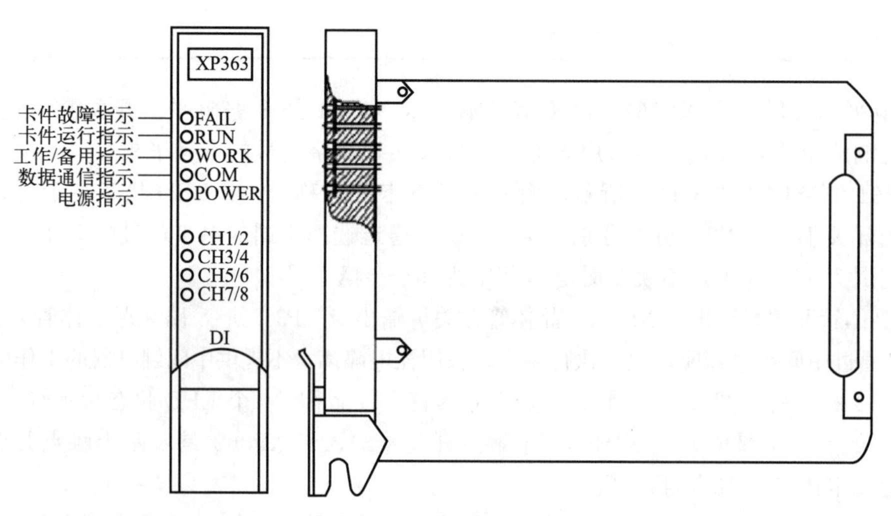

图 3-1-15 XP363 结构简图

（4）一体化机笼

一体化机笼 XP211 是 JX-300XP 系统的 I/O 机笼，提供 20 个卡件插槽，即 2 个主控制卡插槽、2 个数据转发卡插槽和 16 个 I/O 卡插槽，以及 1 组系统扩展端子、4 个 SBUS-S2 网络接口（DB9 针型插座）、1 组电源接线端子和 16 个 I/O 端子接口插座。SBUS-S2 网络接口用于 SBUS-S2 互连，即机笼与机笼之间的互连；电源端子给机笼中所有的卡件提供 5V 和 24V 直流电源；I/O 端子接口配合可插拔端子板把 I/O 信号引至相应的卡件上。机笼结构图如图 3-1-16 和图 3-1-17 所示，XP211 机笼提供主控制卡与数据转发卡、数据转发卡与 I/O 卡件之间数据交换的物理通道。

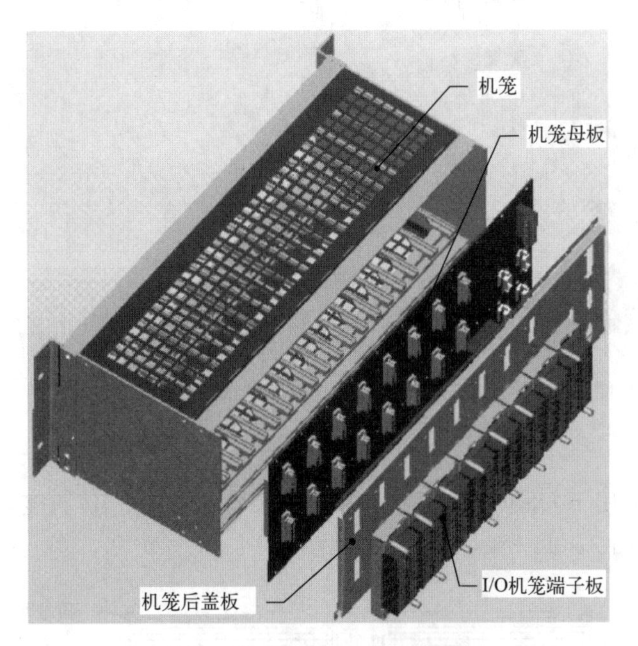

图 3-1-16　XP211 结构简图

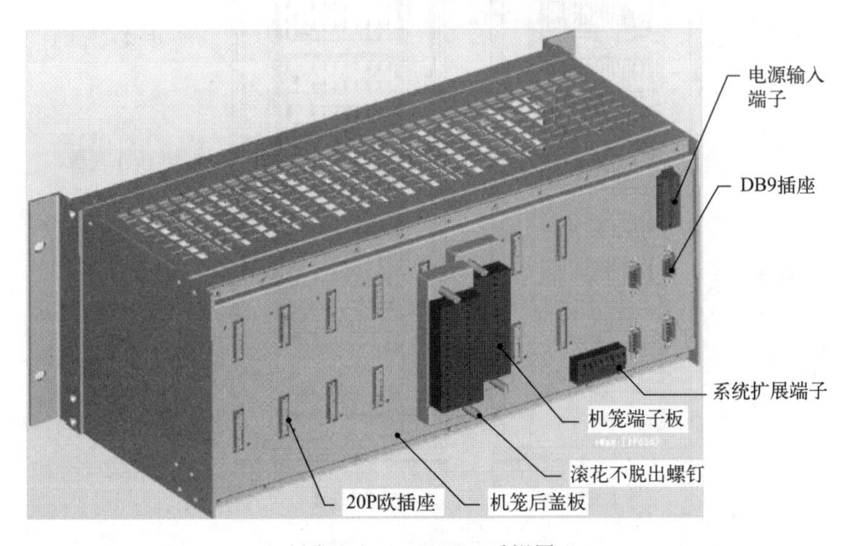

图 3-1-17　XP211 后视图

（5）电源

电源 XP251-1 为 JX-300XP 系统配套电源，可分别输出 5V 和 24V 直流电压。使用时插在电源机笼 XP251 中，每个电源机笼可安装 4 个电源模块，如图 3-1-18 所示。

图 3-1-18　电源 XP251-1 在电源机笼 XP251 中安装示意图

（6）机柜

机柜 XP202X 适用于 JX-300XP 系统，用来安装电源机笼、IO 机笼等，最多可支持 6 个 IO 机笼的安装，如图 3-1-19 所示。

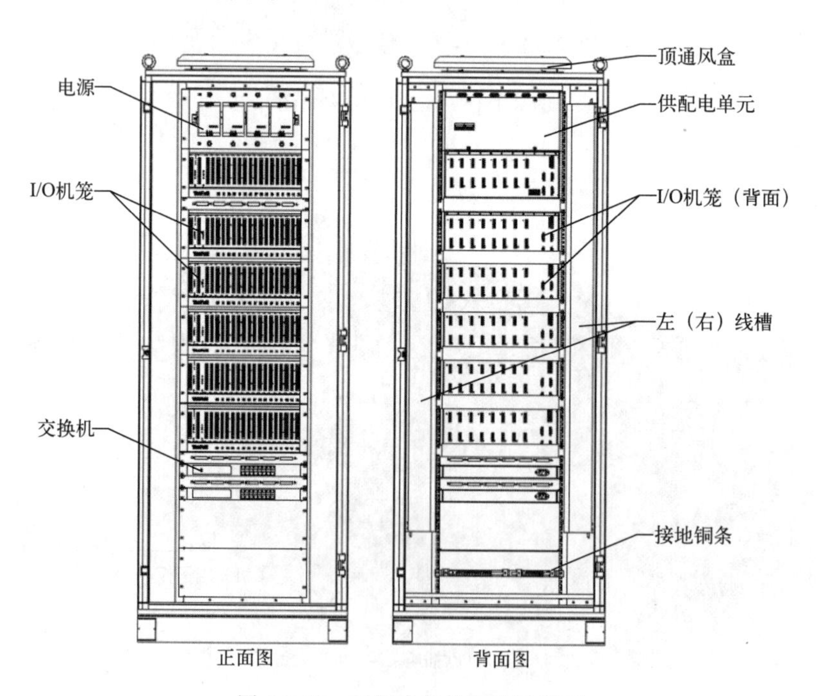

图 3-1-19　机柜内部件安装示意图

2. 操作站硬件

操作站的硬件基本组成包括工控 PC 机、显示器、鼠标、键盘、SCnetⅡ网卡、专用操作员键盘、操作台、打印机等。工程师站硬件配置与操作站硬件配置基本一致，无特殊要求，它们的区别仅在于系统软件的配置不同，工程师站除了安装有操作、监视等基本功能的软件外，还装有相应的系统组态、系统维护等应用工具软件。

(1) 工控 PC 机（XP001/XP002）

操作站的硬件以高性能的工业控制计算机为核心，具有超大容量的内部存储器和外部存储器，可以根据用户的需要选择显示器。通过配置两个冗余的 10Mbps SCnet Ⅱ网络适配器，实现与系统过程控制网连接。操作站可以是一机多 CRT，并配置操作员键盘 XP032、鼠标等外部设备。

(2) 操作员键盘（XP032）

操作站配备专用的操作员键盘，其操作功能由实时监控软件支持，操作员通过专用键盘并配以鼠标就可实现所有的实时监控操作任务，如图 3-1-20 所示。

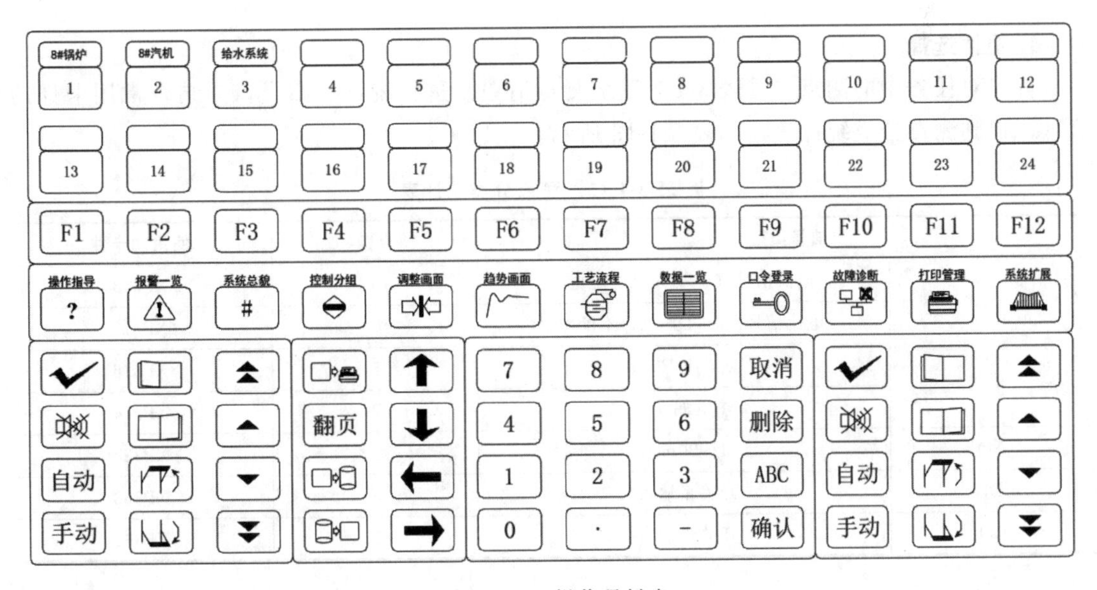

图 3-1-20　操作员键盘

(3) 操作台（XP071/XP072）

操作台是放置操作站的平台，分为立式操作台 XP071、平面式操作台 XP072 两种。立式操作台是将 CRT 嵌入在一个方形门框内，IPC 放置在封闭的箱体内。在立式操作台内有一个放置 CRT 的可调式抽动平台，当 CRT 从操作台背面放入抽动平台上后，可以上下调节平台，使 CRT 的塑性表面与操作台的表面边框吻合。PC 机从操作台的背面放入并置于下面的一个平台上。PC 机的背部朝后，以便接线，如图 3-1-21 所示。在平面式操作台的平台中央放置 CRT，PC 机放置在封闭的箱体内。从操作台的背面放入 PC 机并放置在下面的一个平台上。PC 机的背部朝后，以便接线，如图 3-1-22 所示。在这两种操作台内都配有报警扬声器，安装时应将操作站/工程师站内声卡输出的报警声音与扬声器可靠连接。

图 3-1-21　立式操作台

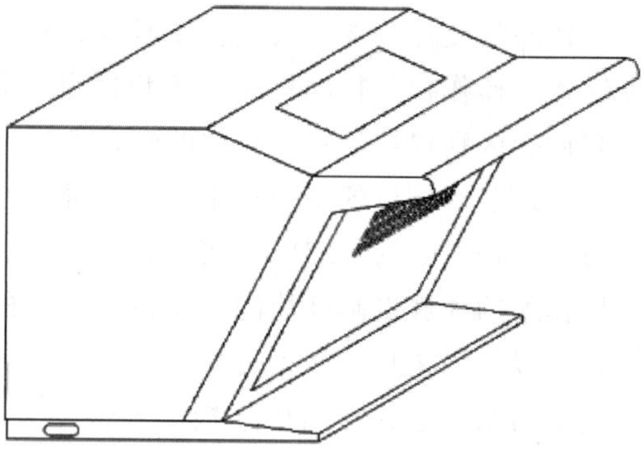

图 3-1-22　平面式操作台

【任务实施】

1. 硬件选择

首先对任务中的测点（见表 3-1-2 系统测点清单）进行统计、归类，并结合常用卡件的信息，得到测点分类统计表，如表 3-1-13 所示。

▶ 表 3-1-13　测点分类统计表

信号类型		点数	使用的卡件
AI	电流信号（4～20mA，配电）	5	XP313
	电流信号（4～20mA，不配电）	7	XP313
	热电阻 RTD	7	XP316
	热电偶 TC	7	XP314
AO	4～20mA	3	XP322
DI	开关量输入	4	XP363
DO	开关量输出	2	XP362

然后，对表 3-1-13 信息进行分析，可得到 IO 卡件的配置情况：

① 测点中电流信号（4～20mA）共 12 点，其中 5 点需要配电，7 点不需要配电。电流信号是通过电流信号输入卡 XP313 来采集的，考虑到信号的质量，建议配电和不配电的信号分别采用不同的卡件来采集，尽量不要集中在一块卡件上。XP313 卡件为 6 路电流信号输入卡，即每块卡件可以采集 6 路信号，所以至少需要 3 块 XP313 卡件，其中用于采集配电的电流信号的卡件 1 块，用于采集不配电的电流信号的卡件 2 块，所以需要 3 块 XP313 卡件。

② 测点中热电阻信号共 7 点，热电阻信号由 XP316 卡件来采集，XP316 卡件是 4 点卡，即每块卡件可以采集 4 路信号，所以需要 2 块 XP316 卡件。

③ 测点中热电偶信号共 7 点，热电偶信号由 XP314 卡件来采集，XP314 卡件为 6 路电压信号输入卡，即每块卡件可以采集 6 路信号。对于不同的电压信号及不同类型的热电偶信号，一般建议在有条件的情况下采用不同的卡件进行采集。项目中只有一种热电偶信号，所以需要配置 2 块 XP314 卡件。

④ 测点中输出电流信号（4～20mA）AO点共3点，AO信号由电流信号输出卡XP322来处理，XP322卡件为4路电流信号输出卡，即每块卡件可以处理4路信号，所以至少需要1块XP322卡件。考虑到这4个信号都是参与到控制中的，为了控制的安全性，建议采用冗余配置，所以需要2块XP322卡件。

⑤ 测点中开关量输入点共4点，为触点型。开关量输入点可由XP363卡件来处理，XP363卡件为8路触点型开关量信号输入卡，一块卡件可以处理8路信号，所以需要1块XP363卡件。

⑥ 测点中开关量输出点共2点。开关量输出点可由XP362卡件来处理，XP362卡件为8路开关量信号输出卡，一块卡件可以处理8路信号，所以需要1块XP362卡件。

通过上面的分析，实现测点清单上所有信号的采集和控制需要的I/O卡件为：电流信号输入卡XP313卡件3块、热电阻信号输入卡XP316卡件2块、电压信号输入卡XP314卡件2块、电流信号输出卡XP322卡件2块、开关量输入卡XP363卡件1块、开关量输出卡XP362卡件1块，共计11块卡件。

由此分析可知，系统控制站规模不大，用一个控制站就可以满足要求，考虑到控制的安全性，建议主控制卡采用冗余配置，所以需要2块XP24X卡件。一共有11块I/O卡件，一个I/O机笼可以容纳16块I/O卡件，故只需要1个I/O机笼。每个I/O机笼都需要安装数据转发卡XP233，建议采用冗余配置，所以需要2块XP233卡件。相应地，硬件配置上需要配一个机柜、一个电源箱机笼，两个互为冗余的电源箱。

根据任务中实际要求（见表3-1-1系统配置表），系统需要配置1台工程师站（ES），2台操作站（OS），每一台操作主机均需要配置操作台和操作员键盘，所以需要配置3台操作主机、3块操作员键盘和3个操作台。

综合以上分析，就确定了操作站和控制站主要硬件的数量和型号，如表3-1-14所示。

▶ 表3-1-14　DCS系统硬件配置清单

项目	名称	型号	单位	数量
操作站硬件	工业PC机	XP001	套	3
	操作台	XP072	张	3
	操作员键盘	XP032	块	3
控制站硬件	机柜	XP202	个	1
	机笼（含母板端子）	XP211	个	1
	电源机笼	XP251	块	1
	电源箱	XP251-1	个	2
	主控制卡	XP243X	块	2
	电流信号输入卡	XP313	块	3
	电压信号输入卡	XP314	块	2
	热电阻信号输入卡	XP316	块	2
	电流信号输出卡	XP322	块	2
	触点型开关量输入卡	XP363	块	1
	晶体管开关量输出卡	XP362	块	1
	数据转发卡	XP233	块	2
	空卡	XP000	块	5

2. 卡件排布

控制站的主控制卡、数据转发卡及I/O卡件需要安装在机笼XP211中，机笼提供20个卡件插槽，其中2个主控制卡插槽、2个数据转发卡插槽和16个I/O卡插槽。主控制卡插槽和数据转发卡插槽位于机笼的左侧位置，接着是16个I/O卡插槽，I/O卡可以任意插入某个插槽。

本项目中，主控制卡有2块，插入到机笼的最左侧插槽，数据转发卡2块，插入到接着的2个插槽，然后依次插入11块I/O卡，最后用空卡件将多余的5个插槽填满，如表3-1-15所示。

▶ **表3-1-15　卡件排布表**

XP243X	XP243X	XP233	XP233	XP313	XP313	XP313	XP314	XP314	XP316	XP316		XP322	XP322	XP363	XP362				
1	2	3	4	00	01	02	03	04	05	06	07	08	09	10	11	12	13	14	15

3. 测点分配

根据任务要求完成测点分配，填写表3-1-16，卡件通道根据实际卡件的数量选择。

▶ **表3-1-16　测点分配表**

序号	卡件	卡件通道							
		00	01	02	03	04	05	06	07
00	1#XP313	LI101	LI102	LI103	FI101	FI102	FI103		
01	2#XP313	FI104							
02	3#XP313	PI101	PI102	PI103	PI104	PI105			
03	1#XP314	TI104	TI105	TI106	TI107	TI108	TI109		
04	2#XP314	TI110							
05	1#XP316	TI101	TI102	TI103					
06	2#XP316	TI111	TI112	TI113	TI114				
07									
08	1#XP322	FV101	FV102	LV101					
09	2#XP322	FV101	FV102	LV101					
10	1#XP363	KI1011	KI1012	KI1021	KI1022				
11	1#XP362	KO101	KO102						
12									
13									
14									
15									

4. 控制站安装

控制站机柜、机笼、电源箱、控制站卡件一般均由供货方根据用户配置要求直接安装完毕。因此，本部分安装的主要任务是正确设置各个卡件的网络地址、冗余跳线、配电跳线、信号类型跳线等。

（1）主控制卡设置与安装

主控制卡需要进行网络地址设置，任务中要求主控制卡的网络地址配置成128.128.1.4，冗余配置。所以需要将一块XP243X的拨码开关SW1的第2～8位设置成OFF OFF OFF OFF ON OFF OFF，同时要将另一块XP243X的拨码开关SW1的第2～8位设置成OFF OFF OFF OFF ON OFF ON。然后将两块主控制卡XP243X分别插入一体化机笼最左面的两个插槽中即可完成主控制卡的设置和安装。

（2）数据转发卡设置与安装

数据转发卡需要进行网络地址设置和冗余跳线设置，具体设置方法为将第一块XP233的地址拨码开关SW101中W101-5～SW101-8设置为OFF OFF OFF OFF，另一块XP233的地址拨码开关W101-5～SW101-8设置为OFF OFF OFF ON。然后将两块数据转发卡XP233分别插入一体化机笼左面紧挨着主控制卡的两个插槽中即可完成数据转发卡的设置和安装。

（3）I/O卡设置与安装

【任务评价】

任务	训练内容与分值	训练要求	学生自评	教师评分
甲醇氧化制甲醛控制系统硬件的选择	硬件选择（20分）	正确选择操作站和控制站各硬件的型号和数量		
	卡件排布（20分）	① 正确排布主控制卡 ② 正确排布数据转发卡 ③ 正确排布I/O卡件		
	测点分配（20分）	将测点清单中的测点正确分配到各卡件的各个通道中		
	控制站安装（20分）	① 正确配置主控制卡地址及冗余跳线 ② 正确配置数据转发卡地址及冗余跳线		
	职业素养与创新思维（20分）	① 积极思考、举一反三 ② 分组讨论、独立操作 ③ 遵守纪律，遵守实验室管理制度		
	学生：	教师：	日期：	

【知识归纳】

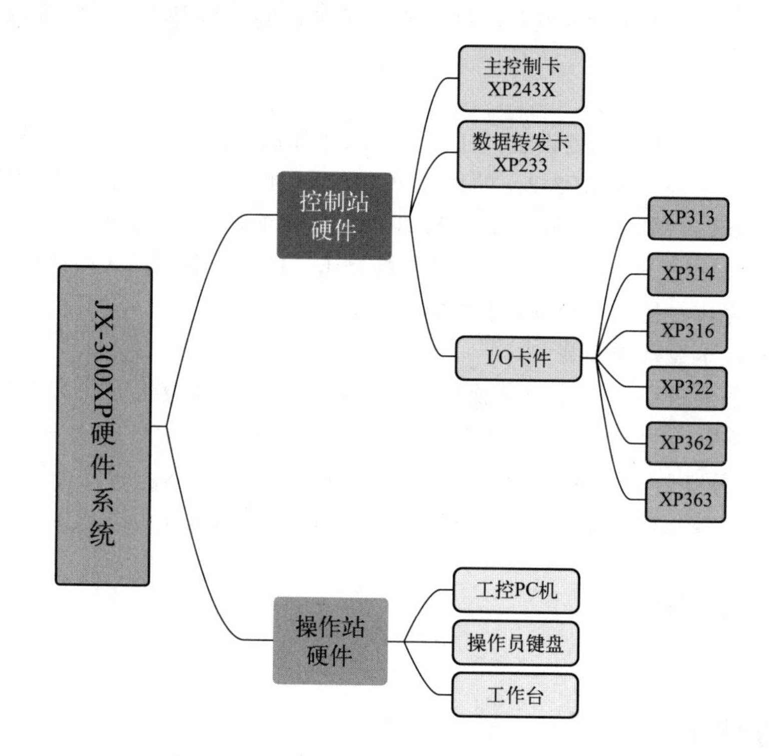

任务二　甲醇氧化制甲醛控制系统组态

【任务描述】

根据项目管理及监控要求，对DCS系统硬件配置、操作小组、总貌画面、趋势图、流程图、报表等提出了具体的要求，需要通过组态来完成。对甲醇氧化制甲醛控制系统进行DCS组态主要包括以下几个方面。

1. 总体信息组态

系统总体信息组态是整个系统组态过程中最先做的工作，其目的是确定构成控制系统的网络节点数，即控制站和操作站节点的数量。根据本项目的要求，系统规模见表3-2-1。

▶ 表3-2-1　系统规模设置表

类型	数量	IP地址	备注	型号	冗余
控制站	1	128.128.1.4	1#控制站	XP243X	√
工程师站	1	128.128.1.130	工程师站130		
操作站	2	128.128.1.131 128.128.1.132	操作员站131 操作员站132		

2. 控制站组态

控制站由主控制卡、数据转发卡、I/O 卡件、供电单元等部分构成。控制站组态是指对系统硬件和控制方案的组态，主要包括 I/O 组态、变量、常规控制方案、自定义控制方案和折线表定义等部分。本项目要求完成对任务一中所列 I/O 测点及控制方案进行组态。

3. 操作站组态

操作站组态是对系统操作站操作画面的组态，是面向操作人员的 PC 操作平台的定义，主要包括操作小组设置、标准画面组态、流程图制作、报表制作等部分。

（1）操作小组

操作小组的划分有利于划分操作员职责，简化操作人员的操作，突出监控重点。不同的操作小组可观察、设置、修改不同的标准画面、流程图、报表、自定义键等。要求设置两个操作小组，分别名命为系统监控、工程师。

（2）标准操作画面设置

系统的标准画面组态是指对系统已定义格式的标准操作画面进行组态，其中包括总貌画面、趋势图、控制分组、数据一览等四种操作画面的组态。在工程师操作小组中设置表 3-2-2 中的标准画面。

▶ 表 3-2-2　标准画面设置表

类型	页码	页标题	内容
总貌画面	1	索引画面	趋势画面、分组画面、一览画面
	2	模拟量	所有 AI 测点
	3	开入量	所有 DI 测点
控制分组	1	常规回路	LIC101、FIC101、FIC102
	2	开出量	所有 DO 测点
数据一览	1	数据一览	所有 AI 测点
趋势图	1	液位	所有液位测点
	2	流量	所有流量测点
	3	压力	所有压力测点
	4	温度 1	TI101～107
	5	温度 2	TI108～114

（3）流程图组态

流程图是控制系统中最重要的监控操作界面，用于显示被控过程和被控对象的工作状况及相关操作。在工程师操作小组中绘制甲醇氧化制甲醛控制系统监控流程图，可参考工艺流程图。

（4）报表组态

DCS 的报表用来记录重要的系统数据和现场数据，供工程技术人员进行系统状态检查或工艺分析，一般可分为班报表、日报表、月报表等。在工程师操作小组中制作甲醇氧化制甲醛控制系统班报表，具体要求如下：每整点记录一次数据，记录数据为 FI101、FI102、FI103、FI104，报表中的数据记录到真实值后面两位小数，时间格式为××：××：××（时：分：秒），每天 8、16、0 点输出报表。报表式样参考表 3-2-3。

▶ 表 3-2-3 班报表参考式样

班报表									
______班___组 组长______________ 记录员______________ ________年______月______日									
时间									
位号	描述	数据							
FI101	蒸发器底部甲醇流量								
FI102	蒸发器底部空气流量								
FI103	蒸发器顶部水蒸气流量								
FI104	氧化反应器入口流量								

【任务分析】

1. 明确项目工作任务

思考：项目工作任务是什么？

行动：阅读任务描述，根据系统各项组态要求，逐项分解工作任务，完成项目任务分析，按顺序列出项目子任务及所要求达到的技术指标。

2. 确定系统组态方案

思考：系统采用什么组态软件？采用什么组态策略？具体组态步骤和过程是什么？

行动：小组成员共同研讨，制订具体组态方案，进行总体信息组态、控制站组态、操作站组态；收集相关 DCS 组态的技术资料，咨询项目组态实施步骤。

3. 制订工作实施计划

思考：小组成员如何分工？完成本项目需要多少时间？

行动：根据控制方案，小组成员合理分担工作任务，确定工作步骤和时间，制订完成工作任务的计划表，明确项目责任人。

【知识链接】

组态（configure）的含义是“配置”“设定”“设置”等意思，是指用户通过类似“搭积木”的简单方式来完成自己所需要的软件功能，DCS 系统组态是指配置集散控制系统的软、硬件构成，为实现系统监控做准备。

一、系统组态工作流程

系统组态在工程师站上进行，可以搭建控制系统结构、设定软硬件各项参数。由于 DCS 的通用性和复杂性，系统的许多功能及匹配参数需要根据具体场合而设定，例如：系统由多少个控制站和操作站构成；系统采集什么样的信号、采用何种控制方案、怎样控制、操作时需显示什么数据、如何操作等。系统组态工作流程如图 3-2-1 所示。

1. 工程设计

工程设计是系统组态的依据，只有在完成工程设计之后，才能动手进行系统的组态。工

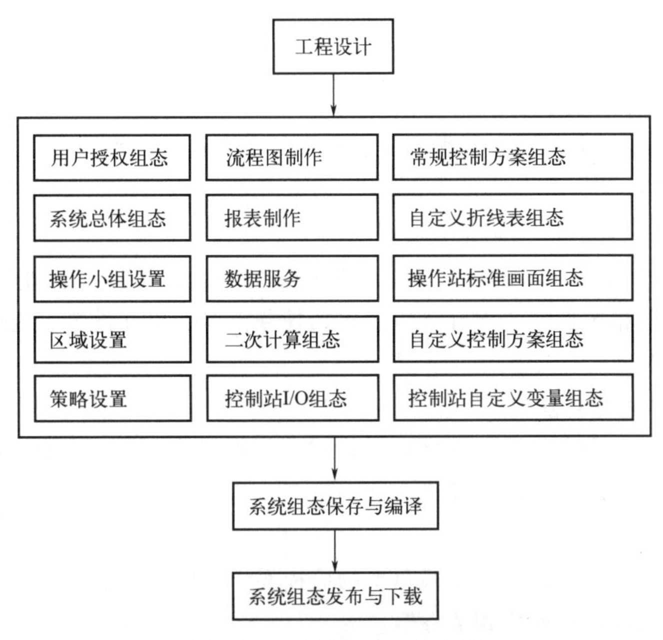

图 3-2-1　系统组态工作流程

程设计包括测点清单设计、常规（或复杂）对象控制方案设计、系统控制方案设计、流程图设计、报表设计以及相关设计文档编制等。工程设计完成以后，应形成包括《测点清单》《系统配置清册》《控制柜布置图》《I/O 卡件布置图》《控制方案》等在内的技术文件。

2. 用户授权组态

用户授权软件主要是对用户信息进行组态，在软件中定义不同角色的权限操作，增加用户，配置其角色。设置了某种角色的用户具备该角色的所有操作权限。系统默认的用户为 admin，密码为 supcondcs。每次启动系统组态软件前都要用已经授权的用户名进行登录。

3. 系统总体组态

系统组态是通过 SCKey 软件来完成的。系统总体结构组态根据《系统配置清册》确定系统的控制站与操作站。

4. 操作小组设置

对各操作站的操作小组进行设置，不同的操作小组可观察、设置、修改不同的标准画面、流程图、报表、自定义键等。操作小组的划分有利于划分操作员职责，简化操作人员的操作，突出监控重点。

5. 区域设置

完成数据组（区）的建立工作，为 I/O 组态时位号的分组分区作好准备。

6. 自定义折线表组态

对主控制卡管理下的自定义非线性模拟量信号进行线性化处理。

7. 控制站 I/O 组态

根据《I/O 卡件布置图》及《测点清单》的设计要求完成 I/O 卡件及 I/O 点的组态。

8. 控制站自定义变量组态

根据工程设计要求，定义上下位机间交流所需要的变量及自定义控制方案中所需的回路。

9. 常规控制方案组态

对控制回路的输入输出只是对 AI 和 AO 的典型控制方案进行组态。

10. 自定义控制方案组态

利用 SCX 语言或图形化语言编程实现联锁及复杂控制等，实现系统的自动控制。

11. 二次计算组态

二次计算组态的目的是在 DCS 中实现二次计算功能、优化操作站的数据管理，支持数据的输入输出。把控制站的一部分任务由上位机来完成，既提高了控制站的工作速度和效率，又可提高系统的稳定性。二次计算组态包括任务设置、事件设置、提取任务设置、提取输出设置等。

12. 操作站标准画面组态

系统的标准画面组态是指对系统已定义格式的标准操作画面进行组态，其中包括总貌、趋势、控制分组、数据一览等四种操作画面的组态。

13. 流程图制作

流程图制作是指绘制控制系统中最重要的监控操作界面，用于显示生产产品的工艺及被控设备对象的工作状况，并操作相关参数。

14. 报表制作

编制可由计算机自动生成的报表以供工程技术人员进行系统状态检查或工艺分析。

15. 系统组态保存与编译

对完成的系统组态进行保存与编译。

16. 系统组态发布与下载

将在工程师站已编译完成的组态发布到操作站；将已编译完成的组态下载到各控制站。

二、用户授权组态

用户授权组态是通过在软件中定义不同级别的用户来保证权限操作，即一定级别的用户对应一定的操作权限，可以对不同用户使用用户授权管理、系统组态、二次计算、监控等软件的不同操作权限进行控制。

1. 组态路径

在 SCKey 组态软件的工具栏中点击 用户授权 图标，进入用户授权的组态窗口，如图 3-2-2 所示。

2. 用户管理

在用户授权的组态界面中选择权限树下的“用户列表”，右键点击“用户列表”，在出现的菜单中选择“向导”，可以增加用户，输入用户名，选择已经存在的角色或点击“添加新角色”，在弹出的新角色窗口添加新的角色。填写描述信息和密码，点击“添加”按钮，完成用户的添加，如图 3-2-3 所示。成功添加用户后的界面如图 3-2-4 所示。

3. 角色列表

选择角色列表，其下默认存在两种角色：工程师和操作员。点击工程师前的“＋”号，扩展出功能权限、数据权限、特殊位号、自定义权限、操作小组权限和用户列表，如图 3-2-5 所示。

图 3-2-2　用户授权的组态窗口

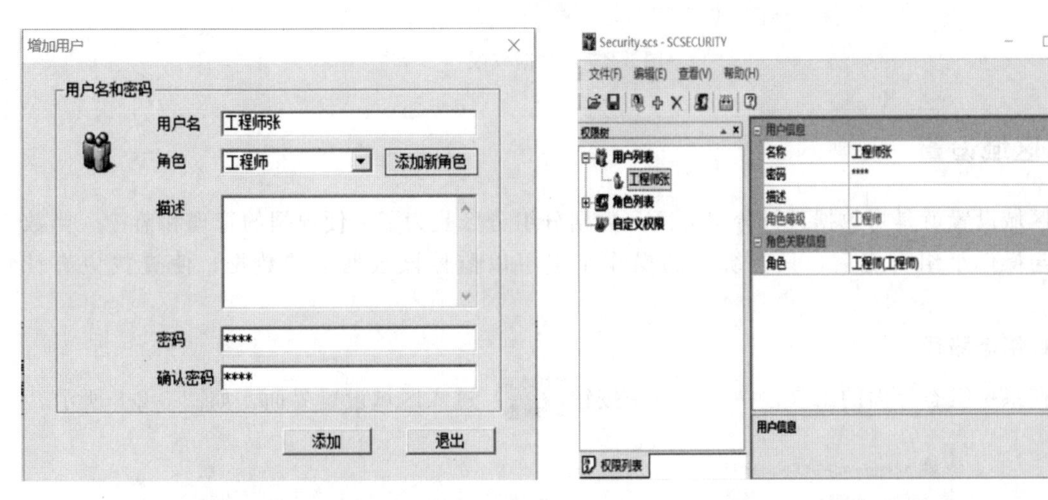

图 3-2-3　添加用户

图 3-2-4　用户添加成功

① 功能权限：用于设置角色的功能权限，如系统组态、系统退出、位号查找等，如图 3-2-6 所示。

② 数据权限：用于设置数据组、区的信息，如图 3-2-7 所示。

③ 特殊位号：右键点击特殊位号项，在弹出的菜单项中选择“添加”项，弹出的界面中选择需要被设置为特殊位号的位号，点击“确定”按钮即可。

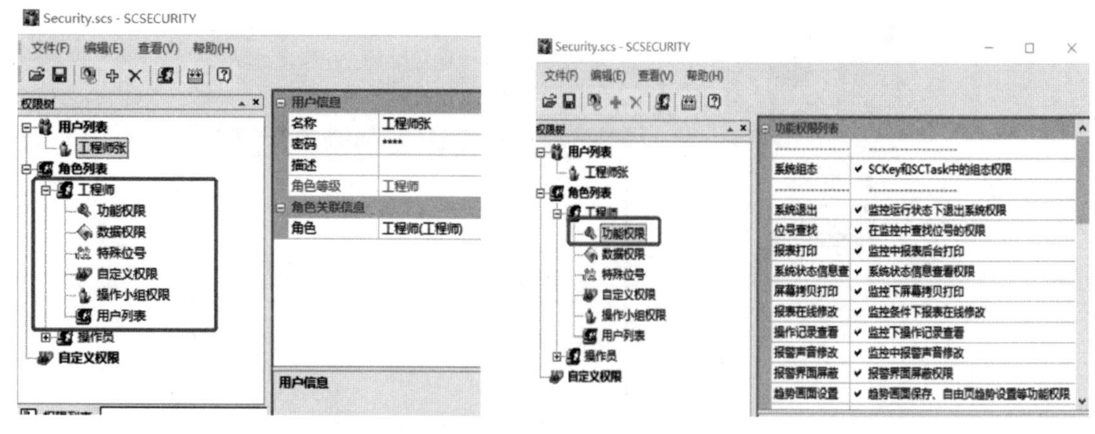

图 3-2-5　角色列表　　　　图 3-2-6　功能权限

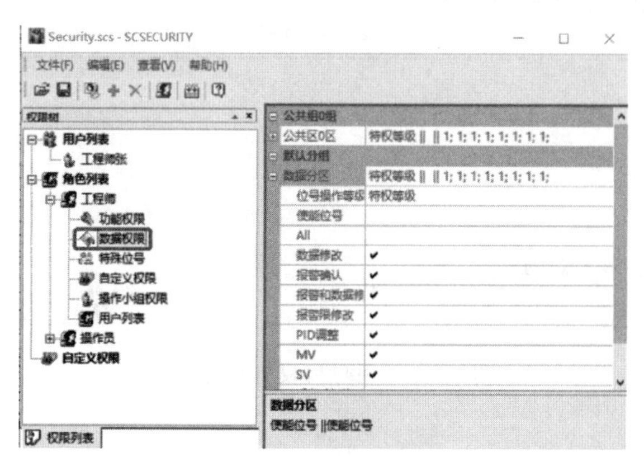

图 3-2-7　数据权限

三、区域设置

区域设置就是将数据进行分组分区，数据分组分区是为了方便数据的管理和监控。当数据组与操作小组绑定后，只有绑定的操作小组可以监控该数据组的数据，使查找更有针对性。

1. 组态路径

在系统组态界面的工具栏中点击命令按钮区域设置，进入区域设置界面，如图 3-2-8 所示。

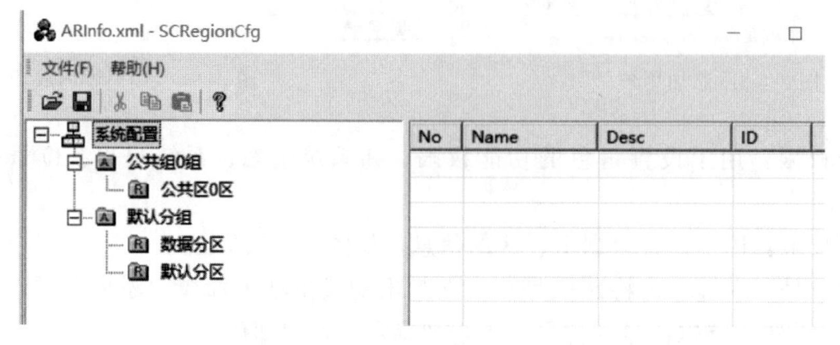

图 3-2-8　区域设置的组态窗口

2. 创建数据分组

在区域设置的组态界面中右键点击任意节点，弹出的菜单中选择“创建”，则在系统配置下增加一个数据分组（默认创建的数据分组名称为：数据分组）。右键点击该分组，在弹出的右键菜单中可以对其进行删除和名称的修改。例如添加两个数据分组，分别命名为“1#数据分组”和“2#数据分组”，添加后的结果如图 3-2-9 所示。

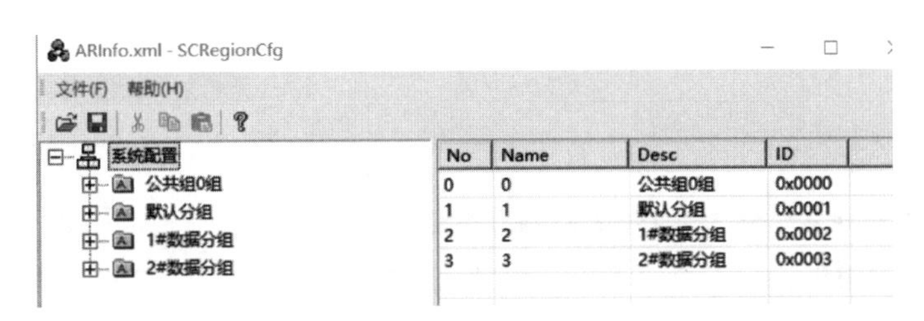

图 3-2-9　创建数据分组

3. 创建数据分区

点击数据分组前的“+”号，扩展出数据分区的信息，右键点击数据分区，弹出右键菜单。点击“创建”项菜单，数据分区添加成功，选择“修改”菜单项可以对数据分区的名称进行修改，选择“删除”菜单项可以将选中数据分区删除，如图 3-2-10 所示。

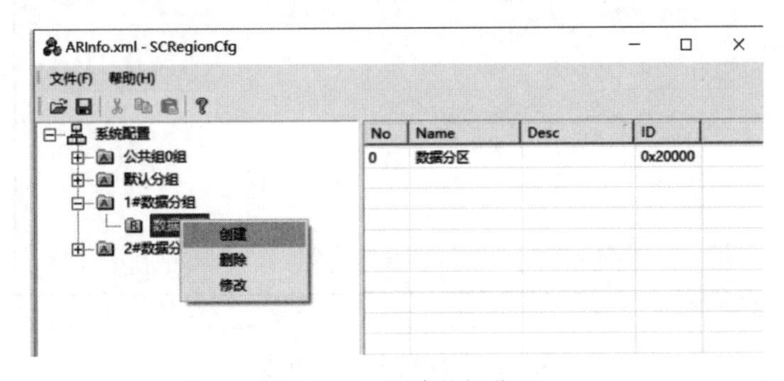

图 3-2-10　创建数据分区

四、主机设置组态

主机设置是对系统各主控制卡和操作站在系统中的位置进行组态。

1. 命令路径

在系统组态环境下，进入【主机设置】命令对话框有两种方法：

① 单击菜单栏中的【总体信息】选项卡中的【主机设置】命令。

② 单击工具栏中的【主机】命令按钮 主机。

2. 组态过程

通过上面任一方法进入主机设置中，可以对主控制卡和操作站进行设置，如图 3-2-11 所示。

（1）主控制卡

选择“主控制卡”页面，点击“增加”命令，设置注释、IP 地址、周期、类型、型号、通信、冗余、网线、冷端、运行、保持等参数，组态结果如图 3-2-12 所示。

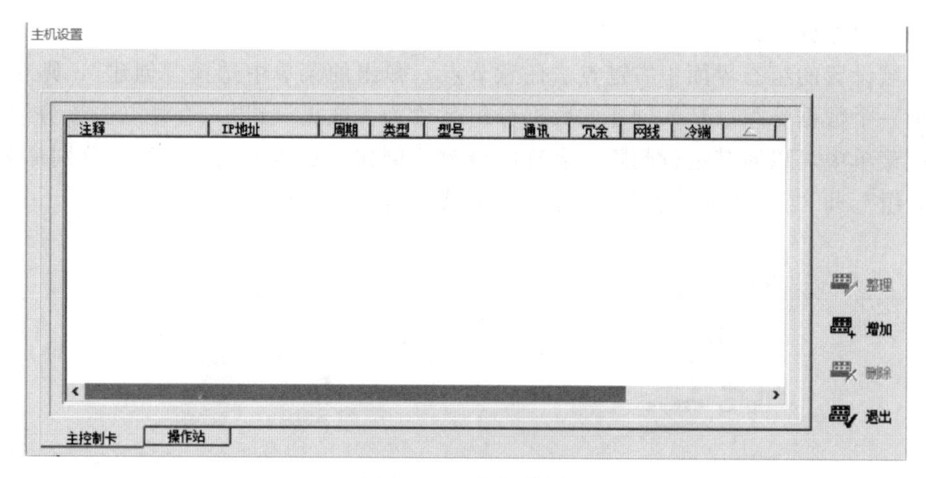

图 3-2-11　主机设置

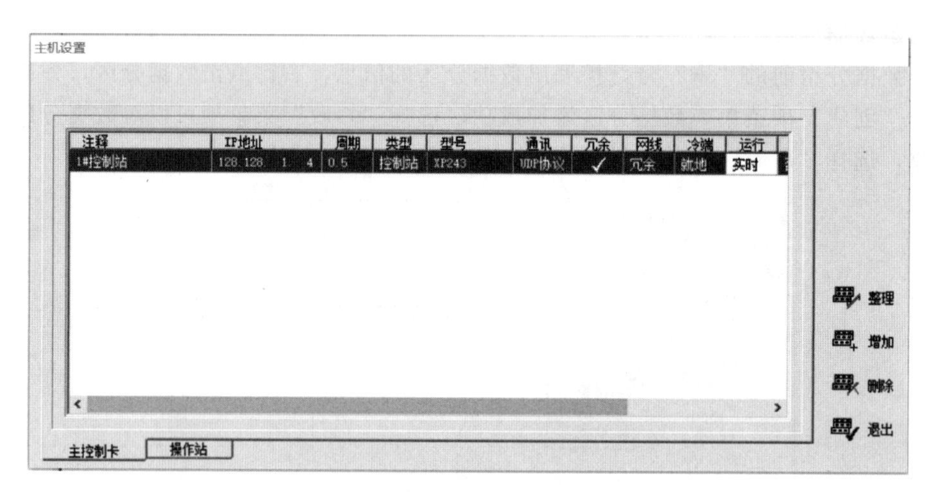

图 3-2-12　主控制卡组态

注释：注释内容为主控制卡的文字说明，可为任意字符，长度最大为 20 个字符，从键盘输入。

IP 地址：SUPCON WebField 控制系统采用了双高速冗余工业以太网 SCnet Ⅱ作为其过程控制网络，控制站作为 SCnet Ⅱ的节点，网络通信功能由主控制卡担当，其 TCP/IP 协议地址采用表 3-2-4 所示的系统约定，组态时确保所填写的 IP 地址与实际硬件的 IP 地址一致。单个区域网中最多可组 63 个控制站。

▶ 表 3-2-4　TCP/IP 协议控制站地址的系统约定

类别	地址范围		备注
	网络码	主机码	
控制站地址	128.128.1	2～127	每个控制站包括两块互为冗余的主控制卡。每块主控制卡享用不同的网络码。主机地址统一编排，相互不可重复，地址应与主控制卡硬件上的跳线匹配
	128.128.2	2～127	

周期：必须为 0.05s 的整数倍，范围在 0.05～5s 之间，推荐的设置值为 0.05、0.1、0.2、0.5、1、2、3、4、5（以秒为单位），一般建议采用默认值 0.5s，运算周期包括处理

输入输出的时间、回路控制时间、SCX 语言运行时间、图形编程组态运行时间等，主要消耗在自定义控制方案的运行。

类型：有控制站、采集站和逻辑站三种选项，它们的核心单元都是主控制卡，支持 SCX 语言、图形化编程语言等控制程序。控制站提供常规回路控制的所有功能和顺序控制方案，控制周期最小可达 0.05s；逻辑站提供马达控制和继电器类型的离散逻辑功能，特点是信号处理和控制响应快，控制周期最小可达 0.05s，逻辑控制站侧重于完成联锁逻辑功能，回路控制功能受到相应的限制；采集站提供对模拟量和开关量信号的基本监视功能。

型号：可根据需要从下拉列表中选择不同的型号，如 XP243、XP243X 等。

通信：数据通信过程中要遵守的协议。目前通信采用 UDP 用户数据包协议，UDP 协议是 TCP/IP 协议的一种，具有通信速度快的特点。

冗余：打“√”代表当前主控制卡设为冗余工作方式，不打“√”代表当前主控制卡设为单卡工作方式。单卡工作方式下在偶数地址设置主控制卡，冗余工作方式下，其相邻的奇数地址自动被分配给冗余的主控制卡，不需要再次设置。

网线：需要选择使用网络 A、网络 B 或者冗余网络进行通信。每个主控制卡都具有两个通信口，上面的通信口定义为网络 A，下面的通信口定义为网络 B，当两个通信口同时被使用时称为冗余网络通信。

冷端：选择热电偶的冷端补偿方式，可以选择就地或远程。就地表示通过热电偶卡采集温度进行冷端补偿；远程表示统一从数据转发卡上读取温度进行冷端补偿。

运行：选择主控制卡的工作状态，可以选择实时或调试。实时表示运行在一般状态下；调试表示运行在调试状态下。

保持：即是否需要断电保持，缺省设置为否。

（2）操作站

选择“操作站”页面，点击“增加”命令，设置注释、IP 地址、类型、冗余等参数，组态结果如图 3-2-13 所示。

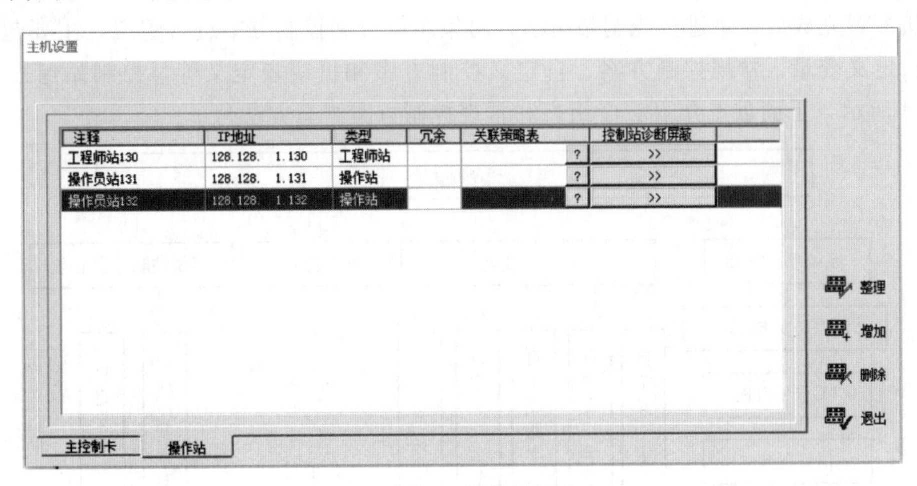

图 3-2-13　操作站组态

注释：注释内容为操作站的文字说明，可为任意字符，长度最大为 20 个字符。

IP 地址：最多可组 72 个操作站，对 TCP/IP 协议地址采用表 3-2-5 中的系统约定。

▶ 表 3-2-5　TCP/IP 协议控制站地址的系统约定

类别	地址范围		备注
	网络码	主机地址	
操作站地址	128.128.1	129～200	每个操作站包括两块互为冗余的网卡。两块网卡享用同一个主机地址，但应设置不同的网络码。主机地址统一编排，相互不可重复
	128.128.2	129～200	

类型：操作站类型分为工程师站、数据站和操作站三种，可在下拉列表中进行选择。工程师站主要用于系统维护、系统设置及扩展，由满足一定配置的普通 PC 或工业 PC 作为硬件平台，系统软件由 Windows 系统软件和 AdvanTrol-Pro 组态软件包等组成，完成现场信号采集、控制和操作界面的组态。工程师站硬件也可由操作站硬件代替；操作站是操作人员完成过程监控任务的操作界面，由高性能的 PC 机、大屏幕彩显和其他辅助设备组成；数据站用于采集数据和记录任务。

冗余：用于设置两台操作站是否冗余。该功能可以实现两个站间的数据同步，互为冗余的站将在自己启动之后向当前作为主站的操作站发起同步请求，通过文件传输完成两个站间的历史数据同步。所有类型的操作站中只能有一对进行冗余配置，否则编译会出错。

关联策略表：用于设置操作站监控启动时的网络策略。策略表选择对话框中列出的策略需要在“策略设置”中设置，否则只显示一项“临时策略”。

控制站诊断屏蔽：用于设置操作站指定屏蔽的控制站，组态发布后，各操作站根据相应设置对控制站诊断数据进行屏蔽，被屏蔽的控制站不进行诊断，因此任何来自此控制站的故障信息都不会在监控界面上进行报警。若运行组态的操作站不在组态内，则不进行任何控制站屏蔽。若运行组态的操作站有多个 IP 地址符合 SCnet Ⅱ 地址规则，并同时在操作站组态内，则屏蔽的控制站信息取多个操作站信息的并集。

五、控制站组态

主机配置完成后，可进行控制站组态，对系统硬件和控制方案进行组态，主要包括 I/O 组态、自定义变量、常规控制方案、自定义控制方案和折线表定义等，控制站组态流程如图 3-2-14 所示，下面重点介绍 I/O 组态和常规控制方案组态方法。

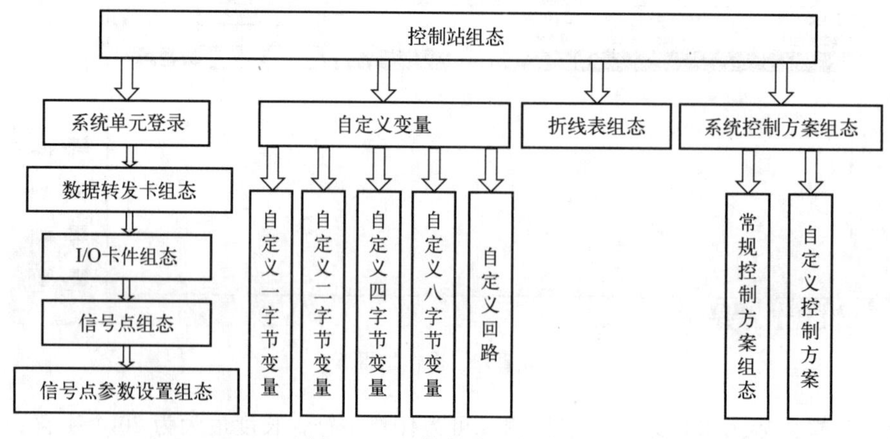

图 3-2-14　控制站组态流程

1. I/O 组态

对控制站中的I/O信号点进行组态，包括数据转发卡组态、I/O卡件组态和I/O点组态三个部分。在组态界面中选择菜单栏中的【控制站】下拉菜单中的【I/O组态】选项或在工具栏中点击 I/O 命令按钮，就会弹出I/O组态界面。

（1）数据转发卡组态

数据转发卡组态是对某一控制站内的数据转发卡的冗余情况、卡件地址等信息进行组态。

选择“数据转发卡”页面，点击“增加”命令，设置注释、地址、型号、冗余等参数，组态结果如图3-2-15所示。

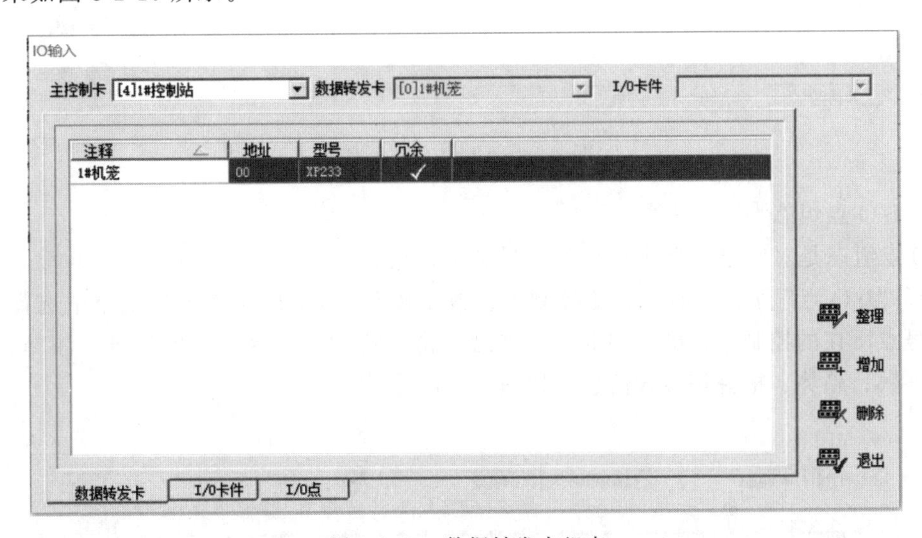

图3-2-15　数据转发卡组态

注释：可以写入数据转发卡的相关说明，可由任意字符组成。

地址：定义相应数据转发卡在主控制卡上的地址，地址应设置为0～15内的偶数，冗余设置时奇数地址设置系统自动完成，数据转发卡的组态地址应与硬件上的跳线地址匹配，且地址不能重复。

型号：根据选择的不同型号的主控制卡，可以从下拉列表中选择不同型号的数据转发卡，与XP243X主控制卡匹配的数据转发卡型号为XP233。

冗余：用于设置数据转发卡的冗余信息，打“√”代表当前数据转发卡设为冗余工作方式，不打“√”代表当前数据转发卡设为单卡工作方式。单卡工作方式下在偶数地址设置数据转发卡，冗余工作方式下，其相邻的奇数地址自动被分配给冗余的数据转发卡，不需要再次设置。

（2）I/O卡件组态

I/O卡件组态是对SBUS-S1网络上的I/O卡件型号及地址进行组态。一块数据转发卡下可组16块I/O卡件。

选择“I/O卡件”页面，首先在主控制卡和数据转发卡下拉菜单中选择当前组态的I/O卡件所在的控制站和机笼，然后点击“增加”命令，设置注释、地址、型号、冗余等参数，上述参数设置与主控制卡及数据转发卡参数设置类似，这里就不再赘述。I/O卡件组态结果如图3-2-16所示。

注释	地址	型号	冗余
1#XP313	00	XP313(I) 6路电流信号输入卡	
2#XP313	01	XP313(I) 6路电流信号输入卡	
1#XP314	02	XP314(I) 6路电压信号输入卡	
2#XP314	03	XP314(I) 6路电压信号输入卡	
1#XP316	04	XP316(I) 4路热电阻信号输入卡	
2#XP316	05	XP316(I) 4路热电阻信号输入卡	
1#XP322	06	XP322 4路模拟信号输出卡	
1#XP363	07	XP363 8路触点型开关量输入卡	
1#XP362	08	XP362 8路晶体管触点开关量输...	

图 3-2-16　I/O 卡件组态

(3) I/O 点组态

I/O 点组态是对所组 I/O 卡件中的信号点进行组态。

选择“I/O 点”页面，首先在主控制卡、数据转发卡、I/O 卡件下拉菜单中选择当前组态的信号点所在的控制站、机笼和卡件，然后点击“增加”命令，设置位号、注释、地址、类型、参数、趋势、报警等参数信息，如图 3-2-17 所示。

位号	注释	地址	类型	参数	趋势	报警
LI101	高位槽液位	00	模拟量输入	>>	>>	>>
LI102	蒸发器液位	01	模拟量输入	>>	>>	>>
LI103	甲醇储罐液位	02	模拟量输入	>>	>>	>>
FI101	蒸发器底部甲醇流量	03	模拟量输入	>>	>>	>>
FI102	蒸发器底部空气流量	04	模拟量输入	>>	>>	>>
FI103	蒸发器顶部水蒸气流量	05	模拟量输入	>>	>>	>>

图 3-2-17　I/O 点组态

位号：当前信号点在系统中的位号名称。每个信号点在系统中的位号名称应是唯一的，不能重复，位号只能以字母开头，不能使用汉字，且字长不得短过 10 个英文字符。

注释：注释栏内写入对当前 I/O 点的文字说明，字长不得超过 20 个字符。

地址：此项定义指定信号点在当前 I/O 卡件上的编号，信号点的编号应与信号接入 I/O 卡件的接口编号匹配，不可重复使用。

类型：此项显示当前卡件信号点信号的输入输出类型，包括模拟量输入 AI、模拟量输出 AO、开关量输入 DI、开关量输出 DO、脉冲量输入 PI、PAT 输出、SOE 输入等类型，选择不同的卡件即显示不同的类型，用户不可修改。

参数：根据信号点类型进行信号点数设置。点击“》”按钮将进入相应的参数设置界面。

趋势：确定信号点是否需要进行历史数据记录及记录的方式。点击“》”按钮将进入相应的趋势组态对话框。

报警：根据信号点类型进行信号点报警设置。点击“》”按钮将进入相应的报警组态对话框。

区域：对信号点进行分组分区。点击“》”按钮将进入相应数据分组分区的设置对话框。

语音：对已经设置报警信息的报警位号进行语音设置。点击“》”按钮将进入相应的位号语音报警设置对话框。

操作等级：从此栏下拉组合框中选择当前位号的操作等级，提供数据只读、操作员等级、工程师等级和特权等级四种等级。当操作等级设置为数据只读时，该位号处于不可修改状态；当操作等级设置为操作员等级时，只有当用户所对应的角色列表中数据权限项中的位号操作等级为操作员等级以上的等级才可以修改该位号；当操作等级设置为工程师等级时，只有当用户对应的角色列表中数据权限项中的位号操作等级为工程师等级以上的等级才可以修改该位号；当操作等级设置为特权等级时，只有当用户对应的角色列表中数据权限项中的位号操作等级为特权等级才可以修改该位号。

① 参数　信号点类型不同，具体参数设置内容有所区别。下面重点介绍模拟量输入AI、模拟量输出AO、开关量输入DI、开关量输出DO四种信号的参数设置。

模拟量输入AI包括电流信号、电压信号、热电阻信号等三种信号，图3-2-18给出了三种模拟量输入信号的设置界面，三者主要区别在信号类型，其他基本相似。

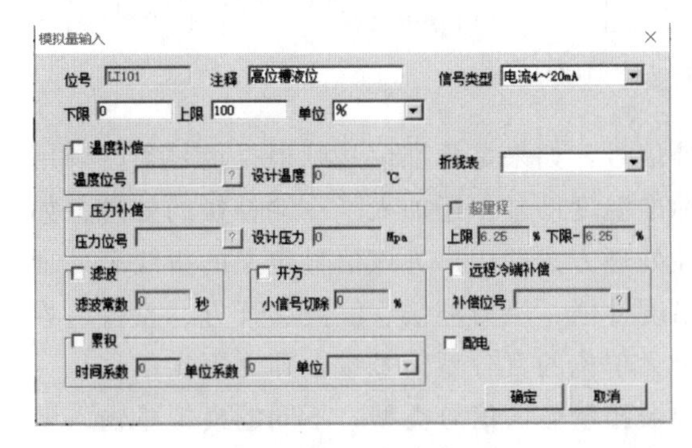

(a) 电流信号

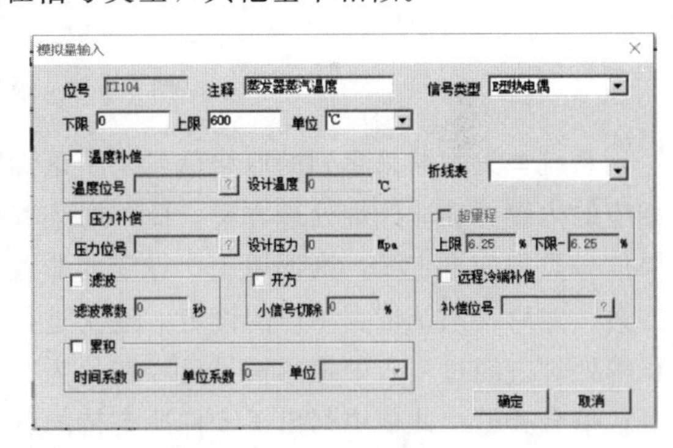

(b) 电压信号

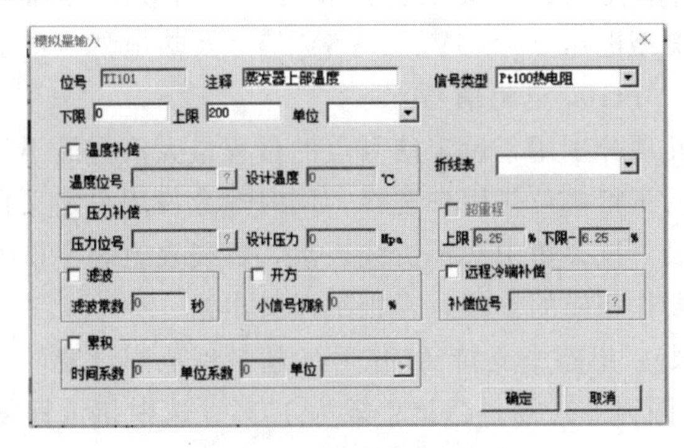

(c) 热电阻信号

图3-2-18　模拟量输入信号

对于模拟量输入信号，控制站根据信号特征及用户设定的要求做一定的输入处理，处理流程图如图 3-2-19 所示。

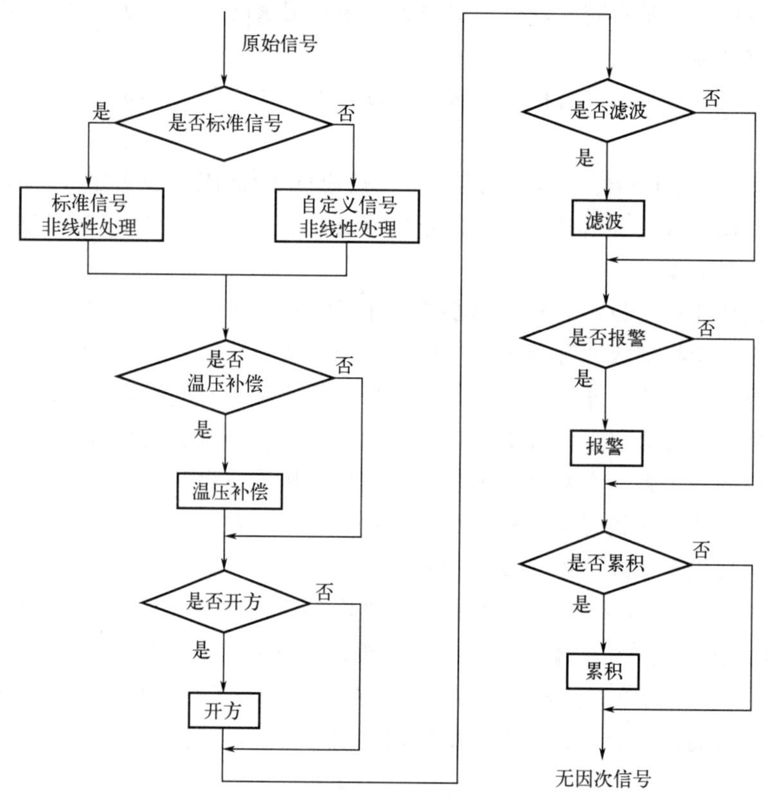

图 3-2-19　模拟量输入信号

系统首先判断采集到的原始信号是不是标准信号，如果是标准信号则根据信号类型调用相应的内置标准非线性处理方案，此外对某些标准温度信号，还加入了冷端补偿的处理；如果信号类型为自定义，则调用用户设定的非线性处理方案即用户为该信号定义的折线表处理方案。然后，系统依据用户的设定，逐次进行温度补偿、压力补偿、滤波、开方、投警、累积等处理。经过输入处理的信号已经转化为一个无单位的百分型信号量，即无因次信号。

信号类型：此项中列出了卡件所支持的各种被扣量输入信号类型，不同的模拟量输入卡件可支持不同的信号类型。电流信号类型包括Ⅱ型（0～10mA）、Ⅲ型（4～20mA）信号；电压信号类型包括各种类型电压（0～5V、1～5V 等）及热电偶（B 型、K 型等）信号；热电阻信号类型包括 Cu50、Pt100 电阻信号。

上下限及单位：这几项分别用于设定信号点的量程最大值、最小值及其单位。工程单位列表中列出了一些常用的工程单位供用户选择，同时也允许用户定义自己的工程单位。

折线表：可从折线表下拉菜单中选择折线表名，折线表组态窗口中折线表名修改后，需要注意此处折线表名也要作相应的修改。否则编译会出错。

超量程（上限、下限）：组态中支持 AI 位号的超量程范围设置，超量程范围为－10%～110%，默认的超量程低限为－10%，超量程限为 10%，选中超量程复选框，可在上限和下限项中填入一个超限的数值，且数值范围在 0～10 之间，否则将提示“请填入一个在 0 和 10 之间的数字”。

温度补偿：当信号点所取信号需温度补偿时，选中温度补偿复选框，将打开后面的温度位号和设计温度二项，点中温度位号项后面的问号，此时会弹出位号选择对话框从中选择补偿所需温度信号的位号，位号也可直接填入，但需说明的是所填位号必须已经存在。在设计温度项中填入设计的标准温度值。

压力补偿：当信号点所取信号需进行压力补偿时，选中压力补偿复选框，打开后面的压力位号和设计压力二项，压力位号的设置与温度补偿中温度位号设置过程一样，在设计压力项中填入设计的标准压力值。

滤波：当信号点所取信号需滤波时，选择滤波复选框，在滤波常数项内填入滤波常数，单位为秒，提供一阶惯性述波。

开方（小信号切除）：当信号点所取信号需开方处理时，选中开方复选框，在小信号滤波项中填入小信号切除的百分量（0～100）。

配电：可选择该卡件是否需要配电。

远程冷端补偿：当信号点所取信号需测点现场冷端补偿时，选中远程冷端补偿复选框，将打开后面的补偿位号，点中补偿位号项后面的问号按钮，此时会弹出位号选择对话框，从中选择补偿所需温度信号的位号，位号也可直接填入，但需说明的是所填位号必须已经存在。冷端度补偿位号量程要求在－64～128之间。

模拟量输出信号输出的是一个控制设备的百分量信号，模拟量输出信号点设置对话框如图3-2-20所示。

输出特性：指定控制设备的特性是正输出或反输出。

信号类型：指定输出信号的制式是Ⅱ型（0～10mA）或Ⅲ型（4～20mA）信号。

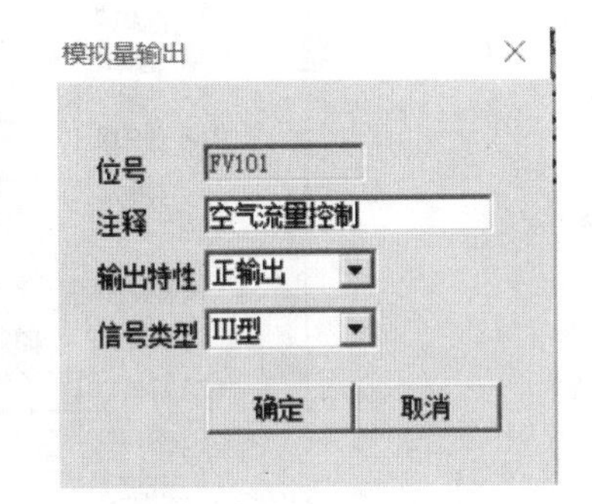

图3-2-20　模拟量输出信号点设置

开关量输入/输出信号都是数字信号，两种信号的设置组态基本一致，如图3-2-21所示。

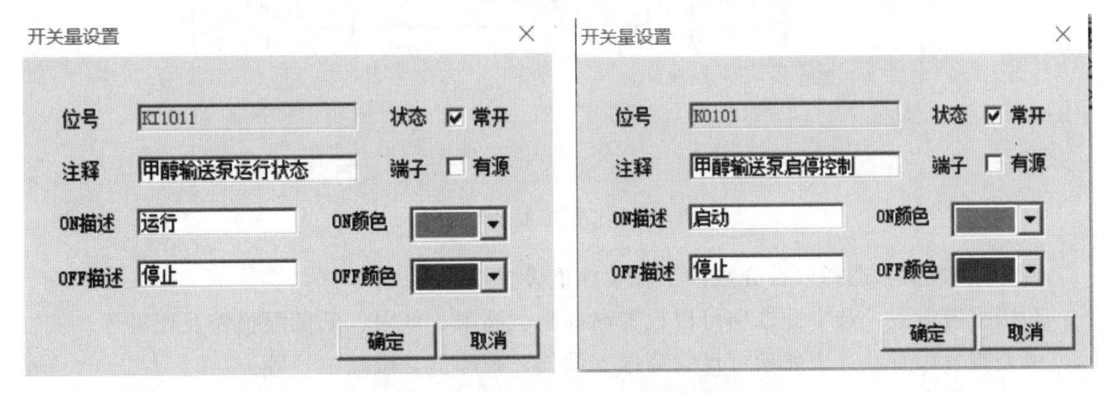

图3-2-21　开关量输入/输出信号点参数设置

② 趋势组态　在I/O点组态界面中，点击趋势按钮进入趋势组态对话框，如图3-2-22所示。

趋势组态：选中则记录该信号的历史数据。

记录周期：从下拉列表中选择记录周期，包括1、2、3、5、10、15、20、30、60（单位秒）。

压缩方式：有低精度压缩方式和高精度压缩方式可供选择。

记录统计数据：选中则将统计该位号的数据个数、平均值、方差、最大值、最大值首次出现的时间、最小值、最小值首次出现的时间。

③ 报警组态　在I/O点组态界面中，点击报警按钮进入报警组态对话框，I/O信号点类型不同，报警组态界面会有所区别，主要分为模拟量报警和开关量报警。

模拟量报警可以分为超限报警、偏差报警、变化率报警三种类型，报警设置对话框如图3-2-23所示。

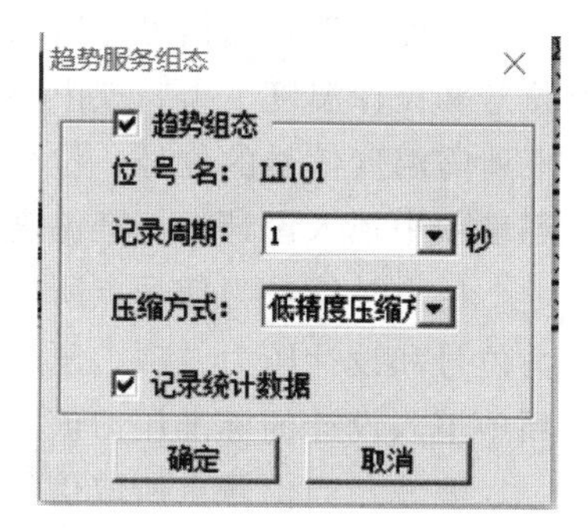

图 3-2-22　趋势组态

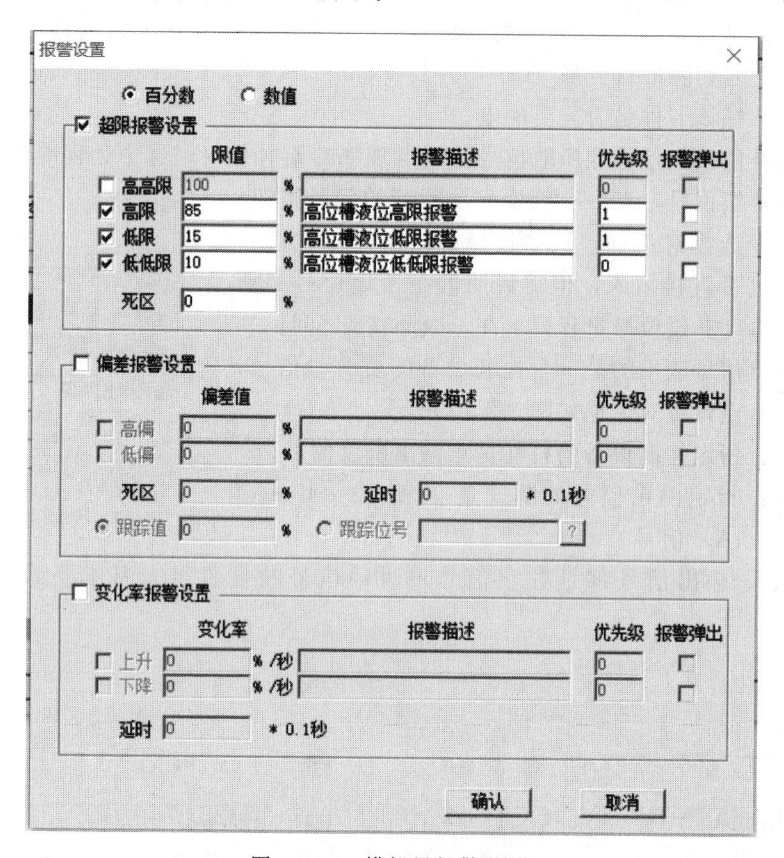

图 3-2-23　模拟量报警设置

百分数/数值：选择以百分数或工程实际值设置报警值。

超限报警设置：选中此选项可以设置高高限、高限、低限、低低限报警及死区等。

偏差报警设置：选中此项可设置高偏、低偏、跟踪值、跟踪位号等。

变化率报警设置：选中此项可设置上升、下降、延时等。

开关量报警可以分为状态报警和频率报警两种类型，报警设置对话框如图3-2-24所示。

状态报警：可以选择是ON状态报警还是OFF状态报警。

频率报警：当实际脉冲周期小于设定值时将产生报警，设定值应大于10。

④ I/O点分组分区设置　在I/O点组态界面中，点击区域按钮进入分组分区设置对话框，如图3-2-25所示。

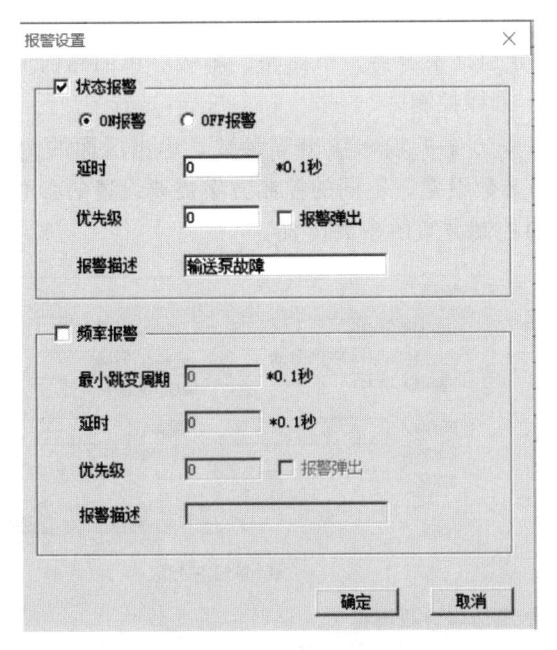

图 3-2-24　开关量报警设置

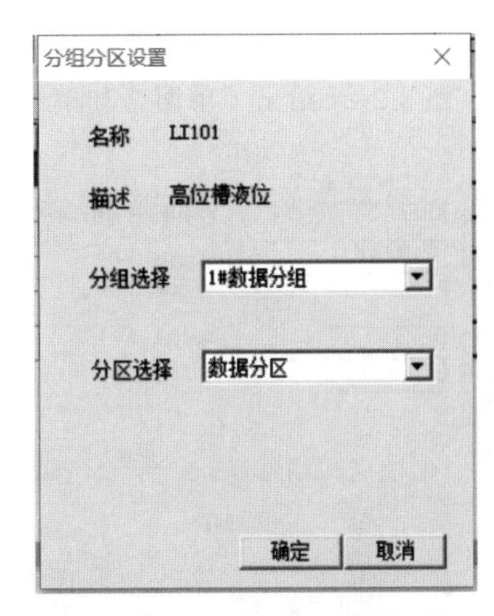

图 3-2-25　I/O 点分组分区设置

2. 常规控制方案组态

常规控制方案是指过程控制中常用的对对象的调节控制方法，这些控制方案内部已经编程完毕，只要进行简单的组态即可。每个控制站支持 64 个常规回路。

在组态界面中选择菜单栏中的【控制站】下拉菜单中的【常规控制方案】选项或在工具栏中点击常规命令按钮，就会弹出常规控制方案组态界面，可以对注释、控制方案、回路参数等进行设置，如图 3-2-26 所示。

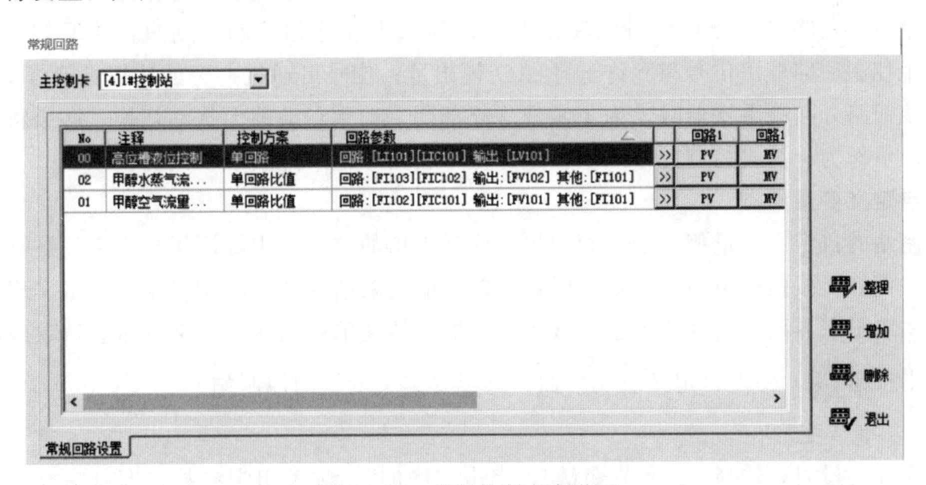

图 3-2-26　常规控制方案设置

主控制卡：此项中列出所有已组态登录的主控制卡，用户必须为当前组态的控制回路指定主控制卡，对该控制回路的运算和管理由所指定的主控制卡负责。

No：回路存放地址，整理后会按地址大小排序。

注释：此项填写当前控制方案的文字描述。

控制方案：此选项列出了系统支持的 8 种常用的典型控制方案，用户可以根据自己的需要选择适当的控制方案，8 种典型控制方案分别是手操器、单回路、串级、单回路前馈、串级前馈、单回路比值、串级变比值-乘法器、采样控制。

回路参数：此功能用于确定所组态的控制方案的输入输出等参数，单击后面的 >> 按钮，在弹出的回路设置对话框中进行回路参数设置，不同的控制方案需要设置的参数有所区别，图 3-2-27 给出了单回路和单回路比值控制方案的参数设置。

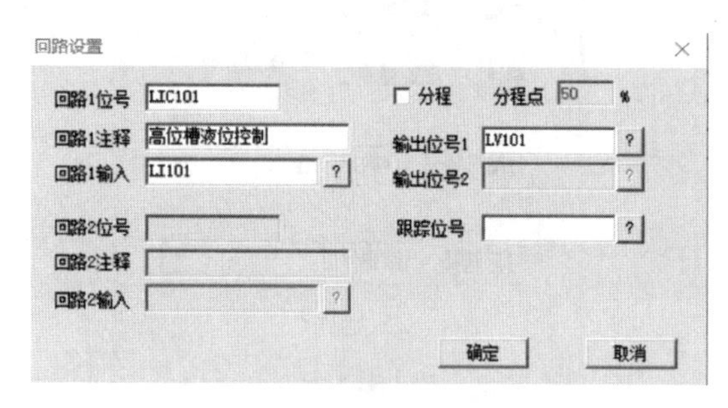

(a) 单回路

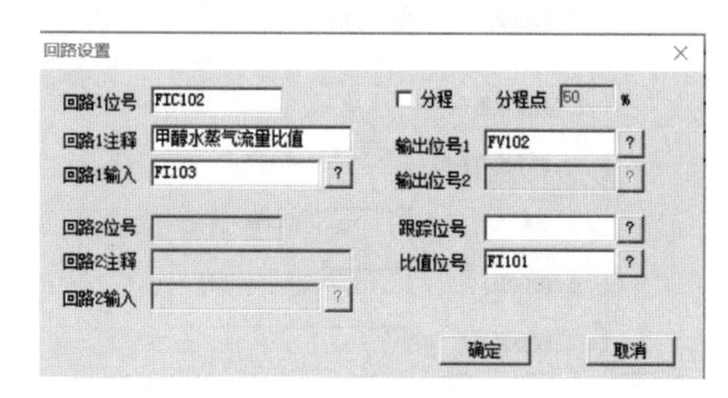

(b) 单回路比值

图 3-2-27　控制方案参数设置

回路 1/回路 2 功能组用以对控制方案的各回路进行组态（回路 1 为内环，回路 2 为外环）。回路位号项填入该回路的位号；回路注释项填入该回路的说明描述；回路输入项填入回路反馈量的位号，常规控制回路输入位号只允许选择 AI 模入量，位号也可通过 ? 按钮查询选定。系统支持的控制方案中，最多包含两个回路。如果控制方案中仅一个回路，则只需填写回路 1 功能组。

当控制输出需要分程输出时，选择分程选项，并在分程点输入框中填入适当的百分数（40%时填写 40）。如果分程输出，输出位号 1 填写回路输出＜分程点时的输出位号，输出位号 2 填写回路输出＞分程点时的输出位号。如果不加分程控制，则只需填写输出位号 1 项，常规控制回路输出位号只允许选择 AO 模出量，位号可通过一旁的按钮进行查询。

当该回路外接硬手操器时，为了实现从外部硬手动到自动的无扰动切换，必须将硬手动阀位输出值作为计算机控制的输入值，跟踪位号就用来记录此硬手动阀位值。

3. 自定义变量组态

控制站的自定义变量相当于中间变量，或是虚拟的位号，主要用于自定义控制算法及流程图中，例如：按钮中引用的变量、联锁控制中的高限值等都可以用自定义变量实现。

在系统组态界面中选择菜单栏中【控制站】下拉菜单中的【自定义变量】选项或在工具栏中点击按钮 A= 变量，弹出自定义声明界面，选择要定义变量的控制站。

（1）1 字节变量

定义开关量时，选择“1 字节变量”，点击“增加”，输入相应参数，即可完成 1 字节变量组态，如图 3-2-28 所示。

主控制卡：从下拉列表中选择当前自定义变量适用的控制站。

No：自定义 1 字节变量存放地址。

位号：此栏对当前自定义 1 字节变量定义变量名称，可根据实际意义重新命名。

注释：此栏中写入对当前自定义 1 字节变量的文字描述。

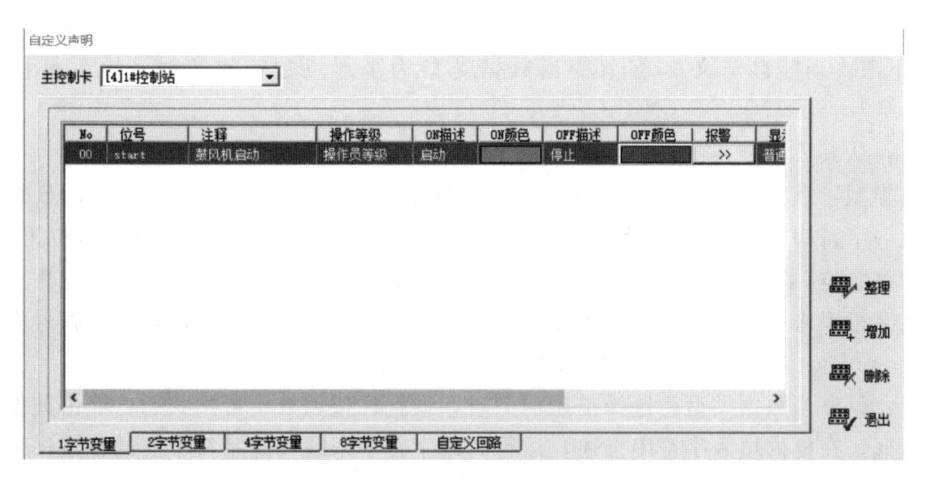

图 3-2-28　1 字节变量组态对话框

操作等级：从此栏下拉组合框中选择当前自定义 1 字节变量的修改权限，提供观察、操作员、工程师、特权四级权限保护。当修改权设置为观察时，该变量处于不可修改状态；当修改权设置为操作员时，可供操作员、工程师、特权级别用户修改；当修改权设置为工程师时，可供工程师、特权级别用户修改；当修改权设置为特权时，仅供特权级别用户修改。

ON/OFF 描述：分别对开关量信号的开（ON）/关（OFF）状态进行描述。

ON/OFF 颜色：分别对开关量信号的开（ON）/关（OFF）状态进行颜色定义。

显示：目前只有一种普通按钮。

趋势、报警、区域三项与 I/O 点组态相同。

语音：可对已组的报警配上声音。

(2) 2 字节变量

用户自定义变量中的 2 字节变量定义与其中的 1 字节变量定义在物理意义、功能及使用方法等方面都十分类似，也表示一些内部变量，指向数据交换区中的某个地址，只不过数据的长度有所区别。在自定义声明对话框中选择“2 字节变量”，点击“增加”，输入相应参数，即可完成 2 字节变量组态，如图 3-2-29 所示。

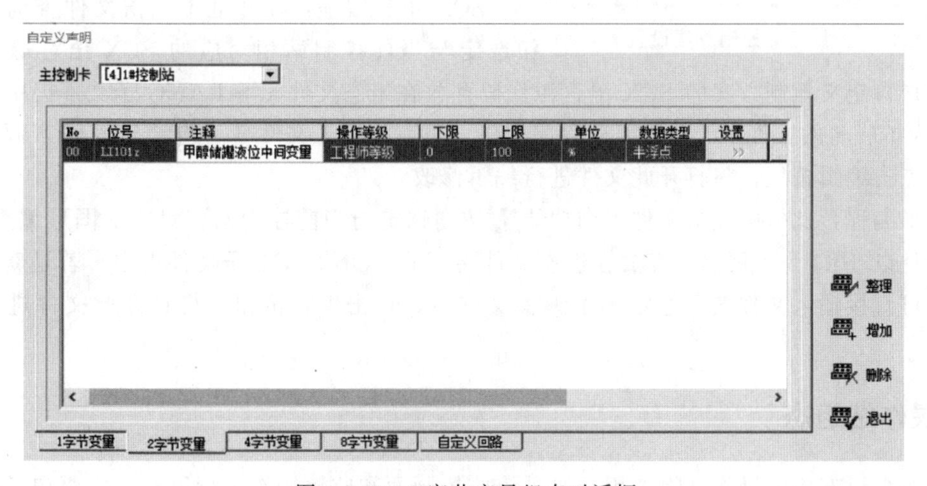

图 3-2-29　2 字节变量组态对话框

No、位号、注释、操作等级、趋势、报警、区域、语音与 1 字节变量中相同。

上/下限：当前自定义 2 字节变量数据类型为半浮点数或整数时，填写量程上限和下限。

单位：从其下拉列表中选择需要的工程单位，或从键盘写入。

数据类型：从此栏下拉组合框中选定当前自定义 2 字节变量的数据类型，分别为半浮点、描述（字符串）、无符号整数、有符号整数四种类型。半浮点定义为最高位为符号位，后三位为整数位，其余为小数部分，整数部分与小数部分之间小数点消隐。描述用于间歇性流程，以字符串来显示整数，字符串与整数的对应在“设置”处进行设置。无符号整数数值范围为 0～65535。有符号整数数值范围为－32768～32767。

设置：只有当数据类型栏选择描述类型时，设置栏按钮处于可用状态，点击此按钮，将弹出对话框，在框内填入字符串描述，运行时用字符串来替代此字符串前的整数序号，允许使用汉字，描述字符串长度为 30 个字节。

（3）4 字节变量和 8 字节变量

在自定义声明对话框中选择“4 字节变量”或“8 字节变量”，点击“增加”，输入相应参数，即可完成 4 字节变量组态或 8 字节变量组态，方法与 1 字节变量和 2 字节变量类似。

4. 自定义控制方案组态

常规控制回路的输入和输出只允许 AI 和 AO，对一些有特殊要求的控制，用户必须根据实际需要自己定义控制方案。用户自定义控制方案可通过 SCX 语言编程和图形编程两种方式实现。

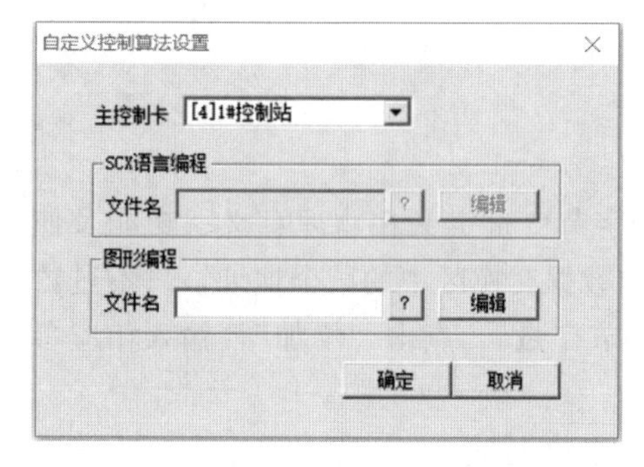

图 3-2-30　自定义控制算法设置

在系统组态界面中选择菜单栏中【控制站】下拉菜单中的【自定义控制方案】选项或点击工具栏中图标，进入自定义控制方案设置对话框，如图 3-2-30 所示。

主控制卡：此项中指定当前是对哪一个控制站（即主控制卡）进行自定义组态。列表中包括所有已组态的主控制卡，以供选择。

SCX 语言编程：在此框中点击文件查询功能按钮选定与当前控制站相对应的 SCX 语言源代码文件，用户自定义控制方案的 SCX 语言源代码存放在组态文件夹下 LANG 子文件夹中一个以 .SCL 为扩展名的文件中。若是新建程序文件，可直接输入文件名。选定 SCX 语言源代码文件后，点击编辑按钮，将打开此文件进行编辑修改。

图形编程：此框中点击文件查询功能 ? 按钮选定与当前控制站相对应的图形编程文件，图形文件以 .PRJ 为扩展名，存放在组态文件夹下的 CONTROL 子文件夹中。若是新建程序文件，可直接输入文件名。选定图形编程文件后，点击编辑按钮，将打开此文件进行编辑修改。

六、操作站组态

在系统组态中，操作站组态用于对系统监控画面和监控操作进行组态，主要包括操作小组、标准画面（总貌、趋势、控制分组、数据一览）、流程图、报表、自定义键等。

1. 操作小组设置

设置操作小组的意义在于不同的操作小组可观察、设置、修改不同的标准画面、流程图、报表、自定义键等。所有这些组态内容并不是每个操作站都需要查看，在组态时选定操作小组后，在各操作站组态画面中设定该操作站关心的内容，这些内容可以在不同的操作小组中重复选择。

在系统组态界面中选择菜单栏中【操作站】下拉菜单中的【操作小组设置】选项或点击工具栏中 图标，进入操作小组设置对话框。点击“增加”命令，可以设置操作小组的序号和名称，再次点击“增加”命令，可以增加其他的操作小组，如图 3-2-31 所示。点击“退出”命令，可以返回到系统组态界面。

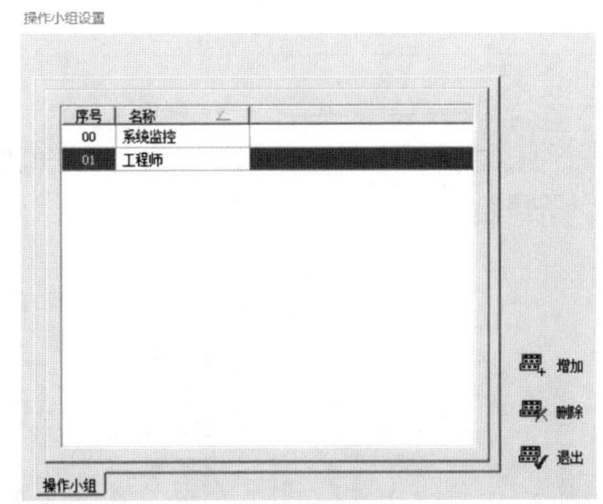

图 3-2-31　操作小组设置

2. 标准画面组态

系统的标准画面组态是指对系统已定义格式的标准操作画面进行组态，其中包括总貌、趋势、控制分组、数据一览等操作画面的组态。

（1）总貌画面组态

总貌画面每页可同时显示 32 个位号和相应位号的描述，也可作为总貌画面页、分组画面页、趋势曲线页、流程图画面页、数据一览画面页等的索引。

在系统组态界面中选择菜单栏中【操作站】下拉菜单中的【总貌画面】选项或点击工具栏中 图标，进入总貌画面设置对话框，如图 3-2-32 所示。

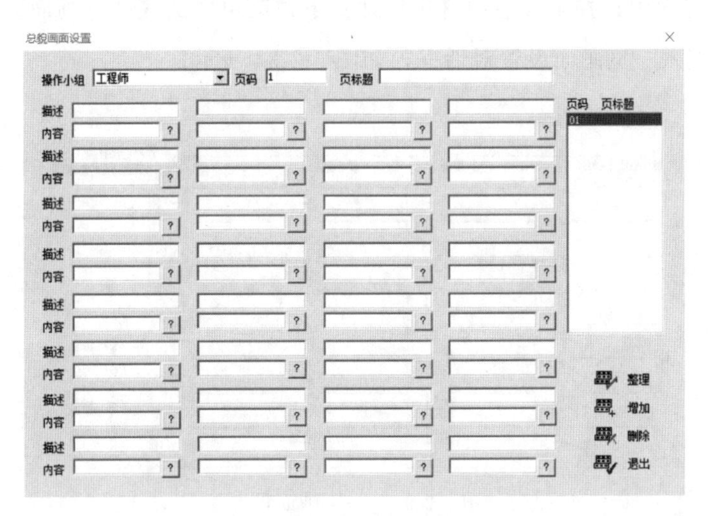

图 3-2-32　总貌画面设置

操作小组：此项指定总貌画面的当前页在哪个操作小组中显示。

页码：此项选定对哪一页总貌画面进行组态。

页标题：此项显示指定页的页标题，即对该页内容的说明。

显示块：每页总貌画面包含 8×4 共 32 个显示块。每个显示块包含描述和内容，上行写说明注释，下行填入引用位号。

总貌画面组态窗口右边有一列表框，在此列表框中显示已组态的总貌画面页码和页标题，用户可在其中选择一页进行修改等操作。

(2) 分组画面组态

分组画面组态是对实时监控状态下分组画面里的仪表盘的位号进行设置。

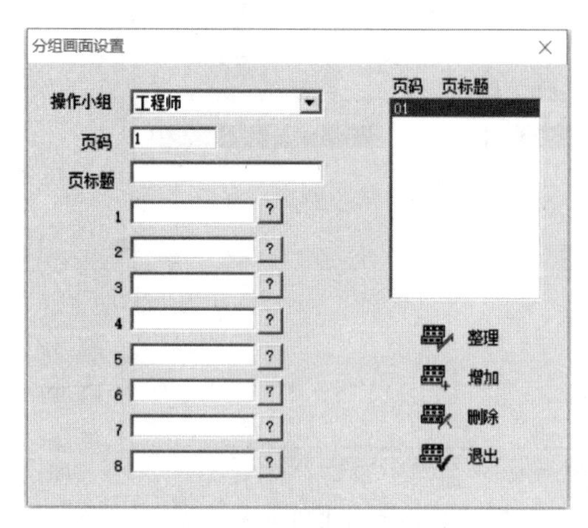

图 3-2-33 分组画面设置

在系统组态界面中选择菜单栏中【操作站】下拉菜单中的【分组画面】选项或点击工具栏中分组图标，进入分组画面设置对话框，如图 3-2-33 所示。

操作小组：此项指定当前分组画面页在哪个操作小组的操作画面中显示。

页码：此项选定对哪一页分组画面进行组态。

页标题：此项显示指定页的页标题，即对该页内容的说明。标题可使用汉字，字符数不超过 20 个。

仪表组位号：每页仪表分组画面至多包含八个仪表盘，每个仪表通过位号来引用。分组画面中位号引用不包含模出量位号。

(3) 一览画面组态

一览画面在实时监控状态下可以同时显示多个位号的实时值及描述，是系统的标准画面之一。

在系统组态界面中选择菜单栏中【操作站】下拉菜单中的【一览画面】选项或点击工具栏中一览图标，进入一览画面设置对话框，如图 3-2-34 所示。

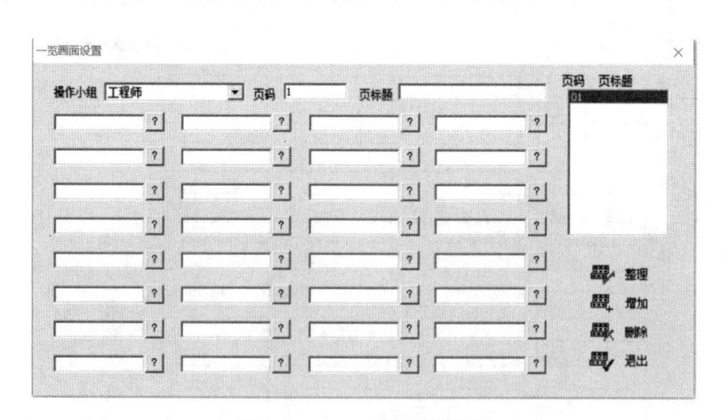

图 3-2-34 一览画面设置

操作小组：此项指定当前一览画面页在哪个操作小组中显示。

页码：此项选定对哪一页一览画面进行组态。

页标题：此项显示指定页的页标题，即对该页内容的说明。

数据显示块：每页一览画面包含 8×4 共 32 个数据显示块。每个显示块中填入引用位号，在实时监控中，通过引用位号引入对应参数的测量值。

(4) 趋势画面组态

趋势画面组态用于完成实时监控趋势画面的设置。

在系统组态界面中选择菜单栏中【操作站】下拉菜单中的【趋势画面】选项或点击工具栏中图标，进入趋势画面设置对话框，如图 3-2-35 所示。

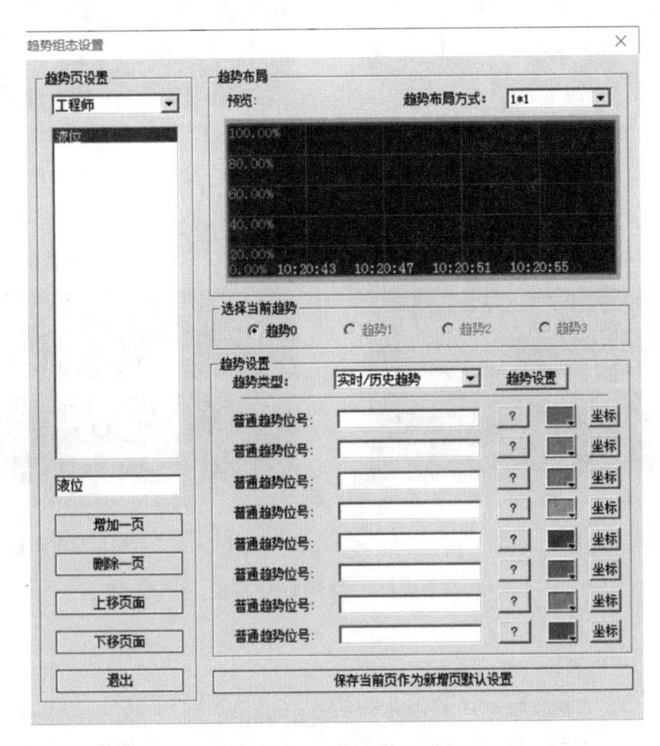

图 3-2-35　趋势画面设置

操作小组：在“趋势页设置”下方有个下拉可选菜单，可以进行操作小组的选择。此项选定指定趋势曲线画面的当前页在哪个操作小组中显示。

增加一页：点击此按钮，将自动添加一页空白页。

删除一页：点击此按钮，可以删除选中的页。

上移页面：将选定页位置上移。

下移页面：将选定页位置下移。

退出：退出当前画面。

趋势布局方式：在趋势布局方式的可选下拉菜单中可以进行趋势布局的选择。有 1 * 1、1 * 2、2 * 1、2 * 2 四种布局方式，1 * 1 布局方式只有一个趋势画面控件，2 * 2 布局方式有四个趋势画面控件，如图 3-2-36 所示。

选择当前趋势：此项选定对哪一个趋势控件进行组态。1 * 1 布局模式只可以选择为“趋势 0”，1 * 2 布局模式和 2 * 1 布局模式可以选择为“趋势 0”或“趋势 1”，2 * 2 布局模式可以选择为“趋势 0”到“趋势 3”。

趋势设置：点击“趋势设置”按钮，弹出如图 3-2-37 所示控件设置对话框。在图的左半部分，可以对监控画面的显示方式进行各项设定，并可以对趋势的时间跨度进行设置。在图的右半部分，可以对监控画面中位号的显示信息进行各项设置。

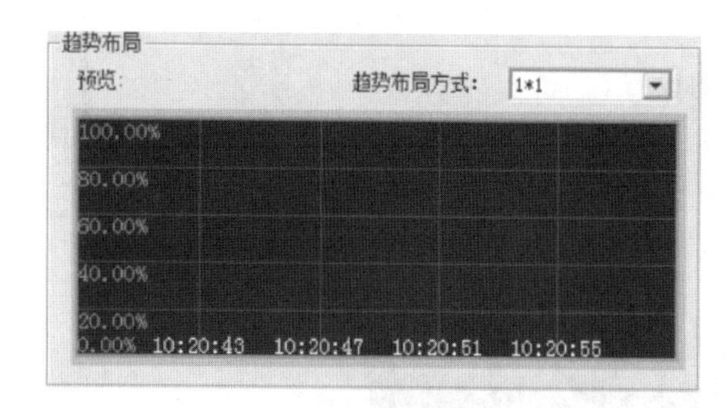

(a) 1*1布局方式

(b) 1*2布局方式

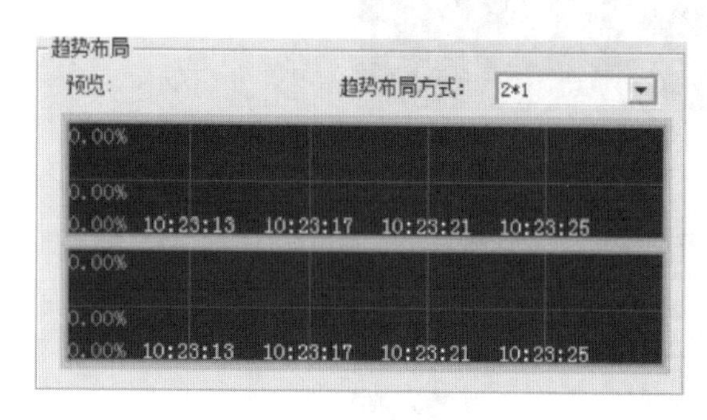

(c) 2*1布局方式

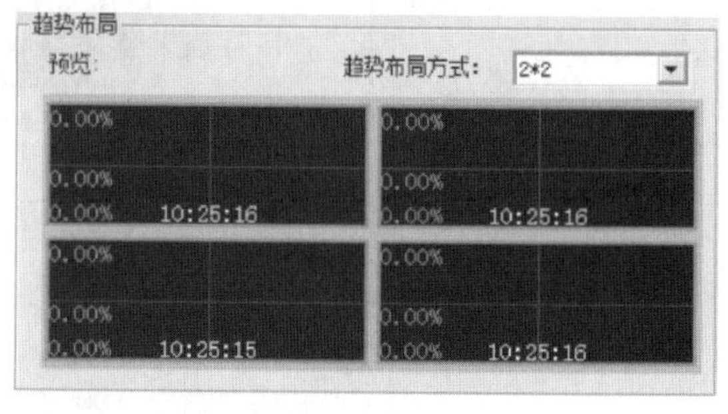

(d) 2*2布局方式

图 3-2-36　趋势布局方式

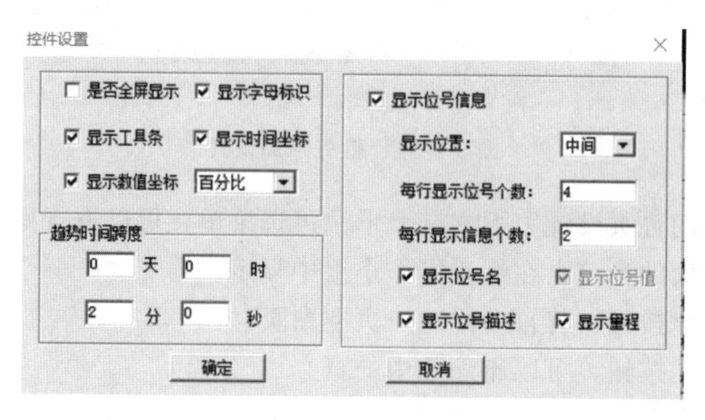

图 3-2-37　控件设置

趋势位号设置：每个趋势控件画面至多包含八条趋势曲线，每条曲线通过位号引用来实现。点击普通趋势位号右边的 ? ，弹出如图 3-2-38 所示趋势位号选择对话框。点击数据分组右边的下拉可选菜单，进行数据组选择。点击位号类型右边的下拉可选菜单，进行位号类型的选择。点击数据区右边的下拉选项可选择数据区。点击趋势记录右边的下拉选项可选择是否趋势库中的位号。选择完毕后，下方的列表框中将显示出符合选项的全部位号，选中需要的位号并单击“确定”按钮，即完成位号的选择。

颜色设置：用户可任意选择趋势线条的显示颜色。

坐标设置：对坐标的上下限进行设置。

3. 流程图制作

流程图是控制系统中最重要的监控操作界面类型之一，用于显示被控设备对象的整体工

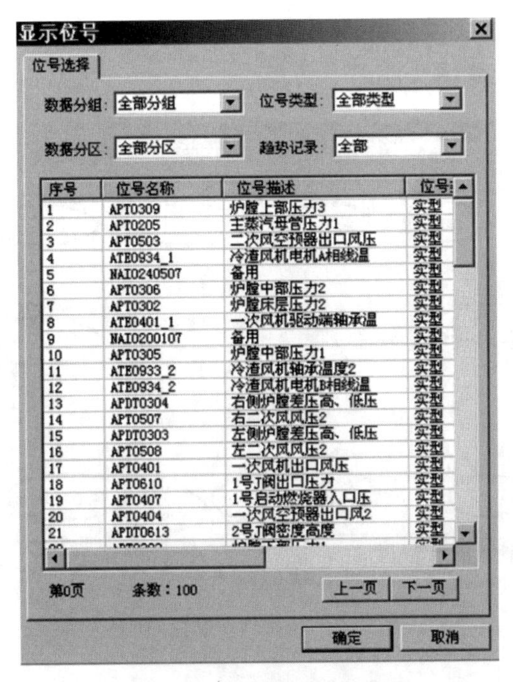

图 3-2-38　趋势位号选择

艺流程和工作状况，并可操作相关数据量。流程图制作软件具备多种绘图功能，简单易操作，可轻易绘制出各种工艺流程图，并能设置动态效果，将工艺流程直观地表现出来。

在系统组态界面中选择菜单栏中【操作站】下拉菜单中的【流程图】选项或点击工具栏中流程图F图标，进入流程图设置对话框，选择了相应的操作小组后，在对话框中点击“增加”命令，增加一幅流程图，如图 3-2-39 所示。

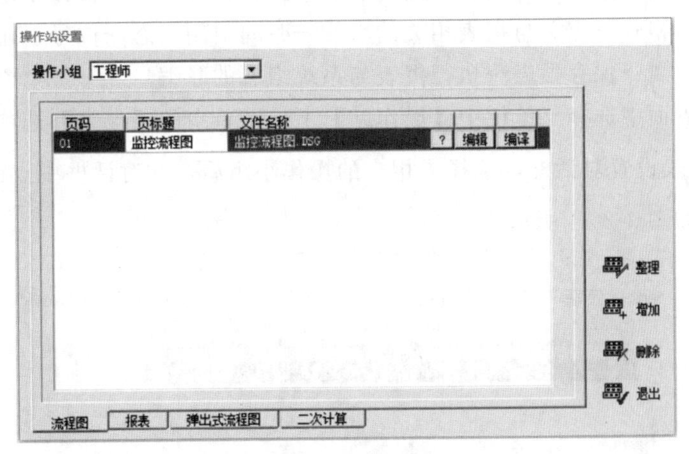

图 3-2-39　流程图登录

操作小组：此项指定当前流程图在哪个操作小组中显示。

页码：此项选定对哪一页流程图进行组态。

页标题：此项显示指定页的页标题，即对该页内容的说明。

文件名称：此项显示流程图的名称，可以输入流程图名称。

点击“编辑”按钮进入流程图制作界面，如图 3-2-40 所示。在流程图制作完毕后选择保存命令，将组态好的流程图文件保存在指定路径的文件夹中。再次进入设置对话框，从 ? 中选择刚刚编辑好的流程图文件。

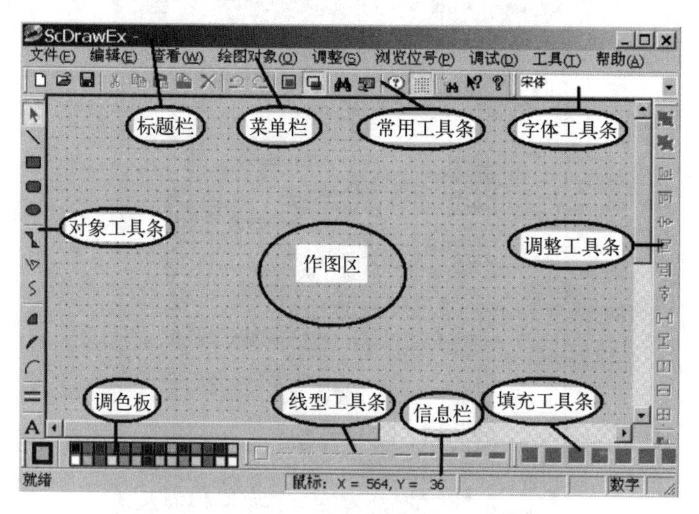

图 3-2-40 流程图制作界面

4. 报表制作

报表是一种十分重要且常用的数据记录工具，一般用来记录重要的系统数据和现场数据，以供技术人员进行系统状态检查或工艺分析。报表制作软件从功能上分为制表和报表数据组态两部分：制表主要是将需要记录的数据以表格的形式制作；报表数据组态主要是根据需求对事件定义、时间引用、位号引用和报表输出做相应的设置。报表组态完成后，报表可由计算机自动生成。

报表制作流程为：进入操作站报表设置界面→选择报表归属（操作小组）→进入报表制作界面→设计报表格式→定义与报表相关的事件→时间引用组态→位号引用组态→报表内容填充→报表输出设置→保存报表→执行报表与系统组态的联编。

在系统组态界面中选择菜单栏中【操作站】下拉菜单中的【报表】选项或点击工具栏中 报表 图标，进入报表设置对话框，选择了相应的操作小组后，在对话框中点击“增加”命令，增加一个报表，如图 3-2-41 所示。

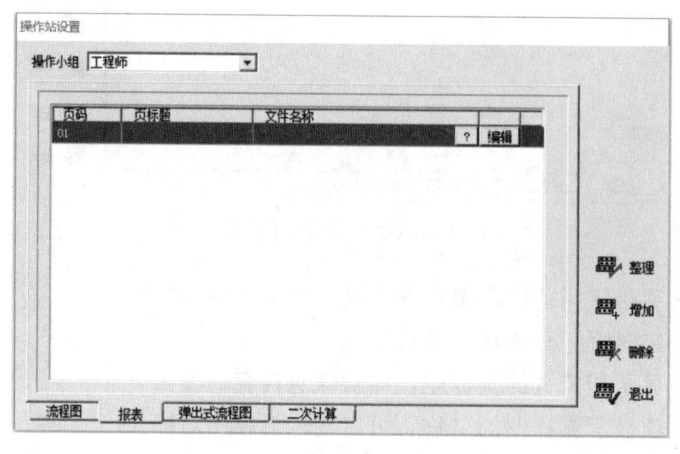

图 3-2-41 报表设置

操作小组：此项指定当前报表在哪个操作小组中显示。

页码：此项选定对哪一个报表进行组态。

页标题：此项显示指定页的页标题，即对该页内容的说明。

文件名称：此项显示报表的名称，可以输入报表名称。

点击“编辑”按钮进入报表制作界面，如图 3-2-42 所示。在报表制作完毕后选择保存命令，将组态好的报表文件保存在指定路径的文件夹中。再次进入设置对话框，从 ? 中选择刚刚编辑好的报表文件。

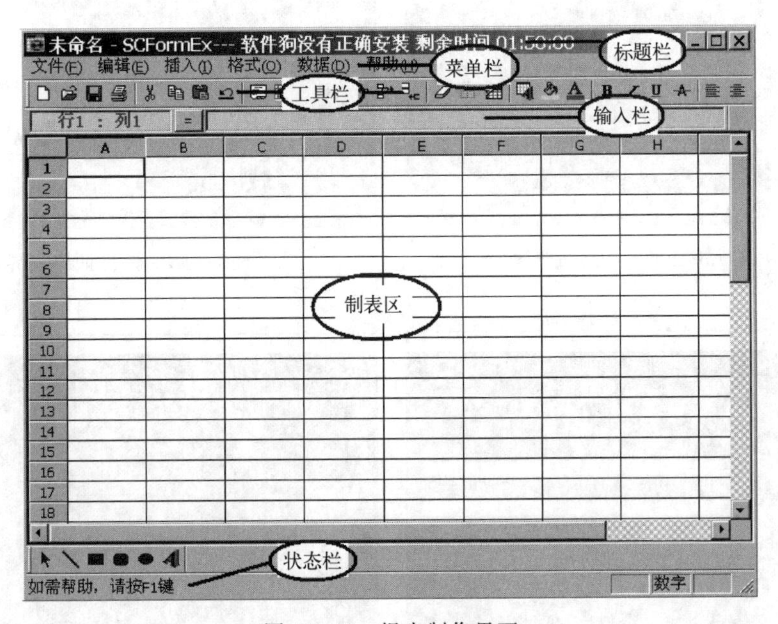

图 3-2-42 报表制作界面

标题栏：显示报表文件的名称信息。尚未命名或保存时，该窗口被命名为“无标题-SCFormEx”。已经命名或保存后，窗口将被命名为“＊＊＊-SCFormEx”，其中“＊＊＊”表示正在进行编辑操作的报表文件名。

菜单栏：显示经过归纳分类后的菜单项，包括文件、编辑、插入、格式、数据、帮助等六项。鼠标左键单击某一项将自动打开其下拉菜单。

工具栏：包括 38 个快捷图标，是各菜单项中部分命令（使用最频繁）和一些补充命令的图形化表示，方便用户操作。

输入栏：可在此输入相应的文字内容，单击 = 键将输入的文字转换到左边位置信息对应的单元格中。注意，在右边空格中输入文字完毕后，必须单击 = 键，否则文字输入无效。

制表区：是本软件的工作区域，所有的报表制作操作都体现在此制表区中，该区域的内容将被保存到相应的报表文件中。

状态栏：位于报表制作软件界面的最底部，显示了当前的操作信息。

【任务实施】

1. 软件安装

本项目所使用的软件是 AdvanTrol-Pro 学习版，可以从浙江中控技术股份有限公司官网下载，下载后点击 Setup 按照安装向导的提示，一步一步进行安装，如图 3-2-43～图 3-2-49 所示。在“安装类型”的选择中，有操作站安装、工程师站安装、数据站安装和完全安装 4 个选项。安装时，可根据需要安装相应的类型。

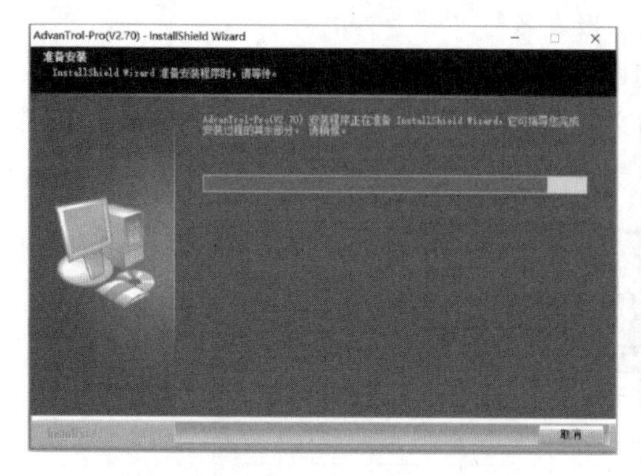

图 3-2-43　AdvanTrol-Pro 安装界面

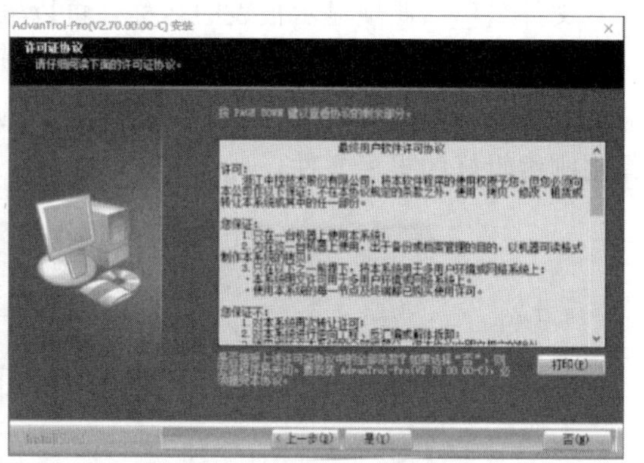

图 3-2-44　许可证协议界面

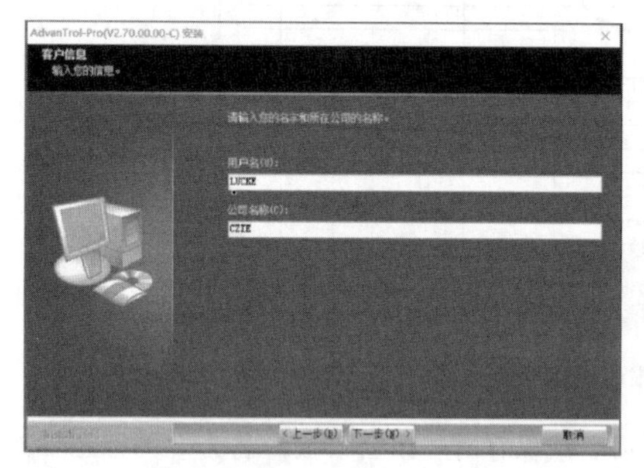

图 3-2-45　客户信息的填写界面

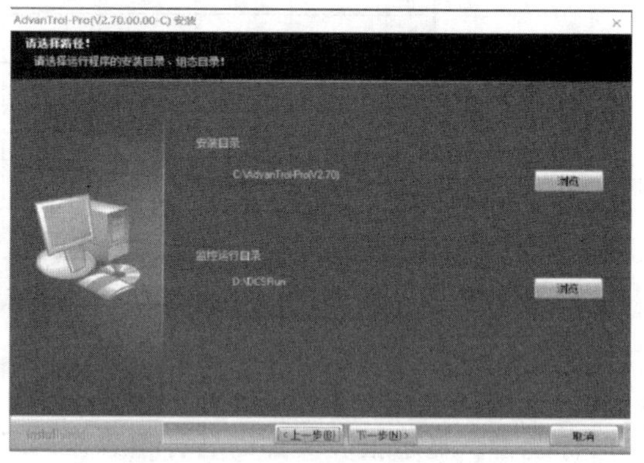

图 3-2-46　安装路径的选择界面

图 3-2-47　软件安装类型的选择界面

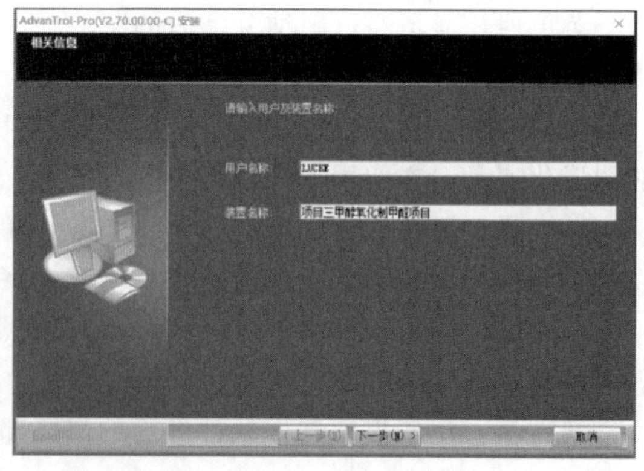

图 3-2-48　装置信息的填写界面

操作站安装：安装操作站组件，包括库文件、AdvanTrol 实时监控软件、用户授权管理软件，这种安装方式下，操作人员无法进行组态操作。

工程师站安装：安装工程师站组件，包括库文件、AdvanTrol 实时监控软件、SCKey

组态软件、SCForm 报表制作软件、SCX 语言编程软件、SCControl 图形编程软件、SCDraw 流程图制作软件、二次计算软件、用户授权管理软件、数据提取软件。

数据站安装：包括数据采集组件、报警、操作记录服务器和趋势服务器。

完全安装：将安装所有组件。

2. 系统总体信息组态

① 在桌面上点击系统组态图标，将弹出 SCKey 文件操作界面，如图 3-2-50 所示。

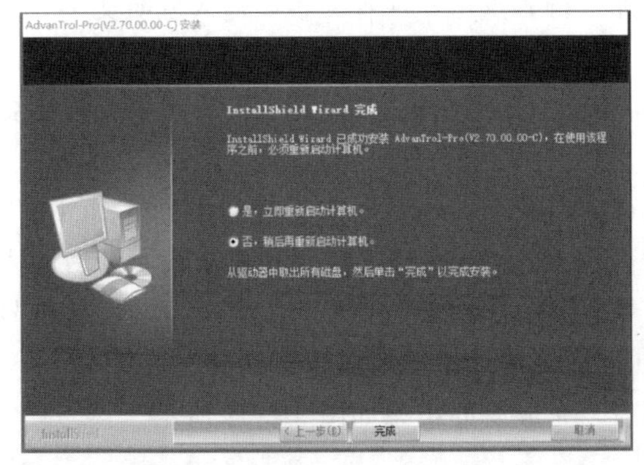

图 3-2-49　AdvanTrol-Pro（V2.70）软件安装完成的界面

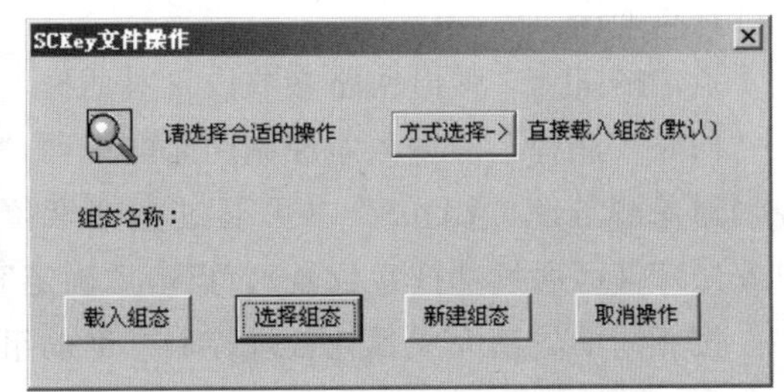

图 3-2-50　SCKey 文件操作界面

② 点击“新建组态”命令，在弹出的用户登录对话框中选择系统默认的用户 admin，密码为 supcondcs，点击“登录”按钮，弹出新建组态的提示对话框，点击“确定”，弹出文件保存对话框，如图 3-2-51 所示。

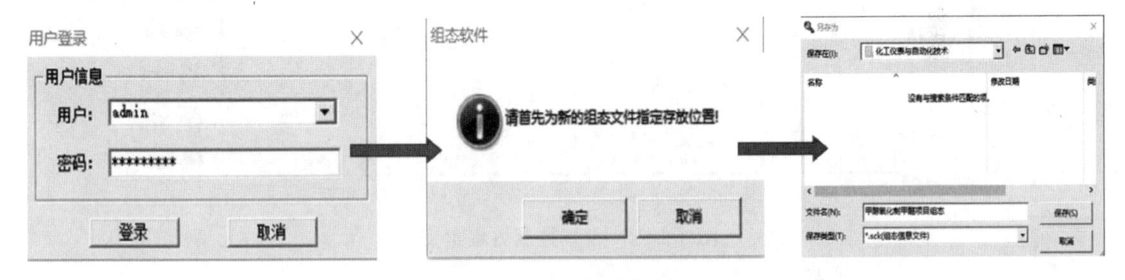

图 3-2-51　新建组态

③ 选择保存路径，输入文件名“甲醇氧化制甲醛项目组态”，点击“保存”命令，弹出标题名为“甲醇氧化制甲醛项目组态”的系统组态界面，在组态界面的工具栏中点击命令按钮，弹出主机设置界面，完成任务单中要求的主控制卡及操作站的配置。

3. 控制站 I/O 组态

控制站 I/O 组态是对控制系统中各控制站内卡件和 I/O 点的参数设置。组态分三部分，分别是数据转发卡组态（确定机笼数）、I/O 卡件组态和 I/O 点组态。

在系统组态界面的工具栏中点击命令按钮，弹出 I/O 组态界面，选择“数据转发卡”界面，点击“增加”命令，设置数据转发卡。

选择“I/O 卡件”界面，选择相应的主控制卡项及数据转发卡项，点击“增加”命令，按工程设计要求组态 I/O 卡件。

选择“I/O 点”界面，选择相应的主控制卡项，数据转发卡项，I/O 卡件项，点击“增加”，按工程设计要求组态 I/O 点，设置相应的位号、描述、参数、趋势、报警、区域等信息。

4. 控制站常规控制方案组态

在系统组态界面工具栏中点击按钮常规，弹出常规回路组态界面。

点击“增加”命令，在回路设置区中将增加一行，点击“注释”栏，输入说明文字“高位槽液位控制”。

点击“控制方案”栏，出现常规控制方案，选择下拉箭头，点击下拉箭头，根据控制要求选择单回路。

点击按钮 >>，弹出回路参数设置对话框，在“回路 1 位号”后输入回路名称“LIC101”，在“回路 1 注释”后输入对控制回路的说明“高位槽液位控制”，在“回路 1 输入”后输入控制对象测量值“LI101”（可通过 ? 搜索位号），在“输出位号 1”后输入对象控制位号“LV101”（可通过 ? 搜索位号）。点击“确定”返回到常规控制回路组态界面。

按相同的方法完成其他常规控制方案的组态，完成后的组态如图 3-2-52 所示。

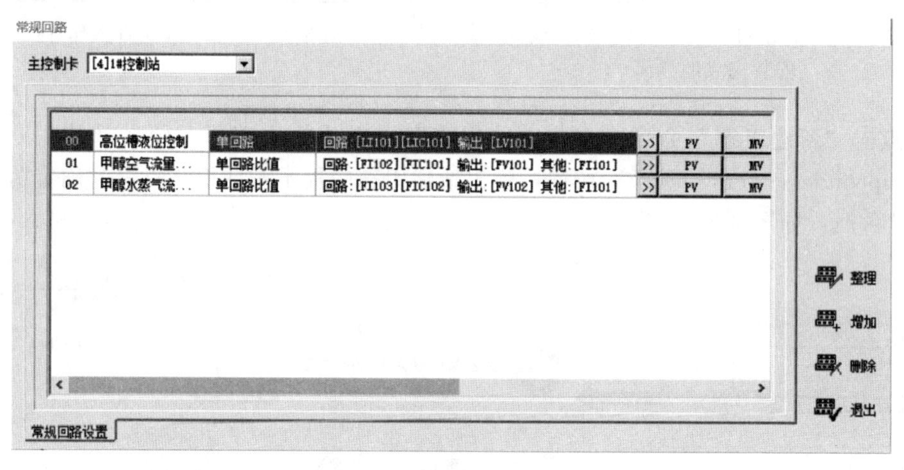

图 3-2-52　常规控制方案组态

5. 操作小组设置

在系统组态界面的工具栏中点击命令按钮操作小组，弹出操作小组设置界面，点击“增加”命令，设置名称“工程师小组”。再次点击“增加”命令，组态其他操作小组。完成后的组态如图 3-2-53 所示。

6. 操作站标准画面组态

（1）分组画面

在系统组态画面工具栏中点击分组，进入分组画面组态对话框。操作小组设为工程师小组，点击“增加”命令，增加一页分组画面。在页标题一栏中输入“常规回路”，在位号栏输入相应的位号名（可通过 ? 按钮查询输入）。再次点击“增加”命令，组态其他控制分组，完成后的组态如图 3-2-54 所示。

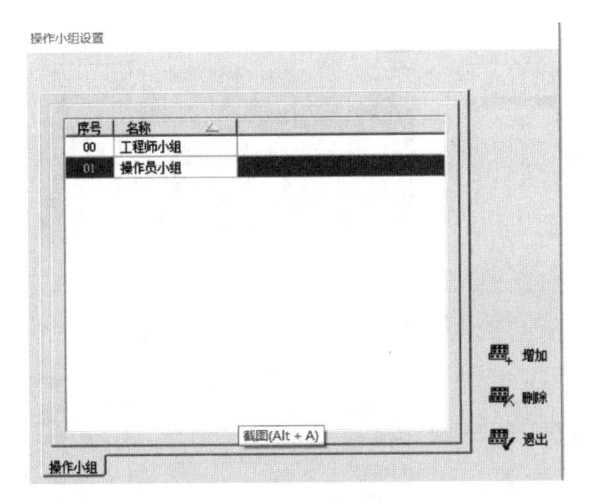

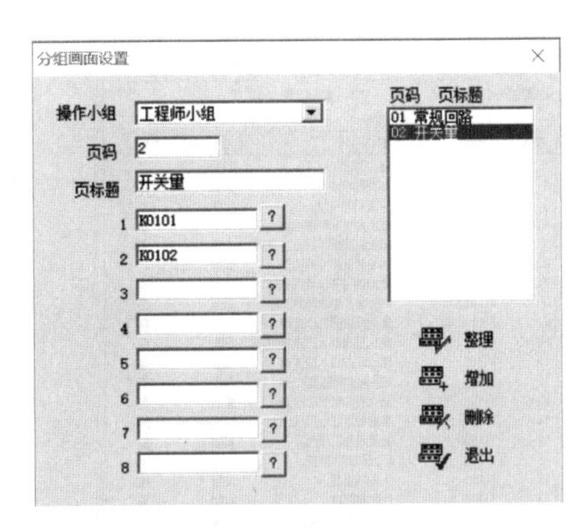

图 3-2-53　操作小组组态

图 3-2-54　控制分组组态

（2）一览画面

在系统组态画面工具栏中点击，进入一览画面组态对话框。操作小组设为工程师小组。点击“增加”命令，增加一页一览画面，在页标题栏中输入标题“数据一览”，在位号栏输入相应的位号名（可通过按钮查询输入），完成后的组态如图 3-2-55 所示。

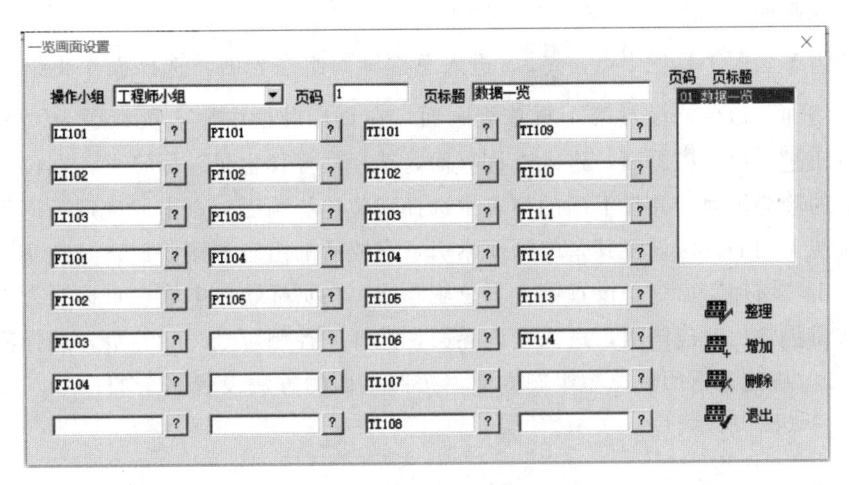

图 3-2-55　数据一览画面组态

（3）趋势画面

在系统组态画面工具栏中点击，进入趋势画面组态对话框。选择操作小组为工程师小组。点击“增加一页”，页标题为“液位”。选择趋势布局方式为“1＊1”，选择当前趋势为趋势 0，点击普通趋势位号后的按钮，弹出如图 3-2-56 所示的画面，该画面提供了数据分组、数据分区、位号类型和趋势记录四种方式查找位号。选择要显示的趋势曲线的位号，点击“确定”返回到趋势组态设置画面。点击颜色框选择该趋势曲线的显示颜色；点击按钮选择该曲线纵坐标的上下限。再次点击“增加一页”命令，组态其他趋势，完成后的组态如图 3-2-57 所示。

图 3-2-56 显示位号图

图 3-2-57 趋势组态图

（4）总貌画面

在系统组态画面工具栏中点击[#总貌]，进入总貌画面组态界面，选择操作小组为工程师小组。点击“增加”命令，设置第 1 页总貌画面，在页标题栏中输入页标题为“索引画面”。点击查询按钮[?]弹出对应画面，进入查询界面，选择“操作主机”标签页，在位号类型中选择作为索引的趋势画面，并在下面的列表中选择液位趋势画面，点击“确定”返回到总貌组态界面。按照上面的方法设置其余的画面索引，完成后的组态如图 3-2-58（a）所示。

再次点击“增加”命令，设置第 2 页总貌画面。在页标题栏中输入页标题为“模拟量”。点击查询按钮[?]弹出对应画面，进入查询界面，选择“控制位号”标签页，选择需要的位号 LI101，点击“确定”返回到总貌组态界面。按照上面的方法设置其余的位号，完成后的组态如图 3-2-58（b）所示。

(a) 索引画面

(b) 模拟量

图 3-2-58 总貌画面组态

7. 流程图组态

在系统组态界面的工具栏中点击命令按钮 流程图F，弹出流程图设置界面，选择“工程师”操作小组，点击“增加”命令，设置页标题“系统监控流程图”，如图 3-2-59 所示。点击“编辑”命令，进入流程图绘制软件界面，完成后流程图组态如图 3-2-60 所示。将绘制完成的流程图文件保存在组态文件所在的文件夹中的“Flow”文件夹中，命名为系统监控流程图，如图 3-2-61 所示，然后在流程图登录界面中点击 ? ，选择系统监控流程图，如图 3-2-62 所示。

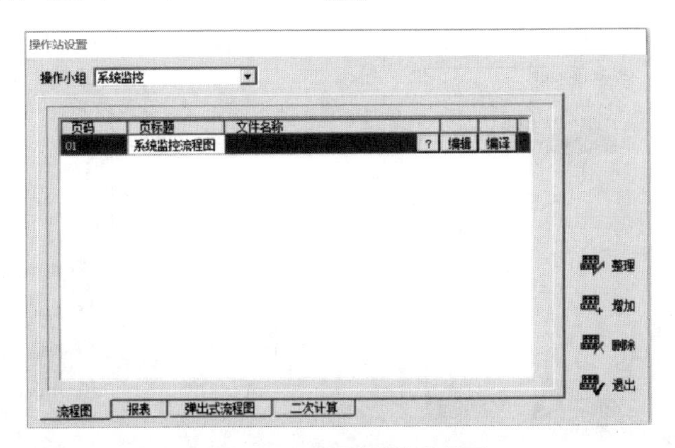

图 3-2-59　流程图登录界面

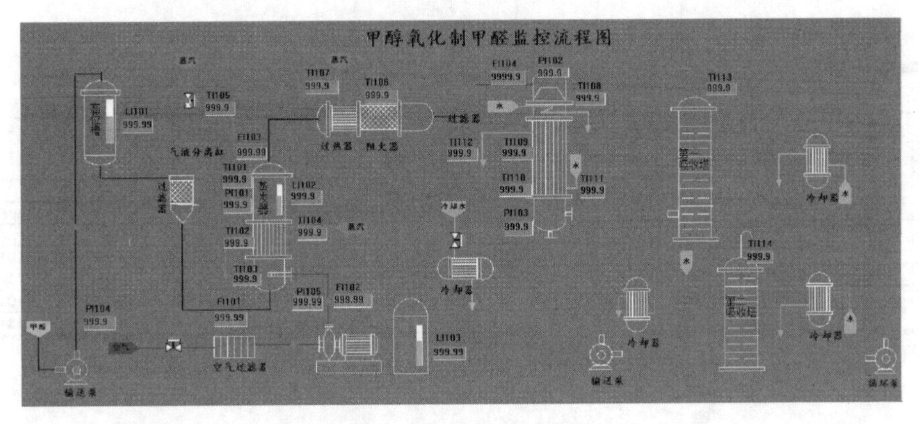

图 3-2-60　流程图绘制界面

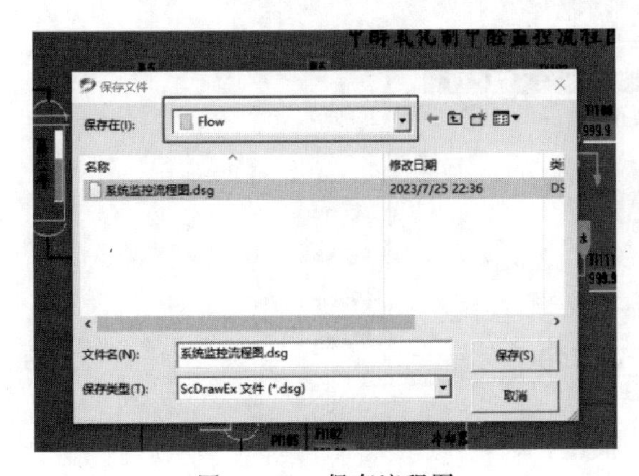

图 3-2-61　保存流程图

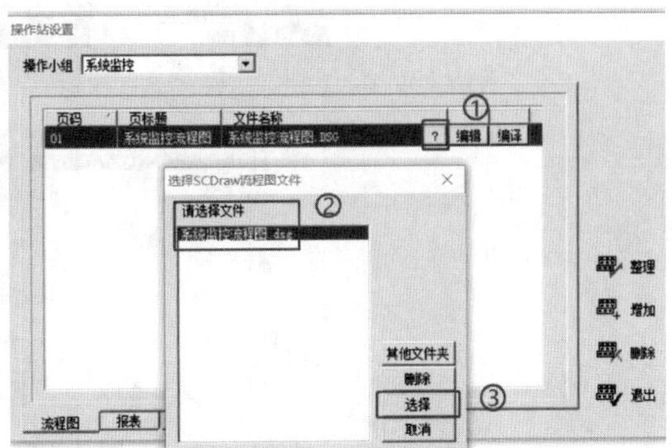

图 3-2-62　流程图关联

8. 报表组态

在系统组态界面的工具栏中点击命令按钮[报表]，弹出报表设置界面，选择“工程师”操作小组，点击“增加”命令，设置页标题“班报表”，如图 3-2-63 所示。点击“编辑”命令，进入报表制作软件界面，完成后报表组态如图 3-2-64 所示。将绘制完成的报表文件保存在组态文件所在的文件夹中的“Report”文件夹中，命名为班报表，然后在报表登录界面中点击[?]，选择班报表，如图 3-2-65 所示。

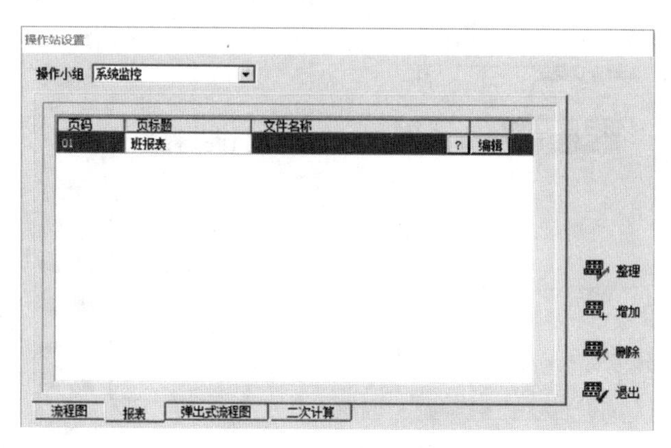

图 3-2-63 报表登录界面

文件(F) 编辑(E) 插入(I) 格式(O) 数据(D) 帮助(H)

	A	B	C	D	E	F	G	H	I	J
1	班报表									
2	班 组 组长 记录员 年 月 日									
3	时间		=Timer1[0]	=Timer1[1]	=Timer1[2]	=Timer1[3]	=Timer1[4]	=Timer1[5]	=Timer1[6]	=Timer1[7]
4	位号	描述	数据							
5	FI101	蒸发器底部甲醇流量	={FI101}[0]	={FI101}[1]	={FI101}[2]	={FI101}[3]	={FI101}[4]	={FI101}[5]	={FI101}[6]	={FI101}[7]
6	FI102	蒸发器底部空气流量	={FI102}[0]	={FI102}[1]	={FI102}[2]	={FI102}[3]	={FI102}[4]	={FI102}[5]	={FI102}[6]	={FI102}[7]
7	FI103	蒸发器顶部水蒸气流量	={FI103}[0]	={FI103}[1]	={FI103}[2]	={FI103}[3]	={FI103}[4]	={FI103}[5]	={FI103}[6]	={FI103}[7]
8	FI104	氧化反应器入口流量	={FI104}[0]	={FI104}[1]	={FI104}[2]	={FI104}[3]	={FI104}[4]	={FI104}[5]	={FI104}[6]	={FI104}[7]

图 3-2-64 报表制作

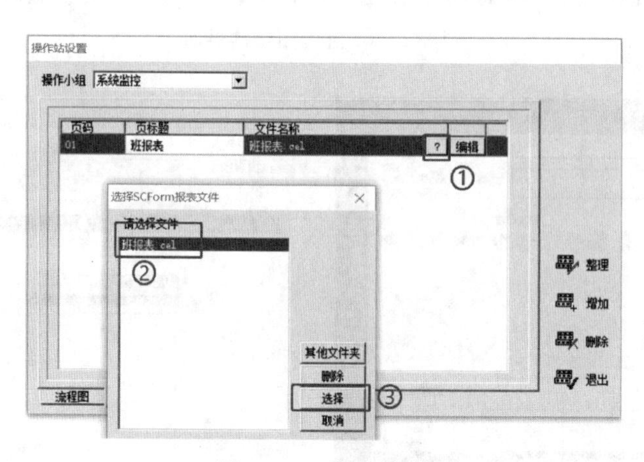

图 3-2-65 报表关联

【任务评价】

任务	训练内容与分值	训练要求	学生自评	教师评分
甲醇氧化制甲醛控制系统组态	总体信息组态（10 分）	正确组态主控制卡 正确组态操作站		
	控制站 I/O 组态（20 分）	正确组态数据转发卡 正确组态 I/O 卡件 正确组态测点清单中的 I/O 点		
	控制方案组态（10 分）	正确组态每个常规控制方案		
	操作小组组态（5 分）	正确组态操作小组		
	标准画面组态（20 分）	正确组态总貌画面 正确组态分组画面 正确组态一览画面 正确组态趋势画面		
	流程图制作（20 分）	正确绘制流程图 正确关联动态数据		
	报表制作（15 分）	正确绘制班报表表头 正确设置报表事件、时间引用、位号引用、报表输出 正确进行报表编辑		
	学生：	教师：	日期：	

【知识归纳】

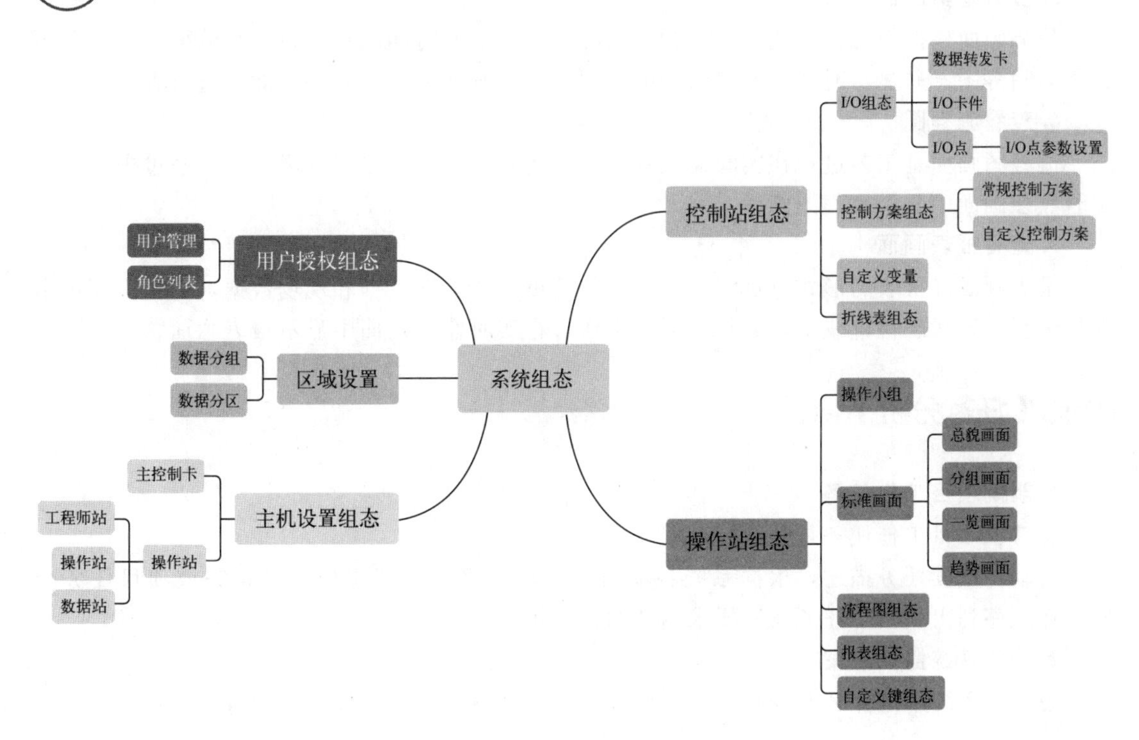

任务三 甲醇氧化制甲醛控制系统监控

【任务描述】

根据项目管理及监控要求，对DCS系统进行监控。

1. 启动实时监控

启动实时监控软件，进入甲醇氧化制甲醛控制系统的工程师操作小组。

通过实时监控软件查看报警栏、弹出式报警窗口、报警一览等。

2. 查看系统总貌画面

总貌画面是实时监控的主要监控画面之一，由用户在组态软件的总貌画面项设置产生。系统总貌画面是各个实时监控操作画面的总目录，主要用于显示过程信息，或作为索引画面，进入相应的操作画面。

3. 查看控制分组画面

控制分组画面主要通过内部仪表的方式显示各个位号以及回路的各种信息，包括位号名（回路名）、位号当前值、报警状态、当前值柱状显示、位号类型以及位号注释等信息。点击各个位号名（回路名）将进入相应的调整画面（不包括开关量）。通过鼠标左键选择对应的内部仪表，点击调整画面图标将进入该位号的调整画面。

4. 查看调整画面

通过查看调整画面中的数值、趋势图以及内部仪表来了解位号的信息。

5. 查看趋势画面

趋势画面根据组态信息和工艺运行的情况，以一定的时间间隔记录一个数据点，动态更新历史趋势图，并显示时间轴所在时刻的数据，在主画面上显示趋势画面并进行查看。

6. 查看流程图

流程图画面是工艺过程在实时监控画面上的仿真，是主要监控画面之一，通过操作，在实时监控画面中显示流程图画面。

7. 查看报表画面

报表画面以报表的形式显示实时数据，包括重要的系统数据和现场数据，以供工程技术人员进行系统状态检查或工艺分析。通过操作，在实时监控画面中显示报表画面。

【任务分析】

1. 明确项目工作任务

思考：项目工作任务是什么？

行动：阅读任务描述，根据系统各项组态要求，逐项分解工作任务，完成项目任务分析，按顺序列出项目子任务及所要求达到的技术指标。

2. 确定系统监控方案

思考：系统采用什么监控软件？如何登录监控软件？具体监控步骤和过程是什么？

行动：小组成员共同研讨，制订具体监控方案，进行报警信息、总貌画面、趋势图、分组画面、调整画面、流程图、报表等画面的查看。

3. 制订工作实施计划

思考：小组成员如何分工？完成本项目需要多少时间？

行动：根据监控方案，小组成员合理分担工作任务，确定工作步骤和时间，制订完成工作任务的计划表，明确项目责任人。

【知识链接】

实时监控是使用上位机实时监控软件（AdvanTrol），通过鼠标和操作员键盘的配合使用，完成各种监控操作。实时监控软件的运行界面是操作人员监控生产过程的工作平台。在这个平台上，操作人员通过各种监控画面监视工艺对象的数据变化情况，发出各种操作指令来干预生产过程，从而保证生产系统正常运行。熟悉各种监控画面，掌握正确的操作方法，有利于及时解决生产过程中出现的问题，保证系统的稳定运行。

一、启动并登录实时监控软件

在 Windows 操作系统桌面上点击可以进入实时监控画面，也可在组态界面中点击组态调试图标进入实时监控画面，如图 3-3-1 所示。

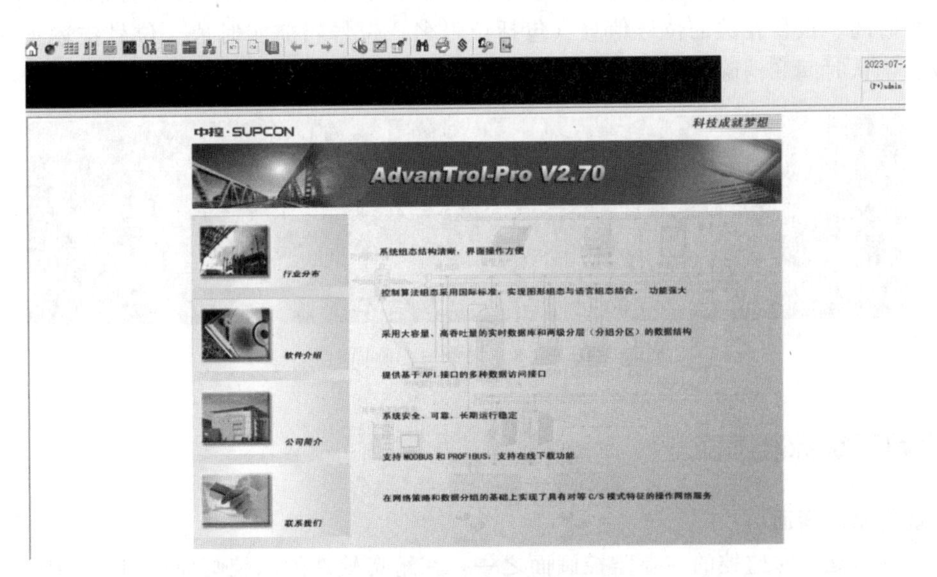

图 3-3-1　实时监控画面

在主菜单中选择“登录”命令，弹出如图 3-3-2 所示的“用户登录”对话框。

用户名：下拉列表中选择需要登录的用户。

密码：输入用户对应的密码。

操作小组：下拉列表中选择需要登录的操作小组。

图 3-3-2　用户登录

二、查看报警并管理报警

通过实时监控软件查看报警的方法包括查看报警栏、查看报警一览等。

报警栏置顶显示在监控画面的中上部，报警列表中的报警条目显示的颜色表明了报警的等级，报警条目的颜色配置信息需要在组态软件中查看，即在菜单栏中选择“总体设置>报警颜色设置”命令。

在监控画面的工具栏中单击图标将显示报警一览画面。在报警一览画面中包含两种显示模式，分别用来显示实时报警信息和历史报警信息。最多可以显示 1000 条报警信息。每个优先级中的位号报警颜色显示为组态中配置的颜色。报警一览画面中分别显示了报警序号、报警时间、报警相关的位号信息（包括位号名、位号当前实时值、位号描述）、报警的优先级、确认时间和消除时间等，如图 3-3-3 所示。

序号	优先级	报警时间	位号名	实时值	报警描述	确认时间	消除时间
1	1	16-06-15 15:08:12	PdIS41102A	0.76	空冷塔上部捕…		
2	0	16-06-15 15:08:11	LI_2239	81.07	C2206液位		
3	0	16-06-15 15:08:11	TI_2277	142.27	P-2204A电机定子		
4	0	16-06-15 15:08:11	TI_9215_2	112.27	P404AA5电机定…		
5	0	16-06-15 15:08:10	NAI220602	85.31	BA1风机减速箱…		
6	0	16-06-15 15:08:09	FI_1303B	5076.92	氧气分管流量		
7	0	16-06-15 15:08:09	LI_1301AC	82.95	R1301A液位		
8	0	16-06-15 15:08:09	TI_1325B	47.72	锁斗冲洗冷却…		
9	0	16-06-15 15:08:08	TIW1101B_3	85.31	磨机B头部轴承…		

图 3-3-3　报警一栏画面

三、查看系统标准画面

1. 查看总貌画面

总貌画面是实时监控的主要监控画面之一，在组态软件的总貌画面项组态产生。系统总貌画面是各个实时监控操作画面的总目录，主要用于显示过程信息，或作为索引画面，进入相应的操作画面。在主菜单中选择“总貌”，主界面将显示如图 3-3-4 所示的总貌画面。

总貌画面每页最多显示 32 块信息，在组态软件中进行总貌组态时可将相关操作的信息放在同一页显示画面上。每块信息可以为过程信息点（位号）和描述、标准画面（系统总貌、控制分组、趋势图、流程图、数据一览等）索引位号和描述。过程信息点（位号）显示相应的信息、实时数据和状态，如控制回路位号显示描述、位号、反馈值、手/自动状态、

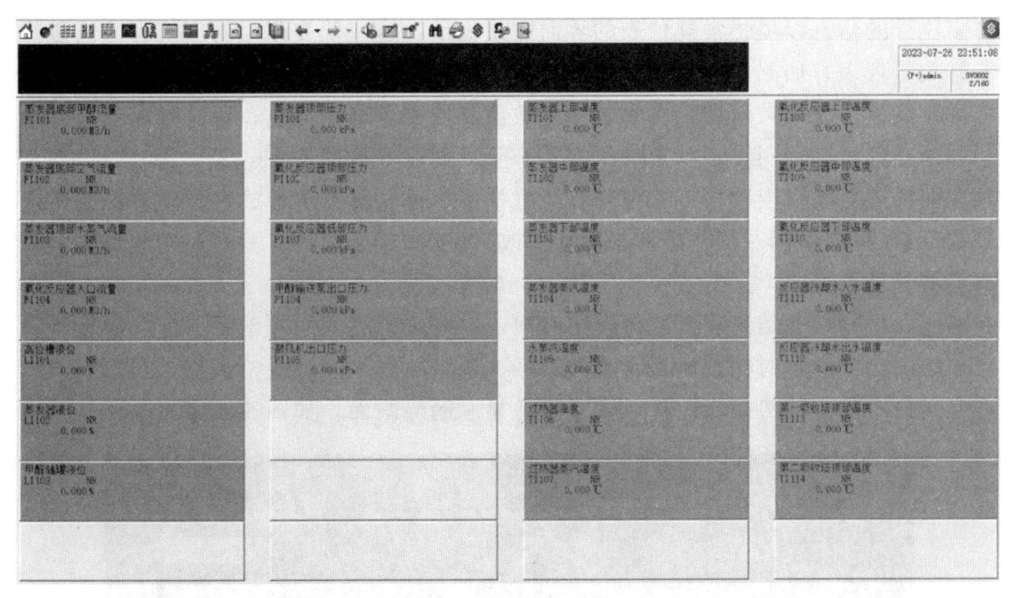

图 3-3-4　总貌画面

报警状态与颜色等。标准画面显示画面描述和状态，如控制分组显示画面页码和描述。当信息块显示的信息为模入量位号、自定义半浮点位号、回路及标准画面时，单击信息块可进入相应的调整画面，标准画面即进入相应的操作画面。

2. 查看控制分组画面

控制分组画面主要通过内部仪表的方式显示各个位号以及回路的各种信息，包括位号名（回路名）、位号当前值、报警状态、当前值柱状显示、位号类型以及位号注释等信息。点击各个位号名（回路名）将进入相应的调整画面（不包括开关量）。通过鼠标左键选择对应的内部仪表，点击调整画面图标将进入该位号的调整画面。每个控制分组画面最多可以显示八个内部仪表，通过鼠标单击可修改内部仪表的数据或状态。

在主菜单中选择“控制分组”，主界面将显示如图 3-3-5 所示的控制分组画面。

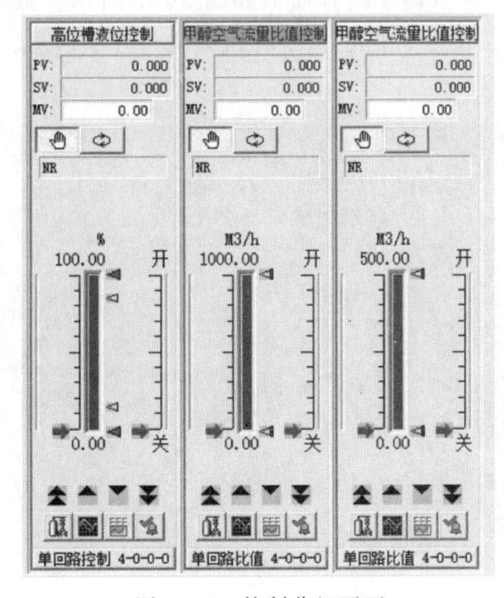

图 3-3-5　控制分组画面

许多位号的信息以模仿常规仪表的界面方式显示，这些仪表称为内部仪表，包括模拟量仪表、开关量仪表、回路仪表等。当操作人员拥有操作某项数据的权限及该数据可被修改时，可修改数据。此时数值项为白底，输入数值，按回车确认修改；通过鼠标单击可修改按钮值，如回路仪表的手/自/串状态、开出状态等；回路仪表的给定（SV）和输出（MV）及描述仪表的描述状态以滑动杆方式控制，通过按下鼠标左键（不释放）拖动滑块选择修改的位置（数值），释放鼠标左键，按回车确认修改。

3. 查看趋势画面

趋势画面根据组态信息和工艺运行的情况，以一定的时间间隔记录一个数据点，动态更新历史趋势图，并显示时间轴所在时刻的数据。

在工具栏中点击趋势画面图标，主画面上显示趋势画面，如图 3-3-6 所示。

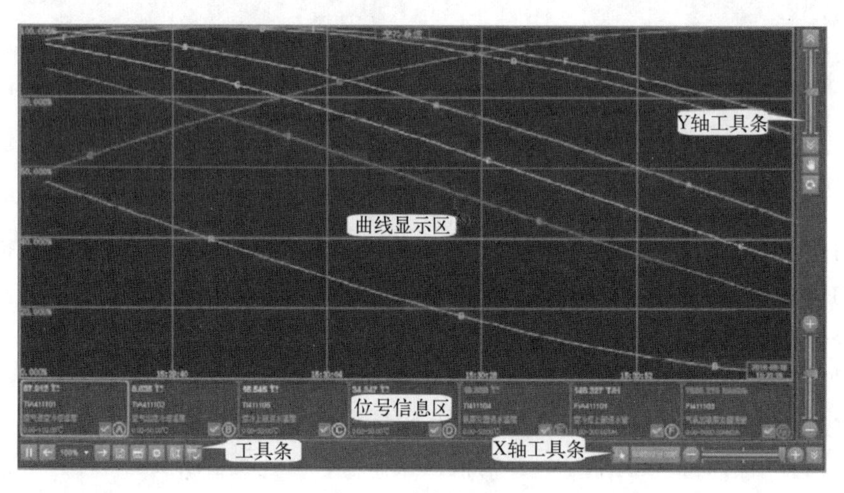

图 3-3-6　趋势画面

4. 查看一览画面

数据一览画面根据组态信息和工艺运行情况，动态更新每个位号的实时数据值。在工具栏中点击数据一览图标，弹出数据一览画面，如图 3-3-7 所示。数据一览画面最多可以显示 32 个位号信息，包括序号、位号、描述、数值和单位共五项信息。

数据一览

序号	位号	描述	数值	单位	序号	位号	描述	数值	单位
1	FI101	蒸发器底部甲醇流量	0.000	M3/h	17	TI101	蒸发器上部温度	0.000	℃
2	FI102	蒸发器底部空气流量	0.000	M3/h	18	TI102	蒸发器中部温度	0.000	℃
3	FI103	蒸发器顶部水蒸气流量	0.000	M3/h	19	TI103	蒸发器下部温度	0.000	℃
4	FI104	氧化反应器入口流量	0.000	M3/h	20	TI104	蒸发器蒸汽温度	0.000	℃
5	LI101	高位槽液位	0.000	%	21	TI105	水蒸汽温度	0.000	℃
6	LI102	蒸发器液位	0.000	%	22	TI106	过热器温度	0.000	℃
7	LI103	甲醛储罐液位	0.000	%	23	TI107	过热器蒸汽温度	0.000	℃
8					24				
9	PI101	蒸发器顶部压力	0.000	kPa	25	TI108	氧化反应器上部温度	0.000	℃
10	PI102	氧化反应器顶部压力	0.000	kPa	26	TI109	氧化反应器中部温度	0.000	℃
11	PI103	氧化反应器低部压力	0.000	kPa	27	TI110	氧化反应器下部温度	0.000	℃
12	PI103	氧化反应器低部压力	0.000	kPa	28	TI111	反应器冷却水入水温度	0.000	℃
13	PI104	甲醇输送泵出口压力	0.000	kPa	29	TI112	反应器冷却水出水温度	0.000	℃
14	PI105	鼓风机出口压力	0.000	kPa	30	TI113	第一吸收塔顶部温度	0.000	℃
15					31	TI114	第二吸收塔顶部温度	0.000	℃
16					32				

图 3-3-7　数据一览画面

四、查看调整画面

调整画面主要通过数值、趋势图以及内部仪表来显示位号的信息。在主菜单中选择“调整画面”，也可在分组画面、总貌画面、一览画面中双击对应内部仪表，主界面将显示如图3-3-8所示的调整画面。

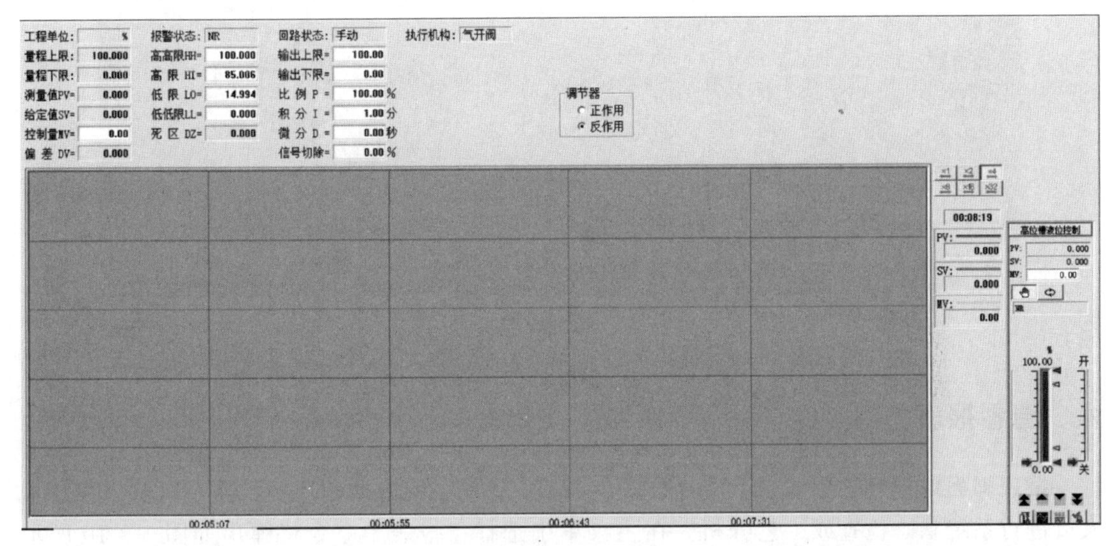

图 3-3-8　调整画面

调整画面以数值方式显示位号的量程、报警、比例P、积分I、微分D等所有信息（部分可修改）。

趋势图显示最近1～32min的趋势曲线，可选择显示时间范围，包括×1、×2、×4、×8、×16、×32分钟6种，如选择×8则趋势图的横轴时间范围为8min。通过鼠标拖动时间轴游标，可显示某一时刻的数值。

通过点选［调节器：○正作用 ◉反作用］可选择调节器的正反作用，通过模式选择按钮［手 自］可切换仪表的手自动模式。

五、查看流程图画面

流程图画面是工艺过程在实时监控画面上的再现，是主要监控画面之一，由用户在组态软件中产生。在工具栏中点击流程图图标，在实时监控画面中显示流程图画面，如图3-3-9所示。流程图画面根据组态信息和工艺运行情况，在实时监控过程中动态更新各个动态对象（如数据点、图形、趋势图等），因此，大部分的过程监视和控制操作都可以在流程图画面上完成。

流程图画面可以显示静态图形和动态数据、开关量、命令按钮、趋势图、动态液位以及图形的移动、旋转、显示/隐藏、闪烁、渐变换色、缩放、比例填充等动态特性。一个操作小组中包含多个分组画面时，可以在打开流程图后单击工具栏中的图标选择需要查看的流程图。

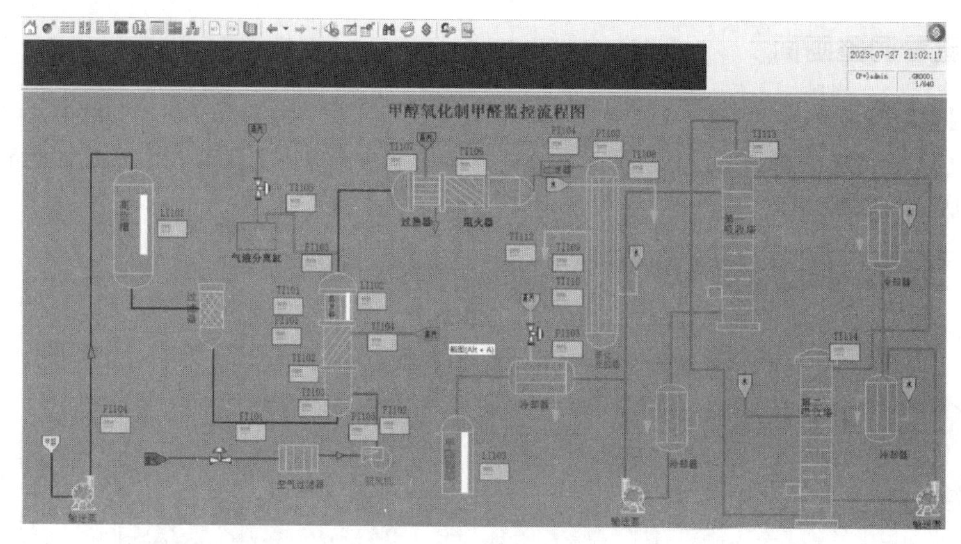

图 3-3-9　流程图画面

六、查看报表

报表画面以报表的形式显示实时数据，包括重要的系统数据和现场数据，以供工程技术人员进行系统状态检查或工艺分析。在主菜单中选择“报表”命令将弹出如图 3-3-10 所示的弹出报表画面。

报表名称：班报表　生成时间：2023-07-27 00:00:01　打印输出　保　存

	A	B	C	D	E	F	G	H	I	J
1					班报表					
2			___班__组	组长______	记录员_______		___年__月__日			
3		时间	20:03:47	0:00:00						
4	位号	描述				数据				
5	FI101	蒸发器底部甲醇流量								
6	FI102	蒸发器底部空气流量								
7	FI103	蒸发器顶部水蒸气流量								
8	FI104	氧化反应器入口流量								

图 3-3-10　报表画面

报表名称：下拉列表中罗列了所有已经产生的报表名称，选择相应的报表名称，显示该页报表的内容。

生成时间：显示每张报表的生成时间，按照组态时报表输出设置生成。

打印输出：点击此按钮将当前报表页面打印输出。

保存：将当前报表页面的修改内容保存到硬盘上。

输入文本：单击报表页面中任一单元格可以进行文本的输入。若选中任一单元格（包括报表中的组态内容），按键盘中 Delete 键将删除该单元格中全部内容，不可同时删除多个单元格文本。输入文本完毕后必须点击保存按钮进行保存，否则输入操作无效。

七、查看故障诊断信息

在监控画面的工具栏中单击故障诊断图标，可以查看当前系统的故障诊断信息。故障诊断画面用于显示控制站硬件和软件运行情况的远程诊断结果，以便及时、准确地掌握控制站运行状况。在系统状态的下拉菜单中选择故障诊断项，弹出故障诊断画面，如图 3-3-11 所示。

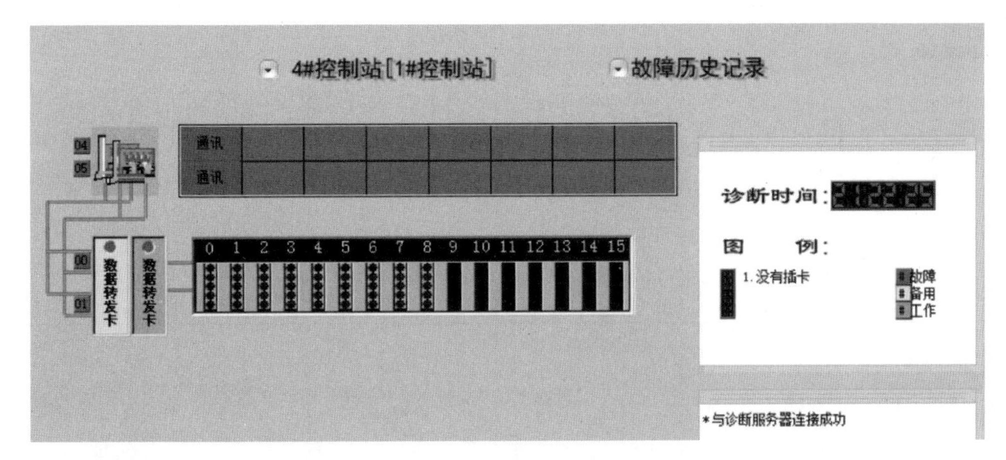

图 3-3-11　故障诊断画面

在故障诊断画面中，包含了控制系统的以下诊断信息：

（1）控制站的网络通信状态

当网卡正常时，网口标志呈绿色，网卡异常时，网口标志呈红色；灰色表示不确定（从未收到该站的数据包）。

（2）控制站内的卡件状态

双击控制站可以进行控制站的详细诊断，其中包含了控制站内各卡件的诊断信息，详细的信息请参见“诊断控制站及其下属设备”。

【任务实施】

1. 启动并登录实时监控软件

在组态界面中点击 组态调试 命令按钮，启动实时监控软件。

在实时监控界面中点击命令按钮，进入本项目的“工程师”操作小组。

2. 查看标准画面

在实时监控界面中分别点击、、、等按钮，分别查看总貌画面、趋势画面、分组画面、一览画面等，通过、按钮在不同画面之间进行切换，将查看结果填写在表 3-3-1 中。

3. 查看流程图画面

在实时监控界面中点击按钮进入流程图画面，通过流程图查看工艺流程及各个仪表的显示数值。

4. 查看报表画面

在实时监控界面中点击按钮进入报表画面，打印、保存报表。

▶ 表 3-3-1 查看标注画面记录表

画面类型	画面个数	画面内容	操作截图	单击画面中元素后现象
总貌画面				
趋势画面				
分组画面				
一览画面				

【任务评价】

任务	训练内容与分值	训练要求	学生自评	教师评分
甲醇氧化制甲醛控制系统监控	启动系统监控（10 分）	正确进入操作小组进行监控		
	查看总貌画面（15 分）	正确进入总貌画面 正确记录总貌画面信息		
	查看趋势画面（15 分）	正确进入趋势画面 正确记录趋势画面信息		
	查看分组画面（15 分）	正确进入分组画面 正确记录分组画面信息		
	查看一览画面（15 分）	正确进入一览画面 正确记录一览画面信息		
	查看流程图（15 分）	正确进入流程图画面 正确查看动态数据		
	查看报表（15 分）	正确进入报表画面 正确打印、保存报表		
	学生：	教师：	日期：	

【知识归纳】

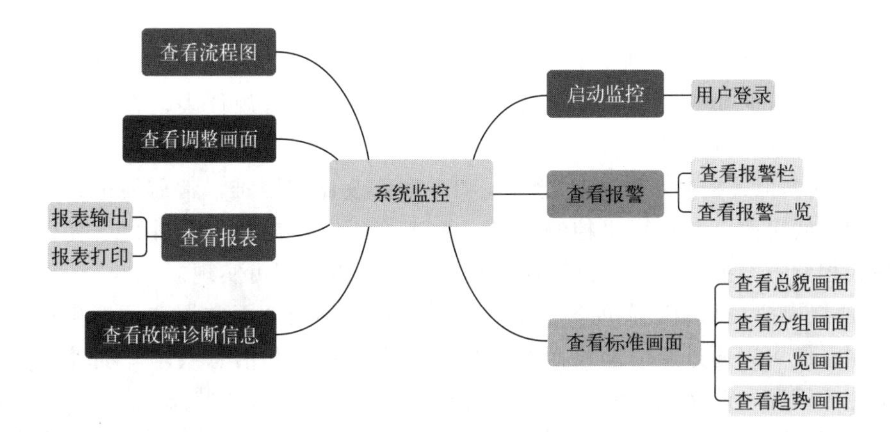

【拓展阅读】

计算机控制系统

计算机控制以自动控制理论和计算机技术为基础，自动控制理论是计算机控制的理论支柱，计算机技术的发展又促进了自动控制理论的发展与应用。计算机控制的应用领域是非常广泛的，从计算机应用的角度出发，工业自动化是其重要的一个领域；而从自动化的领域来看，计算机控制系统又是其主要的实现手段。计算机控制系统是融计算机技术与工业过程控制于一体的综合性技术，它是在常规仪表控制系统的基础上发展起来的。

前面讲过的简单控制系统，系统中的测量变送器对被控对象进行检测，把被控量转换成电信号反馈到控制器，控制器将此测量值与给定值进行比较，并按照一定的控制规律产生相应的控制信号驱动执行器工作，使被控量跟踪给定值，从而实现自动控制的目的。把简单控制系统中的控制器用控制计算机即计算机及其输入/输出通道来代替就构成了计算机控制系统，如附图 1 所示。这里，计算机采用的是数字信号传递，而一次仪表多采用模拟信号传递。因此，系统中需要有将模拟信号转换为数字信号的模/数（A/D）转换器和将数字信号转换为模拟信号的数/模（D/A）转换器。

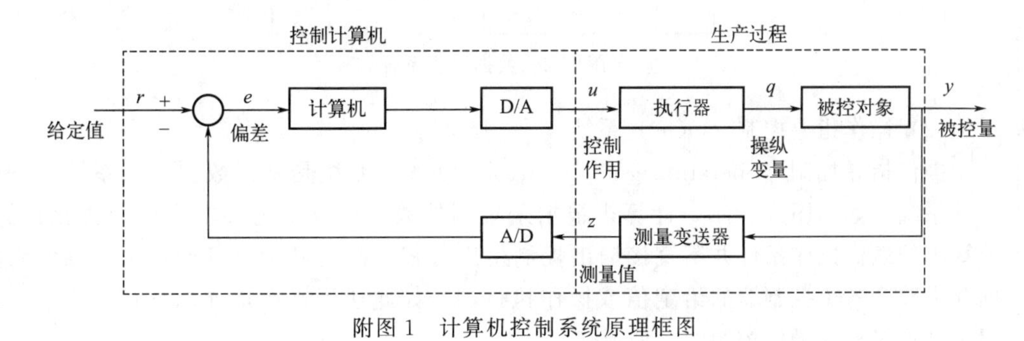

附图 1　计算机控制系统原理框图

1. 计算机控制系统的特点

以计算机为主要控制设备的计算机控制系统与常规控制系统比较，其主要特点如下。

① 随着生产规模的扩大，模拟控制盘越来越长，这给集中监视和操作带来困难；而计算机采用分时操作，用一台计算机可以代替许多台常规仪表，在一台计算机上操作与监视则方便了许多。

② 常规模拟式控制系统的功能实现和方案修改比较困难，常需要进行硬件重新配置调整和接线更改；而计算机控制系统，由于其所实现功能的软件化，复杂控制系统的实现或控制方案的修改可能只需修改程序、重新组态即可实现。

③ 常规模拟控制无法实现各系统之间的通信，不便全面掌握和调度生产情况；计算机控制系统可以通过通信网络而互通信息，实现数据和信息共享，能使操作人员及时了解生产情况，改变生产控制和经营策略，使生产处于最优状态。

④ 计算机具有记忆和判断功能，它能够综合生产中各方面的信息，在生产发生异常情况下，及时做出判断，采取适当措施，并提供故障原因的准确指导，缩短系统维修和故障排除时间，提高系统运行的安全性，提高生产效率，这是常规仪表所达不到的。

2. 计算机控制系统的分类

计算机控制系统与所控制的生产过程密切相关，根据生产过程的复杂程度和工艺要求的不同，系统设计者可采用不同的控制方案。现从控制目的、系统构成的角度介绍几种不同类型的计算机控制系统。

(1) 数据采集系统（DAS）

数据采集系统（data acquisition system，DAS）是计算机应用于生产过程控制最早、最基本的一种类型，如附图 2 所示。

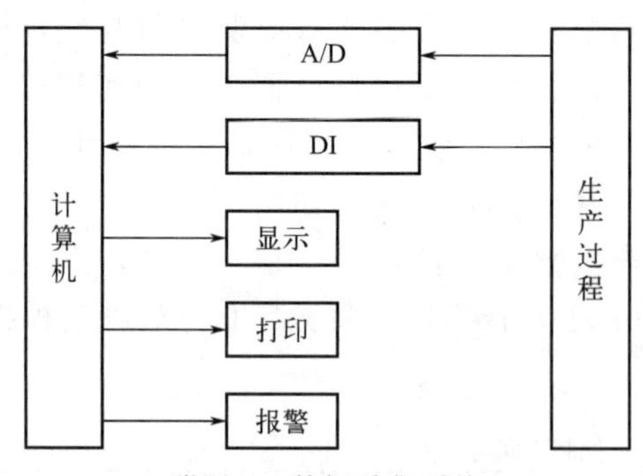

附图 2　数据采集系统

(2) 操作指导控制（OGC）系统

操作指导控制（operation guide control，OGC）系统是基于数据采集系统的一种开环系统，如附图 3 所示。计算机根据采集到的数据以及工艺要求进行最优化计算，计算出的最优操作条件并不直接输出控制生产过程，而是显示或打印出来，操作人员据此去改变各个控制器的给定值或操作执行器，如此达到操作指导的作用。显然，这属于计算机离线最优控制的一种形式。

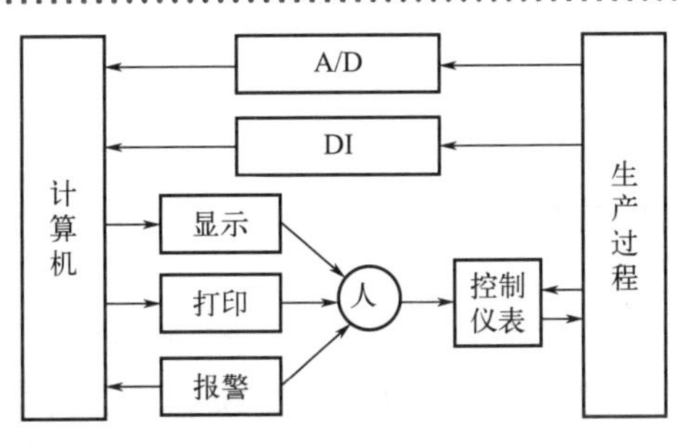

附图 3　操作指导控制系统

(3) 直接数字控制（DDC）系统

直接数字控制（direct digital control，DDC）系统是用一台计算机不仅完成对多个被控参数的数据采集，而且能按一定的控制规律进行实时决策，并通过过程输出通道发出控制信号，实现对生产过程的闭环控制，如附图 4 所示。为了操作方便，DDC 系统还配置一个包括给定、显示、报警等功能的操作控制台。

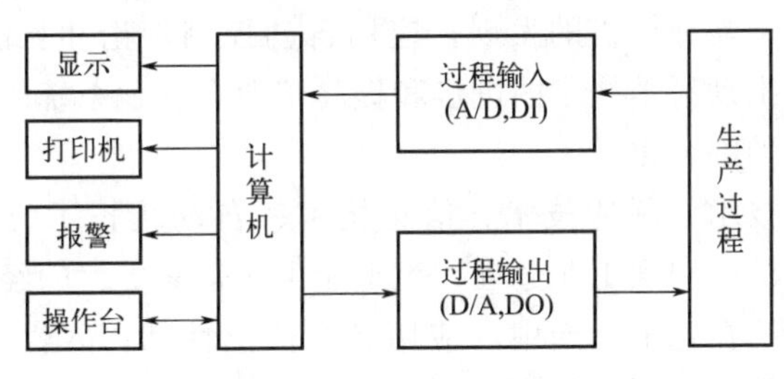

附图 4　直接数字控制系统

(4) 集散控制系统（DCS）

随着生产规模的扩大，信息量的增多，控制和管理的关系日趋密切。对于大型企业生产的控制和管理，不可能只用一台计算机来完成。于是，人们研制出以多台微型计算机为基础的集散控制系统（distributed control system，DCS）。DCS 采用分散控制、集中操作、分级管理、分而自治和综合协调的设计原则，自下而上可以分为若干级，如过程控制级、控制管理级、生产管理级和经营管理级等。DCS 又称分布式或集散式控制系统。

(5) 现场总线控制系统（FCS）

现场总线控制系统是计算机技术和网络技术发展的产物，是建立在智能化测量与执行装置的基础上发展起来的一种新型自动化控制装置。

根据国际电工委员会和现场总线基金会对现场总线的定义，现场总线是连接智能现场装置和自动化系统的数字式、双向传输、多分支结构的通信网络。现场总线在本质上是全数字式的，取消了原来 DCS 系统中独立的控制器，避免了反复进行 A/D、D/A 的转换。它有两个显著特点，一是双向数据通信能力；二是把控制任务下移到智能现场设备，以实现测量控制一体化，从而提高系统固有可靠性。对于厂商来说，现场总线技术带来的效益主要体现在降低成本和改善系统性能，对于用户来说，更大的效益在于能获得精确的控制类型，而不必定制硬件和软件。当前，现场总线及由此而产生的现场总线智能仪表和控制系统已成为全世界范围自动化技术发展的热点，这一涉及整个自动化和仪表的工业“革命”和产品全面换代的新技术在国际上已引起人们广泛的关注。

3. 计算机控制系统的发展趋势

（1）控制系统的网络化

随着计算机技术和网络技术的迅猛发展，各种层次的计算机网络在控制系统中的应用越来越广泛，规模也越来越大，从而使传统意义上的回路控制系统所具有的特点在系统网络化过程中发生了根本变化，并最终逐步实现了控制系统的网络化。

（2）控制系统的扁平化

现场网络的连接能力逐步提高，使现场网络能够接入更多的设备。新一代计算机控制系统的结构发生了明显变化，逐步形成两层网络的系统结构，简化了系统的结构和层次。

（3）控制系统的智能化

人工智能的出现和发展，促进自动控制向更高的层次发展，即智能控制。随着多媒体计算机和人工智能计算机的发展，应用自动控制理论和智能控制技术来实现先进的计算机控制，将推动科学技术的进步和提高工业自动化系统的水平。

（4）控制系统的综合化

随着现代管理技术、制造技术、信息技术、自动化技术、系统工程技术的发展，综合自动化技术广泛应用到工业过程，为工业生产带来更大的经济效益。

计算机控制系统在化工生产中的应用具有广泛性和深入性。它通过对化工生产过程的数据采集、集散控制等方式，提高了化工生产的效率、安全性和可靠性。同时，随着计算机技术的不断发展和创新，计算机控制系统在化工生产中的应用将会更加广泛和深入。

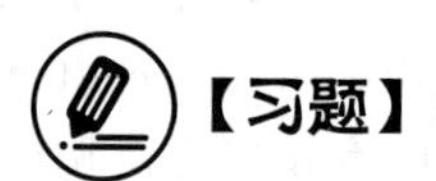

【习题】

一、选择题

1. JX-300XP DCS 主控制卡的切换模式可分为（　　）。

A. 失电强制切换、干扰随机切换和故障自动切换

B. 失电强制切换

C. 失电强制切换和干扰随机切换

D. 干扰随机切换和故障自动切换

2. JX-300XP DCS 软件启动后，总体信息菜单包括（　　）菜单项。

A. 主机设置、编译、备份数据、组态下载、组态传送

B. 编译、备份数据、组态下载

C. 主机设置、编译、备份数据

D. 编译、备份数据、组态下载、组态传送

3. 每个机笼最多能配置（　　）块 I/O 卡件。

A. 15　　B. 16　　C. 18　　D. 20

4. SUPCON 系列 DCS 系统的 SBUS-S2 网络的拓扑规范为（　　）。

A. 总线型　　B. 星型　　C. 点对点　　D. 树型

5. 在 SUPCON 系列 DCS 系统的 SCnetⅡ网络结构中，双绞线作为传输电缆，其节点间距离满足（　　）。

A. ≤100m　　B. 100m≤节点间距离≤185m

C. 185m≤节点间距离≤500m　　D. ≥500m

6. 在 SUPCON JX-300XP DCS 系统供电中，卡件本身的工作电压是（　　）。

A. ＋5V　　B. ＋24V　　C. ＋25.5V　　D. ＋12V

7. SUPCON 系列 DCS 系统每个操作站包括两块互为冗余的网卡，对于网卡的 IP 地址和网络码，下列说法正确的是（　　）。

A. 两块网卡享用同一个 IP 地址，设置相同的网络码

B. 两块网卡的 IP 地址应设置不相同，但网络码必须相同

C. 两块网卡的 IP 地址和网络码都必须设置为不相同

D. 两块网卡享用同一个 IP 地址，但应设置不同的网络码

8. SUPCON 系列 DCS 系统组态修改只需重新进行编译，而不需要重新下载的内容有（　　）。

A. 流程图、报表　　B. 修改了 I/O 点位号名称

C. 卡件增加、减少　　D. 修改了 I/O 点位号量程

9. 电流信号卡 XP313 接收 6 路信号，信号之间的隔离是采用（　　）。

A. 点点隔离　　B. 分组隔离　　C. 统一隔离　　D. 以上都不是

10. JX-300XP DCS 数据转发卡的地址范围是（　　）。

A. 0～15　　B. 0～31　　C. 2～31　　D. 1～29

11. JX-300XP 系统主控卡的各指示灯表示一定的意思，其中 RUN 表示（　　）。

A. 运行指示　　B. 准备就绪

C. 故障报警或复位指示　　D. 工作/备用指示

12. JX-300XP DCS 每个电源模块最多能同时供（　　）卡件机笼工作。

A. 1　　B. 2　　C. 3　　D. 4

13. JX-300XP DCS 主要由控制站、操作站、工程师站和（　　）等组成。

A. 数据站　　B. 通信网络　　C. 采集站　　D. 管理站

14. JX-300XP DCS 的软件包中包含的软件有系统组态、流程图、监控、图形化组态、SCX 语言组态和（　　）。

A. 图形化编程　　B. 报表　　C. 弹出式流程图　　D. 二次计算

15. XP233 的 FAIL 灯以 3s 的周期进行闪烁时，可能出现了下列哪些情况（　　）。

A. 地址冲突　　B. 卡件故障　　C. 通信错误　　D. 供电异常

二、判断题

1. JX-300XP DCS 每只机笼都必须配置数据转发卡。（　　）

2. JX-300XP DCS 信息管理网和过程控制网中，通信最大距离是 10km。（　　）

3. SUPCON 系列 DCS 系统操作站或工程师站连接控制站的网络是 SCKey 网络。（　　）

4. 集散控制系统的通信卡件包括操作站通信卡和控制站通信卡两大类。（　　）

5. X-300XP DCS 的主控卡、数据转发卡既可冗余工作，也可单卡工作。(　　)

6. SUPCON JX-300XP DCS 在运行中可以带电插拔卡件。(　　)

7. JX-300XP DCS 趋势图的坐标只有工程量方式显示。(　　)

8. JX-300XP DCS 如果对系统的某个 I/O 点删除或增加后，无需进行下载组态的操作。(　　)

9. JX-300XP DCS 流程图中不能调用位图、GIF 图片和 FLASH。(　　)

10. DCS 系统中，无论仪表信号地还是安全保护地，最终汇总成一个接地。(　　)

11. 插拔 DCS 卡件时，为防止人体静电损伤卡体上的电气元件，应戴静电接地环插拔。(　　)

12. DCS 主要应用于连续生产过程，但是对间歇生产过程也适用。(　　)

13. 判断是否需要下载的依据是本站与控制站特征字是否一致。(　　)

14. DCS 是集计算机技术、控制技术、通信技术和 CRT 技术为一体的控制系统。(　　)

15. 组态时，必须先控制站组态，然后操作站组态。(　　)

16. 组态完毕后，编译结果显示错误，不可以继续下载。(　　)

17. 集散控制系统的基本特点是适度分散控制，集中管理。(　　)

18. 主控制卡和数据转发卡均可进行冗余设置，冗余设置方法为：插上短路块代表冗余，取下短路块代表单卡工作。(　　)

19. 在组态设置时，主控制卡地址只能从 1 开始，且只能为奇数。(　　)

20. 在组态设置时，数据转发卡的地址只能从 2 开始。(　　)

三、简答题

1. 简述 JX-300XP DCS 系统的硬件组成及其作用。

2. 简述 JX-300XP DCS 系统组态软件包各软件的功能。

3. 简述 JX-300XP DCS 系统通信网络的构成及各部分的基本特性。

4. JX-300XP DCS 控制站由哪几部分构成？控制站的类型有哪些？其中的核心部件叫什么？它的主要功能是什么？

5. JX-300XP DCS 控制站 I/O 卡件有哪些类型？

6. 什么叫组态？你所熟悉的组态软件有哪些？JX-300X DCS 的基本组态软件是什么？

7. 流程图绘制为什么要设置动态参数？如何设置动态参数？

8. 控制站组态包括哪些内容？

9. 操作站组态包括哪些内容？

10. 简述报表组态的步骤。

附录

丙烯酸甲酯生产各工段详细流程图

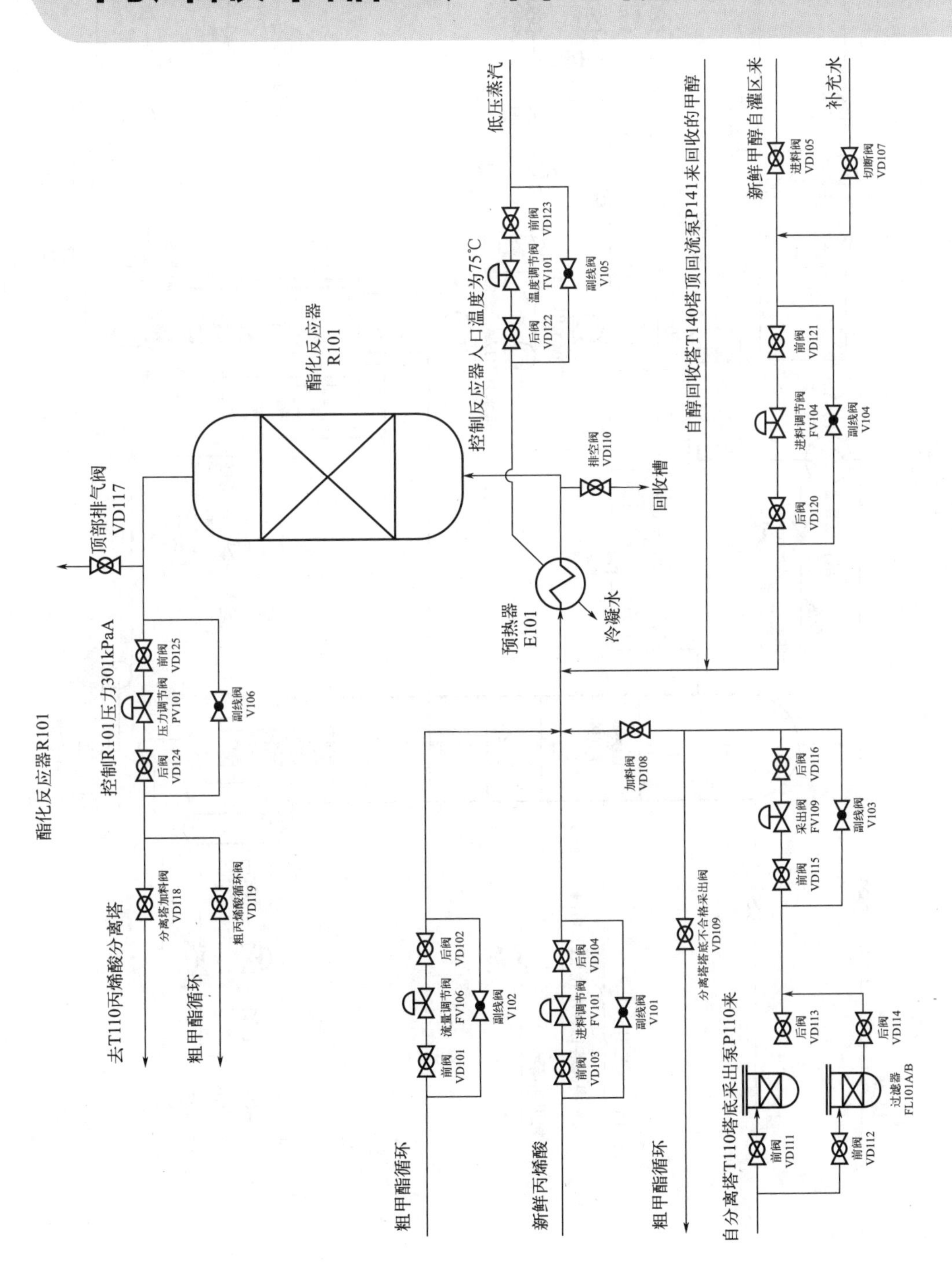

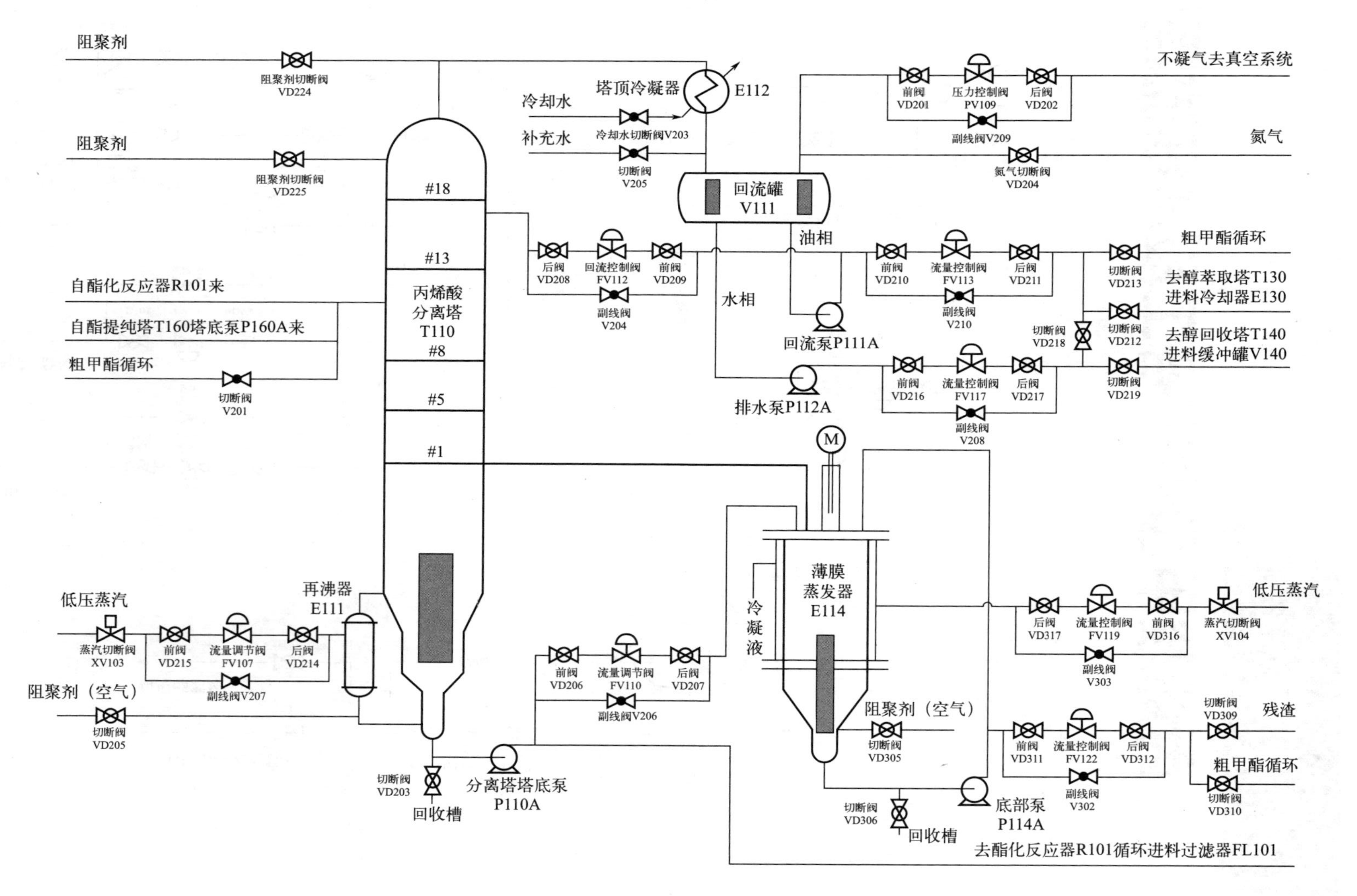

丙烯酸分离塔T110
阻聚剂
阻聚剂切断阀
VD224
阻聚剂
阻聚剂切断阀
VD225
塔顶冷凝器
E112
冷却水
冷却水切断阀V203
补充水
切断阀
V205
不凝气去真空系统
前阀
VD201
压力控制阀
PV109
后阀
VD202
副线阀V209
氮气
氮气切断阀
VD204
回流罐
V111
油相
水相
#18
#13
丙烯酸
分离塔
T110
#8
#5
#1
后阀
VD208
回流控制阀
FV112
前阀
VD209
副线阀
V204
前阀
VD210
流量控制阀
FV113
后阀
VD211
副线阀
V210
回流泵P111A
切断阀
VD213
粗甲酯循环
去醇萃取塔T130
进料冷却器E130
切断阀
VD218
切断阀
VD212
去醇回收塔T140
进料缓冲罐V140
前阀
VD216
流量控制阀
FV117
后阀
VD217
副线阀
V208
切断阀
VD219
排水泵P112A
自酯化反应器R101来
自酯提纯塔T160塔底泵P160A来
粗甲酯循环
切断阀
V201
M
薄膜
蒸发器
E114
冷
凝
液
再沸器
E111
低压蒸汽
蒸汽切断阀
XV103
前阀
VD215
流量调节阀
FV107
后阀
VD214
副线阀V207
阻聚剂（空气）
切断阀
VD205
前阀
VD206
流量调节阀
FV110
后阀
VD207
副线阀V206
切断阀
VD203
回收槽
分离塔塔底泵
P110A
后阀
VD317
流量控制阀
FV119
前阀
VD316
蒸汽切断阀
XV104
低压蒸汽
副线阀
V303
阻聚剂（空气）
切断阀
VD305
前阀
VD311
流量控制阀
FV122
后阀
VD312
副线阀
V302
切断阀
VD309
残渣
粗甲酯循环
切断阀
VD310
切断阀
VD306
回收槽
底部泵
P114A
去酯化反应器R101循环进料过滤器FL101

醇萃取塔T130

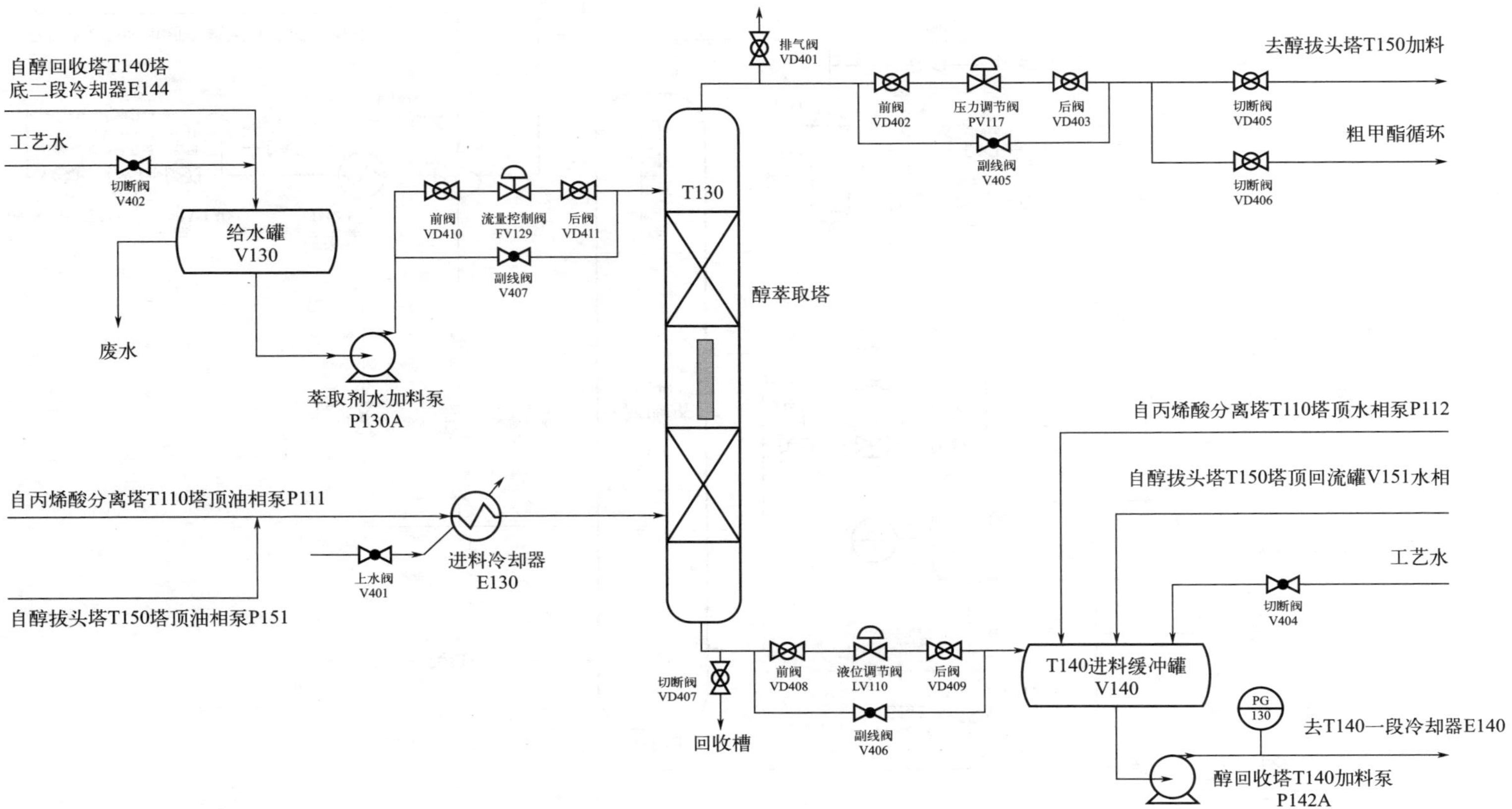

自醇回收塔T140塔
底二段冷却器E144

工艺水

切断阀
V402

给水罐
V130

废水

前阀
VD410

流量控制阀
FV129

后阀
VD411

副线阀
V407

萃取剂水加料泵
P130A

自丙烯酸分离塔T110塔顶油相泵P111

上水阀
V401

进料冷却器
E130

自醇拔头塔T150塔顶油相泵P151

T130

醇萃取塔

排气阀
VD401

前阀
VD402

压力调节阀
PV117

后阀
VD403

副线阀
V405

切断阀
VD405

去醇拔头塔T150加料

切断阀
VD406

粗甲酯循环

切断阀
VD407

回收槽

前阀
VD408

液位调节阀
LV110

后阀
VD409

副线阀
V406

自丙烯酸分离塔T110塔顶水相泵P112

自醇拔头塔T150塔顶回流罐V151水相

工艺水

切断阀
V404

T140进料缓冲罐
V140

PG
130

去T140一段冷却器E140

醇回收塔T140加料泵
P142A

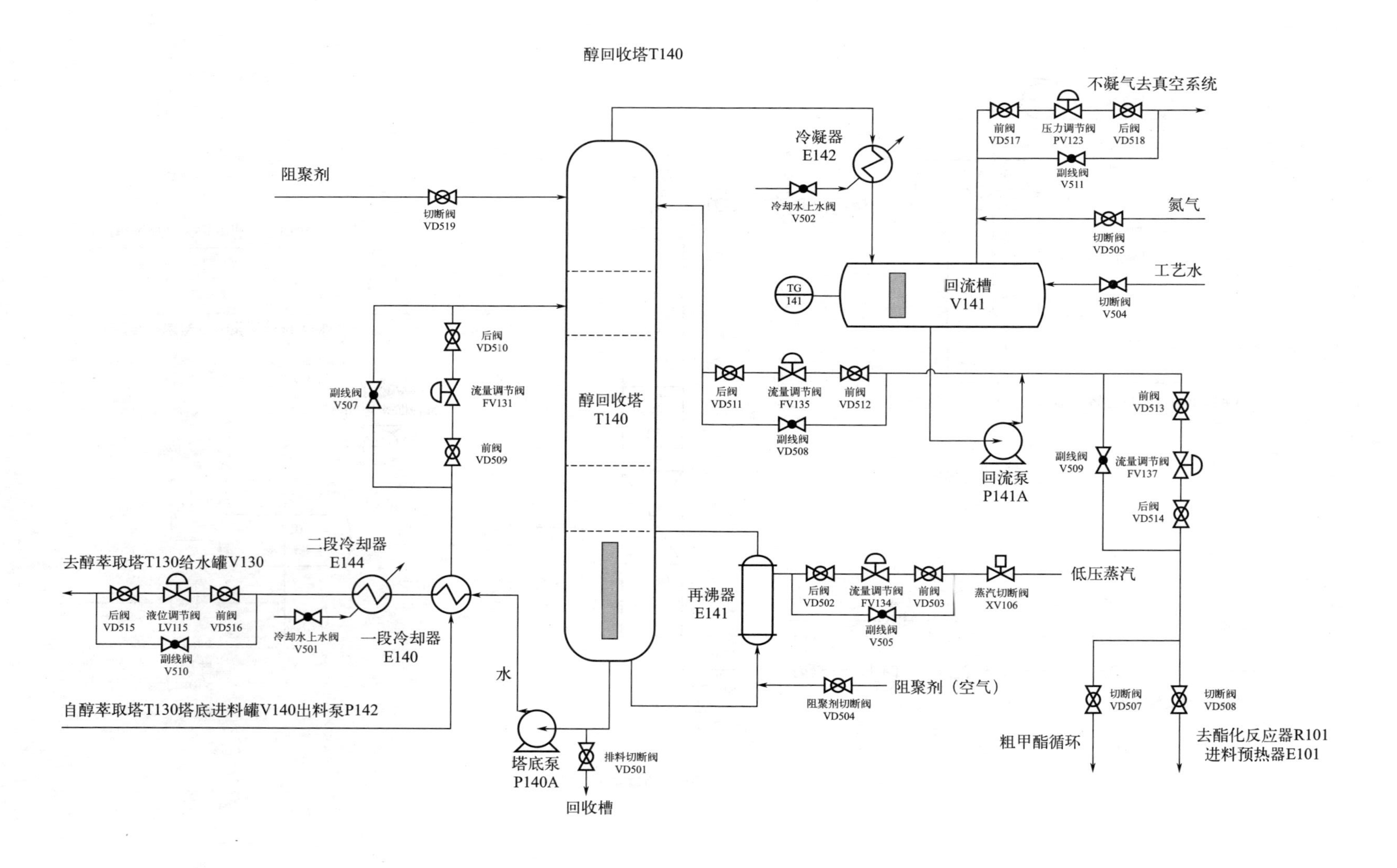
醇回收塔T140
不凝气去真空系统
前阀
VD517
压力调节阀
PV123
后阀
VD518
副线阀
V511
氮气
切断阀
VD505
工艺水
切断阀
V504
冷凝器
E142
冷却水上水阀
V502
阻聚剂
切断阀
VD519
回流槽
V141
TG
141
后阀
VD510
流量调节阀
FV131
前阀
VD509
副线阀
V507
醇回收塔
T140
后阀
VD511
流量调节阀
FV135
前阀
VD512
副线阀
VD508
回流泵
P141A
前阀
VD513
流量调节阀
FV137
后阀
VD514
副线阀
V509
去醇萃取塔T130给水罐V130
后阀
VD515
液位调节阀
LV115
前阀
VD516
副线阀
V510
二段冷却器
E144
冷却水上水阀
V501
一段冷却器
E140
水
自醇萃取塔T130塔底进料罐V140出料泵P142
塔底泵
P140A
排料切断阀
VD501
回收槽
再沸器
E141
后阀
VD502
流量调节阀
FV134
前阀
VD503
副线阀
V505
蒸汽切断阀
XV106
低压蒸汽
阻聚剂（空气）
阻聚剂切断阀
VD504
切断阀
VD507
切断阀
VD508
粗甲酯循环
去酯化反应器R101
进料预热器E101

醇拔头塔T150

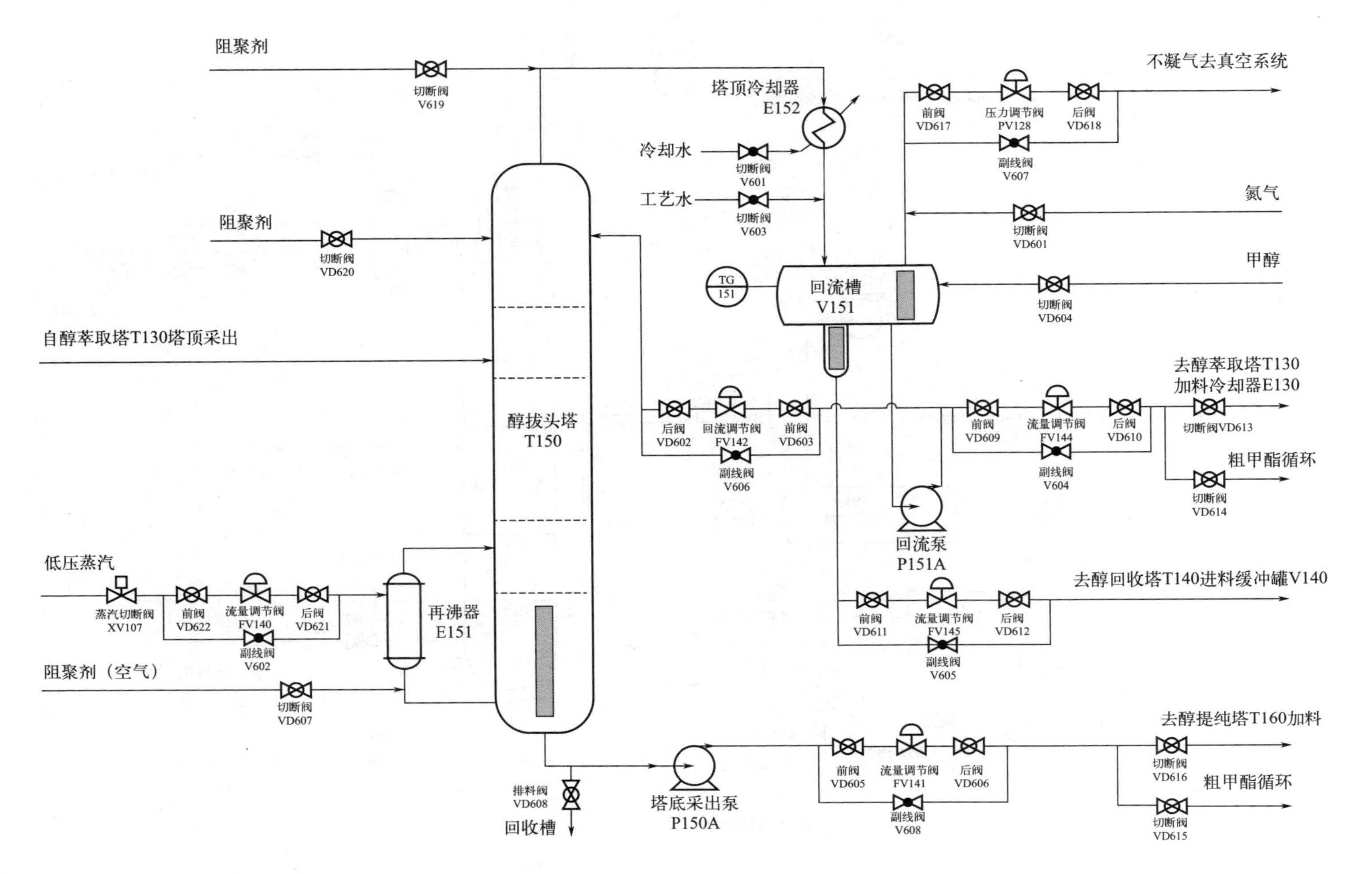

阻聚剂
切断阀
V619
塔顶冷却器
E152
冷却水
切断阀
V601
工艺水
切断阀
V603
不凝气去真空系统
前阀
VD617
压力调节阀
PV128
后阀
VD618
副线阀
V607
氮气
切断阀
VD601
甲醇
切断阀
VD604
阻聚剂
切断阀
VD620
TG
151
回流槽
V151
自醇萃取塔T130塔顶采出
醇拔头塔
T150
后阀
VD602
回流调节阀
FV142
前阀
VD603
副线阀
V606
前阀
VD609
流量调节阀
FV144
后阀
VD610
副线阀
V604
去醇萃取塔T130
加料冷却器E130
切断阀VD613
粗甲酯循环
切断阀
VD614
回流泵
P151A
低压蒸汽
蒸汽切断阀
XV107
前阀
VD622
流量调节阀
FV140
后阀
VD621
副线阀
V602
再沸器
E151
阻聚剂（空气）
切断阀
VD607
去醇回收塔T140进料缓冲罐V140
前阀
VD611
流量调节阀
FV145
后阀
VD612
副线阀
V605
去醇提纯塔T160加料
前阀
VD605
流量调节阀
FV141
后阀
VD606
副线阀
V608
切断阀
VD616
粗甲酯循环
切断阀
VD615
排料阀
VD608
回收槽
塔底采出泵
P150A

酯提纯塔T160

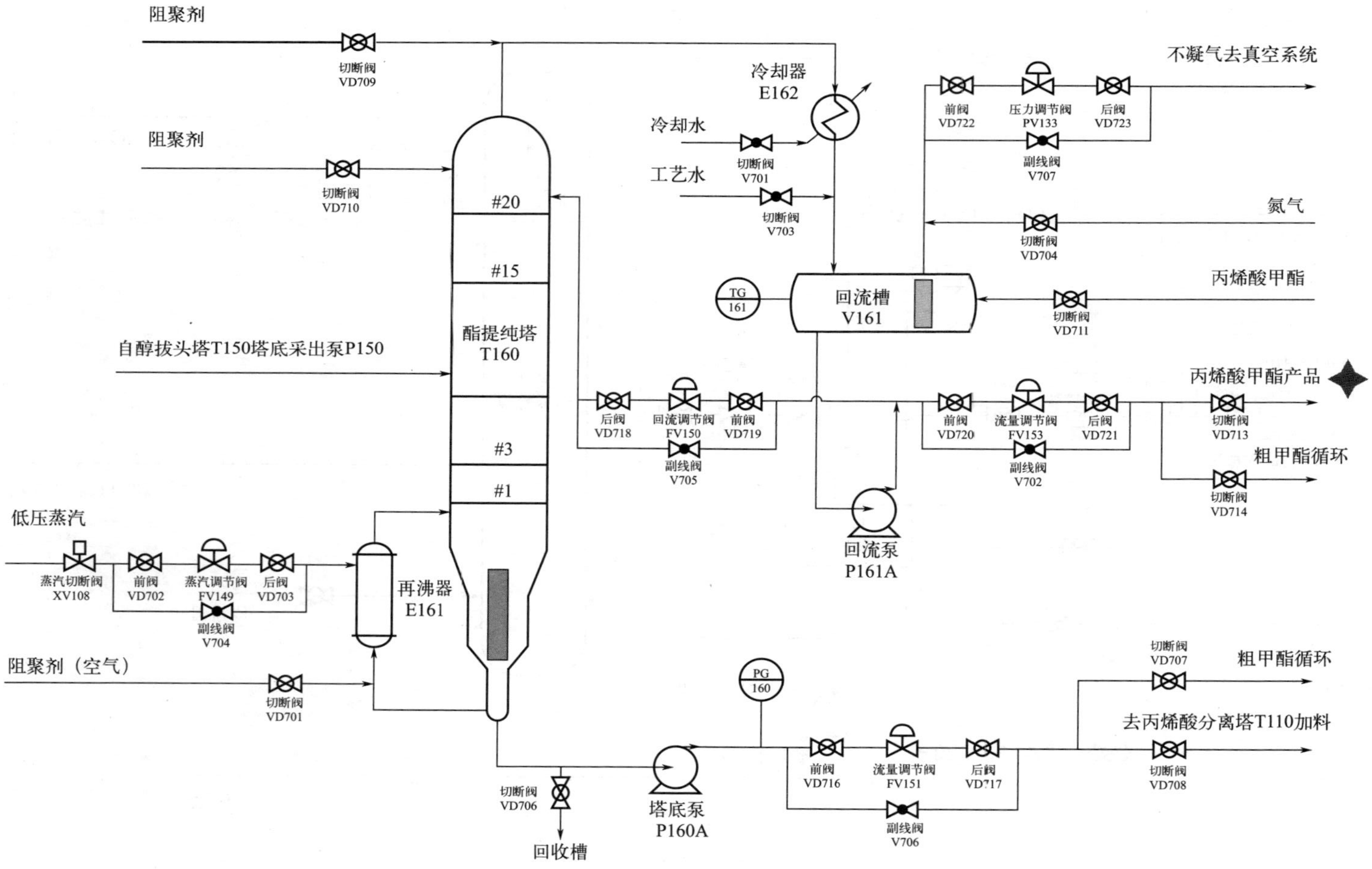

阻聚剂
切断阀
VD709
阻聚剂
切断阀
VD710
自醇拔头塔T150塔底采出泵P150
#20
#15
酯提纯塔
T160
#3
#1
低压蒸汽
蒸汽切断阀
XV108
前阀
VD702
蒸汽调节阀
FV149
后阀
VD703
副线阀
V704
再沸器
E161
阻聚剂（空气）
切断阀
VD701
切断阀
VD706
回收槽
塔底泵
P160A
PG
160
前阀
VD716
流量调节阀
FV151
后阀
VD717
副线阀
V706
切断阀
VD707
粗甲酯循环
去丙烯酸分离塔T110加料
切断阀
VD708
冷却器
E162
冷却水
切断阀
V701
工艺水
切断阀
V703
TG
161
回流槽
V161
后阀
VD718
回流调节阀
FV150
前阀
VD719
副线阀
V705
回流泵
P161A
前阀
VD722
压力调节阀
PV133
后阀
VD723
副线阀
V707
不凝气去真空系统
氮气
切断阀
VD704
丙烯酸甲酯
切断阀
VD711
前阀
VD720
流量调节阀
FV153
后阀
VD721
副线阀
V702
丙烯酸甲酯产品
切断阀
VD713
粗甲酯循环
切断阀
VD714

参考文献

[1] 尹美娟.化工仪表自动化 [M].北京：科学出版社，2015.

[2] 董相军.化工仪表与自动控制技术 [M].青岛：中国海洋大学出版社，2020.

[3] 厉玉鸣.化工仪表及自动化 [M].北京：化学工业出版社，2022.

[4] 俞金寿，孙自强.过程自动化及仪表 [M].北京：化学工业出版社，2015.

[5] 肖军，许秀，王莉.石油化工自动化及仪表 [M].北京：清华大学出版社，2017.

[6] 保罗格润，哈瑞·谢迪.安全仪表系统工程设计与应用 [M].张建国，李玉明，译.北京：中国石化出版社，2017.

[7] 张光新，杨丽明，王会芹.化工自动化及仪表 [M].北京：化学工业出版社，2016.

[8] 陈夕松，汪木兰，杨俊.过程控制系统 [M].北京：科学出版社，2015.

[9] 李丽娟，张利.过程控制 [M].南京：东南大学出版社，2019.

[10] 张早校，王毅.过程装备控制技术及应用 [M].北京：化学工业出版社，2018.

[11] 张岳.集散控制系统及现场总线 [M].北京：机械工业出版社，2020.

[12] 蒋兴加.集散控制系统组态应用技术 [M].北京：机械工业出版社，2014.

[13] 常慧玲.集散控制系统应用 [M].北京：化学工业出版社，2020.

[14] 何衍庆.集散控制系统原理及应用 [M].北京：化学工业出版社，2019.